新世纪高职高专
计算机应用技术专业系列规划教材

新世纪

U0735507

计算机基础及办公自动化
高级应用教程

新世纪高职高专教材编审委员会 组编

主　编　杨　晔　董　骏

副主编　王珊君　张玲红

李　向

大连理工大学出版社

图书在版编目(CIP)数据

计算机基础及办公自动化高级应用教程 / 杨晔,董骏主编. — 大连:大连理工大学出版社,2015.8(2016.6重印)
新世纪高职高专计算机应用技术专业系列规划教材
ISBN 978-7-5685-0044-9

Ⅰ. ①计… Ⅱ. ①杨… ②董… Ⅲ. ①电子计算机—高等职业教育—教材②办公自动化—应用软件—高等职业教育—教材 Ⅳ. ①TP3

中国版本图书馆 CIP 数据核字(2015)第 180392 号

大连理工大学出版社出版

地址:大连市软件园路 80 号 邮政编码:116023
发行:0411-84708842 邮购:0411-84708943 传真:0411-84701466
E-mail:dutp@dutp.cn URL:http://www.dutp.cn
丹东新东方彩色包装印刷有限公司印刷 大连理工大学出版社发行

幅面尺寸:185mm×260mm 印张:20 字数:461 千字
2015 年 8 月第 1 版 2016 年 6 月第 2 次印刷

责任编辑:马 双 责任校对:杨 娅
封面设计:张 莹

ISBN 978-7-5685-0044-9 定 价:43.80 元

总　序

我们已经进入了一个新的充满机遇与挑战的时代，我们已经跨入了 21 世纪的门槛。

20 世纪与 21 世纪之交的中国，高等教育体制正经历着一场缓慢而深刻的革命，我们正在对传统的普通高等教育的培养目标与社会发展的现实需要不相适应的现状作历史性的反思与变革的尝试。

20 世纪最后的几年里，高等职业教育的迅速崛起，是影响高等教育体制变革的一件大事。在短短的几年时间里，普通中专教育、普通高专教育全面转轨，以高等职业教育为主导的各种形式的培养应用型人才的教育发展到与普通高等教育等量齐观的地步，其来势之迅猛，发人深思。

无论是正在缓慢变革着的普通高等教育，还是迅速推进着的培养应用型人才的高职教育，都向我们提出了一个同样的严肃问题：中国的高等教育为谁服务，是为教育发展自身，还是为包括教育在内的大千社会？答案肯定而且唯一，那就是教育也置身其中的现实社会。

由此又引发出高等教育的目的问题。既然教育必须服务于社会，它就必须按照不同领域的社会需要来完成自己的教育过程。换言之，教育资源必须按照社会划分的各个专业（行业）领域（岗位群）的需要实施配置，这就是我们长期以来明乎其理而疏于力行的学以致用问题，这就是我们长期以来未能给予足够关注的教育目的问题。

众所周知，整个社会由其发展所需要的不同部门构成，包括公共管理部门如国家机构、基础建设部门如教育研究机构和各种实业部门如工业部门、商业部门，等等。每一个部门又可作更为具体的划分，直至同它所需要的各种专门人才相对应。教育如果不能按照实际需要完成各种专门人才培养的目标，就不能很好地完成社会分工所赋予它的使命，而教育作为社会分工的一种独立存在就应受到质疑（在市场经济条件下尤其如此）。可以断言，按照社会的各种不同需要培养各种直接有用人才，是教育体制变革的终极目的。

新世纪

随着教育体制变革的进一步深入,高等院校的设置是否会同社会对人才类型的不同需要一一对应,我们姑且不论,但高等教育走应用型人才培养的道路和走研究型(也是一种特殊应用)人才培养的道路,学生们根据自己的偏好各取所需,始终是一个理性运行的社会状态下高等教育正常发展的途径。

高等职业教育的崛起,既是高等教育体制变革的结果,也是高等教育体制变革的一个阶段性表征。它的进一步发展,必将极大地推进中国教育体制变革的进程。作为一种应用型人才培养的教育,它从专科层次起步,进而应用本科教育、应用硕士教育、应用博士教育……当应用型人才培养的渠道贯通之时,也许就是我们迎接中国教育体制变革的成功之日。从这一意义上说,高等职业教育的崛起,正是在为必然会取得最后成功的教育体制变革奠基。

高等职业教育还刚刚开始自己发展道路的探索过程,它要全面达到应用型人才培养的正常理性发展状态,直至可以和现存的(同时也正处在变革分化过程中的)研究型人才培养的教育并驾齐驱,还需假以时日;还需要政府教育主管部门的大力推进,需要人才需求市场的进一步完善发育,尤其需要高职高专教学单位及其直接相关部门肯于做长期的坚忍不拔的努力。新世纪高职高专教材编审委员会就是由全国100余所高职高专院校和出版单位组成的、旨在以推动高职高专教材建设来推进高等职业教育这一变革过程的联盟共同体。

在宏观层面上,这个联盟始终会以推动高职高专教材的特色建设为己任,始终会从高职高专教学单位实际教学需要出发,以其对高职教育发展的前瞻性的总体把握,以其纵览全国高职高专教材市场需求的广阔视野,以其创新的理念与创新的运作模式,通过不断深化的教材建设过程,总结高职高专教学成果,探索高职高专教材建设规律。

在微观层面上,我们将充分依托众多高职高专院校联盟的互补优势和丰裕的人才资源优势,从每一个专业领域、每一种教材入手,突破传统的片面追求理论体系严整性的意识限制,努力凸现高职教育职业能力培养的本质特征,在不断构建特色教材建设体系的过程中,逐步形成自己的品牌优势。

新世纪高职高专教材编审委员会在推进高职高专教材建设事业的过程中,始终得到了各级教育主管部门以及各相关院校相关部门的热忱支持和积极参与,对此我们谨致深深谢意;也希望一切关注、参与高职教育发展的同道朋友,在共同推动高职教育发展、进而推动高等教育体制变革的进程中,和我们携手并肩,共同担负起这一具有开拓性挑战意义的历史重任。

新世纪高职高专教材编审委员会

2001 年 8 月 18 日

前 言

  《计算机基础及办公自动化高级应用教程》是新世纪高职高专教材编审委员会组编的计算机应用技术专业系列规划教材之一。

  计算机的发展与普及,对人们的生活方式产生了很大的积极影响,今天以计算机技术为核心的信息技术的应用已经融入了社会的各个领域,正在迅速地改变着人们的工作、学习和生活方式。办公自动化是利用先进的科学技术,尤其是计算机科学与技术,不断使人们的一部分办公事务和活动通过人以外的各种设备和信息技术,服务于某种目的的人机信息处理系统,具有强大的信息处理能力。现代计算机技术的核心是数据处理技术,数字技术的运用在办公自动化系统中具有举足轻重的作用,计算机对信息的存储与处理能力极大地改变了人们的办公方式,优化了日常工作,提高了办公效率和质量。熟练操作计算机、掌握计算机的应用技能和技巧已成为一种时尚,尤其是已成为现代办公岗位胜任能力的一个评测条件。

  本教材属国家示范性高等职业院校课程建设成果,是一线教师在进行课程体系与教学内容改革过程中的实践收获。全书内容渗透了高职院校培养学生的标准:良好的职业素养、熟练的职业技能和可持续发展能力。在内容组织与设计上,以项目化课程改革的思想为指导,完全体现了"学中做"和"工学结合"的教改理念,突出学生能力目标的培养,以解决职业岗位中的问题为目标,以完成工作任务来提高学生的职业能力。

  本教材设计了六个项目,分别以公司员工、信息主管、办公文秘、人力资源部、市场部的工作为岗位背景,通过30个任务的分析与实施来训练学生解决实际问题的能力,掌握计算机的基本应用技巧。

  六个项目分别为:

  项目一 步入计算机世界

  项目二 管理计算机资源

  项目三 制作文档表格

  项目四 处理分析表格数据

  项目五 制作多媒体演示文稿

  项目六 使用 Internet

  涉及的相关知识与技能包括:

  (1)计算机基础知识

  (2)Windows XP 操作系统

（3）Word 2003 字处理软件的使用

（4）Excel 2003 电子表格的使用

（5）PowerPoint 2003 演示文稿软件的使用

（6）Internet 网络资源的使用

本教材主要特色如下：

1. 以项目为载体，以岗位为背景，以任务驱动

通过六个项目、五个岗位工作背景、30 个任务的分析与实施，精心组织教材内容，其中：制作个人简历表、排版打印项目营销推广策划案、制作员工工资统计表、制作公司销售统计图表、编辑公司形象宣传演示文稿等任务都属于日常工作岗位上的典型工作任务，通过完成这些工作任务来培养学生的岗位技能。

2. 突出实践能力的培养

每一个项目均按照统一的格式设计，按照"项目任务分解→工作任务及分析→知识与技能→任务实施→任务小结→实战训练→实践测试"的顺序编排，以动手实操为主线，突出培养学生的实践能力。

3. 相关知识与技能介绍全面

在完成任务所需要的相关知识与技能部分，尽可能系统、全面地介绍了计算机应用基础所包括的知识点和技能点，以帮助读者在学习解决问题的同时能够储备较完善的知识和技能，方便更深入的学习和应用。

4. 能力训练与经验技巧融为一体

本教材力图将知识和能力训练融为一体；将经验技巧的传授与能力培养同步。参编教师将多年教学与工作中总结出的经验、技巧完全写于书中，并希望能将实际工作和生活中最实用的技能介绍给读者。书中通过【注意】、【提示】介绍实际操作中的技巧；通过【思考】调动学生的思维；通过【任务小结】总结使用经验；通过【实战训练】让学生模仿解决问题的方法。

本教材通过通俗易懂的语言、简洁明了的操作步骤引导读者掌握计算机最常用的操作技能，适合作为高职高专及各类院校各种专业的计算机应用基础教材，也适合各类企业单位从业人员的职业教育和在职培训。

本教材由杨晔、董骏任主编，王珊君、张玲红、李向任副主编。由杨晔、董骏、王珊君、张玲红、李向、高英、宋丽荣、杨晓燕（宁夏职业技术学院）、李云亮担任全书的编写工作。在编写过程中，出版社马双老师对本教材的编排、进度一直非常关注，在此深表感谢。另外，本教材在编写时得到了企业专家的帮助，在此表示感谢。

由于时间仓促，加上我们的水平有限，书中难免有不足之处，欢迎大家批评指正。

编　者

2015 年 8 月

所有意见和建议请发往：dutpgz@163.com

欢迎访问教材服务网站：http://www.dutpbook.com

联系电话：0411-84707492　84706104

目 录

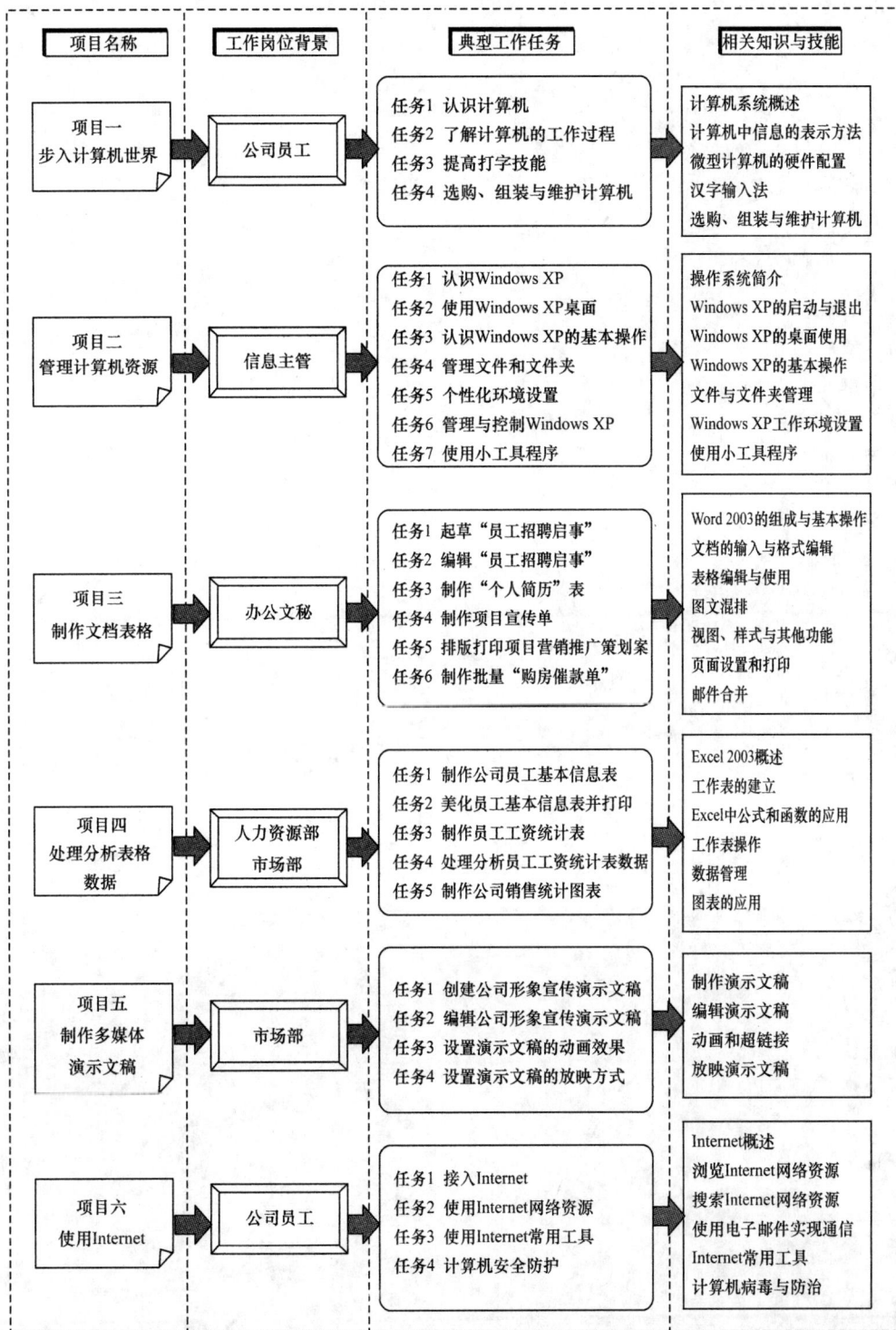

教材导读图

项目名称	工作岗位背景	典型工作任务	相关知识与技能
项目一 步入计算机世界	公司员工	任务1 认识计算机 任务2 了解计算机的工作过程 任务3 提高打字技能 任务4 选购、组装与维护计算机	计算机系统概述 计算机中信息的表示方法 微型计算机的硬件配置 汉字输入法 选购、组装与维护计算机
项目二 管理计算机资源	信息主管	任务1 认识Windows XP 任务2 使用Windows XP桌面 任务3 认识Windows XP的基本操作 任务4 管理文件和文件夹 任务5 个性化环境设置 任务6 管理与控制Windows XP 任务7 使用小工具程序	操作系统简介 Windows XP的启动与退出 Windows XP的桌面使用 Windows XP的基本操作 文件与文件夹管理 Windows XP工作环境设置 使用小工具程序
项目三 制作文档表格	办公文秘	任务1 起草"员工招聘启事" 任务2 编辑"员工招聘启事" 任务3 制作"个人简历"表 任务4 制作项目宣传单 任务5 排版打印项目营销推广策划案 任务6 制作批量"购房催款单"	Word 2003的组成与基本操作 文档的输入与格式编辑 表格编辑与使用 图文混排 视图、样式与其他功能 页面设置和打印 邮件合并
项目四 处理分析表格 数据	人力资源部 市场部	任务1 制作公司员工基本信息表 任务2 美化员工基本信息表并打印 任务3 制作员工工资统计表 任务4 处理分析员工工资统计表数据 任务5 制作公司销售统计图表	Excel 2003概述 工作表的建立 Excel中公式和函数的应用 工作表操作 数据管理 图表的应用
项目五 制作多媒体 演示文稿	市场部	任务1 创建公司形象宣传演示文稿 任务2 编辑公司形象宣传演示文稿 任务3 设置演示文稿的动画效果 任务4 设置演示文稿的放映方式	制作演示文稿 编辑演示文稿 动画和超链接 放映演示文稿
项目六 使用Internet	公司员工	任务1 接入Internet 任务2 使用Internet网络资源 任务3 使用Internet常用工具 任务4 计算机安全防护	Internet概述 浏览Internet网络资源 搜索Internet网络资源 使用电子邮件实现通信 Internet常用工具 计算机病毒与防治

1

步入计算机世界

项目导读

计算机应用已渗透到社会生活的各个领域。学习计算机的基础知识、了解计算机的工作原理、掌握计算机的操作技能已成为时代的要求。

本项目通过认识计算机，了解计算机的工作过程，提高打字技能，选购、组装与维护计算机四个任务引领读者开始学习计算机的基础知识和操作技能。

项目任务分解

任务 1　认识计算机

任务 2　了解计算机的工作过程

任务 3　提高打字技能

任务 4　选购、组装与维护计算机

知识与技能目标

(1)了解计算机的定义、功能、发展历史

(2)掌握数制及其表示方法以及各种数制之间相互转换的方法

(3)了解计算机的特点、组成及工作原理

(4)了解计算机的主要技术指标

(5)掌握微型计算机硬件配置

(6)掌握数据存储单位的换算

(7)熟练掌握一种中文输入法

技能训练重点

(1)认识计算机主机箱内的各种部件

(2)认识计算机常用的外部设备

任务 1   认识计算机

1.1   工作任务及分析

1.任务描述
了解计算机的发展、特点及计算机中信息的表示方法等基础知识。

2.任务分析
认识计算机,学会计算机中信息的表示方法及数制转换。

1.2   知识与技能

1.2.1   计算机的定义
计算机是一种能按照人们事先编写的程序连续、自动地工作,能对输入的数据进行加工、存储、传送,由电子和机械等部件组成的电子设备。它可以用比人脑快得多的速度完成各种指令性甚至智能性的工作,所以又称为电脑。

1.2.2   计算机的发展历史

1.世界上第一台计算机的诞生
计算机最初是为了计算弹道轨迹而研制的。世界上第一台计算机 ENIAC(埃尼阿克)于 1946 年 2 月 14 日诞生于美国宾夕法尼亚大学,如图 1-1 所示。ENIAC 是电子数值积分计算机(Electronic Numerical Integrator And Computer)的缩写。它是当时数学、物理等理论的研究成果和电子管器件相结合的结果。ENIAC 使用了 18 000 多个电子管,1 500 多个继电器,10 000 多只电容和 7 000 多只电阻,占地 170 多平方米,重约 30 吨,功耗为 150 千瓦,每秒能进行 5 000 次加法运算。第一台电子数字计算机主要用于军事方面的科学计算,它把过去需要 100 多名工程师一年才能解决的导弹弹道计算问题缩短为两个小时完成,大大地提高了工作效率,促进了科学技术的发展。它的诞生是科学技术发展史上一次意义重大的事件,展示了新技术革命的曙光。

图 1-1   世界上第一台计算机

2.计算机的发展
半个世纪以来,计算机的发展突飞猛进。根据计算机所采用的主要电子器件,将计算机的发展划分成四个阶段,一般称为四代。

第一代(1946—1957年)电子管计算机,电子元件主要是电子管,如图1-2所示,主存储器为磁鼓,外存储器用纸带、卡片、磁带。软件方面开始时只能使用机器语言,20世纪50年代中期出现了汇编语言。这一时期没有对计算机进行控制管理的操作系统,操作相当麻烦。第一代计算机体积庞大,运算速度慢(5000～30000次/秒),可靠性差,功耗大,维修困难,应用范围小,主要应用于科学计算和军事方面。

第二代(1958—1964年)晶体管计算机,电子元件主要是半导体晶体管,如图1-3所示,主存储器为磁芯,外存储器用磁盘。软件方面开始使用操作系统,出现了各种计算机高级语言(如:FORTRAN语言、COBOL语言等),输入、输出方式有了很大进步。第二代计算机体积减小,重量减轻,功耗减小,运算速度加快(每秒几十万～一百万次),可靠性增强,应用范围增大,主要应用领域为数值运算和数据处理。

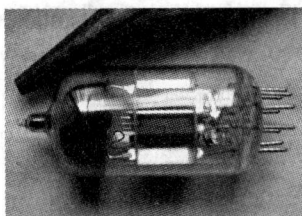

图1-2　电子管　　　　　　　图1-3　半导体晶体管

第三代(1965—1971年)集成电路计算机,电子元件发展到中、小规模集成电路,如图1-4所示,主存储器除了磁鼓外,还出现了半导体存储器,外存储器为磁盘。软件方面,操作系统得到发展与完善,高级语言发展到多种。计算机体积、功耗进一步减小,重量进一步减轻,运算速度进一步提高(每秒几百万次),可靠性进一步提高,主要应用于科学计算、数据处理和过程控制等方面。

第四代(约1971年至今)大规模和超大规模集成电路计算机,电子元件发展到大规模、超大规模集成电路,如图1-5所示,主存储器发展为半导体存储器,外存储器使用大容量磁盘和磁带。软件方面,操作系统不断发展与完善,各种高级语言和数据库管理系统进一步发展。计算机体积、功耗进一步减小,重量进一步减轻,运算速度更快(每秒几百万～几亿次)、可靠性和存储容量有了大幅度的提高,主要应用于科学计算、数据处理、过程控制、计算机辅助系统以及人工智能等各个方面。

图1-4　中、小规模集成电路　　　　　　图1-5　大规模集成电路

3.计算机的发展趋势

目前计算机的发展趋势可以概括为"巨""微""网""智"四个字。

"巨",指发展高速、大存储容量和功能强的超大型计算机系统。这既是天文、气象、宇航等尖端科学以及进一步探索的新兴学科如基因工程、生物工程的需要,也是为了能让计算机具有人脑学习、推理的复杂功能。

"微",指计算机的价格低、体积小、可靠性高、使用灵活方便。目前,可以把构成计算机的中央处理器制作在一块集成电路芯片中,构成人们常说的微处理器。微型化计算机起始于1971年,如今已经历了四个发展时期。在微处理器和单片机的基础上出现了许多个人计算机、专用工业控制机、笔记本计算机、单片机装置以及各种形式的掌上电脑、手机电脑等。

"网",指用通信线路把不同地域的多台计算机连接起来,一方面希望众多用户能共享信息资源,另一方面也希望各计算机之间能相互传递信息进行通信,真正实现信息交流和资源共享。计算机网络技术是在二十世纪六十年代末到七十年代初发展起来的,由于它符合社会发展的趋势,因此发展的速度很快。现在各种局域网、广域网遍及全球。

"智",指具有"听觉"、"视觉"、"嗅觉"和"触觉",甚至具有"情感"等感知能力和推理、联想、学习等思维能力的计算机系统。从目前的发展来看,人工智能包括三个方面,即知识工程、模式识别和机器人学,其核心是知识工程。知识工程建立在专家系统的基础上,用计算机对专家的知识和经验进行组织、加工和处理,模拟专家们的思维方法进行推理并预测未来的发展。计算机在推理的过程中不断学习,进行知识的积累和更新。

1.2.3 计算机的特点

现代电子数字计算机与以往的计算工具有着本质的区别。计算机不仅可以高速地进行数字计算与数据信息处理,而且具有超强的记忆功能和高可靠性的逻辑判断能力。计算机今天的功效是当初设计者所远远没有想到的。概括起来,电子计算机主要有以下几个特点:

1. 运算速度快

计算机的速度通常是指每秒所执行的指令条数。一般计算机的运算速度可以达到每秒上百万次,目前最快的已达到每秒几亿亿次以上。计算机的高速运算能力为完成那些计算量大、时间性要求强的工作提供了保证。例如,天气预报、大地测量的高阶线性代数方程的求解,导弹或其他发射装置运行参数的计算,情报、人口普查等超大量数据的检索处理等。从上万个数据中找到所需要的信息仅要2~3秒。目前我国运行速度最快的超级计算机"天河二号",其运行速度为每秒5.49亿亿次,在2015年7月13日"2015国际超级计算大会"上,公布的第45届世界超级计算机500强排行榜上再次位居第一,这是天河二号自2013年6月问世以来,连续5次位居世界超级计算机500强榜首。

2. 计算精度高

计算机可以保证计算结果的任意精确度要求,这取决于计算机表示数据的能力。现代计算机提供多种表示数据的能力,以满足对各种计算精度的要求。一般在科学和工程计算课题中,对精确度的要求特别高。在科学技术和工程设计中存在着大量的各类数字计算。如求解几百乃至上千阶的线性方程组、大型矩阵运算等,这些问题广泛出现在导弹实验、卫星发射、灾情预测等领域,其特点是数据量大、计算工作复杂,这类问题用传统的计算工具是难以完成的,有时人工计算需要几个月、几年,而且不能保证计算准确度,使用计算机则只需要几天、几小时甚至几秒钟。

3. 具有逻辑判断和记忆能力

计算机的存储器(内部存储器和外部存储器)类似于人的大脑,能够"记忆"大量的信息。它不仅能完成各类计算,而且利用逻辑判断可以在数据处理中进行数据整理、分类、合并、比较、统计、排序、检索及存储等。

4. 工作自动化

计算机能自动执行命令，在工作过程中不需要人工干预，只要给它发出工作指令，它将按着指令自动执行存放在存储器中的程序。

正是由于以上特点，人们所进行的任何复杂的脑力工作，只要能分解为计算机可执行的基本操作，并以计算机所能识别的形式表示出来，存入计算机，计算机就能模仿人脑，按照人们的意愿自动工作，所以人们也把计算机称为"电脑"。但计算机本身又是人类智慧所创造的，计算机的一切活动又要受到人的控制，它只是人脑的补充和延伸，可以利用计算机辅助和提高人的思维能力。

1.2.4　计算机的分类

1. 按处理方式分类

按处理方式分类，可以把计算机分为模拟计算机、数字计算机以及数字模拟混合计算机。模拟计算机主要用于处理模拟信息，如工业控制中的温度、压力等，该类计算机的运算部件是一些电子电路，运算速度极快，但精度不高，使用也不够方便。数字计算机采用二进制运算，特点是解题精度高，存储信息方便，是通用性很强的计算工具，既能胜任科学计算和数字处理，也能进行过程控制和 CAD/CAM 等工作。混合计算机是取数字、模拟计算机之长，既能高速运算，又便于存储信息，但这类计算机造价昂贵。现在人们所使用的大多是数字计算机。

2. 按功能分类

按计算机的功能分类，一般可分为专用计算机与通用计算机。专用计算机功能单一，可靠性高，结构简单，适应性差。但在特定用途下最有效、最经济、最快速，是其他计算机无法替代的，如军事系统、银行系统的计算机。通用计算机功能齐全，适应性强，目前人们所使用的大多是通用计算机。

3. 按规模分类

按照计算机规模，参考其运算速度、输入/输出能力、存储能力等因素划分，通常将计算机分为巨型机、大型机、小型机、微型机。

（1）巨型机

巨型机运算速度快，存储量大，结构复杂，价格昂贵，主要用于尖端科学研究领域，如曙光、天河一号及天河二号等。

（2）大型机

大型机规模次于巨型机，它有比较完善的指令系统和丰富的外围设备，主要用于计算机网络和大型计算中，如 IBM 4300 等。

（3）小型机

小型机比大型机规模小，结构简单，运行环境要求和成本较低，维护也较容易。小型机用途广泛，一般应用于工业自动控制、测量仪器、医疗设备中的数据采集等方面，如单芯片云计算机（SCC）。

（4）微型机

微型机由微处理器、半导体存储器和输入/输出接口等芯片组成，它比小型机体积更小、价格更低、灵活性更好、可靠性更高,使用更加方便。目前许多微型机的性能已超过以前的大、中型机。微型机广泛应用于商业、服务业、办公自动化以及大众化的信息处理。

4.按照工作模式分类

按照工作模式分类,可分为两类:服务器和工作站。

(1)服务器

服务器是一种可供网络用户共享的、高性能的计算机。服务器一般具有大容量的存储设备和丰富的外围设备,运行网络操作系统,要求较高的运行速度,为此,很多服务器都配置了双 CPU。服务器上的资源可供网络用户共享。

(2)工作站

工作站是高档微机,它的独到之处是具有很强的图形处理功能,配有大容量主存、大屏幕显示器、专用图形处理软件,特别适合于 CAD/CAM 等领域。同时,还易于互联网。

1.2.5 计算机的应用领域

计算机的应用十分广泛,目前已渗透到人类活动的各个领域,国防、科技、工业、农业、财贸、商业、交通运输、文化教育、政府部门、服务行业等各行各业都在广泛地应用计算机解决各种实际问题。归纳起来主要有以下几个方面:

1.科学和工程计算

在科学实验或者工程设计中,利用计算机进行数值方法求解或者进行工程制图,称之为科学和工程计算。它的特点是计算量比较大,逻辑关系相对简单,是计算机的一个重要应用领域。

2.信息处理

信息处理是使用计算机对大量信息数据进行记录、整理、检索、分类、统计、传递等,是目前计算机应用最广阔的领域,占全部应用领域的 80% 以上。例如情报管理、财务管理、人事档案管理、银行业务、证券市场、民航铁路运输、国民经济的统计、规划及预算、填表报名等,都需要使用计算机进行计算。在实现现代化的科学管理中,计算机及计算机网络是必备的工具和技术。例如信息管理系统(MIS)、电子数据交换系统(EDI)、办公自动化系统(OAS)、决策支持系统(DSS)都是依靠计算机及网络进行的。

3.自动控制

由于计算机具有很强的算术与逻辑运算能力,很适合自动控制中的信号采集、分析与处理,因此在现代化的自动控制中,计算机是控制中枢。自动化生产线、电力传输、无人工厂、航天飞行器、火箭、导弹等,都是依靠计算机进行控制的。

4.网络应用

利用计算机网络,可以使一个地区、一个国家,甚至世界范围内的计算机与计算机实现软件、硬件和信息共享。使用它可进行全球信息查询、邮件传送、票据兑付、银行存/贷款、文化娱乐、学习以及电子商务等各种活动。如今各种跨地域的邮电通信、卫星通信以及其中的大型交换机都是依靠计算机进行控制的,通过这些网络可以传送电子邮件、信函,甚至进行可视化通信等,而这些都是依靠由电子计算机构成的网络实现的。目前,Internet 已成为全球性的互联网络。

5．计算机辅助工程

计算机辅助工程包括计算机辅助设计（CAD）、计算机辅助制造（CAM）和计算机辅助测试（CAT）等，是利用计算机帮助人们进行工程设计、模拟制造和测试的工具。利用计算机进行辅助设计，可以提高设计质量和自动化程度，大大缩短设计周期，降低生产成本，节省人力物力。设计人员只要按要求输入必要的参数，计算机通过计算，确定设计方案，然后绘制出全部图纸，其中包括零件图、结构图、装配图以及工艺流程图等。例如有一个概念航天飞机，先用 CAD 设计出来，再用计算机"制造"出虚拟样本，并对它进行运动学及动力学的虚拟测试，发现问题就修改设计，反复多次，直到虚拟样机通过测试。在对超大、超小和超远的物体测量中，需要使用计算机进行信号的采集、分析与处理。例如各种粒子的测量、太空探测以及地下资源的勘探等都离不开计算机。

6．计算机辅助教学

随着多媒体技术的发展，计算机辅助教学（CAI）得到了迅速的发展。利用计算机可以辅助教师进行各种教学活动，可把各种用文字难以表达的知识通过计算机演示出来，做到图、文、声并茂，生动形象，易于理解。比如锅炉的燃烧、电力生产过程等都可以通过计算机进行模拟，驾驶员、飞行员也可以通过计算机进行模拟训练。使用计算机辅助教学还可以使教学规范化、科学化，把教学与管理结合起来，有利于提高教学质量。通过计算机网络传送教学内容，实施管理，还可实现跨地区的远程教育。

7．智能仪器仪表与家用电器

智能仪器仪表是把各种测量技术与计算机结合起来，采用人工智能技术把对信号的测量、分析、综合处理结合起来，从而构成智能化的仪器仪表，再配以通信接口，可以控制网络连接。另外，各种家用电器、影像设备、电子游戏机都引入了微处理器或单片机，实现了人们常说的"电脑控制"。

8．电子商务

电子商务是在计算机网络上进行的商务活动。它是涉及企业和个人各种形式的、基于数字化信息处理和传输的商业交易。它包括电子邮件、电子数据交换、电子资金转账、快速响应系统、电子表单信用卡交易等电子商务的一系列应用。

9．人工智能

人工智能（Artificial Intelligence，AI）是利用计算机的逻辑推理，模拟人类大脑的逻辑思维、逻辑推理，使计算机通过学习进行知识积累、知识重构和自我完善。实现自然语言理解与生成、定理机器证明、自动翻译、图像识别、声音识别、疾病诊断，并能用于各种专家系统的机器人构造等。近年来，人工智能的研究开始走向实用化。人工智能是计算机应用研究的前沿科学，专家系统、人工智能、神经网络技术就是这方面的代表。

10．娱乐与文化教育

随着计算机日益小型化、平民化，它逐步走进了千家万户，可用于欣赏电影、观看电视、玩游戏、通信及家庭文化教育等。

1.2.6　数制及数制之间的转换

1．常用数制

数据是计算机处理的对象。数有大小和正负之分，还有不同的进位计数制，常用的有十进制和六十进制等。由于计算机是由半导体器件制造而成的,它的电路很容易实现用两种不同的稳定状态来代表 0 和 1,如电平的高和低、开关的闭合与断开等,故在计算机内部均采用二进制表示数据信息。由于二进制数比起等值的十进制数位数要多得多,大约相当于三倍,写起来长,读起来也不方便。为此,通常用八进制和十六进制作为二进制的缩写方式。

数制所使用的数码的个数称为基数,数制每一位所具有的值称为权。

(1)十进制

十进制主要用在计算机外部。其特点是:需要用到 10 个数字符号 0,1,2,3,4,5,6,7,8,9,即十进制数中的每一位数字都是这 10 个数字符号之一,即基数为 10;遵循"逢十进一,借一当十"的原则。十进制数用数字后跟字母 D 表示。

(2)二进制

二进制是用于计算机内部描述各种信息的一种数制。其特点是:二进制数由"0"和"1"两个数字构成,即基数为 2;遵循"逢二进一,借一当二"的原则。二进制数用数字后跟字母 B 表示。

(3)八进制和十六进制

八进制和十六进制是为了弥补二进制数字长度过长的缺点而出现的,用来描述存储单元的地址。八进制的数码为 0,1,2,3,4,5,6,7,共 8 个,即基数为 8;遵循"逢八进一,借一当八"的原则。八进制数用数字后跟字母 O 表示。十六进制的数码为 0,1,2,3,4,5,6,7,8,9,A、B、C、D、E、F,共 16 个,其中 A、B、C、D、E、F 分别代表十进数中的 10、11、12、13、14、15;十六进制遵循"逢十六进一,借一当十六"的原则。十六进制数用数字后跟字母 H 表示。

2.不同进制数之间的转换

十进制数、二进制数、八进制数和十六进制数的对应关系,如表 1-1 所示。

表 1-1　　常用数制对照表

十进制	二进制	八进制	十六进制	十进制	二进制	八进制	十六进制
0	0	0	0	9	1001	11	9
1	01	1	1	10	1010	12	A
2	10	2	2	11	1011	13	B
3	11	3	3	12	1100	14	C
4	100	4	4	13	1101	15	D
5	101	5	5	14	1110	16	E
6	110	6	6	15	1111	17	F
7	111	7	7	16	10000	20	10
8	1000	10	8				

1.3　任务实施

1.十进制数转换成二进制数

十进制数转换成二进制数,其整数部分与小数部分转换方法不同,需要分别转换。十进制整数转换成二进制整数,采用"除 2 取余法"。具体做法是将十进制整数反复除以 2,

直到商为零。将每次得到的余数(必定是 0 或 1)从后到前连接起来,就可以得到相应的二进制数。

(1)将十进制数 126 转换成二进制数,其过程如下。

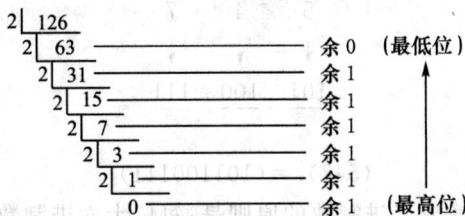

即

$$(126)_{10} = (1111110)_2$$

十进制小数转换为二进制小数,采用"乘 2 取整法"。具体做法是将十进制数的小数部分反复乘以 2,直到余下的小数部分为零或达到指定的精度。将每次得到的整数部分(必定是 0 或 1)从前到后连接起来,就可得到相应的二进制数。

提示:如果某个十进制数既有整数部分又有小数部分,可以将其整数部分和小数部分分别转换,然后再组合起来。

(2)将十进制小数 0.665 转换成二进制,其过程如下。

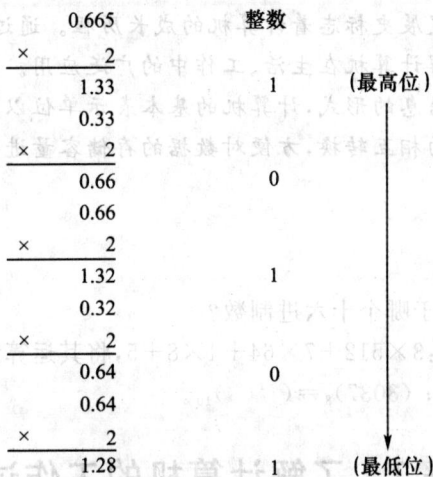

即

$$(0.665)_{10} = (0.10101)_2$$

2.二进制数转换成十进制数

二进制数转换成十进制数采用按权相加法,即二进制数的每一位与该位权值乘积之和。

将二进制数 11110.01 转换为十进制数。

$$(11110.01)_2 = 1 \times 2^4 + 1 \times 2^3 + 1 \times 2^2 + 1 \times 2^1 + 0 \times 2^0 + 0 \times 2^{-1} + 1 \times 2^{-2} = (30.25)_{10}$$

3.八进制数和十六进制数转换成二进制数

八进制数转换成二进制数的原则是:每位八进制数用相应的三位二进制数代替。

(1)将八进制数 547 转换成二进制数。

$$5 \quad 4 \quad 7$$
$$\downarrow \quad \downarrow \quad \downarrow$$
$$\underline{101} \quad \underline{100} \quad \underline{111}$$

即

$$(547)_8 = (101100111)_2$$

同理,十六进制数转换成二进制数的原则是:每位十六进制数用相应的四位二进制数代替。

(2)将十六进制数 A5D 转换成二进制数。

$$A \quad 5 \quad D$$
$$\downarrow \quad \downarrow \quad \downarrow$$
$$\underline{1010} \quad \underline{0101} \quad \underline{1101}$$

即

$$(A5D)_{16} = (1010\ 0101\ 1101)_2$$

思考:如何将八进制数或者十六进制数转换成十进制数呢?如何将二进制数转换成八进制数或者十六进制数呢?

任务小结:计算机的发展史标志着计算机的成长历程。通过本任务的学习,读者了解了计算机的发展历史,了解计算机在生活、工作中的广泛应用。同时把读者带入了数据的海洋,学习了计算机表示信息的形式,计算机的基本表示单位以及二进制数、八进制数、十进制数、十六进制数之间的相互转换,方便对数据的存储容量进行衡量。

1.4 实战训练

【实训内容】

1.八进制数 152 等值于哪个十六进制数?

2.十进制算术表达式:3×512+7×64+4×8+5,将其运算结果用二进制数表示。

3.$(2010)_{10} = ($ $)_2$;$(3037)_8 = ($ $)_{10}$。

任务2 了解计算机的工作过程

2.1 工作任务及分析

1.任务描述

了解计算机系统组成及其工作过程。

2.任务分析

硬件是计算机的躯体,软件是计算机的灵魂。了解计算机系统组成及其工件原理、微型计算机的主要性能指标、计算机的基本配置(特别是主板上的主要器件、接口类型及作用)、常用存储器设备、常用计算机外围设备等,提高读者对计算机的深层认识。

2.2 知识与技能

2.2.1 计算机系统的组成

日常所说的计算机,严格地说,都应称为计算机系统,主要由计算机硬件系统和计算机软件系统两大部分组成。硬件指机器本身,是能够看得见、占有一定体积的实体的总和。软件是指一些大大小小的程序,是计算机上全部可运行程序的总和。硬件是计算机的物质基础,而软件是无形的,如同人的知识和思想,是计算机的灵魂。只有这两者密切地结合在一起,才能成为一个正常工作的计算机系统。

把不装备任何软件的计算机称为硬件计算机或"裸机",它只能运行机器语言编写的程序。"裸机"是不能开展任何工作的。

常见的计算机是微型计算机。一般微型计算机系统的整体结构如图 1-6 所示。

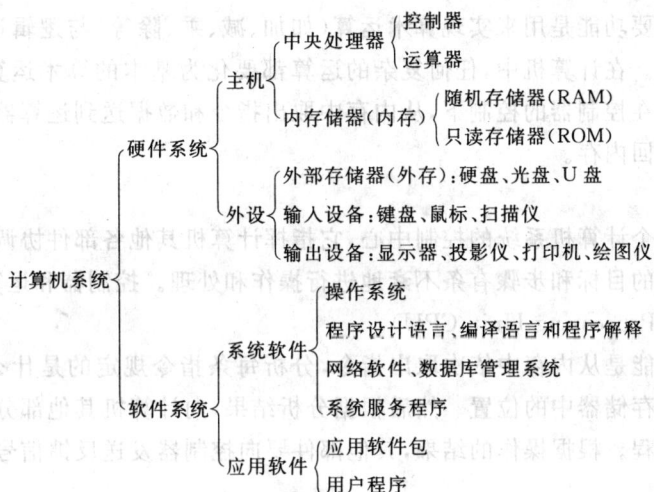

图 1-6 微型计算机系统整体结构

2.2.2 计算机结构和工作原理

1.冯·诺依曼计算机的基本结构

自第一台计算机诞生以来,计算机已发展成为一个庞大的家族,尽管各类型计算机的性能、应用等方面存在着差别,但是它们的基本组成结构却是相同的。现在我们所使用的系统结构一直沿用了由著名数学家冯·诺依曼提出的模型。这个模型包含了三个要点:

(1)计算机采用二进制数形式表示数据和指令;

(2)计算机将数据和指令存放在存储器中;

(3)计算机硬件由控制器、运算器、存储器、输入设备和输出设备五大部分组成。

2.计算机的工作原理

各种各样的信息通过输入设备,进入计算机的存储器,然后送到运算器,运算完毕把结果送到存储器存储,最后通过输出设备显示出来。整个过程由控制器进行控制。计算机的基本硬件结构及整个工作过程如图 1-7 所示。

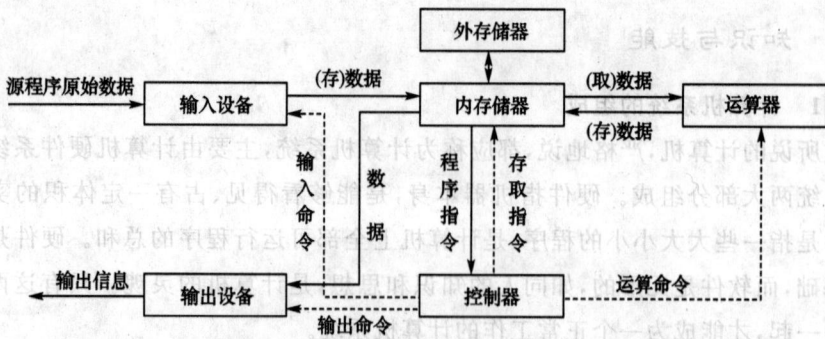

图 1-7 计算机系统的基本硬件组成及工作原理

2.2.3 计算机硬件系统

1. 运算器

运算器的主要功能是用来实现算术运算(如加、减、乘、除等)与逻辑运算(如比较、移位、与、或、非等)。在计算机中,任何复杂的运算都要化为基本的算术运算或逻辑运算进行处理。运算器在控制器的控制下,从内存中取出指令和数据送到运算器中进行运算,运算后再把结果送回内存。

2. 控制器

控制器是整个计算机系统的控制中心,它指挥计算机其他各部件协调工作,保证计算机按照预先规定的目标和步骤有条不紊地进行操作和处理。控制器和运算器合称为中央处理器(Central Processing Unit, CPU)。

控制器的功能是从内存中依次取出指令,分析每条指令规定的是什么操作以及进行该操作的数据在存储器中的位置。然后根据分析结果,向计算机其他部分发出控制信号,指挥整个计算过程。根据操作的结果,其他部件要向控制器发送反馈信号,以便控制器决定下一步的工作。

因此,计算机执行由人编写的程序,也就是执行一系列有序的指令。计算机自动工作的过程实质上是自动执行程序的过程。

3. 存储器

存储器的主要功能是用来存储程序和各种数据信息,并在计算机运行中高速自动完成指令和数据的存取。

存储器是具有"记忆"功能的设备,它分为内部存储器和外部存储器。

(1)内存储器

内存储器也称主存储器,在控制器控制下,与运算器、输入/输出设备交换信息。它用来存放计算机运行中的各种数据。内存分为 RAM、ROM 及 Cache。

RAM 为随机存取存储器(Random Access Memory),既可以从其中读取信息,也可以向其中写入信息。在开机前,RAM 中没有信息,开机后操作系统对其进行管理,关机后其中的信息都将消失。RAM 中的信息可随时改变。

ROM 为只读存储器(Read-Only Memory),是用来存放固定程序的存储器,一旦程序放进去之后,将不可改变。也就是说,只可从其中读取信息,不能向其中写入信息。在开机之前，ROM 中已经存有信息，关机后其中的信息不会消失。ROM 中的信息一成不变。

Cache 称为高速缓冲存储器，它在不同速度的设备之间交换信息时起缓冲作用。随着 CPU 工作频率的不断提高，RAM 的读写速度相对较慢，为解决内存速度与 CPU 速度不匹配而影响系统运行速度的问题，在 CPU 与内存之间设计了容量较小（相对主存）但速度较快的高速缓冲存储器，从而提高处理器的运行速度。

（2）外存储器

外存储器又称辅助存储器（简称辅存），它是内存储器的扩充。外存储器存储容量大、价格低，但存储速度较慢，一般用来存放大量暂时不用的程序、数据和中间结果，需要时，可成批地和内存储器进行信息交换。外存储器只能与内存储器交换信息，不能被计算机系统的其他部件直接访问。常用的外存储器有软盘、硬盘、U 盘、光盘等。

4.输入设备

输入设备是向计算机输入信息的设备，用户通过输入设备把要处理的数据信息输入计算机内。计算机常用的输入设备有：鼠标、键盘、扫描仪、光笔等。其中鼠标和键盘是微机系统必备的输入设备。

5.输出设备

输出设备是计算机和人之间的接口设备，它按命令将内存中的数据信息读出，并用可以看见的方式向操作者展示。计算机常用的输出设备有：显示器、打印机、绘图仪等。其中显示器和打印机是常见的输出设备。

2.2.4 计算机软件系统

软件系统的主要任务是提高计算机的使用效率，发挥和扩大计算机的功能和用途，为用户使用计算机系统提供方便。按软件的功能来划分，可分为系统软件和应用软件。

1.系统软件

系统软件是指计算机硬件为正常工作而必须配备的部分软件。其中包括：

（1）操作系统

操作系统是软件系统中最重要的软件，是系统软件的核心。它是由指挥、管理计算机系统运行的程序模块和数据组成的一种软件，其功能是管理计算机的硬件资源、软件资源和数据资源，是用户和计算机硬件之间的接口。

计算机可以根据需要配置不同的操作系统，典型的操作系统有 DOS、CP/M、OS/2、Windows、Linux 和 UNIX 等。

（2）程序设计语言

为了让计算机按人的意图进行工作，用户要使用计算机能"懂"的语言和语法格式编写程序，然后交给计算机执行来完成任务。编写程序所采用的语言就是程序设计语言，可分为机器语言、汇编语言和高级语言。

①机器语言

机器语言是指计算机能直接识别的语言，它是由"1"和"0"组成的一组代码指令。例如，01001001，作为机器语言指令，表示将某两个数相加。由于机器语言比较难记，所以基本上不能用来编写程序。

②汇编语言

汇编语言是由一组与机器语言指令一一对应的符号指令和简单语法组成的。例如，"ADD A,B"表示将 A 与 B 相加后存入 B 中，它与上例的机器语言指令 01001001 直接对应。汇编语言要由一种"翻译"程序来将它翻译为机器语言，这种翻译程序称为汇编程序。任何一种计算机都配有只适用于自己的汇编程序。汇编语言适用于编写直接控制计算机操作的低层程序，它与硬件密切相关。

③高级语言

高级语言比较接近日常用语，对计算机硬件依赖性低，是适用于各种计算机的计算机语言。目前，高级语言已发明出数十种，下面介绍常用的几种，如表 1-2 所示。用高级语言来编写程序（称为源程序）就像用预制板代替砖块来造房子，效率要高得多。但 CPU 并不能直接执行这些新的指令，需要编写一个软件，专门用来将源程序中的每条指令翻译成一系列 CPU 能接受的基本指令（也称机器语言），使源程序转化成能在计算机上运行的程序。

表 1-2　　　　　　　　　　　　　　　常用的高级语言

语言名称	功　能	适用范围
BASIC	一种最简单易学的计算机高级语言，许多人学习基本的程序设计就是从它开始的。新开发的 Visual Basic 具有很强的可视化设计功能，是重要的多媒体编程工具语言	教学和小型应用程序的开发
FORTRAN	一种非常适合于工程设计计算的语言，它已经具有相当完善的工程设计计算程序库和工程应用软件	科学及工程计算程序的开发
C	一种具有很高灵活性的高级语言，它适合于各种应用场合，所以应用非常广泛	中、小型系统程序的开发
C++	C++是 C 语言的加强，主要是引入了面向对象程序设计，增强了代码的可重复使用性，使程序设计代码更为简洁	面向对象程序的开发
Java	这是近几年才发展起来的一种新的高级语言。它适应了当前高速发展的网络环境，非常适合交互式多媒体应用的编程。它的特点是简单、性能高、安全性好、可移植性强	面向对象程序的开发

（3）服务程序

服务程序主要是指用户使用和维护计算机时所使用的程序，主要包括计算机的监控管理程序、调试程序、故障检查和诊断程序及连接、安装驱动程序。除此之外，还包括软件开发工具和数据库管理系统等服务程序。

（4）数据库管理系统

数据库管理系统主要由数据库（DB）和数据库管理系统（DBMS）组成。常见的数据库管理系统有：Access、SQL Server、FoxPro、Oracle 等。

（5）网络软件

网络软件主要指网络操作系统。

（6）系统服务程序

系统服务程序也称"软件研制开发工具""支持软件""支撑软件""工具软件"，主要有：编辑程序、调试程序、诊断程序等。

2.应用软件

应用软件是指除了系统软件以外的所有软件，是为解决各类应用问题由软件公司或用户编写的程序。应用软件的程序可以用机器语言、汇编语言、C语言或Java语言等高级语言编写。应用软件具有很强的实用性,专门用于解决某个应用领域中的具体问题,具有很强的专用性。常见的应用软件有:各种信息管理软件(工资管理软件、人事管理软件等)、办公自动化系统、各种文字与表格处理软件、各种辅助设计软件以及辅助教学软件(CAD、CAM、CAI、CAT等)、各种软件包(如图形软件包)等。

总之,系统软件是计算机运行的基础,没有系统软件,计算机很难使用;而应用软件是建立在系统软件基础上的,是为了更好地发挥计算机作用而开发的程序。

2.2.5 微型计算机的主要技术指标

微型计算机的主要技术指标有以下几项:

1.字长

字长以二进制位为单位,其大小是CPU能够一次性处理数据的二进制位数,它确定了计算机的运算精度,直接关系到计算机的功能和速度。字长越长,计算机运算精度就越高,其运算速度也越快。

2.运算速度

通常所说的计算机运算速度(平均运算速度),是指每秒钟所能执行的指令的条数。一般用百万次/秒(MIPS)来描述。

3.时钟频率(主频)

时钟频率是指CPU的时钟频率,即在单位时间内发出的脉冲数,其单位是赫兹(Hz)。计算机的运算速度主要是由主频决定的。

4.存取周期

把信息存入存储器的过程称为"写",把信息从存储器中取出来的过程称为"读"。存储器的访问时间(读写时间)是指存储器进行一次读或写操作所需的时间;存取周期是指连续启动两次独立的读或写操作所需的最短时间。目前微机的存取周期约为几十纳秒到一百纳秒左右。

5.内存容量

内存容量反映了内存存储数据的能力。存储容量越大,处理数据的范围就越广,运行速度也越快。

以上只是一些主要性能指标,衡量一台计算机的性能还要考虑计算机的兼容性、系统的可靠性等,不能根据一两项指标来评定计算机的优劣。

2.2.6 计算机中的数据单位

存储器可存储数据的多少称为存储器的容量,其单位有:位和字节。

1.位(bit)

位是指二进制数的一位,记为bit。位是计算机中最小的信息单位。

2.字节(Byte)

一个字节由8位二进制位组成(1Byte=8bits)。字节是信息存储中最常用的基本单位。

3.存储容量

计算机存储器通常以多少字节来表示它的容量。常用的单位有KB(千字节)、MB(兆字节)、GB(吉字节)。

$$1\ KB=2^{10}\ B=1\ 024\ Byte$$
$$1\ MB=2^{10}\ KB=1\ 024\ KB$$
$$1\ GB=2^{10}\ MB=1\ 024\ MB$$

2.2.7　主机

主机是计算机最主要的部分,也是价格最贵的部分。外观看起来像个小箱子,它的外壳称为机箱。主机主要由主板、CPU、内存、总线等构成,通常被封闭在机箱内,其主要部件都是由集成度很高的大规模集成电路和超大规模的集成电路构成。

1.主板

主板也叫母板,如图 1-8 所示,是计算机中最大的一块印刷电路板,位于机箱内底部,通常含有印刷电路板 CPU 插座、主板控制芯片、CMOS 只读存储器、随机存储器 RAM(内存条)插槽、扩展插槽、Cache 存储器、键盘插口、各种连接插口和总线等。

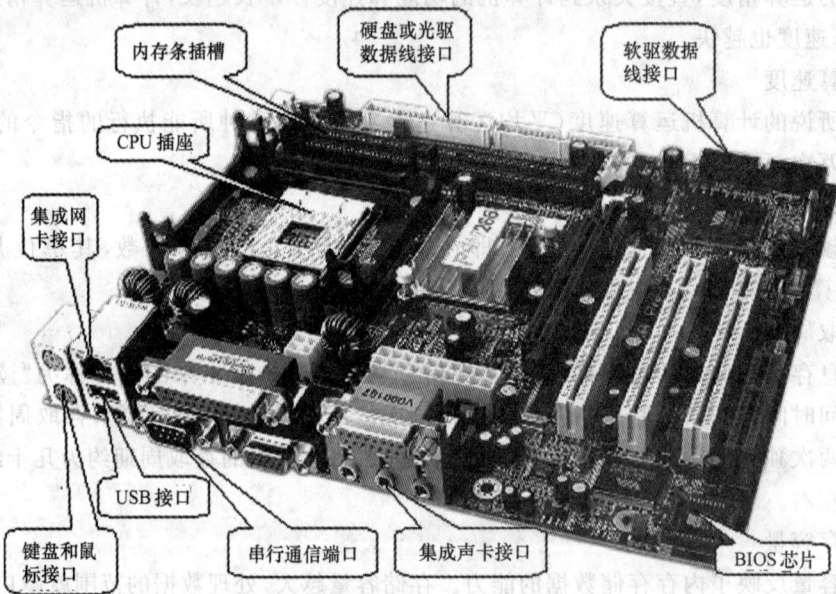

内存条插槽　硬盘或光驱数据线接口　软驱数据线接口　CPU 插座　集成网卡接口　USB 接口　键盘和鼠标接口　串行通信端口　集成声卡接口　BIOS 芯片

图 1-8　主板

2.CPU

CPU 是电脑的核心,它是集成计算机的运算器和控制器的一块芯片,如图 1-9 所示。它决定了计算机内存的最大容量、运算速度、对外设的支持以及软件的配备等。通常所说的计算机的型号,如 486、奔腾、奔腾Ⅰ、奔腾Ⅱ、奔腾Ⅲ、奔腾Ⅳ、酷睿 i3、酷睿 i5、酷睿 i7 等是指 CPU 的型号。目前市场上的多数 CPU 是由 Intel 和 AMD 两大厂商生产的。市面上有 AMD 新款双核:220、240、245、250;Intel:i3 530、i3 560、i5 560 等。

图 1-9　CPU 和插座

CPU 主要有以下几个技术指标：

（1）主频

主频也叫时钟频率，单位是 MHz，用来表示 CPU 的运算速度。CPU 的主频＝外频×倍频系数。主频的高低直接影响 CPU 的运算速度。

（2）外频

外频是 CPU 的基准频率，单位也是 MHz。CPU 的外频决定着整块主板的运行速度。

（3）前端总线（FSB）频率

前端总线（FSB）频率（即总线频率）直接影响 CPU 与内存数据交换的速度。

（4）CPU 的字长

字长是 CPU 在单位时间内能一次处理的二进制数的位数。所以 32 位的 CPU 一次就能处理 32 位二进制数，字长为 64 位的 CPU 一次可以处理 8 个字节。

（5）倍频系数

倍频系数是指 CPU 主频与外频之间的相对比例关系。

（6）缓存

缓存大小也是 CPU 的重要技术指标之一。CPU 内置的高速缓存可以提高 CPU 的运行效率。

3. 内存

内存的主要功能是存放数据、执行指令并根据需要写入或读出数据。所以内存容量的大小和性能的高低，牵涉到计算机性能高低。目前常用的内存主要是 DDR2 和 DDR3 类型，数据传输率一般为 3200～6400 Mbps。品牌有三星、金士顿、奇梦达、现代、东芝、创见等，规格有 SDRAM、DDR2 内存等。如图 1-10 所示的是常见的 DDR3 内存条。

图 1-10　内存条

4. 硬盘驱动器

硬盘驱动器简称硬盘，是电脑中最重要的数据外存储设备之一，是内存的主要后备存储器。具有存储量大、速度快、寿命长等优点。目前常用的硬盘一般为 5.25 英寸盘径，如图 1-11 所示，硬盘的大部分组件都密封在一个金属体内，容量一般可达几十到几百 GB。希捷、日立、迈拓、富士通等都是目前主流的硬盘品牌。

图 1-11　硬盘

一个硬盘一般由多个盘片组成,盘片的每一面都有一个读写磁头。硬盘在使用时,要将盘片格式化成若干个磁道(各盘片的同号磁道称为柱面),每个磁道再划分为若干个扇区。硬盘的存储容量计算公式是:

$$存储容量＝磁头数×柱面数×扇区数×每扇区字节数$$

提示:在硬盘使用期间,应该定期备份其中的数据,避免因故障造成的数据损失。

硬盘主要有以下几个重要技术指标:

(1)容量。目前硬盘容量可达 500 GB 以上,其单片容量越大越好。

(2)平均寻道时间,即硬盘磁头移动到数据所在磁道时所用的时间,单位为毫秒。平均寻道时间越小越好。

(3)主轴转速,即硬盘内主轴的转动速度。目前 ATA(ITE)硬盘的转速为 7200 转/分钟。

5. 光盘驱动器

(1)光盘

光盘是一种使用非磁介质的存储设备,它利用光学原理来进行信息的读写。其共有三种类型:

只读型光盘,又称"CD-ROM"(Compact Disk Read Only Memory),其特点是由厂家将信息写入光盘,用户使用时将其中的信息读出,用户本身无法对 CD-ROM 进行写入操作。

可写一次型光盘,又称"CD-R"。这种光盘本身未经过任何信息的写入,用户使用时可以一次写入、多次读出,进行快速检索,并可代替磁盘等作为计算机的后备装置。

可重写型光盘,又称"可擦写光盘"或"可抹型光盘"(Erasable Optical Disk)。此光盘具有可换性、容量大和随即存取等优点。但价格较贵、速度较慢且不能兼容只读型与可写一次型光盘。

目前应用较多的是 CD-ROM,其容量在 650 MB～1 GB。此外,为满足高质量图形存储的需要,在 CD-ROM 的基础上又开发了 DVD-ROM,其容量一般在 4.7～17 GB。光盘有存储容量大、可靠性高、读取速度快等特点,因此受到普遍的欢迎。

注意:在光盘使用期间,应避免光盘受重物挤压,防止被坚硬物品划伤,防高温日晒,不要用不干净的手触摸盘面,以免影响数据的读取。用完及时从光驱中取出。

(2)光盘驱动器

光盘驱动器,简称光驱,如图 1-12 所示,是读取光盘信息的设备。光驱有三种:CD-ROM、CD-R 和 CD-RW。CD-ROM是只读光盘驱动器;CD-R 只能写入一次,以后不能改写;CD-RW 是可重复写、读的光盘驱动器。通常 CD-R 和 CD-RW驱动器称为刻录机。

光驱的主要技术指标是"倍速",光驱最初读取信息的速度是每秒 150 KB(1 KB＝1 024 Byte),后来光驱读取速度成倍提高,出现了 8 倍速光驱、16 倍速

图 1-12　光盘驱动器

光驱,多少倍速的光驱是指每秒读取信息速度乘以倍速的系数,如目前常用的 40 倍速光驱,是指光驱的读取速度为每秒 150 KB 乘以 40,即 150 KB×40＝6 000 KB。目前市场上已有 50 倍速、甚至 100 倍速的光驱。

6.显卡

显卡是计算机与显示器之间的一种扩展卡。显卡主要是负责图形处理,把计算机的数据传输给显示器并控制显示器的数据组织方式。如图 1-13 所示。有的显卡还可以把计算机信号转换成电视信号直接连接到电视机上。显卡的性能主要取决于显卡上的图形处理芯片。早期的图形处理主要由 CPU 负责,显卡只负责把 CPU 处理好的数据传输给

图 1-13 显卡

显示器,但随着 Windows 系统大量图形操作的应用,这些图形的处理若全部由 CPU 负责,会加重 CPU 的负担,从而影响整机的运行。所以,现在的图形处理主要由显卡负责。显卡的性能直接决定计算机图形图像以及颜色的显示效果。目前流行的显卡品牌有NAIVID、昂达、太阳花、七彩虹、蓝宝石等。

7.声卡

声卡也叫音效卡,它是多媒体电脑的重要部件之一,如图 1-14 所示。声卡具有录制与播放语音和音乐、选择单声道或双声道、声音信号的采样等功能。声卡的功能与性能直接影响到多媒体系统中的音频效果。目前市场上较流行的声卡品牌有创新、华硕、德国坦克、探索者等。对于双声道声卡,绿色接音箱,红色接麦克风,蓝色是线输入(line in),用来将外部声音输入电脑(比如 MP3 播放器或者 CD 机)。如果是四声道或者 5.1 声道,则多出几个,绿色:接前置音箱,黑

图 1-14 声卡

色:接后置音箱,橙色:接中置音箱或数字输出,红色还是接麦克风,蓝色是线输入 。一般声卡上还有一个扁扁的类似打印机接口的,是 MIDI 接口,用来连接外部 MIDI 设备,如MIDI 键盘等,平时用来接游戏手柄。

2.2.8 微型计算机常用外部设备

1.显示器

显示器是电脑的主要输出设备,电脑的各种操作状态最终都在显示器上显示出来。常见的显示器有两种,阴极射线管显示器(CRT)和液晶显示器(LCD)。CRT 显示器(如图 1-15 所示)可视角度大,色彩还原度高,色度均匀,价格比 LCD 显示器便宜;LCD 显示器(如图 1-16 所示)是一种采用液晶控制透光度技术来实现色彩的显示器,其画面稳定,无闪烁感,刷新率高。目前主要的显示器品牌有:三星、苹果、索尼、飞利浦、美格、AOC、LG 等。

图 1-15　CRT 显示器　　　　　　　　　图 1-16　LCD 显示器

　　显示器的主要性能指标是分辨率,分辨率越高图像越清晰。分辨率是用屏幕垂直方向和水平方向的像素乘积来衡量,通常是使用像素数目来计量的,如 1 920×1 200,其像素为 2 304 000,水平像素 1 920,垂直像素 1 200。显示器必须与显卡搭配使用,显示器的分辨率是靠显示卡的显示标准来支持,显示卡标准有 EGA、VGA、SVGA 等。

　　2.鼠标

　　鼠标是计算机的必备外设之一,实现对操作对象的单击、双击、拖动等操作,用以代替键盘烦琐的指令,使得计算机的操作更加简便。现在市面上鼠标种类很多,按其工作原理及其内部结构的不同可以分为机械式、光机式和光电式,目前使用最多的是光电鼠标。

　　如图 1-17 所示,机械式鼠标价格便宜,维修方便,所以用这种鼠标的人较多。机械鼠标内部装有一个橡胶球,通过它在平面上的滚动,把位置的移动变换成计算机可以理解的 0、1 信号,传给计算机处理后即可完成光标的同步移动。

　　如图 1-18 所示,光电式鼠标没有机械装置,而是在外壳底部装着一个光电检测器。同时它必须在一块专用的平板上滑动,平板中有精心的网格作为坐标,鼠标滑过时光电检测器根据移动的网格数,来实现计算机屏幕上光标的同步移动。光电鼠标精密度高,传送率快。需要注意的是光电鼠标相对于光电板的位置一定要正,稍微有一点偏斜就会造成鼠标不能正常工作。

图 1-17　机械鼠标　　　　　图 1-18　光电鼠标

　　半光电式鼠标是一种光电和机械相结合的鼠标,是目前市场上最常见的一种鼠标。半光电式鼠标在机械鼠标的基础上,将磨损最厉害的接触式电刷和译码轮改进成为非接触式的 LED 元件,在转动时可以间隔的通过光束来产生脉冲信号。由于采用的是非接触部件,使磨损率下降,从而大大地提高了鼠标的寿命,也能在一定范围内提高鼠标的精度。

半光电式鼠标的外形与机械鼠标没有区别,不打开鼠标的外壳很难分辨。

无线鼠标是比较新颖的鼠标,它是为了适应大屏幕显示器而生产的。所谓"无线",即没有电缆连接,而是采用2.4 GHz无线网络蓝牙等无线通信方式进行无线遥控,用七号电池供电,鼠标有自动休眠功能,电池可用一年,接收范围在1.8米以内。

3. 键盘

键盘是计算机中最基本也是最重要的输入装置,其在计算机的发展历史中起着重要的作用。用户的各种命令程序和数据都需要通过键盘输入到计算机中。市面上最常见的是104键盘,所有的按键可分为四个区:主键盘区、功能键区、编辑控制键区和数字小键盘区。

4. 打印机

打印机是计算机常用的输出设备。打印机在计算机系统中是可选件,利用打印机可以打印出各种资料、图形、图像等。根据打印机的工作原理,可以将打印机分为三类:针式打印机、喷墨打印机和激光打印机。

针式打印机又称点阵打印机(如图1-19所示),是利用打印头内的点阵碰撞针碰撞打印色带,在打印纸上产生打印效果。常用的针式打印机为24针宽行打印机。

喷墨打印机是使用喷墨来代替针打,它将墨水通过精致的喷头喷射到纸面上而形成输出的字符或图形。喷墨打印机价格便宜、体积小、噪声低、打印质量高,但对纸张要求高,墨水的消耗量大,适用于家庭购买。喷墨打印机是目前较流行的打印机,如图1-20所示。

激光打印机是激光技术和电子照相技术的复合产物,它将计算机输出信号转换成静电磁信号,磁信号使磁粉吸附在纸上形成有色字符。激光打印机印字质量高,字符光滑美观,打印速度快,打印时噪音小,但是价格稍高一些,如图1-21所示。

图 1-19 针式打印机　　　　图 1-20 喷墨打印机　　　　图 1-21 激光打印机

5. 可移动存储器

移动存储器是计算机系统中的记忆设备,用来存放程序和数据。近年来市场上出现了多种形式的大容量可移动存储器,这种存储器形式多样,外观小巧优美,如图1-22所示的移动硬盘和U盘。U盘的容量从几百MB到GB级以上,移动硬盘的容量可以达到200 GB以上。使用时直接插在计算机USB接口上,可以带电插拔,并且多数不用安装驱动程序。其操作简单,携带方便,且由于容量大,作用也更大。U盘中无任何机械式装置,抗震性能极强。另外,还具有防潮、防磁、耐高低温(−40℃~70℃)等特性,安全性和可靠性都很好。使用移动硬盘时,主要是要避免强烈震动、摔打、高温、磁场等。

注意:使用移动存储设备时,可以在开机的状态接入计算机,系统会自动识别出它们,并在操作系统的支持下自动安装相应的驱动程序。需要指出的是,当拔掉移动硬盘存储设备时,需要在系统中设定一下停止使用该设备或者删除该设备,然后再拔出,以免造成数据损坏。

图 1-22　移动硬盘和 U 盘

6.扫描仪

扫描仪是输入图片的主要设备,能把一幅画或一张照片转换成电子信号存储在计算机内,然后利用有关的软件编辑、显示或打印计算机内的数字化的图形,如图1-23 所示。扫描仪在计算机领域中具有广泛的用途,除处理图像信息外,还可以通过文字识别软件处理文本信息。

图 1-23　扫描仪

7.数码设备

越来越多的数码设备如 MP3 播放器(图 1-24(a))、数码照相机(图 1-24(b))、数码摄像机(图 1-24(c))能够直接与电脑连接,能很方便地将数据从这些设备中导入到电脑的硬盘中,然后用软件对音频或视频进行编辑,从而轻而易举地自己动手制作 DV(数码影像)和电子相册。投影仪(图 1-24(d))也越来越多地用于多媒体教学和商务会议中,电脑的功能和应用也因此越来越强。

(a)MP3播放器　　　　(b)数码照相机　　　　(c)数码摄像机　　　　(d)投影仪

图 1-24　MP3 播放器、数码照相机、数码摄像机和投影仪

2.3　任务实施

1.观察微型计算机的硬件设备。

(1)观察我们使用的微型计算机,说出显示器、鼠标、键盘的类别;

(2)观察主机箱后面的各种插口;

(3)打开主机箱盖,观察主板并指出 CPU、内存条、硬盘驱动器、光盘驱动器所在的位置。

2.微型计算机的设备连接

(1)将键盘的信号线插到主机箱后面的 USB 插口或者紫色 PS/2 圆形插孔中(视键盘接口类型而定);

(2)将鼠标的插头插入主机箱后面的 USB 插口或者绿色 PS/2 圆形插孔中(视鼠标接口类型而定);

(3)将显示器的信号线接到主机箱后面的显卡插口上,并拧紧螺丝;

（4）连接显示器和主机箱的电源线；

（5）连接其他外设，如音箱、打印机等。

3.微型计算机中安装的软件

接通计算机电源，说出计算机中都安装了哪些软件。

任务小结：本任务将读者从抽象的计算机世界带入到真实的计算机世界，通过学习，读者可以理解计算机的工作原理，掌握计算机系统各部件的功能，对计算机有更高层次的认识。硬件系统部分主要介绍了硬件系统的组成，包括主板、中央处理器、内存、外存等；此外，还介绍了一些常用的外部设备以及有关的技术指标。

任务 3　提高打字技能

3.1　工作任务及分析

1.任务描述

某公司为提高员工的打字水平，特举办打字比赛活动，人力资源部安排员工在比赛之前先进行英文打字练习，以此熟悉键盘和掌握正确的指法操作，然后进行中文打字练习，中文输入方法不限，争取在比赛中取得优异的成绩。

2.任务分析

键盘是进行计算机文字录入的硬件设备之一，在对文字录入的过程中，首先要熟悉键盘并掌握正确的指法操作，然后选择一种适合自己的输入法，才能更有效地提升文字录入速度和正确率。

3.2　知识与技能

3.2.1　键盘介绍

目前通常使用的 104 键盘是标准键盘。键盘是最常用的输入设备，向计算机发出的指令、编写的程序等大部分信息要通过键盘输入到计算机中。键盘共分为五个区，如图1-25所示。上方为功能键区，下方左侧为主键盘区，中间为编辑键区，右下角为小键盘区，右上角为状态指示区。

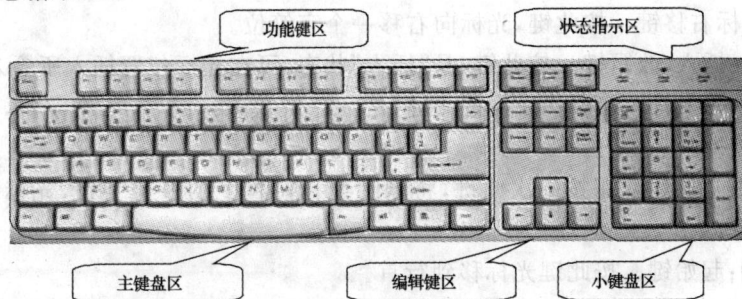

图 1-25　键盘区域划分

1. 主键盘区(共 61 个键)

字母键(A~Z):在字母键的键面上刻有大写的字母,键位安排顺序与英文打字机的字母键完全相同。按【Caps Lock】键,可进行大小写字母转换。

数字键(0~9)和符号键:每个键面上都有上下两种符号,也称双字符键。上面的符号称为上挡符号,下面的符号称为下挡符号,包括数字、运算符号、标点符号和其他符号。

控制键(14 个):这 14 个键中【Alt】、【Shift】和【Ctrl】键各有两个,为了操作方便,对称分布在左右两边。

【Caps Lock】:大小写锁定键,也叫大小写换挡键。键盘的初始状态为英文小写。按一下此键,其对应状态指示灯亮,表示已转换为大写状态并锁定,此时在键盘上按任何字母键均为大写。再按一次该键,又变为小写状态。

【Shift】:上档键,也叫换挡键。此键面上有向上的空心箭头,用于键入双字符键中的上档符号。操作方法是按此键的同时,按所需要的双字符键。

【Ctrl】:控制键。该键与其他键组合使用,能够完成一些特定的控制功能。

【Alt】:转换键。与 Ctrl 键一样,不单独使用,与其他键合用时产生一种转换状态。在不同的软件工作环境下,转换键转换的状态也不完全相同。

【Space】:空格键。键盘下部最长的键,按一下该键,光标向右移动一个空格。

【Enter】:回车键。从键盘上输入一条命令后,按此键,便开始执行这条命令。在编辑过程中,输入一行信息后,按此键光标将移到下一行。

【Backspace】:退格键。按此键,光标向左退回一个字符位,同时删掉该位置上原有的字符。

【Tab】:制表键。按此键光标向右移动八个字符。

【Windows】键。Windows 键有两个,分别位于两个【Alt】键的旁边,通过该键可以快速打开 Windows 的开始菜单。

【应用程序】键。位于键盘右侧 Ctrl 键的左边。通过应用程序键可以快速启动操作系统或应用程序中的快捷菜单或其他菜单。

2. 编辑和控制键区(共 10 个键)

【↑】:光标上移键。按此键,光标移到上一行。

【↓】:光标下移键。按此键,光标移到下一行。

【←】:光标左移键。按此键,光标向左移一个字符位。

【→】:光标右移键。按此键,光标向右移一个字符位。

【Insert】:插入/改写键。按此键,是"插入"状态,可在光标位置插入所输入的字符,光标连同右边所有字符一起右移。再按此键,是"改写"状态,每打入一个字符,会将光标右边的字符覆盖掉。

【Delete】:删除键。每按一次此键,将删除光标位置上的一个字符,光标右边的所有字符左移一格。

【Home】:起始键。按此键光标移到行首。

【End】:终点键。按此键光标移到行尾。

【PageUp】:向前翻页键。按此键使屏幕显示内容上翻一页。

【PageDown】:向后翻页键。按此键使屏幕显示内容下翻一页。

【Esc】:取消键,取消写入的命令。此键功能也常常被软件重新定义。

【PrintScreen】:打印屏幕键。在 DOS 环境下的功能是打印整个屏幕信息,在 Windows 环境下的功能是把屏幕的显示作为图形存到内存中以供处理。

【Scroll Lock】:滚屏锁定键。在某些软件环境下可以锁定滚动条,其右边有一个 Scroll Lock 指示灯,灯亮着表示锁定。

【Pause/Break】:作用是暂停程序或命令的执行。

3.小键盘区(共 17 个键)

如果用户向计算机输入的是数字时,可以使用小键盘区里的数字键。【Num Lock】键 是数字输入和编辑控制状态之间的切换键,正上方的 Num Lock 指示灯就是指示它所处 的状态,当指示灯亮着的时候,表示小键盘区正处于数字输入状态,反之则处于编辑状态。

4.功能键区(共 16 个键)

在不同的应用程序中,【F1】~【F12】的功能有所不同,以下是它们在 Windows 中的 功能。

【F1】:显示当前程序或 Windows 的帮助内容。

【F2】:如果在 Windows 中选定了一个文件或文件夹,按下【F2】键则会对这个选定的 文件或文件夹重命名。

【F3】:在资源管理器或桌面上按下【F3】键,则会出现"搜索文件"的窗口。

【F4】:这个键用来打开 IE 中的地址栏列表。

【F5】:用来刷新 IE 或资源管理器中当前所在窗口的内容。

【F6】:可以快速在资源管理器及 IE 中定位到地址栏。

【F7】:在 Windows 中没有任何作用。不过在 DOS 窗口中,有专用功能。

【F8】:在启动电脑时,可以用它来显示启动菜单。

【F9】:在 Windows 中没有任何作用。但在 Windows Media Player 中可以用来快速 降低音量。

【F10】:用来激活 Windows 或程序中的菜单,按下【Shift＋F10】会出现右键快捷菜 单。而在 Windows Media Player 中,它的功能是提高音量。

【F11】:可以使当前的资源管理器或 IE 变为全屏显示。

【F12】:在 Windows 中同样没有任何作用。但在 Word 中,按下它会快速弹出文件另 存为的窗口。

提示:在使用键盘的过程中,除进行单键操作外,还可以两键或三键同时操作,称为组 合键操作,电脑中有很多组合键操作,应用程序中经常定义组合键。下面是一些 Windows 中常用的组合键操作。

【Ctrl＋Alt＋Del】:启动 Windows 任务管理器。

【Ctrl＋C】:复制选中的对象。

【Ctrl＋V】:粘贴被复制的对象。

【Ctrl＋X】:剪切选中的对象到 Windows 剪贴板。

3.2.2　键盘的正确操作

用键盘向计算机输入文字时,影响录入速度的关键在于录入人员采用的操作姿势和指法。

1. 正确的打字姿势

正确的打字姿势有利于提高打字的准确率和速度,如果初学时姿势不当,就不能做到准确快速地输入,也易产生疲劳。

(1)调节座椅至合适的高度,全身放松。眼睛同计算机屏幕成水平直线,目光微微向下。

(2)身体保持笔直,全身自然放松,两脚自然踏地。

(3)手臂自然下垂,肘部距离身体约 10 厘米,手指轻放于规定的键上,手腕自然伸直。

(4)显示器宜放在键盘的正后方,与眼睛相距不少于 50 厘米。在放置输入原稿前,先将键盘右移 5 厘米,再将原稿紧靠键盘左侧放置,以便阅读。

(5)手指以手腕为轴略向上抬起,手指略弯曲。自然下垂,形成勺状。手指放在规定的键位上。

2. 键盘指法分区

(1)基准键位

基准键位是指打字键盘中间的 A、S、D、F、J、K、L 和;共 8 个键,将左手的小指、无名指、中指、食指和右手的食指、中指、无名指、小指的指端依次停放在这八个键位上,以确定两手在键盘的位置和击键时相应手指的出发位置。两个大拇指自然地搭在空格键上。

(2)原点键

原点键也称盲打定位键,指 F 和 J 这两个键。这两个键的键面上都有一个凸起的短横条,可用食指触摸相应的横条标记以使各手指归位,只要左右手食指找到了 F、J 这两个键,其他手指马上就能找到相应的正确位置。

(3)手指分工

键盘手指分工如图 1-26 所示,凡两斜线范围内的键,都必须由规定的手指管理,这样既便于操作,又便于记忆。

图 1-26 键盘手指分工图

3. 正确的键入指法

(1)一般键的击法

①手腕平直,手臂要保持静止,全部动作仅限于手指部分(上身其他部位不得接触键盘)。

②手指要保持弯曲,稍微拱起,指尖后的第一关节微成弧形,分别轻放在键的中央。

③输入时,手抬起,只有要击键的手指才可伸出击键,击毕立即缩回,不要停留在已击键上。

④输入过程中,要用相同的节拍轻轻地击键,不可用力过猛。

（2）空格键的击法

右手从基准键上迅速垂直上抬1～2 cm,大拇指横着向下一击并立即回归。

（3）回车键的击法

需要回车时,抬起右手小拇指击一次,击毕右手立即退回到基准键位,在手回归过程中小指弯曲,以免把分号带入。

提示:对于使用键盘的初级用户来说,可以选择适当的打字软件来练习,如金山打字通。

3.2.3 拼音汉字输入法

在汉字操作环境中,拼音输入法是基本的输入方法之一,其简单易学、应用广泛,适合会拼音的人选用。拼音输入法是用汉语拼音编码输入汉字的方法,缺点是重码率较高,一个拼音一般要对应多个汉字,当输入一个拼音后,需要从多个汉字中选择所需汉字,输入速度会受到影响,专业操作人员很少选用它。但又由于它简单易学,所以适合不需要输入大量汉字的计算机使用人员。下面以智能 ABC 拼音输入法为例,介绍拼音输入法的使用。

1.中文输入法的切换

方法一:用【Ctrl＋Space】键启动或关闭中文输入法,或用【Ctrl＋Shift】键在各输入法间切换。

方法二:单击屏幕右下角的"语言栏"图标■,弹出输入法提示菜单,如图 1-27 所示。菜单上显示当前系统中已经安装的输入法,单击选用的输入法,将弹出该输入法的操作界面。同时,语言栏上输入法"指示器"变成与所选输入法相对应的图标。

智能 ABC 输入法是 Windows 操作系统自带的一种规范、灵活、方便的汉字输入方法。启用了智能 ABC 中文输入法后,屏幕左下部会弹出如图 1-28 所示的输入法操作界面。

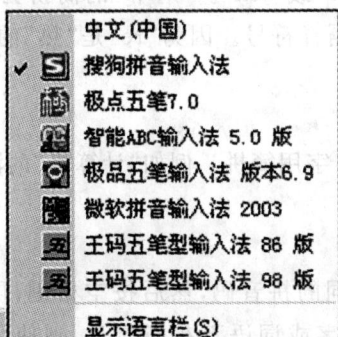

图 1-27 输入法提示菜单   图 1-28 智能 ABC 状态条

2.工具栏介绍

（1）中英文切换按钮:单击此按钮,可以实现英文/中文输入方法的切换。

（2）输入方式切换按钮:单击此按钮,可在智能 ABC 中文输入法的"标准"和"双打"之间选择。

（3）全角/半角切换按钮:单击此按钮,可进行全角/半角方式切换。■形状是全角方式。

（4）中英文标点符号切换按钮:单击此按钮,在中英文标点符号之间切换。■是中文标点符号图标,■是英文标点符号图标。

（5）软键盘按钮：单击此按钮，可以打开或关闭软键盘，如图 1-29 所示，可以用鼠标操作软键盘进行输入。选中此按钮并单击右键时，弹出软件盘菜单，可以根据需要选择不同的软键盘。

图 1-29　智能 ABC 输入法的软键盘

提示：在选定中文输入法后，按【Shift＋Space】键可以进行全角/半角方式切换，按【Ctrl＋.】键可以进行中文/英文标点符号的切换。

3.智能 ABC 的输入方式

智能 ABC 允许用户使用音、形或音形结合的方式输入汉字，在拼音中可以是全拼、简拼或者二者的结合，系统将自动识别各种方式的转换。

（1）全拼输入

全拼输入方式与汉语拼音的规则完全一致。

（2）简拼输入

简拼输入的规则是取每个汉字的声母或每个汉字的第一个字母（包括 sh,ch,zh）。例如"共和国"的简拼为"ghg"，"经常"的简拼为"jc"或"jch"。"中华"的简拼为"z'h"或"zhh"，"然而"的简拼为"r'e"。其中单撇号"'"是隔音符号。因为"re"是"热"的拼音，所以在中间用隔音符号以避免混淆。

（3）混拼输入

混拼是指在一个词中，有的汉字用全拼，有的汉字用简拼。例如"计算机"的混拼可以是"jisj"，也可以是"jsji"。

4.智能 ABC 输入法的使用

用户使用全拼、简拼和混拼的方式输入字或词的拼音码，然后按空格键，屏幕上按照汉字的使用频率显示出同码字。如果要输入的字或词语不在当前页，则使用【＋】或【Page Down】键翻页查找，找到后输入相对应的数字即可。

若想在中文方式下输入英文，则可单击输入法操作界面的"中英文切换"按钮，切换到英文方式，或按下【Caps Lock】键后输入英文，此时输入的是大写英文字母，如果按住【Shift】键，则输入小写字母。再次按下【Caps Lock】键，又可回到中文输入状态。

如果在输入时出现错误，可取消刚才的输入，重新输入。

5.常用中文标点符号与键位对应关系

单击中英文标点切换按钮后，该按钮由"半角"状态变成"全角"状态，则可输入中文标点符号，中文标点符号与键位的对应关系如表 1-3 所示。

表 1-3　　　　中文标点符号与键位的对应关系

中文标点符号	键 位
。(句号)	.
,(逗号)	,
……(省略号)	Shift+6
——(破折号)	Shift+7
""(双引号)	连按两次 Shift+"
''(单引号)	连按两次'
《》(书名号)	Shift+<,Shift+>
、(顿号)	\
¥(人民币符号)	Shift+$
·(间隔号)	Shift+@

提示：智能 ABC 中"i"和"v"的妙用。

利用"i"键或者"I"键+数字,可以实现中文小写和大写数字的输入,如:输入"i2008"可以得到"二〇〇八"。

利用"i"键 +单位缩写可以实现单位的快速输入,如:输入"icm"可以得到"厘米"。

利用"v"键+英文,可以实现中文输入状态下输入英文,如:输入"vhello"可以得到"hello"。

利用"v"键+数字键,再结合"上翻""下翻"可以出现一些特殊的符号,如:输入"v6"可以看到一些图形符号。

除智能 ABC 外,常见的中文拼音输入法还有微软拼音输入法、紫光华宇拼音输入法、谷歌拼音输入法等。

3.2.4　五笔字形汉字输入法

五笔字形汉字输入法是一种快速高效的汉字输入方法。由于它具有重码率低、字词兼容、输入速度快等特点,已成为专业打字人员必须掌握的一种输入方法。把汉字的笔画形象地概括为"横、竖、撇、捺、折"五种基本笔画(五笔),并将汉字分为三种(左右型、上下型、杂合型)基本字形而得名"五笔字形"。

下面是学好"五笔字形"的基本方法:

(1)掌握如何拆字:需要了解汉字的结构,汉字的笔画、字根和字形。

(2)熟练掌握字根表:学会"五笔字形"编码的关键是熟记字根表,而熟记字根表的关键是多做书面的拆分编码练习。经过实验,对 500 个常用字进行约 24 小时的拆分练习,就会把 25 个键位的字根表掌握得滚瓜烂熟。

(3)掌握如何输入编码,需要了解编码规则。

1.汉字的字形结构

(1)五种笔画

在书写汉字时,不间断地一次写成的一个线条叫作汉字的笔画,笔画是构成汉字的最小单位。五笔字形输入法将汉字的基本笔画分为五种,即横、竖、撇、捺、折,分别以 1、2、3、4、5 作为代号,如表 1-4 所示。

表 1-4　　　　　　　　　　汉字的五种笔画

代号	笔画名称	笔画走向	变形笔画	基本笔画
1	横	从左到右	✓	一
2	竖	从上到下	ノ丨	丨
3	撇	从右上到左下	ノ	ノ
4	捺	从左上到右下	、	㇏
5	折	方向转折	㇇	乙

五种笔画组成字根时,其间的关系可以分为五种情况:

①单:一个笔画本身就构成一个字根。例如一、丨、ノ等。

②散:构成一个字根的笔画之间有一定的距离。例如构成字根川、八、氵等的笔画之间均有距离。

③连:构成一个字根的笔画之间是相连的。例如构成字根工、人、厂等的笔画之间单笔相连;构成字根口、尸、已等的笔画之间笔笔相连。

④交:构成一个字根的笔画之间互相交叉。例如在构成十、力、又等字根中,笔画之间都有交叉关系。

⑤混合:构成一个字根的各笔画之间既有连又有交或散的关系。例如纟、禾、雨等。

(2)汉字的字根

字根是由若干笔画交叉连接而形成的相对不变的结构。在五笔字形编码中,字根是向计算机输入汉字时的编码单位。在五笔字形的编码方案中,约有 130 个基本字根,这 130 个字根又按照汉字的基本笔画,即横、竖、撇、捺、折分为五类分别对应键盘上的五组区域相连的字母,每类又分五组,共计 25 组,每组占一个英文字母键,从而构成了五笔字形键盘字根总图,如图 1-30 所示。

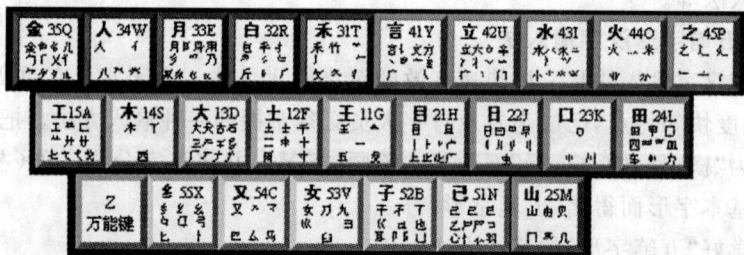

图 1-30　五笔字形键盘字根总图

(3)汉字的三种字形

汉字的字形指构成汉字的各个基本字根在整字中所处的位置关系。五笔字形将汉字划分为三种类型:左右型、上下型、杂合型,字形代号分别为 1、2、3。如表 1-5 所示。

表 1-5　　　　　　　　　　汉字字形

字形代号	字形	字例	说明
1	左右	桂 陶 结 到	字根之间有间距,总体左右排列
2	上下	字 室 花 李	字根之间有间距,总体上下排列
3	杂合	园 因 天 年 且 果 困 月	字根之间虽有间距,但不分上下左右,即不分块

三种字形的划分是基于对汉字整体轮廓的认识,指的是在整个汉字中字根之间排列的相互位置关系。这样划分汉字的字形以后,汉字的字形特征可以用做识别汉字的一个重要依据。

2.汉字的拆分原则

汉字的拆分原则可归纳为以下五个要点:

(1)书写顺序

根据汉字的书写顺序,应该先左后右,先上后下,先外后内。例如:"落"拆分为艹、氵、夂、口,而不是拆成艹、夂、口、氵。

(2)取大优先

在各种可能的拆分中,保证按书写顺序每次都拆出尽可能大的字根,使字根数目最少。例如:"世"拆分为廿、乙,而不能拆为一、凵、乙。

(3)能连不交

一个汉字既能按相连的关系拆分,又能按相交的关系拆分,则以相连的关系拆分优先。例如:"丰"拆分为三、丨,而不是拆成二、十。

(4)能散不连

如果拆分汉字时可以看作是几个基本字根散的关系,就不要看作是连的关系。例如:"非"拆为三、刂、三。

(5)兼顾直观

在拆分汉字时,为了照顾字根的完整性,有时暂且牺牲"书写顺序"和"取大优先"的原则,形成一些例外的情况。例如:"正"拆分为一、止,而不能拆成一、丨、上。

3.五笔字形的键盘布局及特点

把130个基本字根分布在25个键位上就形成了"字根键盘",每个键位对应一个英文字母,如图1-30所示。

(1)字根在键盘上的分布规律

①将25个英文字母键(A~Z)分成五个区,区号为1~5,每个区五个键,每个键称一个位,位号为1~5。如果将每个键的区号作为第一个数字,位作为第二个数字,那么用两位数字(称为区位号)就可以表示一个键。

②字根一般首笔笔画代号与区号一致,次笔笔画与位号一致。

例如"王"字首笔是横,次笔又是横,故安排在"11"区位号上;"土"字首笔是横,次笔是竖,故安排在"12"区位号上。

③单笔画基本字根的种类和数目与区位编码相对应。例如一、二、三这三个单笔画字根,分别安排在1区的第一、二、三位置上;丶、冫、氵、灬这四个单笔画字根,分别安排在4区的第一、二、三、四位上。

(2)五笔字形的编码原则

五笔字形的编码原则可以用一首口诀概括:

五笔字形均直观,依照笔顺把码编;

键名汉字击四下,基本字根要照搬;

一二三末取四码,顺序拆分大优先;

不足四码要注意,交叉识别补后边。

(3)五笔字形汉字输入

五笔字形汉字输入分为三类:键名汉字输入、成字字根输入和一般汉字输入。

①键名汉字

五笔字形规定每个键上的第一个字为键名字,除了五区第五位的"纟"键以外,每个键名都是一个完整的汉字。要输入键名,在该键上连击四次就可以了。

②成字字根

在五笔字形字根键盘上的每个键位上,除一个键名字外,还有一部分字根也是汉字,这样的字称为成字字根。

成字字根输入方法为:键名码+第一笔码+第二笔码+末笔码

例如输入"石"字,第一键为"石"字字根所在的【D】键,第二键为首笔"横"【G】键,第三键为次笔"撇"【T】键,第四键为末笔"横"【G】键。

当键名字只有两笔时,按了第二笔码后补空格。如果只有一个笔画,后两个键按【L】键。例如"一"字的编码为GGLL。

注意:成字字根不能再拆成其他字根,输入"键名码"后,只能一笔画一笔画地拆分。

③一般汉字

一般情况下,输入一、二、三、末四个字根的编码,就可以得到一个完整的汉字。对于不够四个字根的汉字很容易出现"重码",这时需要在字根编码后补一交叉识别码。交叉识别码由汉字末笔画代号与该字的字形代号组合而成。末笔笔画有五种,字形信息有三类,因此交叉识别码有15种,如表1-6所示。

表1-6　　　　　　　　　字形结构表

末笔画	字形		
	左右型 1	上下型 2	杂合型 3
横 1	11(G)	12(F)	13(D)
竖 2	21(H)	22(J)	23(K)
撇 3	31(T)	32(R)	33(E)
捺 4	41(Y)	42(U)	43(I)
折 5	51(N)	52(B)	53(V)

例如"柯"字拆成木、丁、口,只有 SSK 三个码,因此要增加一个交叉识别码,"柯"的末笔是横,字形是左右型,因此交叉识别码是 G,所以"柯"的编码应为 SSKG。

识别末笔有两点需要注意:

①对于全包围和半包围型的汉字,规定取末笔画时取被包围里面的字根的末笔画。例如"远、连",识别码只能用"元、车"字根的末笔画(如用外面的走之旁字根的末笔画,那所有的末笔就都一样了,将无法识别),像"圆、固"等也只能取里面的笔画。另外,如果是"九、刀、力、匕"为末字根,规定一律取折笔为末笔画。以"戈、戋"为末字根时,取撇为末笔画。

②五笔字形方案规定,不足四码的汉字要加末笔识别码,还不足四码的再补打空格。为了提高输入速度,五笔字形方案将一些常用汉字的编码取其前面的几个为简码,因此,大部分汉字用不着输入识别码。

（4）简码

为了减少击键次数，提高输入速度，一些常用的字，除可以按其全码输入外，多数都可以只取其前面的一至三个字根，再加空格键输入，即只取其全码的最前边的一个、两个或三个字根（码）输入，形成所谓一、二、三级简码。

①一级简码（即高频字码）

将键按一下，再按空格键，可打出最常用的汉字，一级简码共 25 个：

A—工	B—了	C—以	D—在	E—有
F—地	G—一	H—上	I—不	J—是
K—中	L—国	M—同	N—民	O—为
P—这	Q—我	R—的	S—要	T—和
U—产	V—发	W—人	X—经	Y—主

②二级简码

二级简码是由单字全码的前两个字根代码组成，只需输入前两个字根编码，再按空格键就可以了。

③三级简码

三级简码汉字数较多，输入三级简码汉字也需要击四个键（含一个空格键），三级简码汉字的编码与全码的前三个相同，而用空格代替了末字根或者交叉识别码。

注意：有时同一个汉字可有几种简码。例如"经"，就同时有一、二、三级简码及全码四个输入码。

经：55（X）；经：55 54（XC）；经：55 54 15（XCA）；经：55 54 15 11（XCAG）。

（5）重码

一个编码对应几个汉字，这几个汉字称为重码。五笔字形中，当输入重码时，重码字显示在提示行中，较常用的字排在第一个位置上，并用数字指出重码字的序号。如果需要的是第一个字，则可继续输入下一个字，该字自动跳到当前光标位置，其他重码字用数字键选择。例如"枯"和"柘"均拆为木、古、一（SDG），因"枯"字较常用，它排在第一位。

所有显示在后边的重码字，将其最后一个编码人为地修改为"L"，使其有一个唯一的编码，按这个码输入，便不需要挑选了。例如"喜"和"嘉"的编码都是 FKUK。现将最后一个"K"改为"L"，FKUL 就作为"嘉"的唯一编码了。

（6）容错码

容错码有两个含义。其一是容易搞错的码，其二是容许搞错的码。"五笔字形"输入法中的"容错码"目前将近有 1000 个，使用者还可以自己再建立。"容错码"主要有以下两种类型。

①拆分容错

个别汉字的书写顺序因人而异，因而容易弄错。例如：

长：丿七、乀（正确码）　　长：七丿、乀（容错码）

长：丿一丨乀（容错码）　　长：一丨丿乀（容错码）

秉：丿一彐小（正确码）　　秉：禾彐丬（容错码）

② 字形容错

个别汉字的字形分类不易确定。例如：

占：口 二（正确码）　　　占：口 三（容错码）

右：口 二（正确码）　　　右：口 三（容错码）

（7）【Z】键的使用

【Z】键在五笔字形字根编码中没有使用。实际应用中，【Z】键用于辅助学习，它可以代替未知或模糊的字根，也可以代替未知或模糊的交叉识别码。因此，【Z】键又称为学习键、万能键。当对汉字的拆分难以确定用哪一个字根时，不管它是第几个字根都可以用【Z】键来代替。符合条件的汉字将显示在提示行中，再键入相应的数字选取所需的汉字。同时，在提示行中还会显示汉字的五笔字形编码，可以学习该汉字的五笔字形编码。

（8）双字词

双字词编码规则是分别取每个字的前两个编码，共四个码组成。

（9）三字词

三字词的编码规则是前两个字各取其第一码，最后一个字取其前两码，共四个码组成。

（10）多字词

多字词的编码规则是分别取第一、第二、第三和最末一个字的第一码，共四个码组成。

3.2.5　字符编码和汉字编码

1.字符编码

各种字符必须按照特定的规则用二进制码才能在计算机中表示。目前国际上使用的字母、数字和符号的信息编码种类很多，普遍采用的字符编码系统包括十进制数、大小写字母、各种运算符和标点符号等，共定义有 128 个字符。当今使用最为广泛的是美国标准信息交换码（American Standard Code for Information Interchange），简称 ASCII 码。

2.汉字编码

汉字也是字符，但是用计算机处理汉字信息远比处理英文信息复杂。为了适应汉字信息交换的需要，1981 年我国制定了《中华人民共和国国际标准信息交换汉字编码》，代号为"GB2312-80"，这种编码称为国标码。在该编码中共收录了汉字和图形符号 7445个。

国标码是一种机器内部编码，其主要作用是：用于统一不同系统之间所用的不同编码。通过将不同的系统使用的不同编码统一换成国标码，不同系统之间的汉字信息就可以相互交换。

3.3　任务实施

1.熟悉键盘，并掌握正确的指法操作

英文字符的录入训练是在"金山打字通 2010"软件环境下进行的。英文打字是针对初学者掌握键盘而设计的模块，它能快速有效地提高使用者对键位的熟悉和打字的速度。包括键位练习、单词练习、文章练习三部分。训练步骤如下：

(1)启动"金山打字通 2010"。

(2)在"金山打字通 2010"主界面上,单击【英文打字】按钮,会出现英文打字练习窗口。

在英文打字练习窗口中有"键位练习(初级)""键位练习(高级)""单词练习""文章练习"四个选项卡。在不同的选项卡中进行不同内容的训练。

(3)单击"键位练习(初级)"选项卡标签,会出现初级训练界面,如图 1-31 所示。

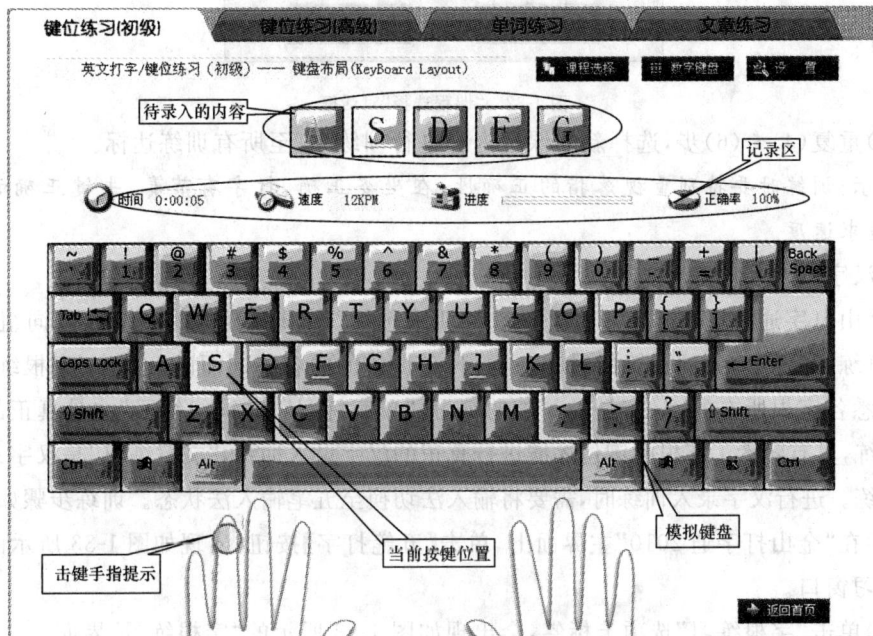

图 1-31 英文打字练习窗口

初级训练界面分为五部分,上面是当前的课程显示和【课程选择】、【数字键盘】、【设置】三个按钮,中间是待录入的内容、记录区和模拟键盘,最下面的是击键手指提示。待录入的内容是训练的内容,其中有一个字符的上面有一块浅绿色的小方块,表示该字符为当前待输入字符。模拟键盘上也有一个浅绿色的小方块,用来指示当前按键的位置。记录区用来显示练习的时间、击键的速度、正确率等。

(4)在初级训练界面中,单击【课程选择】按钮,会弹出如图 1-32 所示的"课程选择"对话框。在"课程选择"对话框中选中所需要练习的课程内容后单击【确定】按钮。这时在初级训练界面中会显示所选择的课程名以及待练习的内容。

(5)敲击待输入字符键,如果按键正确,待输入内容上的浅绿色方块将会移动至下一字符上,表示待输入字符为下一个字符。模拟键盘上的浅绿色方块也会移动至对应的按键上。如果按键错误,待输入内容上的浅绿色方块就会停留在原位置上不动,模拟键盘上会在所按键的位置上标记符号"×",表示当前所按的键是错误的。在按键的过程中,记录区会显示输入的速度和正确率等。

(6)重复第(5)步直至本级训练的速度达到 180 字符/分钟,正确率达到 100%。

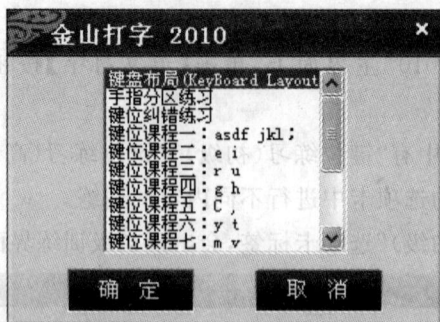

图 1-32　"课程选择"对话框

(7)重复(4)～(6)步,选择新的课程内容进行训练,直至所有训练达标。

提示:训练时要特别重视落指的正确性,在坐姿正确、打字有节奏、击键正确的前提下,再追求速度。

2.汉字的录入训练

"金山打字通 2010"软件中的汉字录入训练包括"字根练习""单字练习""词组练习"和"文章练习"四项,各项训练的过程一样,只是训练的内容不同而已。其中"字根练习"主要是熟悉各字根所在的键位,是最基础的练习,"单字练习"和"词组练习"才是真正的汉字录入训练,只有熟悉了字根的键位才能进行真正的汉字录入训练,"文章练习"是汉字录入的综合训练。进行汉字录入训练时,需要将输入法切换至五笔输入法状态。训练步骤如下:

(1)在"金山打字通 2010"主界面上,单击【五笔打字】按钮,出现如图 1-33 所示的五笔打字练习窗口。

(2)单击"字根练习"选项卡标签,会出现如图 1-33 所示的"字根练习"界面。

图 1-33　五笔打字练习窗口

"字根练习"界面分为四部分,上面是当前的课程显示和【课程选择】、【设置】两个按钮,中间是输入区和记录区,最下面是模拟键盘。输入区上半部分是待输入的内容显示,其中以白底黑字显示的字符是当前输入字符,下半部分是已输入的内容,输入汉字编码后,所输入的字符在这里显示。模拟键盘上也用了一个浅绿色的小方块指示当前按键的位置。

(3)在"字根练习"选项卡中,单击【课程选择】按钮,会弹出"课程选择"对话框。在"课程选择"对话框中选择所需要的课程内容后单击【确定】按钮。这时"字根练习"选项卡中会显示所选择的课程名及待练习的内容。

(4)输入字符的编码,如果编码输入正确,待输入内容中的下一字符呈反向显示。模拟键盘上的浅绿色方块也会移动至对应的按键上。如果按键错误,待输入内容上的浅绿色方块就会停留在原位置上不动,模拟键盘上会在所按键的位置上标记符号"×",表示当前所按的键是错误的。在按键的过程中,记录区会显示输入的速度和正确率等。

(5)重复第(4)步直至本级训练的速度达到80字符/分钟,正确率达到100%。

(6)重复(3)～(5)步,选择新的课程内容进行训练,直至所有训练达标。

任务小结:指法练习对一个初学计算机的人是非常重要的。通过本任务的学习,读者应能正确掌握键盘指法的操作,用一定的时间严格按照正确的键盘指法训练。五笔输入训练要循序渐进,逐项过关,训练的顺序是:字根练习→单字练习→词组练习→文章练习。字根练习是基础,其目的是熟悉汉字中有哪些字根,各字根在键盘上的分布位置,有利于对汉字的折分。

3.4 实战训练

【实训内容】

1.按照标准的打字姿势及基本指法的要求,将下列英文片段输入到 Windows 的"记事本"中。

Every tomorrow has two handles. We can take hold of it with the handle of anxiety or the handle of faith.

It is true that every day has its own evil, and its good too. But how difficult life must be, especially farther on when the evil of each day increases as far as worldly things go, if it is not strengthened and comforted by faith. And in Christ all worldly things may become better, and, as it were, sanctified. Theo, woe is me if I do not preach the Gospel; if I did not aim at that and possess faith and hope in Christ, it would be bad for me indeed, but no I have some courage.

Keep your faith in all beautiful things; in the sun when it is hidden, in the spring when it is gone.

I respect faith, but doubt is what gets you an education.

Faith is to believe what you do not see; the reward of this faith is to see what you believe.

Faith is an oasis in the heart which will never be reached by the caravan of thinking.

2.选择一种中文输入法,按照标准指法将下列中文输入到 Windows 的"记事本"中。

少而好学,如日出之阳;壮而好学,如日中之光;老而好学,如炳烛之明。——汉·刘向

骐骥一跃,不能十步;驽马十驾,功在不舍。

锲而舍之,朽木不折;锲而不舍,金石可镂。——《荀子·劝学篇》

古之立大事者,不惟有超世之才,亦必有坚忍不拔之志。——苏轼

时间会刺破青春表面的彩饰,会在美人的额上掘深沟浅槽;

会吃掉稀世之珍!天生丽质,什么都逃不过他那横扫的镰刀。——莎士比亚

古之君子如抱美玉而深藏不市,后之人则以石为玉而又炫之也。——朱熹

贤者能自反,则无往不善;不贤者不能自反,为人子则多怨,为人父则多暴。——袁采

对于要检查别人心灵的人,柏拉图要求他具备三样东西:知识、仁慈、胆量。——蒙田

在艰苦中成长成功之人,往往由于心理的阴影,会导致变态的偏差。这种偏差,便是对社会、对人们始终有一种仇视的敌意,不相信任何一个人,更不同情任何一个人。爱钱如命的悭吝,还是心理变态上的次要现象。相反的,有气度、有见识的人,他虽然从艰苦困难中成长,反而更具有同情心和慷慨好义的胸襟怀抱。因为他懂得人生,知道世情的甘苦。——南怀瑾

君子在下位则多谤,在上位则多誉;小人在下位则多誉,在上位则多谤。——柳宗元

不论外表上显得怎样精明世故,人总有其纯朴的人性一面。——索尔·贝娄

任务 4　选购、组装与维护计算机

4.1　工作任务及分析

1.任务描述

某公司欲选购一批计算机,信息主管需做市场调研分析。

2.任务分析

计算机已渗透到日常工作和生活的各个方面,想要买到一台合适的计算机,需了解各个配件的型号、功能及性价比,做到心中有数。

4.2　知识与技能

4.2.1　购买计算机时应注意的问题

1.购买品牌机时应注意的问题

随着电子产品降价热潮的到来,计算机市场中的各种品牌机以其优良的品质、良好的兼容性及完善的售后服务受到了许多用户的青睐。但也有一些不法厂商利用普通用户对计算机硬件不够了解的弱点,在其所谓的"品牌机"上大做手脚,偷梁换柱,这就要求用户在购买品牌机时一定要注意仔细观察。

品牌机最关键的部件是机箱内部的各种板卡。由于多数用户对机器内部的硬件不了解，所以，一些不法经销商往往在这方面做手脚。这就要求用户购机时向经销商索要说明书，对照说明书查阅一下，以了解机器内部的配置，然后请经销商打开机箱查看一下。由于多数品牌机除了在关键部件上贴有防伪标签外，还把插在主板上的板卡用一种胶与扩展槽粘连在一起（如国产的联想电脑），更换这些板卡后，胶封标记就会被破坏，变得不完整。

2.购买组装机时应注意的问题

相对于品牌机，组装机的各种配件的购买会更灵活一些。至少组装机不存在替换问题，但这就要求用户在购买机器时，要对所买的配件有一些正确的认识，避免走入组装机选购中经常出现的误区。

(1)兼容机冒充品牌机。

对策：看是否有中文说明书、产品合格证、原包装箱和原驱动程序。

(2)硬盘存在坏道。

对策：用 NU 8.0 等工具软件现场测试，直到没有任何硬盘坏道和不正常表现方可接受。

(3)低性能冒充高性能，低配置冒充高配置。如用 5 400 转的硬盘冒充 7 200 转的硬盘，用 0.31 mm 隔行扫描显示器冒充 0.28 mm 逐行扫描显示器。

对策：用 PCTools 9.0、NU 8.0 或 NDD 软件进行全面系统检验。

(4)二手机冒充全新机。

对策：从内到外仔细观察，看显示器、机箱上有无油渍、污垢或划痕，相关质量检验报告是否真实、一致。

(5)有意不将必备的软硬件设备装齐，待用户发现无法使用时，再另外收费。

对策：事先多处多次咨询，搞清楚哪些属于必备设备，哪些属于可选设备；购买之前进行认真全面地检查、试机，直到各个部件均运行正常为止；如条件允许，最好请内行来一同验货。

(6)拼命夸大用户使用、病毒破坏、电压、雷击等外在因素的破坏力，借此推销病毒杀毒软件、不间断电源或其他安全维护设备。

对策：提高安全意识，丰富安全知识，尽可能掌握软硬件安全维护知识，对商家不择手段推销进行有力回击。

(7)有意制造模糊概念，遗漏关键字眼，只字不提产品缺陷，如兼容性差、运行速度慢、不易散热等。

对策：尽可能提出包含各个方面的问题，并要求商家现场一一解答、验证。

4.2.2 如何选购和组装个人计算机

近年来，随着价格的快速下降，计算机已进入了寻常百姓家。但是由于计算机部件的多样化及运行环境对硬件要求的千差万别，如何选购各种机器配件将极大地影响今后的使用效果。因此，在购机前，对怎样才能配置一台理想的个人电脑应该有所了解。

1. 硬盘的选购

硬盘是计算机上必备的存储设备,但有些用户对它认识不多,下面介绍下选购硬盘时应注意的几个主要方面:

(1)硬盘接口。硬盘从接口方面分,可分为 IDE 硬盘与 SCSI 硬盘(目前还有一些支持 PCMCIA 接口、IEEE 1394 接口、SATA 接口、USB 接口和 FC-AL(Fibre Channel-Arbitrated Loop)光纤通道接口的产品,但相对来说非常少);IDE 即日常所用的硬盘,它由于价格便宜、性能也不差,因此在计算机上得到了广泛的应用,不过现在 SATA 逐渐取代 IDE 硬盘的地位,成为计算机市场的主流。

(2)硬盘容量。现在市场上主流硬盘的容量为 1 TB 和 2 TB 等。从性能/价格比及软件的发展趋势来看,应尽可能采用大容量硬盘。目前全球最大单盘容量达到 6 TB,而 500 GB 和 1 TB 等较大容量已经在市场上随处可见,500 GB 产品市场已经相当成熟,价格也很合理。目前市场上流行的是 5 400 rpm(每分钟转数)和 7 200 rpm 的硬盘。

(3)硬盘速度。在速度上,要考虑最大数据传输率。

(4)平均寻道时间。硬盘的平均寻道时间往往随硬盘容量的增加而减少。目前主流产品平均寻道时间多在 5 ms 左右。

(5)数据缓存。单碟容量和转速的提高,对提高产品的传输性能大有益处。

(6)硬盘噪声。硬盘噪声的大小也是衡量硬盘质量高低的一个因素。硬盘噪声越小越好。

(7)超频性能。超频是 DIY 用户经久不衰的话题,所以几乎每一样产品都躲不过超频的折磨。现在多数产品在超频性能上都有所提高,准备超频的用户应认真考虑选用何种硬盘,以提高超频性能的稳定性。

2. CPU 的选购

CPU 是整个微机系统的核心,因此在选购 CPU 时一定要慎重考虑。以下几点建议可供参考:

(1)与主板的匹配

某一主板只能安装某一类型的 CPU,尽管有些主板声称适用于全系列的 CPU,但并不能保证可以安装,购买时必须了解主板是否可以安装待选择的 CPU。

(2)性能/价格比

一般来说,最新推出的 CPU 性能较好,由于 CPU 的技术含量相当高,再加上厂家和商家对其进行大肆炒作,因此价格偏高;其次新产品还没有经过一定时间、一定规模的使用考验,其性能稳定性不能保证,只有经过一定时间的考验,其产品才能让用户放心使用。所以建议用户不要购买最新的产品。

目前市场上 CPU 的种类很多,比较而言,ADM 公司的产品性能/价格比相对比较高,而 Intel 公司的 CPU 质量比较优秀。

(3)根据用途选择 CPU

CPU 的档次决定整个机器的档次,因此,应该根据自己的用途选择 CPU。

3.显示器的选购

显示器是计算机的重要部件,从价格角度上看,通常占购机预算的三分之一,有时甚至会更多;从视觉角度上看,显示器是计算机的"门面",是电脑中最大的配件,当然也是最直观、最显眼的部分,一台好的显示器将会为您的电脑增色不少;从健康角度上看,关系到对心灵之窗——眼睛的保护,可谓是重中之重。所以,显示器的选购应当认真对待。可以从以下几个性能指标来衡量显示器:

(1)显示器表面结构。这是由显示器所采用的显像管决定的。球面管显示器已经被淘汰,目前市场上的主流是平面直角显示器和纯平面显示器。

(2)点距。点距越小显示器画面就越清晰、自然。

(3)分辨率、垂直刷新频率。

(4)带宽。这是衡量显示器综合性能的最直接的重要指标。主流显示器带宽至少应该能达到 108 MHz、203 MHz 或 360 MHz 以上。

另外,可视面积、输入接口、调控方式及调节功能等等,对主流与非主流显示器的划分影响不大可根据个人需要进行选择。

4.主板的选购

主板是电脑的基本平台,因此,主板是否"优秀"对电脑的综合性能有很大影响。以下介绍选购主板应考虑的一些关键因素。

(1)选购主板应考虑的因素

①主板芯片组。芯片组是主板的心脏,主板的特性及功能都由芯片组决定。选购主板在很大程度上取决于购买的 CPU 的类型。因为不同主板使用不同主板芯片组,而不同主板芯片组支持的 CPU 不同。

②主板规格。随着用户对远程开机、定时开机、键盘开机、自动休眠等功能的要求,再加上环保、节能以及电脑主板布局的调整和散热等需要,目前电脑主板已普遍由老式的 AT 结构逐渐转换为更为先进的 ATX 智能结构。

③主板跳线。主板的无跳线设计是生产厂家针对广大电脑爱好者的一项贴心设计,选择采用该技术的主板可以自动设定 CPU 所使用的电压、总线频率、CPU 倍频等参数,充分适应 DIY 的需要;电脑爱好者可以不用打开机箱就能够轻易地实现超频。应用该技术的主板还可以自动检测 CPU 的真伪、外频、倍频。

④主板对内存的支持。由于系统总线频率达到了 100 MHz,所以对于内部存储器也提出了更高的要求。此外,内存槽的种类、数目也是用户需要注意的方面,如果想保留原有的内存条,请查阅一下主板说明书,看主板是否支持原有的内存条。

⑤主板的接口。随着电 USB 的发展,各种 BIOS 设备、配件也越来越多,用户以后有可能要为自己的电脑安装各种外设,如数字照相机、扫描仪、数字摄像头等设备,因此,从发展的眼光看,主板是否具备 USB、红外通信等扩展功能接口就显得至关重要。

⑥主板是否可以软升级。主板是否可以通过 BIOS 升级也很重要,这样可以不花一分钱使机器性能有一定的提高。一般在购买主板后,要及时访问主板厂商的网站,查找最

新版本的 BIOS 进行升级。

(2)如何选购主板

主板是由很多电子元件组装而成的,只要其中任何一个元件的质量不过关,主板甚至整个系统的性能就会受到很大的影响,因此主板选用的元件质量是非常重要的。一般名牌主板大厂对元件的选用是非常严格的,每一种元件都会选用世界名牌大厂的产品,以确保质量。因此购买主板时绝不可贪图便宜,应尽量购买著名厂商的产品,一来产品质量和售后服务有保证,二来随主板所带的资料和驱动程序也比较齐全。

除了元件质量的原因外,评价一块主板的优劣,还要充分考虑其元器件布局是否合理,如果主机板上有过多的绕线、转接,说明这款主板由于当初设计不合理而经过较多的改造。总之,一款优秀的主板应具备以下特点:工作稳定、兼容性好、功能完善、扩充力强、使用方便、价格相对便宜。

4.显示卡的选购

在购买显卡时,应根据自己的需要,购买与计算机配置相匹配的显卡。此外,应重点考虑显示质量、稳定性、显存、刷新率及分辨率等因素。

5.光驱的选购

(1)普通光驱(CD-ROM)

目前,光驱已经从昂贵的升级选件变成了电脑的必备配件。现在的光驱速度已经从原先的单倍速迅速发展到了 24 倍速、36 倍速、40 倍速、50 倍速、80 倍速甚至更高。在同档速度下,原产的索尼和创新的光驱价格较高。

(2)DVD 光驱

DVD 的含义为 Digital Versatile Disc(数字通用光盘),是新一代的数据存储载体。随着 DVD 技术的逐渐成熟和市场的拓展,DVD 驱动器的应用普及也势在必行。因此,购买时也可以考虑用 DVD 驱动器代替普通光驱。

6.机箱、电源的选购

(1)如何选择机箱

原则上,机箱的大小及形状的选择因人而异。在当前市场上,机箱外形常见的只有"立式"和"卧式"两类。各类中又有大、中、小之分。一般应优先选择立式机箱,因为它可方便地设置各种多媒体扩展卡,也便于箱内散热,这对于高主频 CPU 来说尤为重要。而且,它的安装空间大,便于安装多种部件(如:安装双硬盘、双光驱等),同时有利于主板升级,缺点是价格稍高。一般说来,从性能/价格比考虑,以中型立式机箱为首选。

(2)如何选购电源

如今的电源在功率上已没有多少余量,因而选择电源时要尽可能选择功率大的。但不同功率的电源,单从体积上看,一般分辨不出来,价格相差也不是很大。

最简单的挑选电源的方法是:

①观察电源外观,包括电源外壳、输出线、输入线。电源外壳表面镀层应光亮,无划伤;输出线和输入线应标有 UL、CSA 或 CCEE 等安全认证标志。

②掂掂电源的重量,分量重的表明里面的变压器、滤波器材质和工艺强劲,没有偷工减料。

③若条件允许的话,可拆开盖子来看看里面的印制板,看一下产品的生产工艺水平。

④注意生产厂家。一般台湾地区产的电源质量不错,内地厂家首推长城公司的电源。

4.2.3　计算机的日常维护与使用

计算机由很多种配件构成,不同配件可完成不同的功能。同时,每种配件也都有其独特的日常维护方法。所以,在计算机的日常使用中,用户需要了解一些常用的维护方法,以延长计算机的使用寿命。

1.计算机的安全使用常识

正确、安全地使用计算机,加强对计算机的维护保养,能够充分发挥计算机的性能,延长使用寿命。

良好的环境是计算机正常运行的基础,对计算机的工作环境主要有以下几点要求:

①清洁。放置电脑的环境必须清洁,要防尘、防磁、防潮。

②电脑对电源的要求是电压 220V±10％,频率为 50Hz±5％。

③通风。电脑工作时,会散发大量的热量。若散热不好,室内温度过高,长期使用会使电脑寿命降低,所以应注意室内的通风。

④温度和相对湿度。炎热的夏季,电脑室内应配空调设备,使温度保持在 10℃ ～ 35℃,相对湿度维持在 30％～80％。若家庭不具备空调设备,应该尽量多通风。

⑤遵守正确的操作规程。如:开机时,先开显示器电源,再打开主机电源;而关机时,先关主机电源,再关显示器电源等。

2.计算机使用时的注意事项

①开机和关机。由于在开机和关机的瞬间会有较大的冲击电流,因此,开机时一般先开显示器,后开主机,打印机可在需要时再开。关机时务必先退出所有的运行程序,然后再关主机,最后关闭外部设备,断开电源。

计算机要经常使用,不要长期闲置。但在使用时必须防止频繁开关电源,尤其要防止刚关机又立刻打开,或者反之。开机与关机之间最少相隔 10 秒以上。

②电脑运行。在电脑运行时不要随意搬动各种设备,不要插拔各种接口卡,不要连接或断开主机和外设之间的电缆。

③备份数据。软盘和硬盘中的重要信息要注意备份,以防发生突然事故导致磁盘上的信息丢失。

④维修。机器出现故障时,没有维修能力的用户,不要自己打开箱盖插拔板卡,应及时与维修部门联系。

⑤防止静电。静电是电脑的大敌,有时,电脑的部件会莫名其妙地损坏,实际上多数情况是静电造成的。当静电的存在让人有所感觉时,往往已经达到了几万伏,足以损坏电脑上的 CMOS 电路芯片。

为了电脑设备的安全,学校或其他有条件的单位集体使用电脑时,在电脑教室里一定要铺设防静电地板,绝对不能使用普通的化纤地毯。

电脑设备使用的电源,其中的地线一定接地良好。建议使用三孔的电源插座,当然,电源线也必须是三针的。有些用户使用一根导线连接机箱外表、大地或者自来水管,这种方法并不能达到良好的效果。

如果没有接地设备,当我们要用手接触板卡时,一定要用手触摸一下自来水管或潮湿的地面,把自己身上携带的静电泄放掉,避免在接触板卡时人体对板卡放电,造成板卡的损坏。特别是冬季干燥寒冷,用户穿的多为羊毛化纤制品,最容易产生静电。

4.2.4　计算机常用硬件的日常维护

1.显示器的维护

对显示器的使用要注意以下几点:

(1)要注意显示器的电源开关。有些显示器的电源插头插在主机箱的输出电源插座上,与主机电源开关连在一起,开启主机电源时,显示器电源也随之被打开,当主机关闭时,显示器电源也同时被关闭,因此无须单独开关显示器电源。有的显示器的电源插头直接插在电源上,不受主机控制。

(2)显示器一般都有亮度、对比度、色彩等调节按钮,可以根据自己的爱好,调节所需的亮度、对比度和色彩等。

遇到显示故障时要分清是系统故障还是显示适配卡或显示器的故障,要根据故障表现出的现象逐个判别。

2.键盘的维护

使用键盘时,切记不要用力过猛,轻轻击打即可。在计算机加电的情况下接插键盘,否则可能造成计算机电路烧坏。避免水、污物等,键盘上按键的好坏及工作正常与否可以使用诊断程序进行检测。

当敲击键盘时个别按键出现不响应的现象,通常是由于按键的触点接触不良引起的。可以将键帽拔起,用无水酒精对触点擦拭,除去污物,酒精干后将键帽装好,问题即可解决。

任务小结:(1)了解购买品牌机和组装机时应注意的问题。(2)学会如何选购和组装个人电脑,主要包括:硬盘、CPU、显示器、主板、机箱、电源等硬件的选购。(3)学会计算机的日常维护与使用以及计算机常用硬件的日常维护。

实践测试

一、选择题

1.1946 年诞生的世界上公认的第一台电子数字计算机是(　　)。

A. ENIAC　　　　　　B. EDVAC　　　　　　C. EDSAC　　　　　　D. UNIVAC

2.目前,制造计算机所用的电子器件是(　　)。

A. 大规模集成电路　　　　　　　　　　B. 晶体管

C. 集成电路　　　　　　　　　　　　　D. 大规模集成电路与超大规模集成电路

3.早期的计算机是用来( )的。

A.科学计算　　　　　B.系统仿真　　　　　C.自动控制　　　　　D.动画设计

4.1 KB 表示的二进制位数是( )。

A.1 000　　　　　B.8×1 000 字节　　　　　C.1 024 字节　　　　　D.8×1 024 字节

5.在计算机中数据的表示形式是( )。

A.八进制　　　　　B.十进制　　　　　C.二进制　　　　　D.十六进制

6.微型计算机中使用最普遍的字符编码是( )。

A.EBCDIC 码　　　　　B.国标码　　　　　C.BCD 码　　　　　D.ASCII 码

7.下列存储设备中,断电后信息会丢失的是( )。

A.ROM　　　　　B.RAM　　　　　C.硬盘　　　　　D.光盘

8.下列设备中,属于输入设备的是( )。

A.鼠标　　　　　B.显示器　　　　　C.打印机　　　　　D.绘图仪

9.计算机能直接识别的语言是( )。

A.汇编语言　　　　　B.自然语言　　　　　C.机器语言　　　　　D.高级语言

10.微型计算机中运算器的主要功能是( )。

A.控制计算机的运行　　　　　　　　　B.算术运算和逻辑运算

C.分析指令并执行　　　　　　　　　　D.负责存取存储器中的数据

11.在计算机中,存储器的单位是( )。

A.字长　　　　　B.位　　　　　C.存储数据的个数　　D.字节

12.系统软件中最重要的是( )。

A.操作系统　　　　　　　　　　　　B.语言处理程序

C.工具软件　　　　　　　　　　　　D.数据库管理软件

13.下列描述正确的是( )。

A.激光打印机是击打式打印机

B.软盘驱动器是内存储器

C.操作系统是一种应用软件

D.计算机运行速度可以用每秒执行指令的条数来表示

14.微型计算机硬件系统中最核心的部件是( )。

A.主板　　　　　B.CPU　　　　　C.内部存储器　　　　　D.I/O 设备

15.计算机硬件能直接识别和执行的只有( )。

A.CPU　　　　　　　　　　　　　　B.CPU 和内存

C.CPU、内存与外存　　　　　　　　　D.CPU、内存与硬盘

16.所谓"裸机",是指( )。

A.单片机　　　　　　　　　　　　　B.单板机

C.不装备任何软件的计算机　　　　　　D.只装备操作系统的计算机

17. 下列四项中不属于微型计算机主要性能指标的是（　　　）。

A. 字长　　　　　　　B. 内存容量　　　　　　C. 重量　　　　　　D. C++

18. 二进制数 1110111 转换成十进制数是（　　　）。

A. 120　　　　　　　B. 119　　　　　　　　C. 118　　　　　　D. 117

19. 与十进制数 97 等值的二进制数是（　　　）。

A. 1011111　　　　　B. 1100001　　　　　　C. 1101111　　　　D. 1100011

20. 与二进制数 101101 等值的十六进制数是（　　　）。

A. 2C　　　　　　　B. 2D　　　　　　　　C. 2A　　　　　　D. 2B

二、填空题

1. 世界上第一台计算机是在_____年研发的。

2. 计算机的硬件系统是由_____、_____、_____、_____和_____五部分组成的,其中_____和_____称为中央处理器,中央处理器与_____称为主机。

3. 一个完整的计算机系统是由_____和_____两部分组成。

4. 软件系统又分为_____软件和_____软件,操作系统是属于_____软件。

5. _____是内存储器中的一部分,CPU 对它们只能读取不能写入内容。

6. 负责指挥与控制整台计算机系统的是_____。

7. 在计算机中,把数据复制到 U 盘上称为_____。

8. 【Shift】键叫_____键,【Ctrl】键叫_____键。

9. 按照标准打字法的要求,原点键指的是_____键和_____键。

10. 汉字的字形分为三种,分别是_____、_____和_____。

11. 计算机存储器的基本单位是_____。

12. 五笔字形的万能学习键是_____。

13. 十进制数 78 转换成二进制数为_____。

14. 二进制数 110101.101 对应的十六进制数为_____,对应的八进制数为_____。

15. 计算机辅助制造的简称为_____。

2

项目二　管理计算机资源

项目导读

计算机的硬件资源和软件资源都是通过操作系统来管理的,操作系统就像计算机的"大管家",它能将用户要做的事情转变成计算机能够识别的命令,指挥计算机进行工作。日常工作中应用的所有应用程序都必须在操作系统的支持下才能运行。因此,要学会使用计算机,首先要学会使用操作系统,熟悉操作系统的工作环境和常用操作方法。

本项目以某公司信息主管的工作为岗位背景,通过认识 Windows XP、使用 Windows XP 桌面、学会 Windows XP 的基本操作、管理文件和文件夹、个性化环境设置、管理与控制 Windows XP、使用小工具程序七个任务的实施,使读者掌握 Windows XP 的基本操作方法和工作环境的设置,以适应现代工作岗位中使用计算机的需要。

项目任务分解

任务1　认识 Windows XP

任务2　使用 Windows XP 桌面

任务3　学会 Windows XP 的基本操作

任务4　管理文件和文件夹

任务5　个性化环境设置

任务6　管理与控制 Windows XP

任务7　使用小工具程序

知识与技能目标

(1)了解操作系统的定义、功能、类型和 Windows XP 的特点

(2)熟悉 Windows XP 的启动与退出方法及桌面的组成

(3)熟练掌握窗口、菜单、对话框等的基本操作

(4)熟练掌握文件和文件夹的创建、查看、移动、复制、重命名、删除等基本操作

(5)掌握 Windows XP 的基本工作环境的设置并学会安装打印机、添加和删除应用程序

(6)学会使用磁盘管理工具和附件小程序

技能训练重点

管理文件和文件夹

任务 1　认识 Windows XP

1.1　工作任务及分析

1.任务描述

打开计算机,完成 Windows XP 的启动、注销与退出。

2.任务分析

通过启动 Windows XP 打开计算机;通过注销选择其他用户;通过退出 Windows XP 关闭计算机。

1.2　知识与技能

1.2.1　操作系统概述

1.操作系统的概念

操作系统是计算机系统中最重要的系统软件,是控制和管理计算机系统内的各种硬件和软件资源并有效地组织多道程序运行的程序集合,是用户与计算机之间的接口。

操作系统是配置在计算机硬件上的第一层软件,也叫操作平台,是计算机系统中最基本、最核心的系统软件,其他所有的软件如各种程序设计语言、数据库管理系统、系统服务程序等系统软件以及大量的应用软件,都要依赖于操作系统的支持和服务。通俗地说,操作系统就像计算机的“大管家”,它能将用户要做的事情转变成计算机能够识别的命令,指挥计算机进行工作,这样用户就可以利用计算机完成文字处理、电子表格或浏览网页等工作。操作系统的设计目标就是使用户方便地使用计算机系统并让计算机系统能高效地工作。

2.操作系统的功能

操作系统的主要功能就是将各种资源管理得井井有条,所以如果按计算机系统资源来划分,操作系统的功能具体可分为:处理机管理功能、存储器管理功能、设备管理功能和文件管理功能。此外,为了方便用户使用操作系统,还需向用户提供一个使用方便的用户接口。

3.操作系统的类型

由于计算机硬件技术的发展以及对计算机应用的要求不同,操作系统种类繁多,很难用单一标准分类。按使用环境可分为批处理系统、分时系统和实时系统;按用户数目可分为单用户系统和多用户系统;按硬件结构可分为网络操作系统、多媒体系统和分布式系统。

常见的典型操作系统有 DOS、UNIX、Linux、Netware 及 Windows 系列等。其中 Windows 系列由于其友好的界面、出色的性能获得了微机操作系统市场大部分的份额,是最普及和最受欢迎的操作系统之一。

1.2.2　Windows XP 概述

Windows 是目前微型计算机上普遍使用的图形用户界面的操作系统,是美国

Microsoft(微软)公司的产品。Windows XP 是 Windows 2000 和 Windows Me 的后继版本,它集中了 Windows 2000 的优势和 Windows Me 的最佳功能,实现了 Windows 操作系统的完美结合。Windows XP 中的 XP 是英文 Experience 的缩写,中文意为"体验",寓意是它将会带给用户全新的数字化体验,引领用户进入更加自由的数字世界。

Windows XP 针对家庭用户、商业用户和企业级用户分别提供了不同的版本:Windows XP Home Edition、Windows XP Professional 和 Windows XP Server。本书以 Windows XP Professional(以下简称 Windows XP)版本讲述。

1. Windows XP 的新特点

Windows XP 在其他版本的基础上又添加了众多全新的技术和功能,使之成为一个交互式的、功能强大的操作系统平台,用户可以在 Windows XP 提供的环境下轻松地进行各种计算机资源的操作与管理。

(1)采用新的 Windows 引擎

Windows XP 建立在 Windows 2000 和 Windows NT Workstation 所使用的核心软件代码之上。这些代码使它比以前的版本更安全,也更稳定。在多数情况下,即使某个程序崩溃了,计算机仍能继续运行。

(2)使用最新的硬件和设备

Windows XP 使新设备的安装和使用变得更加容易,同时它支持硬件技术方面的最新标准,用户在安装新硬件时可以花费更少的配置和故障排除时间。

(3)体验数字视频

Windows XP 提供了一种强有力的工具——Windows Movie Maker,该软件可以极好地帮助用户使用模拟或数字摄像机录制的材料来创建、编辑和共享家庭电影。

(4)集成 Windows Media Player 媒体播放器

Windows Media Player 是第一个将常用数字媒体功能整合在一个易于使用的应用程序中的媒体播放器。现在,用户可以在同一个软件中观看录像和 DVD,收听音乐(包括 CD、Windows Media 文件和 MP3 文件),将媒体组织成个性化的播放曲目,收听近 3000 个因特网电台,向便携式播放器传输音乐。

(5)工作效率更高

使用 Windows XP 可以更快地启动和登录计算机,在很多情况下只要 30 秒或更少时间就可以做好工作准备。在 Windows XP 下启动程序要比在以前的 Windows 版本下启动程序的速度提高 50%左右。

(6)安全性能好

Windows XP 支持 NTFS 文件系统。NTFS 文件系统允许用户加密文件和文件夹,限制对文件的访问,从而提高了安全性。Windows XP 中的软件限制策略可以避免计算机感染病毒以及通过电子邮件或 Internet 传播的恶意代码。

(7)良好的人机对话

Windows XP 拥有新的基于任务的可视化设计,巩固和简化了常用的任务,为了帮助用户导航,计算机引入了新的视觉提示。

2. Windows XP 的运行环境和安装

(1)运行环境

Windows XP 在以前版本的基础上新增了许多功能。因此,在硬件上也有更高的要求,只有这样才能发挥出它的优越性能。Windows XP 系统要求的硬件环境如表 2-1 所示。

表 2-1　　　　　　　　　　　　Windows XP 的硬件环境

硬　件	基本配置	建议使用
CPU	PentiumⅡ350MHz 或更快的兼容微处理器	PentiumⅢ或更高档次的微处理器
内存	128 MB 内存	256 MB 或更多
硬盘安装空间	至少 1 GB 的可用空间	2.5 GB 可用空间
硬盘运行空间	200 MB	500 MB
显示卡	标准 VGA 卡或更高分辨率图形卡	支持硬件 3D 的 32 位真彩显示卡
显示器	14 英寸彩色显示器	15 英寸以上高分辨率显示器
输入设备	鼠标和键盘	Microsoft 兼容鼠标、键盘

(2)安装

Windows XP 的安装一般分为两种情况:升级安装和全新安装。对于一台没有安装过 Windows 操作系统的计算机应该选用全新安装;如果计算机已经安装了 Windows 98/ME/2000 等其他 Windows 操作系统,则可以选用升级到 Windows XP Professional 的升级安装。在安装 Windows XP 时,要注意将磁盘分区格式化为 NTFS 文件格式,不要使用 FAT32 格式,因为 NTFS 文件系统允许用户加密文件和文件夹,限制对文件的访问,提高其安全性。

1.3　任务实施

1. 启动 Windows XP

打开计算机电源,系统进入 Windows XP 操作系统的登录界面,如图 2-1 所示,其中列出了已经创建的用户帐户,并且每个用户都有一个不同的图标。这时,单击相应的用户图标,在弹出的用户密码文本框中输入正确的密码即可进入 Windows XP 的工作桌面。

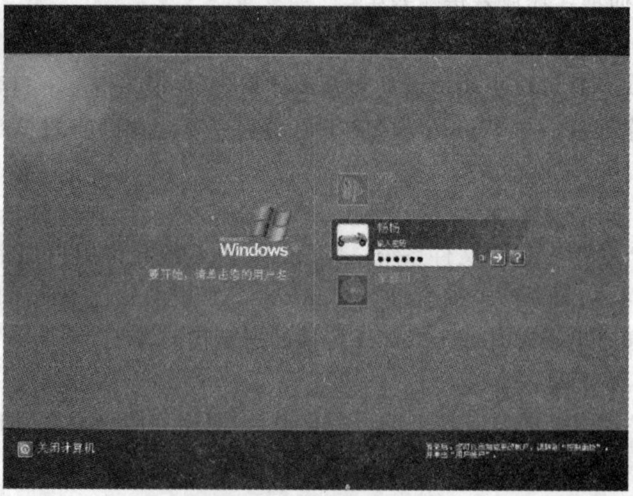

图 2-1　用户登录界面

2.注销 Windows XP

如果多人使用同一台计算机,在某个用户工作完成之后,可以通过注销计算机来切换到另一个用户的操作界面。步骤如下:

(1)单击"开始"|"注销",打开如图 2-2 所示的"注销 Windows"界面。

(2)单击"注销"按钮,重新出现如图 2-1 所示的用户登录界面。

(3)按照启动 Windows XP 的方法选择用户重新登录系统。

3.退出 Windows XP

停止使用计算机时,需退出 Windows XP 并关闭计算机。关闭计算机包括正常关闭计算机和在死机等意外情况下关闭计算机两种情况。

(1)正常关闭计算机

单击"开始"|"关闭计算机",打开"关闭计算机"界面,如图 2-3 所示,界面中有三种状态可供选择:休眠、关闭和重新启动。

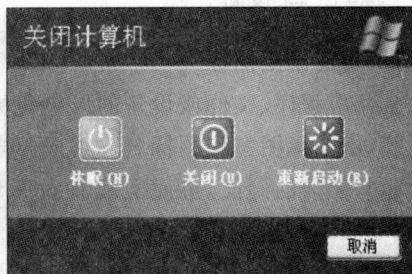

图 2-2　"注销 Windows"界面　　　　　图 2-3　"关闭计算机"界面

单击"休眠"按钮,系统处于等待状态,在此状态下关机,可以节省电能,它首先会将内存中的所有内容全部存储在硬盘上,重新启动计算机时,桌面将精确恢复到用户离开时的状态。如果工作过程中较长时间离开计算机时,应当使用休眠状态来节省电能。

单击"关闭"按钮,计算机将退出 Windows XP 操作系统且关闭计算机。在退出 Windows XP 的过程中,系统会保存系统信息以及内存中的信息。

单击"重新启动"按钮,系统将重新启动计算机。

单击"取消"按钮,系统将重新返回 Windows XP 操作系统,取消这次操作。

提示:正常关闭计算机前最好先关闭所有打开的窗口。关闭所有窗口后,按组合键【Alt＋F4】关机,也可打开"关闭计算机"界面。

(2)在死机等意外情况下关闭计算机

在"死机"(使用计算机过程中突然鼠标指针不动了,且不能进行任何操作)等意外情况下不能关闭计算机时,可以先按住主机电源(按住 Power 按钮不动持续几秒钟)片刻,待主机自动关闭后再关显示器的电源。

任务小结:了解计算机的启动、登录、退出 Windows XP、注销用户、重新启动、死机等的使用和处理方法,这是使用计算机的第一步。

任务 2　使用 Windows XP 桌面

2.1　工作任务及分析

1.任务描述

某公司要求员工计算机工作桌面必须保持整洁美观,桌面图标不超过十个,自动排列;"开始"菜单以非经典方式显示;锁定任务栏在桌面下方。

2.任务分析

桌面就像写字台和办公桌一样可以充满自己的个性色彩,但应保持整洁美观,只需将常用图标放在桌面上。在使用过程中,由于不断地安装一些应用程序和工具软件致使桌面图标增加,显得杂乱,这时就需要清理桌面,重新定制"开始"菜单和任务栏。

2.2　知识与技能

2.2.1　桌面常见图标

图标是相应程序、文件或设备的形象化标识,可以代表一个常用的程序、文档、文件夹或打印机等,由图标图案和图标名称组成。当用户第一次登录 Windows XP 系统时,可以看到一个非常简洁的画面,桌面上只有右下角的一个"回收站"图标,并标明了 Windows XP 的标志及版本号。

1.桌面图标

用户可以还原系统默认的图标,操作如下:

(1)右键单击桌面,在弹出的快捷菜单中选择"属性"命令。

(2)在打开的"显示 属性"对话框中选择"桌面"选项卡。

(3)单击"自定义桌面"按钮,弹出"桌面项目"对话框。

(4)在"桌面图标"选项组中选中"我的文档""我的电脑""网上邻居"等复选框,单击"确定"按钮,返回到"显示 属性"对话框中。

(5)单击"应用"按钮,关闭对话框。

这时用户就可以看到系统默认的图标,如图 2-4 所示。

2.桌面的图标说明

桌面图标可以分为系统图标、快捷方式图标和文件图标三类,如果用户将鼠标放在图标上停留片刻,桌面上会出现对图标所表示内容的说明或者是文件存放的路径,双击图标就可以打开相应的内容。

(1)系统图标是在 Windows XP 安装后自动创建的。

①我的电脑

代表用户计算机内置的所有资源,如磁盘驱动器、文件和文件夹、打印机等所有硬件设备和软件资源,并可以对它们进行管理和使用。

②我的文档

是一个用来存放个人文档的文件夹,如同人们实际工作中用的文件夹一样,存放着各

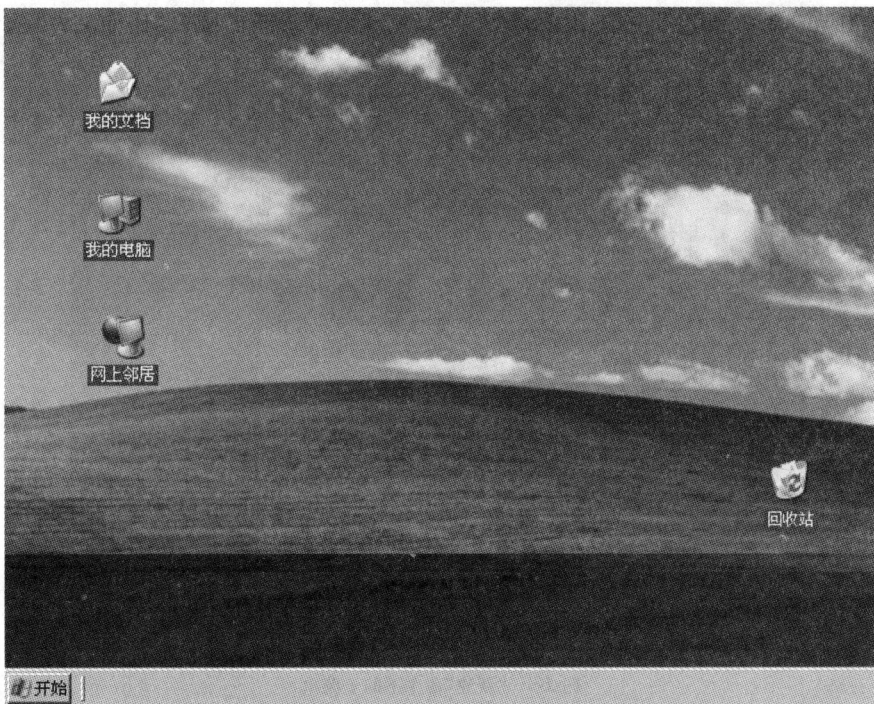

图 2-4　Windows XP 的桌面

种文件和数据。通常与存储在"My Documents"文件夹中的文档对应,当使用写字板或画图等许多应用程序创建文件时,如果用户不指定保存的位置,这些文件将自动保存在"My Documents"文件夹中。

③回收站

如同人们生活中的垃圾筐,用于存放被删除的文件或其他资料,在回收站没有清空以前,还可以把被删除的某个文件或全部资料恢复到原来的位置,而一旦"清空回收站"就不能再恢复了。

④网上邻居

用来使用和管理计算机的网络资源。

⑤Internet Explorer

用于启动 Internet Explorer(简称 IE 浏览器),浏览 Internet 网络资源。

(2)快捷方式图标是在安装应用程序时自动产生的,当然用户也可以随时创建,图标左下有箭头标记。

(3)文件图标是将文件直接移动、复制到桌面中,或在桌面中新建文件所形成的图标,没有箭头标记。

3.创建桌面图标

桌面上的图标实质上就是打开各种程序和文件的快捷方式,用户可以在桌面上创建经常使用的程序或文件的图标,使用时直接在桌面上双击即可快速启动该项目。创建桌面图标的操作步骤如下:

(1)右键单击桌面上的空白处,在弹出的快捷菜单中选择"新建"命令。

(2)利用"新建"命令下的子菜单，用户可以创建各种形式的图标，比如文件夹、快捷方式、文本文档等，如图 2-5 所示。

图 2-5 "新建"命令下的子菜单

(3)当用户选择了所要创建的选项后，在桌面上会出现相应的图标，用户可以为其命名，以便于识别。

4. 图标的排列

当用户在桌面上创建了多个图标后，如果不进行排列，会显得非常凌乱，影响使用和美观。可以使用排列图标命令对桌面上图标的位置进行调整，方法是在桌面空白处右键单击，在弹出的快捷菜单中选择"排列图标"命令，即可弹出包含了多种排列方式的子菜单，如图 2-6 所示。

图 2-6 "排列图标"命令下的子菜单

用户可以选择按"名称""大小""类型"和"修改时间"来排列图标。如果用户选择"自动排列"命令,在对图标进行移动时会出现一个选定标志,这时只能在固定的位置将各图标进行位置互换,而不能拖动图标到桌面上的任意位置。如果选择"对齐到网格"命令,调整图标的位置时,它们总是成行成列地排列,也不能移动到桌面上任意位置。选择"在桌面上锁定 Web 项目"命令,可以使活动的 Web 页变为静止的图画。

当用户取消了"显示桌面图标"命令前的"√"标志后,桌面上将不再显示任何图标。

5. 桌面清理向导的使用

如果用户在桌面上创建了多个快捷方式且有的最近不需要使用,那么用户可以启动"排列图标"子菜单中"运行桌面清理向导"来清理桌面,将不常用的快捷方式放到一个名为"未使用的桌面快捷方式"文件夹中。

6. 图标的重命名与删除

若要给图标重命名,可执行下列操作:

(1)在该图标上右键单击。

(2)在弹出的快捷菜单中选择"重命名"命令。

(3)当图标的文字说明位置呈反色显示时,用户可以输入新名称,然后在桌面任意位置单击,即可完成对图标的重命名。

当桌面的图标失去使用价值时,就需要删除它。同样,在所需要删除的图标上右键单击,在弹出的快捷菜单中选择"删除"命令。用户也可以选中图标后,直接按【Del】键将所选图标移入回收站或按【Shift+Del】键彻底删除。

2.2.2 "开始"菜单的使用

"开始"菜单包含了 Windows 系统提供的全部命令,集成了所有 Windows XP 的功能。因此,在 Windows XP 中,几乎所有的操作都可以从"开始"菜单上进行。

用鼠标单击桌面底部任务栏最左端的"开始"按钮,系统将弹出"开始"菜单,如图 2-7 所示。

图 2-7　"开始"菜单

1."开始"菜单的组成

"开始"菜单主要由五个部分组成：

（1）用户名称区。"开始"菜单的顶部显示的是当前登录的用户名和图标。

（2）常用程序区。该区域显示的是最常用的程序列表，用户可以通过该列表来快速启动常用的应用程序。其中分割线上方是"固定项目列表"，这些程序始终保留在列表中，默认的是 Internet Explorer 和 Microsoft Office 应用程序。分割线的下方是用户常用的程序，用户最近频繁使用的程序会自动添加到此列表中。Windows 有一个默认的常用程序使用次数，当某程序使用次数达到默认值后，便会替换以前使用过的程序。

（3）"所有程序"菜单项。包含了计算机内所有已安装的应用程序。每当用户安装了新的应用程序后，就会在"所有程序"菜单项中建立相应的子菜单项或快捷方式。因此，"所有程序"是"开始"菜单中最常用的命令，用户一般情况下都需要通过它来启动应用程序。

（4）系统菜单区。在"开始"菜单的右侧，分为上、中、下三个部分。

上部是为了方便用户对各类文档的管理而设置的文件夹，其中包括"我的文档""我最近的文档""图片收藏""我的音乐"和"我的电脑"。

中部显示的是对系统进行控制和设置的工具，如"控制面板""打印机和传真"等，可以用来对计算机进行管理、修改系统设置、连接到 Internet、安装打印机和传真等。

下部的"帮助和支持"命令用于联机帮助信息，"搜索"命令用于搜索文件和网络上的计算机等，"运行"命令通过直接输入程序名称来运行应用程序。

（5）注销和关闭计算机"开始"菜单的最下方是"注销"和"关闭计算机"命令，单击"注销"命令，可以快速切换用户；单击"关闭计算机"命令，可以关闭或者重新启动计算机。

2."开始"菜单的使用

从"开始"菜单可以进行任何操作，这里只做常用介绍。

（1）启动应用程序

用户在启动某应用程序时，可以在桌面快捷方式上直接启动，也可以在任务栏上创建工具栏启动，但是多数人在使用计算机时，还是习惯使用"开始"菜单进行启动。方法是：单击"开始"按钮，在打开的"开始"菜单中把鼠标指向"所有程序"菜单项，这时会出现"所有程序"的级联子菜单，在其级联子菜单中可能还会有下一级的级联菜单，当其选项旁边不再带有黑色的箭头时，单击该程序名，即可启动此应用程序。

（2）搜索内容

有时用户需要在计算机中查找一些文件或文件夹的存放位置，如果手动进行查找会浪费很多时间，使用"搜索"命令可以帮助用户快速找到所需内容。除了文件和文件夹，还可以查找图片、音乐及网络上的计算机和通信簿中的人等。

搜索的具体操作会在本项目 4.2.10 中介绍。

（3）运行命令

在"开始"菜单中选择"运行"命令，弹出"运行"对话框，如图 2-8 所示。利用这个对话框，用户能打开程序、文件夹、文档或者网站，使用时需要在"打开"文本框中输入完整的程序或文件路径及相应的网站地址。

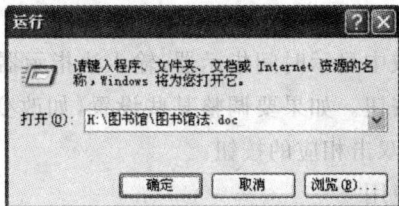

图 2-8　"运行"对话框

当用户不清楚程序或文件路径时,也可以单击"浏览"按钮,在打开的"浏览"窗口中找到要运行的可执行文件,然后单击"打开"按钮,即可打开相应的窗口。

"运行"对话框具有记忆性输入的功能,它可以自动存储用户曾经输入过的程序或文件路径,当用户再次使用时,只要在"打开"文本框中输入开头的一个字母,在其下拉列表中即可显示以这个字母开头的所有程序或文件的名称,用户可以从中进行选择,从而节省时间,提高工作效率。

(4)帮助和支持

当用户在"开始"菜单中选择"帮助和支持"命令后,即可打开"帮助和支持中心"窗口,在这个窗口中会为用户提供帮助主题、指南、疑难解答和其他支持服务。Windows XP 的帮助系统以 Web 页的风格显示内容,以超级链接的形式打开相关的主题,与以往的 Windows 版本相比,结构层次更少,索引却更全面,每个选项都有相关主题的链接,这样用户可以很方便地找到自己所需要的内容。同时,用户通过帮助系统,也可以快速了解 Windows XP 的新增功能及各种常规操作。

2.2.3　任务栏的使用

任务栏位于桌面底部。Windows 是一个多任务操作系统,允许用户同时运行多个程序,每个打开的窗口都有一个最小化图标放在任务栏上。因此,利用任务栏能够迅速地在多个窗口之间切换。

1.任务栏的组成

任务栏的组成如图 2-9 所示,它包括四个部分:"开始"按钮、"快速启动"栏、"应用程序"栏和通知区域。

图 2-9　任务栏

(1)"开始"按钮:是用户使用和管理计算机的起点。单击该按钮,可以弹出"开始"菜单。

(2)"快速启动"栏:用于快速启动应用程序,单击这些按钮即可打开相应的应用程序;当鼠标指针停在某个按钮上时,会出现相应的提示信息。用户可以在其中添加一些常用的程序,方便日常的操作。一般情况下,它包括网上浏览工具 Internet Explorer 图标按钮、收发电子邮件的程序 Outlook Express 图标按钮和显示桌面图标按钮等。

(3)"应用程序"栏:用于放置已经打开窗口的最小化图标。其中,代表当前窗口的按钮会呈现出被选中的状态。如果用户要激活其他窗口，只需用鼠标单击相应窗口的最小化图标即可。

（4）通知区域：在该区域中显示时间指示器、输入法指示器、音量控制指示器和系统运行时常驻内存的应用程序按钮。如果要调整某些设置，如改变音量、选择输入法、修改当前日期和时间，可以单击或双击相应的按钮。

2．任务栏上工具栏的使用

在任务栏中使用不同的工具栏，可以方便而快捷地完成一般的任务。除"语言栏"是系统默认显示的之外，用户还可以根据需要添加或者新建工具栏。

（1）添加工具栏

在任务栏的非按钮区右键单击，在弹出的快捷菜单中指向"工具栏"，可以看到在其子菜单中列出的常用工具栏，当选择其中的一项时，任务栏上会出现相应的工具栏。如图2-10所示。

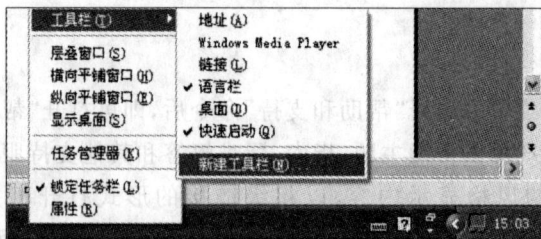

图 2-10　工具栏的子菜单

①地址工具栏：用户可以在文本框内输入文件的路径，然后按回车键确认，快速找到指定的文件。如果用户的计算机已连入 Internet，可以在此输入网址，系统便会自动打开IE 浏览器。另外，还可以直接输入文件夹名、磁盘驱动器名等打开相应窗口。

②链接工具栏：使用该工具栏上的快捷方式可以快速打开网站，其中包含用户常用的选项，单击这些链接图标，用户可以直接进入相应的链接内容界面。

③语言栏：在此显示当前的输入法，用户可以根据需要在此完成输入法的查看与切换。

④桌面工具栏：在此工具栏中列出当前桌面上的图标，当用户需要启动桌面上的程序或者文件时，可以直接在任务栏上启动。

⑤快速启动工具栏：此工具栏中提供了启动 Internet Explorer 浏览器、启动 Outlook Express 和显示桌面三个快速启动图标。当用户需要显示桌面时，可以单击"显示桌面"小图标即可显示桌面，再次单击恢复原状。在这些图标上右键单击，在弹出的快捷菜单中可以进行复制、删除等多种操作，而且它们的位置是可以互换的。用户可以通过直接从桌面上拖动图标到工具栏的方式来创建一个快速启动栏。

（2）新建工具栏

如果需要经常用到某些程序或者文件，可以在任务栏上创建工具栏，它的作用相当于在桌面上创建快捷方式。

2.3 任务实施

1.清理桌面图标,保留系统图标及最常用的快捷方式图标和文件图标,并使之自动排列

(1)仔细观察识别桌面上的所有图标,确定需要保留的图标。

(2)单击桌面上需要清除的图标,然后右键单击,在弹出的快捷菜单中选择"删除"命令。

(3)在桌面空白处右键单击,在弹出的快捷菜单中选择"排列图标"命令,再选择其子菜单中的"自动排列"命令。

2.以非经典方式显示"开始"菜单

(1)在任务栏的空白处右键单击,选择"属性"命令,在弹出的"任务栏和「开始」菜单属性"对话框中选"「开始」菜单"选项卡。

(2)选择"「开始」菜单"选项按钮,并单击"确定"按钮。

3.锁定任务栏

在任务栏的空白处右键单击,选择"锁定任务栏"命令。

2.4 实战训练

【实训内容】

1.认识桌面常见图标

(1)分别将鼠标放在桌面的每一个图标上停留片刻,观察出现的说明文字内容。

(2)双击桌面上的每一个图标,观察运行结果。

(3)分别双击"我的电脑""我的文档""回收站""网上邻居"和"Internet Explorer"图标,观察打开的窗口。

2.显示/隐藏系统默认图标

(1)用户可以隐藏系统默认的图标,操作如下:

①右键单击桌面,在弹出的快捷菜单选择"属性"命令。

②在打开的"显示 属性"对话框中选择"桌面"选项卡。

③单击"自定义桌面"按钮,这时会打开"桌面项目"对话框。

④在"桌面图标"选项组中取消"我的文档""我的电脑"和"网上邻居"三个复选框,单击"确定"按钮,返回到"显示 属性"对话框中,单击"应用"按钮,关闭对话框。

⑤观察在桌面上是否还有"我的文档""我的电脑"和"网上邻居"图标。

(2)还原系统默认的图标

操作同(1),只是在④中选中"我的文档""我的电脑"和"网上邻居"三个复选框即可。

3.桌面图标的操作

(1)在桌面上创建"备忘录"图标(文本文档)

①右键单击桌面上的空白处,在弹出的快捷菜单中选择"新建"命令。

②选择"新建"命令的子菜单中的"文本文档"选项,桌面上会出现新的图标。

③在新图标的名称框中输入"备忘录",按回车键确认。

（2）自动排列桌面图标

在桌面空白处右键单击,在弹出的快捷菜单中选择"排列图标"命令,再选择其子菜单中的"自动排列"命令。

（3）桌面清理向导的使用

①运行"排列图标"子菜单中的"运行桌面清理向导",在弹出的对话框中单击"下一步"按钮。

②选择需要清理的快捷方式,单击"完成"。

③所选的快捷方式在桌面上消失,而在桌面上出现一个"未使用的桌面快捷方式"文件夹。

④将清理掉的快捷方式恢复到桌面:双击"未使用的桌面快捷方式"文件夹,在打开的对话框中选择"编辑"|"撤销移动",即可还原已清理的快捷方式。

（4）将"备忘录"图标改名为"提示录"

①在"备忘录"图标上右键单击,在弹出的快捷菜单中选择"重命名"命令。

②在图标下面的名称框中输入"提示录",按回车键。

（5）彻底删除"提示录"图标

选中"提示录"图标后,按【Shift＋Del】键即可彻底删除。

4."开始"菜单的使用

（1）启动"计算器"程序

单击"开始"按钮,在打开的"开始"菜单中把鼠标指向"所有程序"|"附件"|"计算器"单击,即可启动"计算器"程序。

（2）打开"控制面板"窗口观察其内容。

（3）使用运行命令打开记事本程序

①在"开始"菜单中选择"运行"命令,打开"运行"对话框。

②在对话框中输入"notepad.exe",单击"确定"按钮。

（4）打开"帮助和支持中心"窗口。

5.任务栏的使用

（1）从任务栏启动 Internet Explorer 浏览器。

（2）从任务栏打开音量控制器,将其设置为"静音"。

（3）从任务栏打开"日期和时间 属性"对话框。

（4）在任务栏上添加地址工具栏和桌面工具栏。

（5）在任务栏上去掉语言栏。

任务3 认识 Windows XP 的基本操作

3.1 工作任务及分析

1.任务描述

某公司信息主管对各部门的操作员进行计算机基本操作培训,主要培训内容如下:

(1)熟练使用鼠标;

(2)掌握窗口、菜单、对话框的操作;

(3)使用剪贴板;

(4)掌握多种启动应用程序的方法;

(5)浏览计算机资源;

(6)使用帮助系统。

2.任务分析

熟练掌握计算机的基本操作,了解窗口、菜单、对话框、剪贴板、资源管理器的属性和使用方法,可以提高日常工作效率。

3.2 任务实施

3.2.1 鼠标的使用

在 Windows XP 的图形操作界面下,用鼠标操作要比用键盘更快、更方便一些。鼠标的基本操作主要有以下几种:

指向:在桌面上移动鼠标,使鼠标指针移动到目标位置。

单击:快速地按下并释放鼠标按键。有左键单击和右键单击两种情况,通常单击鼠标指的是左键单击,用于在屏幕上选中一个对象,而右键单击常用于在桌面上调出一个快捷菜单。

双击:连续快速地单击鼠标左键两次。双击通常用于选择一个对象并执行某种操作。

拖动:按住鼠标左键不放并移动鼠标。拖动通常用于将选中的对象移动到目标位置。

在不同的工作环境下,鼠标的指针有不同的形状,代表着不同的含义。常见的鼠标指针形状及含义如表 2-2 所示。

表 2-2   鼠标指针含义

鼠标指针形状	代表的含义	鼠标指针形状	代表的含义
⮽	指向	✥	移动
⧗	忙、等待	🖑	超链接选择
⮽⧗	后台运行	↕	垂直调整
⮽?	求助	↔	水平调整
+	精确定位	⬈	对角线调整
⊘	不可用	⬊	对角线调整
✎	手写	Ⅰ	插入文字

3.2.2 窗口及其操作

英文单词 Windows 的含义就是"窗口",窗口是系统提供给用户与计算机交互的界面,用户所要使用的所有应用程序和文档通常都是以窗口形式出现在桌面上,用户的所有操作几乎都是在窗口这个友好的界面中进行的,通过窗口可以很容易地控制程序运行或编辑文档。Windows 操作系统就是由许多大大小小的窗口组成的,这正是 Windows 设计的优越性,受到了用户的普遍喜爱。

1.窗口的组成

Windows XP 的窗口可分应用程序窗口和文档窗口,虽然它们各自显示的内容与功能不同,但组成元素基本相同。以如图 2-11 所示的一个典型的应用程序窗口为例来认识窗口的各个元素并了解它们的相应功能。

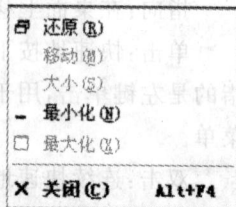

图 2-11　窗口的组成

（1）标题栏

标题栏位于窗口的最上方,显示该窗口的标题。

标题栏最左边有一个小图标叫控制框,用鼠标单击会弹出如图 2-12 所示的控制窗口菜单,上面分别有"还原""移动""大小""最小化""最大化"和"关闭"菜单项。它们的含义如下:

最小化:将窗口变成图标放到任务栏上,以便为其他应用程序留出更多的桌面空间,但此应用程序仍在运行。

图 2-12　控制窗口菜单

最大化:使窗口充满整个屏幕。此时,"最大化"按钮变成还原按钮。单击还原按钮,可使窗口恢复到最大化之前的大小。

关闭:关闭窗口。

还原:当窗口最大化时单击该选项使窗口恢复到初始状态。

移动:当窗口不是满屏幕时,单击此选项移动窗口的位置。

大小:用来调整窗口的大小。

标题栏最右边也有"最小化""最大化"和"关闭"三个按钮,这三个按钮的功能与左边菜单中的"最小化""最大化"和"关闭"选项功能对应相同。

（2）菜单栏

菜单栏位于标题栏下面，列出了该窗口的可用菜单命令。菜单栏中提供了对应应用程序访问的途径，其中最常见的菜单命令有"文件""编辑""查看"和"帮助"等。根据窗口完成操作的不同，菜单中的内容也会发生一些变化。

（3）工具栏

菜单栏的下方是工具栏，如图 2-13 所示。工具栏上摆放着代表各种工具的图标按钮，如"后退""搜索""查看"等，用户选择任一工具，可以执行相应的操作。

图 2-13 工具栏

提示：其实工具栏上所有功能按钮在菜单栏里的各级菜单中都已经包括了，而工具栏上放置的是用户最常用的命令，以使操作更简便，用户也可以定制自己的工具栏。

（4）滚动条

当窗口区域不能显示所打开程序的全部内容时，窗口的右边和底部就会出现垂直滚动条和水平滚动条。

在滚动条的两端有两个带箭头的按钮，中间有一个滑块，按住任意一个箭头按钮，窗口显示的内容就会向箭头所指的方向滚动；拖动滑块，窗口显示的内容向滑块拖动的方向快速滚动。如果单击箭头与滑块之间的区域，窗口内容会以一页一页的方式翻动。

（5）地址栏

地址栏显示的是当前打开的窗口所在的地址。

在地址栏中输入文件夹路径，单击"转到"按钮将打开该文件夹。如果计算机已经连接到 Internet，在地址栏中输入网站地址后，单击"转到"按钮或按回车键，系统将把 Internet Explorer 自动打开，并打开相应的网页。

（6）边框

边框可以用来改变窗口的大小。当鼠标指向边框时，鼠标的光标就变成一个双向箭头，向着箭头所指的方向拖动鼠标就可以改变窗口的大小。

另外，把光标指向窗口的右下角（或其他三个角），当光标变成双向箭头时，可以在对角线的方向同比例地缩放窗口。

（7）状态栏

状态栏位于窗口的底部，用来显示当前窗口主体对象的状态，包括属性、选中对象的数目、所显示的页码、光标位置等。

2.窗口的操作

（1）打开窗口

在 Windows XP 操作系统的桌面上，用鼠标打开应用程序窗口的操作有以下两种方法：

方法一：双击准备打开的应用程序图标。

方法二：用鼠标右键单击准备打开的应用程序图标，在弹出的快捷菜单中选择"打开"选项。

（2）切换窗口

Windows XP 是一个多任务的操作系统，可以同时处理多项任务，即可以同时打开多个窗口。在 Windows XP 中，当前正在操作的窗口被称为当前窗口或活动窗口，其标题栏是深蓝色；而已被打开但当前未被操作的窗口被称为非活动窗口，其标题栏是灰色的。

前面已经介绍了使用任务栏切换应用程序窗口的方法，即在任务栏中单击代表窗口的最小化图标，即可将相应的窗口切换为当前窗口。另一种切换方法是采用【Alt＋Tab】组合键。操作时，按住【Alt】键不放，而对【Tab】键则一按一放，即可在已打开的应用程序窗口之间切换。

（3）移动窗口

有时为了防止一个窗口覆盖在另一个窗口上，需要移动窗口。

移动窗口只需将鼠标指针移动到窗口的标题栏上，按住鼠标左键并拖动窗口至目标位置处后再释放鼠标即可。当然，要移动的窗口不能处于最大化状态。

（4）排列窗口

同时打开多个窗口时，多个窗口会互相覆盖，当需要一次查看打开的多个窗口时，可以在任务栏上单击鼠标右键，在弹出的快捷菜单中设置这些窗口的排列方式，其中包括：层叠窗口、横向平铺窗口和纵向平铺窗口。

（5）窗口的最大化和最小化

在进行窗口的最大化和最小化的操作之前应该先选择该窗口成为当前窗口。单击该窗口右上角的“最大化”按钮或执行窗口控制菜单的“最大化”命令，即可将窗口最大化。当窗口处于最大化状态时，用鼠标单击窗口右上角的“还原”按钮或者执行窗口控制菜单的“还原”命令，即可恢复窗口到原来的大小。同样，单击该窗口右上角的“最小化”按钮或执行窗口控制菜单的“最小化”命令，即可将窗口最小化。当窗口处于最小化时，它将排列在 Windows XP 的任务栏里。

（6）关闭窗口

如果用户打开了多个窗口，可能会造成系统变慢甚至死机，所以用户应注意随时将不再使用的窗口关闭，关闭窗口可使用以下几种方法：

方法一：使用【Alt＋F4】组合键。

方法二：用鼠标单击程序窗口右上角的“关闭”按钮。

方法三：用鼠标双击应用程序左上角的“控制菜单”图标。

方法四：用鼠标右键单击任务栏上的窗口，在弹出的快捷菜单中选择“关闭”选项。

提示：窗口最小化和关闭窗口的性质完成不同。应用程序窗口最小化后，应用程序仍然在内存中运行，占据系统资源；而关闭窗口则表示应用程序结束运行，退出内存。

3.2.3　菜单及其操作

菜单是 Windows XP 提供和执行命令信息的重要途径。Windows XP 窗口的菜单栏通常由多个下拉式菜单组成，每个菜单中又有若干菜单项。虽然各个应用程序的菜单结构不完全相同，但这些菜单有一些共同的规定，选择菜单命令的方法也相同。

1. 菜单的规定

出现在菜单中的菜单项具有不同的形态,这些形态有不同的含义。下面对如图2-14所示的菜单进行介绍。

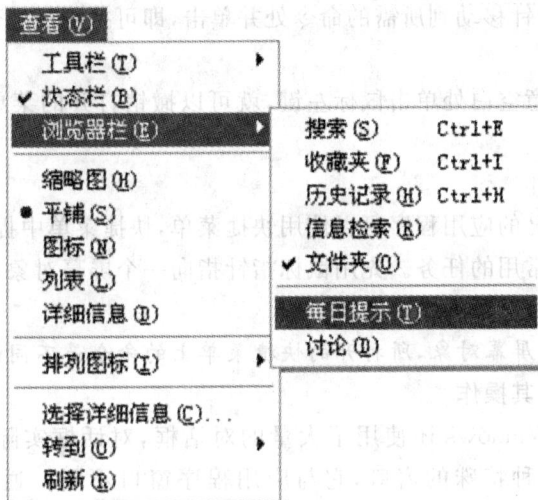

图2-14 菜单的规定

(1)右侧带省略号(…)

表示选中该菜单项时,将弹出一个对话框。

(2)右侧带向右箭头(▶)

表示该命令选项还有下级菜单,即第二级菜单。鼠标指向有小三角命令的选项,第二级菜单便弹出来。如果第二级菜单的命令选项也有三角标志,则表示还有第三级菜单。

(3)左侧带"·"标记

表示单选菜单项,即在这几项菜单中,只能选一项。单击要选的菜单项,该菜单项前面出现一个小圆点,表示被选中,其功能被激活;同时,原先曾经被选中的菜单项前面的圆点消失,功能被禁用。

(4)左侧带"√"标记

表示是复选菜单项,即这类菜单可以同时选中一项或多项。被选中的菜单项前面出现一个"√"标记,表示该项菜单功能可以应用;如果再次单击带"√"标记的选项,则"√"标记消失,表示该项菜单功能已禁用。

(5)呈灰色显示

有时某些菜单项是灰色的,这表示该项菜单在当前环境下无法执行,即无效状态。一旦当前环境变到能执行该项菜单功能的状态,该项菜单就会变成深色的有效状态。例如,如果用户没有选中任何文字或图形等要剪切或复制的东西,那么,单击"编辑"菜单时,就会发现"剪切""复制"菜单项是灰色的无效状态。而一旦选中一段要剪切或复制的文字,再次单击"编辑"菜单时,就会发现"剪切""复制"菜单项都变成深色有效的状态了。

(6)菜单名后的英文字母

表示快捷键,熟练使用可以提高操作速度。

2.下拉菜单的操作

(1)选择菜单

选择 Windows XP 窗口中的菜单时,只需单击菜单栏上的菜单项,即可打开该菜单的下拉式菜单,将鼠标指针移动到所需的命令处并单击,即可执行所选命令。

(2)撤销菜单

在菜单以外的任意空白处单击鼠标左键,就可以撤销打开的菜单。另外,按下【Esc】键也可执行撤销操作。

3.快捷菜单的操作

许多 Windows XP 的应用程序可以使用快捷菜单,快捷菜单中提供了常用的命令,执行它们可以完成一些常用的任务。先用鼠标指针指向一个屏幕对象,再单击鼠标右键,即可打开一个针对该屏幕对象的快捷菜单。

注意:针对不同的屏幕对象,所打开的快捷菜单上的命令是不同的。

3.2.4 对话框及其操作

除了窗口以外,Windows 还使用了大量的对话框,对话框实际上也是人机交流的窗口。但对话框是一种特殊的窗口,它与应用程序窗口不同。通常单击右侧带"…"符号的菜单命令就可以打开一个对话框,对话框的大小、形式、外观等各不相同。在对话框中,会有许多不同的选项供用户完成相应的设置。典型的 Windows 对话框如图 2-15 所示。

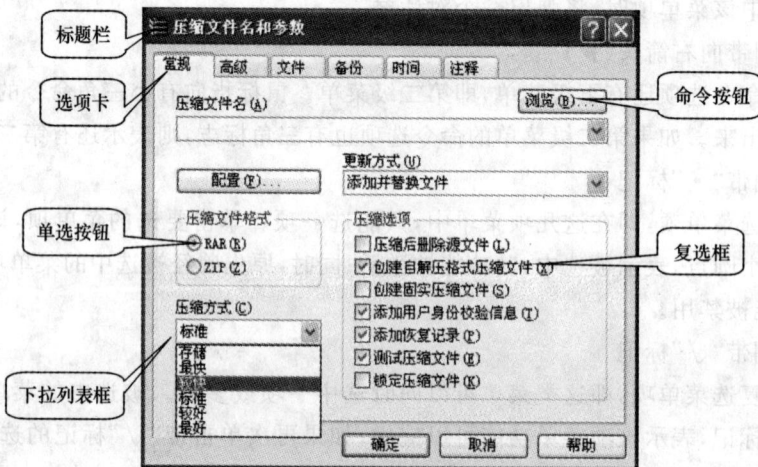

图 2-15 Windows XP 的对话框

对话框的基本组成元素与功能如下:

(1)标题栏

标题栏位于对话框最上方,显示对话框的名称。

(2)文本框

文本框是一个可以输入信息的空白区域,单击该区域会在文本框中出现一个插入光标,然后就可以在其中输入相关的文字信息,如图 2-16 所示。有时文本框中会出现系统提供的默认项,可以直接保留使用。

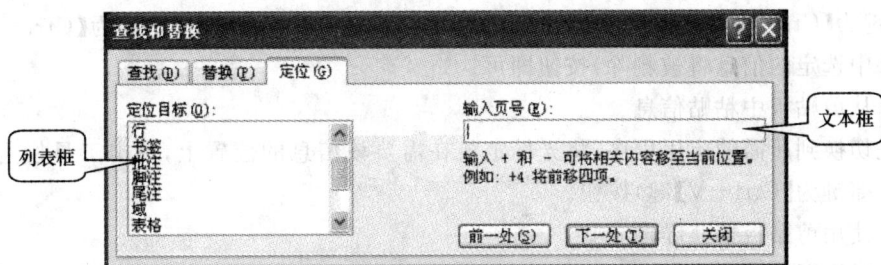

图 2-16　对话框中的文本框和列表框

（3）列表框

列表框是以列表形式显示有效选项的框，在列表框中列出了选项列表，用户可以在其中选择所需的选项。如图 2-16 所示，如果列表内容超出框的显示大小，会出现滚动条，用户可以通过拖动滚动条查看其他选项。

（4）下拉列表框

下拉列表框的作用与列表框的作用基本相同，所不同的是下拉列表框是通过单击选项右侧带箭头的下拉按钮来打开的。

（5）复选框

复选框包含的是一组互不排斥的选项，每个选项前面有一个方框，该类选项称为复选项，复选项前面的方框称为复选框。当选中某个选项时，复选框中会出现一个"√"符号，表示该选项已被选中，再次单击该复选框时，会取消对该复选框的选择。用户可以同时选中多个复选框，也可以不选。

（6）单选按钮

单选按钮在一组相关的选项中，只能选取其中某一项，不能多选，也不能不选。单击想要选择的选项，选项前面圆框内会出现一个圆点，表示该选项被选中，同时其他选项的选择被取消。

（7）命令按钮

在对话框中有许多命令按钮，单击这些命令按钮后将执行相应的操作。如果命令按钮上有"…"符号时，表示单击该命令按钮后会打开一个对话框。

（8）选项卡

当对话框中的内容很多时，通常采用选项卡的方式来分页，将相关联的内容归类到一个选项卡中，多张选项卡合并在一个对话框中。单击某个选项卡，对话框就显示该选项卡对应的选项。

思考：对话框与窗口有哪些区别？

3.2.5　剪贴板的使用

剪贴板是 Windows XP 非常实用的工具之一，它是内存中的一块临时存储区。剪贴板将用户选定的文字、声音、图像等各种信息先"复制"或"剪切"到这个临时存储区，然后将信息"粘贴"到目标位置。

1.将信息复制到剪贴板

若所需复制的信息是文本、文件或文件夹，先进行选定，然后单击工具栏上的"复制"

（快捷键为【Ctrl＋C】键，源文件中选定的信息将不变）或"剪切"（快捷键为【Ctrl＋X】键，源文件中选定的信息将被删除）按钮即可。

2．从剪贴板中粘贴信息

先切换到所需的应用程序，将光标定位在需要该信息的位置上，单击工具栏上的"粘贴"（快捷键为【Ctrl＋V】键）按钮。

3．使用剪贴板捕获屏幕

有时需要将计算机的屏幕做成图片，这时就可以使用剪贴板来捕获屏幕，然后将这些图像粘贴到一个程序中，再存储为图片文件。

（1）按【PrintScreen】键捕获整个屏幕。在文档中单击"粘贴"按钮，将剪贴板上的内容副本粘贴到文档中。

（2）按【Alt＋PrintScreen】组合键捕获屏幕上的活动窗口。在文档中单击"粘贴"按钮，将剪贴板上的内容副本粘贴到文档中。

注意：在捕获活动窗口之前，单击该窗口的标题栏来确定想要捕获的窗口是活动的。

3.2.6　应用程序的启动与退出

1．应用程序的启动

在 Windows XP 中，启动应用程序的方法很多，下面介绍几种常用的方法。

方法一：使用"开始"菜单启动应用程序

单击"开始"按钮，在"开始"菜单中指向"所有程序"菜单项，出现级联菜单。然后从"所有程序"的级联菜单中单击要启动的应用程序。

方法二：使用"运行"命令启动应用程序

如果需要运行的应用程序没有列在"所有程序"菜单中，可使用"开始"菜单中的"运行"命令来启动它。在"运行"对话框中输入程序名，若不知道程序的名称及其准确位置时，可单击"浏览"按钮，在"浏览"对话框中查找所需运行的文件，双击文件名后返回到"运行"对话框中。单击"确定"按钮就启动了应用程序。

方法三：从文档启动应用程序

Windows XP 具有以文档为对象的处理方式，在文档与应用程序之间建立起默认的关联关系，即只需找到需要的文档，而不必去考虑是用哪个应用程序创建的，Windows XP 会自动将该文档与创建该文档所对应的应用程序建立联系，使该文档打开的同时启动该应用程序。操作方法是：找到要处理的文档，双击文件名或图标，与之相关的应用程序自动启动，同时自动装载这个文件并进入使用或编辑方式。

方法四：以快捷方式启动应用程序

用户可以为经常要使用的应用程序创建快捷方式图标放在桌面上，这样只要双击桌面快捷图标就可直接启动应用程序，而不必打开一层层菜单去找应用程序。

2．应用程序的退出

在 Windows XP 中也有多种方法退出应用程序。

方法一：单击应用程序窗口右上角的关闭按钮。

方法二：在应用程序窗口菜单中选择"文件"|"退出"命令。

方法三：按【Alt＋F4】快捷键。

提示：当某个应用程序由于不可预知的原因，造成其不再响应用户操作，这时可按【Ctrl＋Alt＋Del】组合键，会弹出"Windows 任务管理器"对话框，然后在"应用程序"选项卡的"任务"列表中选中要关闭的程序，最后单击"结束任务"按钮。

3.2.7 浏览计算机资源

用户常常需要了解计算机有哪些资源，具备哪些性能。在 Windows XP 中，所有的计算机资源都可以通过"我的电脑""资源管理器"和"网上邻居"来访问。

1.我的电脑

使用"我的电脑"图标可以直接对磁盘、映射网络驱动器、文件与文件夹等进行管理。对于已经有网络连接的计算机，还可通过"我的电脑"来方便地访问本地网络中的共享资源和 Internet 上的信息。操作方法是：在 Windows XP 桌面上双击"我的电脑"图标，打开"我的电脑"窗口，如图 2-17 所示。

图 2-17 "我的电脑"窗口

在"我的电脑"窗口中，可以看到计算机中所有的磁盘驱动器列表。在窗口左侧属性区域的"其他位置"区域中还有"网上邻居""我的文档""共享文档"和"控制面板"四个超链接，通过这些超链接，可以方便地在不同窗口之间进行切换。在"详细信息"区域中还可以显示用户所选中的对象（磁盘或文件夹）的详细信息。

"我的电脑"窗口中的工具包括一些常用的命令，以方便对文件或文件夹进行管理。例如单击"后退"按钮，将返回至上次的操作窗口；单击"前进"按钮，将撤销刚才的"后退"操作；单击"向上"按钮，将逐级向上返回，直到在屏幕上显示出所有的计算机资源。

2.资源管理器

在 Windows XP 中，"我的电脑"和"资源管理器"都可以用来管理计算机资源。"资源管理器"在日常使用中主要用来方便地查看和管理计算机中所有的文件和文件夹。打开"资源管理器"常用的方法有以下几种：

方法一：在"我的电脑"图标上右键单击，从弹出的快捷菜单中单击"资源管理器"命令。

方法二：右键单击"开始"菜单，从弹出的快捷菜单中单击"资源管理器"命令。

方法三：右键单击桌面上任一文件夹或"回收站"图标，在弹出的快捷菜单中单击"资源管理器"命令。

方法四：打开"我的电脑"窗口，右键单击任一图标，在弹出的快捷菜单中单击"资源管理器"命令。

方法五：单击"开始"|"所有程序"|"附件"|"Windows 资源管理器"命令，就打开了"资源管理器"窗口。

注意：应熟练使用右键单击"开始"菜单打开"资源管理器"的方法。因为有时因病毒的破坏造成桌面图标无法使用。

打开的"资源管理器"窗口如图 2-18 所示。"资源管理器"窗口的左侧是文件夹列表，能够查看整个计算机系统的组织结构以及所有访问路径的情况。

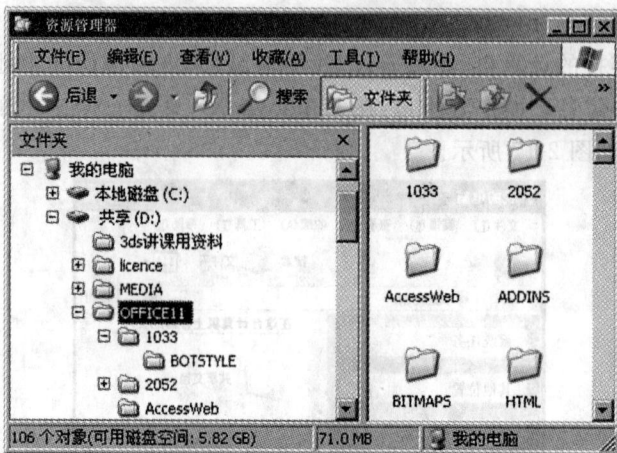

图 2-18   "资源管理器"窗口

文件夹如果被打开，则该图标显示为 📂；如果没有打开，则图标显示为 📁。

如果文件夹图标左边带有"＋"号，表示该文件夹还包含子文件夹，单击该符号将显示所包含的文件夹结构；如果文件夹图标左边带有"－"号，表示当前已显示出文件夹中的内容，单击"－"号将折叠该文件夹。

当用户从"文件夹"列表区中选择一个文件夹时，在右侧窗口区域中将显示该文件夹下包含的文件夹和子文件夹。

如果要调整"文件夹"列表区的大小，可以将鼠标指针指向两个区域之间的分隔条上，当鼠标指针变成"↔"形状时，按住鼠标左键并向左或右拖动，即可调整"文件夹"列表大小。

提示：建议用户尽量使用"资源管理器"进行资源浏览查看，因为在资源管理器的一个窗口中就可以查看整个计算机系统的组织结构以及所有访问路径的情况。左右窗口区域又可以同时查看文件夹与其中所包含的子文件夹和文件的关系。使用"资源管理器"比使用"我的电脑"更方便优越，产生的错误操作更少。

3. 网上邻居

"网上邻居"可显示指向共享计算机、打印机和网络上其他资源的快捷方式。只要打开共享网络资源（如打印机或共享文件夹），快捷方式就会自动创建在"网上邻居"窗口中。

"网上邻居"窗口还包括指向计算机上的任务和位置的超链接，这些链接可以帮助用户查看网络连接，将快捷方式添加到窗口，查看网络中或工作中的计算机，如图 2-19 所示。

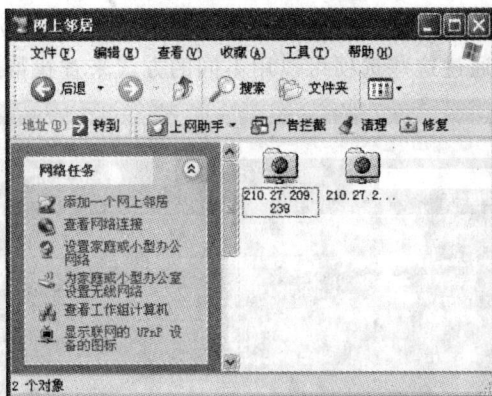

图 2-19 "网上邻居"窗口

在"网上邻居"窗口中单击"添加一个网上邻居"超链接,可启动"添加网上邻居向导"。该向导将帮助用户新建指向网络、Web 和 FTP 服务器上的共享文件夹和资源的快捷方式。如果在 Web 服务器上还没有文件夹,"添加网上邻居向导"会帮助用户创建新的文件夹以存储联机文件。

通过"网上邻居"窗口可以查看、管理、移动、复制、保存和重命名已存储在 Web 服务器上的文件和文件夹,就像对已存储在自己的计算机上的文件和文件夹进行操作一样。查看存储在 Web 上的文件夹内容时,该文件夹的 Internet 地址将显示在地址栏中。

3.2.8 使用帮助系统

Windows XP 有一套完整的帮助系统,在安装 Windows XP 的过程中,它的帮助文件被复制到安装文件夹内。用户若需要更新帮助信息,可以使用联机支持系统,通过因特网连接到微软公司的主页上获取最新的信息。

用户在使用 Windows XP 系统的过程中随时可以使用帮助功能,获取帮助信息的方法主要有以下几种:

方法一:按【F1】键。【F1】键为帮助键,无论是在远程的对话框上还是在本地的应用程序中,按此键都可以得到及时解答。【F1】键有时给出的是所定位对象的描述或定义,有时是完成某些工作的确切信息。

方法二:使用"帮助"菜单。通常在菜单栏的最右边都会有"帮助"菜单,打开此菜单可以看到应用程序相关的帮助内容。

方法三:从应用程序窗口中获取帮助。例如要在 Word 窗口中获得帮助,可以单击工具栏中的"Microsoft Office Word 帮助"按钮，出现如图 2-20 所示的应用程序帮助对话框,单击相应内容或在文本框中输入需要帮助内容的关键词,然后单击"搜索"按钮,系统就会搜索出需要帮助的内容。

方法四:直接访问帮助系统。单击"开始"|"帮助和支持"命令,直接打开"帮助和支持

图 2-20 "应用程序帮助"对话框

中心"窗口。在如图 2-21 所示的 Windows XP 帮助窗口中有"索引""收藏夹""历史""支持"和"选项"五个选项,通过这些选项可以用不同的方式来查找帮助信息。

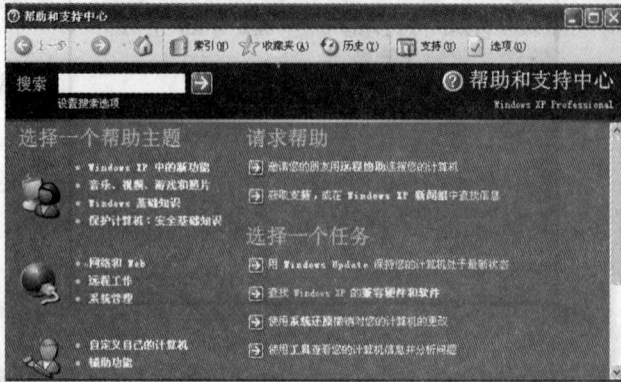

图 2-21　"帮助和支持中心"窗口

　　方法五:在一些窗口、对话框标题栏右边有一个表示帮助的问号按钮,单击该按钮后鼠标指针会变成问号形状,此时单击屏幕对象可以得到该对象的简短说明,如图 2-22 所示。或用鼠标右键单击屏幕上的某项,会出现"这是什么?"文字框,单击此框后,会出现有关该项的帮助描述,如图 2-23 所示。

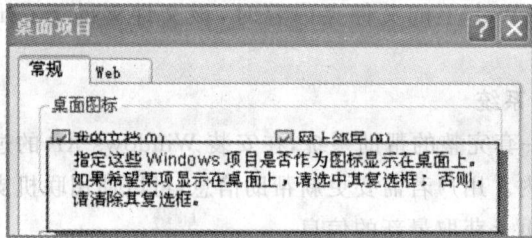

图 2-22　对话框对象简短说明帮助

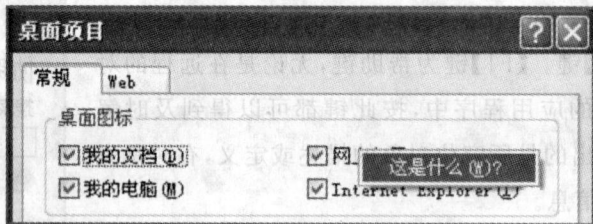

图 2-23　"这是什么?"帮助

　　方法六:在任务栏或窗口的工具栏上,将鼠标指针移到某个按钮上稍停,就会出现这个按钮的简短说明,这是快速获得帮助的又一种方法,如图 2-24 所示就是鼠标指针定位于"表格和边框"按钮上的情况。

图 2-24　工具提示标签

　　任务小结:(1)窗口、菜单、对话框的操作是使用计算机最基本的操作,只有熟练掌握、灵活运用,才能开始学习其他新的操作技能。(2)应掌握两种以上打开和关闭应用程序的方法,尤其是要学会当某个应用程序不再响应用户操作时,按【Ctrl＋Alt＋Del】组合键"结束任务"的方法。(3)尽量习惯使用"资源管理器"来浏览计算机资源。

3.3 实战训练

【实训内容】

1. 窗口的操作

(1)打开"我的电脑""回收站""我的文档""网上邻居"四个窗口。

(2)切换窗口

① 使用任务栏分别将四个窗口切换为当前窗口。

② 采用【Alt＋Tab】组合键分别将四个窗口切换为当前窗口。

(3)将"回收站"窗口移动到屏幕右下方。

(4)排列窗口

分别按层叠窗口、横向平铺窗口和纵向平铺窗口三种方式排列四个窗口。

2. 菜单的操作

(1)打开"我的电脑"的快捷菜单。

(2)选择快捷菜单中的"搜索…"菜单项,打开对话框。

(3)打开"运行…"对话框,再单击"浏览…"按钮,打开对话框观察其与窗口的不同。

3. 启动应用程序"画图"和"计算器"

4. 使用剪贴板将"计算器"程序窗口粘贴到画图程序中

(1)单击"计算器"窗口的标题栏,按下组合键【Alt＋PrintScreen】将窗口拷贝到剪贴板上。

(2)切换到"画图"窗口中,使用菜单命令"编辑"|"粘贴",将剪贴板上的"计算器"窗口粘贴到"画图"窗口中。

(3)按【Alt＋F4】快捷键关闭"画图"和"计算器"程序。

5. 使用"资源管理器"浏览计算机资源

(1)分别用五种方法打开"资源管理器"窗口并关闭。

(2)右键单击"开始"菜单,从弹出的快捷菜单中单击"资源管理器"命令,打开"资源管理器"窗口。

(3)查看硬盘划分了几个分区,每一分区主要用来存放什么信息。

(4)浏览"我的电脑""回收站""我的文档""网上邻居"四个文件夹的内容。

(5)展开所有文件夹的折叠分支并浏览其内容

任务 4 管理文件和文件夹

4.1 工作任务及分析

1. 任务描述

某公司信息主管要指导各部门整理计算机文件,做好各类电子文件的存档工作,其中人力资源部的文件管理要求是:

(1)在 D 盘创建"人力资源规划""劳资关系""培训开发""人才招聘""日常工作"五个

文件夹,在"培训开发"文件夹中建立"培训"和"开发"子文件夹。

(2)在桌面创建"备忘录"文件夹,在"备忘录"中建立"完成任务.txt"和"未完成任务.txt"。在"劳资关系"中建立"职员信息.doc"和"工资信息.xls"文件。

(3)将"劳资关系"文件夹改名为"劳资档案",并将其设为保密。

(4)在 E 盘上给"日常工作"做备份,以提高数据安全性。

(5)在桌面上给"日常工作"创建快捷方式,方便从桌面打开文件夹;将"备忘录"移动到"日常工作"中。

(6)删除"备忘录"中的"完成任务"和"未完成任务",再从"回收站"中恢复文件"未完成任务"。

(7)查看计算机中的所有文件,分析文件类型和属性,将它们归类整理到相应的文件夹中。

2.任务分析

在日常工作中,经常发生因文件存放不合理而找不到文件的现象,所以建立合理的文件管理结构并及时地对各种文件进行归类整理是非常重要的工作。本任务经分析拟建立的文件管理结构如图 2-25 所示。

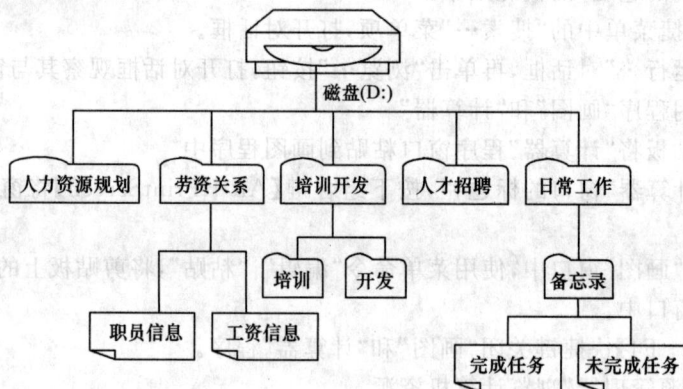

图 2-25 拟建立的文件管理结构

4.2 知识与技能

文件是具有一定名称的一组相关数据的集合。计算机所处理的信息都是以文件的形式存放在硬盘等存储介质上的,文件是最小的数据组织单位。用户利用计算机所写的文档、创建的表格、制作的图形、录像和喜爱的音乐、电影等都放在文件里。为了便于管理,又将文件组织到目录和子目录里,目录称作文件夹,就像办公桌上的文件夹里有很多的文件;而子目录被认为是子文件夹,就像大文件夹里的小文件夹。一个文件夹下可以有多个子文件夹,而一个子文件夹中又可以存放多个文件和下一级的子文件夹,从而构成一种树状结构。

文件与文件夹的管理是 Windows XP 最主要的功能之一,熟练进行文件和文件夹的管理操作,是学习计算机应用的基本功之一。Windows XP 可以对单个文件或文件夹进行移动、复制、重命名和删除,也可以一次处理一批或整个磁盘上的文件或文件夹。这些工作可以在"资源管理器"窗口中去做,也可以在"我的电脑"窗口中去做。因此,下面所讲述的各种操作方法,在"资源管理器"和"我的电脑"中都适用。

4.2.1 打开文件或文件夹

1.打开文件或文件夹

打开文件或文件夹的操作步骤如下：

(1)双击包含要打开的文件或文件夹的磁盘。

(2)在该磁盘窗口中双击要打开的文件或文件夹或用鼠标右键单击要打开的文件或文件夹,在弹出的快捷菜单中选择"打开"选项即可。如果要打开的文件是应用程序创建的文件,选中该文件并按下鼠标左键拖动到相应的应用程序中也可打开该文件。

2.关闭文件或文件夹

关闭文件或文件夹可以采用以下任一方法：

方法一：在打开的文件或文件夹窗口中单击"文件"|"关闭"("退出")命令。

方法二：单击窗口标题栏上的"关闭"按钮或双击控制图标。

在打开的文件夹窗口中单击"向上"按钮,可返回到上一级文件夹,同时关闭当前文件夹。

4.2.2 查看文件或文件夹

1.查看文件或文件夹

查看文件或文件夹的操作步骤如下：

(1)打开要查看的文件或文件夹。

(2)打开"查看"菜单,如图 2-26 所示;或单击工具栏上"查看"按钮右边的小三角。

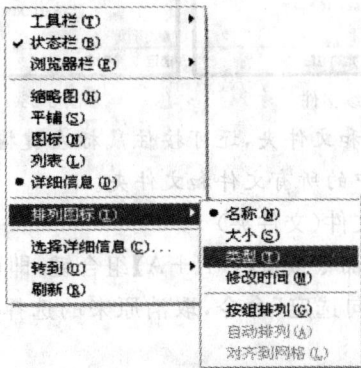

图 2-26 "查看"菜单

(3)在单选菜单项里面根据需要选择"缩略图""平铺""图标""列表"或"详细信息",可按不同形式进行查看。

2.排列图标

在查看菜单时,还可以通过按不同方式来排列图标进行文件或文件夹的查看。如图 2-26 中,可以选择"排列图标"级联菜单中的按"名称""大小""类型"和"修改时间"对活动文件夹中的对象进行排序。在"我的电脑"的不同窗口中,随着内容的不同,级联菜单中还会有不同的菜单项。

如果希望在改变窗口的大小后,系统能够自动重新排列图标,可以从"排列图标"级联菜单中选择"自动排列"菜单项。

4.2.3 选择文件或文件夹

在对文件和文件夹进行操作时,首先必须确定操作对象,即选择文件或文件夹。

1.选择单个文件或文件夹

单击要选择的文件,即可选定。如果是单击一个文件夹,则它的子文件夹和文件都将被选定。

2.选择多个文件或文件夹

选择多个连续文件的操作方法是:先单击第一个文件,然后按住【Shift】键再单击最后一个要选择的文件。选择结果如图2-27所示。

选择不连续的多个文件的操作方法是:先按住【Ctrl】键,再依次单击要选择的项。选择结果如图2-28所示。

图 2-27 选择多个连续文件 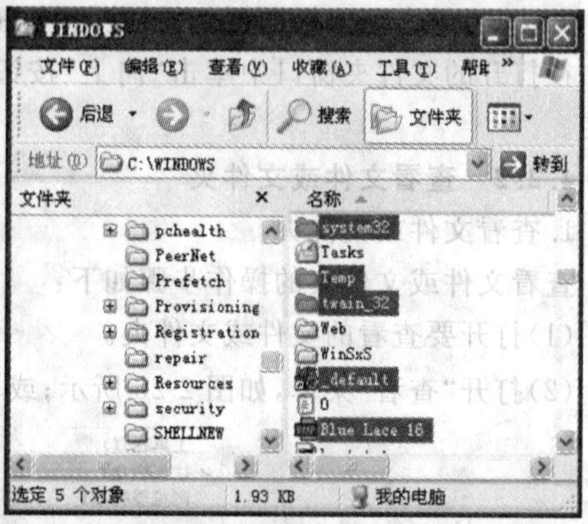   图 2-28 选择多个不连续文件

提示:一次选择多个文件和文件夹,还可按住鼠标左键拖动光标产生一个虚线框,释放鼠标后将选定虚线框区域中的所有文件和文件夹。

3.选择文件夹下的所有文件(文件夹)

单击"编辑"|"全部选定"命令或按【Ctrl+A】组合键,即可选定文件夹下的所有文件(文件夹)。选择"编辑"|"反向选定"命令,取消原来的选择,而原来未被选取的都被选择了。

4.撤销选择

在已选择了多项文件和文件夹时,如果要取消一项选择,要按住【Ctrl】键,单击要取消的项。如果全部取消,则单击选择项以外的区域即可。

4.2.4 创建新文件夹和文件

在 Windows XP 中可以采取多种方法方便地创建文件或文件夹,在文件夹中还可以创建子文件夹。

1.创建文件夹

方法一:使用"文件"菜单创建文件夹,操作步骤如下:

(1)打开或选定要在其中创建新的子文件夹的文件夹。如果选择一个磁盘驱动器,则该文件夹会被放在该磁盘的根目录下。

(2)单击"文件"|"新建"|"文件夹"命令,输入新文件夹的名称,按【Enter】键即可。

方法二:使用快捷菜单创建文件夹,操作步骤如下:

(1)打开或选定要在其中创建新的子文件夹的文件夹。

(2)在"资源管理器"窗口的右窗格或"我的电脑"窗口的空白处右键单击鼠标,出现的快捷菜单与"文件"|"新建"的级联菜单完全相同,如图 2-29 所示。

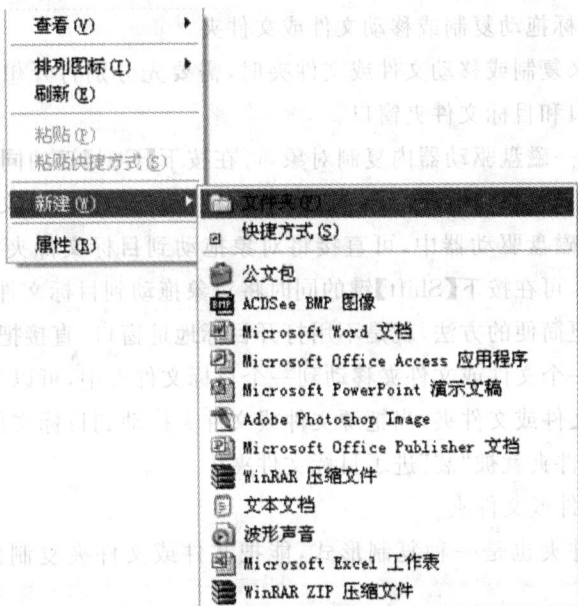

图 2-29 新建文件夹菜单

2.创建文件

新建文件也有两种方法,第一种方法与新建文件夹的两种方法相似,只是在"文件"|"新建"菜单里选择的是某一种文件类型的菜单项,例如"文本文档""Microsoft Word 文档"等不同的文件类型,然后再给新文件命名即可。

新建文件的第二种方法是:先在应用程序中编辑文件,在对文件进行存盘时完成文件的新建。比如,打开"写字板"或"记事本"输入一段文字,然后单击菜单栏里的"文件",打开下拉菜单,单击"保存"或"另存为"选项,在出现的对话框中选择要存盘的地址并输入文件的名字,单击"保存",完成文件的建立。

通常用户新建文件都是在应用程序窗口中新建相应的文件,然后通过"保存"命令保存在文件夹中,具体操作方法在讲解相关应用程序中再详细说明。

4.2.5 移动、复制文件和文件夹

一般情况下,在整理文件和文件夹时使用移动操作,在备份和使用文件和文件夹时使用复制操作。要复制或移动文件和文件夹时可采用以下任意一种方法。

方法一:通过菜单命令复制或移动文件或文件夹

首先打开需要复制或移动的文件或文件夹所在的文件夹窗口,选中需要复制或移动的对象。如果要复制对象,则在菜单栏中单击"编辑"|"复制"命令或按【Ctrl+C】键;如果要移动对象,则在菜单栏中单击"编辑"|"剪切"命令或按【Ctrl+X】键;然后打开目标文件

夹窗口,在菜单栏中单击"编辑"|"粘贴"命令或按【Ctrl＋V】键,则要复制或移动的文件或文件夹就会被复制或移动到目标文件夹中。也可以在对象上右键单击使用快捷菜单中的"复制""剪切""粘贴"命令,来完成文件或文件夹的移动或复制。

　　思考:"复制"与"剪切"有什么区别?

　　方法二:通过鼠标拖动复制或移动文件或文件夹

　　通过鼠标拖动来复制或移动文件或文件夹时,需要先分别打开想要复制或移动的对象所在的文件夹窗口和目标文件夹窗口。

　　(1)如果要在同一磁盘驱动器内复制对象,可在按下【Ctrl】键的同时将对象拖动到目标文件夹窗口中;如果要移动对象,可直接用鼠标将对象拖动到目标文件夹窗口中。

　　(2)若在不同的磁盘驱动器中,可直接将对象拖动到目标文件夹窗口中完成复制操作;如果要移动对象,可在按下【Shift】键的同时将对象拖动到目标文件夹窗口中。

　　拖动还有一种更简便的方法,就是不用打开目标地址窗口,直接把移动对象"装"进该窗口去。比如要把一个文件或文件夹移动到一个目标文件夹中,可以不打开目标文件夹,直接用鼠标拖动源文件或文件夹,当把源文件或文件夹拖动到目标文件夹上面时,松开鼠标按键,源文件或文件夹就被"装"进了目标文件夹中。

　　方法三:发送文件或文件夹

　　发送文件或文件夹也是一种复制形式,能把文件或文件夹复制到别的地方。方法如下:

　　(1)用鼠标右键单击要发送的文件或文件夹,会出现快捷菜单,如图 2-30 所示。

　　(2)根据需要单击一个选项,文件或文件夹就复制到了目标位置上。

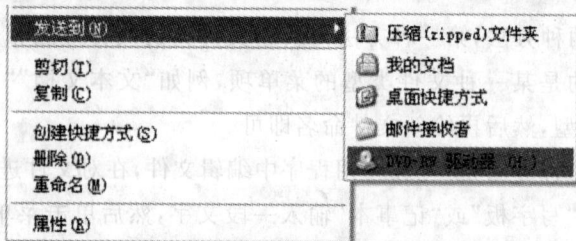

图 2-30　"发送到"快捷菜单

　　提示:用鼠标拖动法进行复制或移动操作时,很容易出现错误操作,一般用户最好不用。但复制和移动操作是日常应用中最频繁的操作,所以用户最好能熟记其快捷键:【Ctrl＋C】、【Ctrl＋X】和【Ctrl＋V】键。

4.2.6　重命名文件或文件夹

重命名文件或文件夹的操作步骤如下:

　　(1)选择要重命名的文件或文件夹。

　　(2)单击"文件"|"重命名"命令或在"文件和文件夹任务"窗口中单击"文件和文件夹任务"列表中的"重命名这个文件(夹)"超链接;或用鼠标右键单击要重命名的文件或文件夹,在弹出的快捷菜单中单击"重命名"命令;或选中要重命名的文件或文件夹,再间断地单击该文件或文件夹一次,使文件或文件夹的名称处于编辑状态。

(3)输入新名称,按回车键确认即可完成重命名操作。

4.2.7 删除、恢复文件或文件夹

为了使计算机中的文件系统管理有序,同时也为了节省磁盘空间,需要经常删除一些没有用的或损坏的文件或文件夹;有时又会发生错误操作,用户可以通过"回收站"来恢复误删除的文件或文件夹。

1.删除文件或文件夹

删除文件或文件夹有以下三种基本方法:

方法一:右键单击要删除的文件或文件夹,在出现的快捷菜单里单击"删除"命令,出现"确认文件(夹)删除"对话框,提示用户,如图 2-31 所示。如果单击"是"按钮,文件或文件夹就被从当前位置删除并放入回收站。

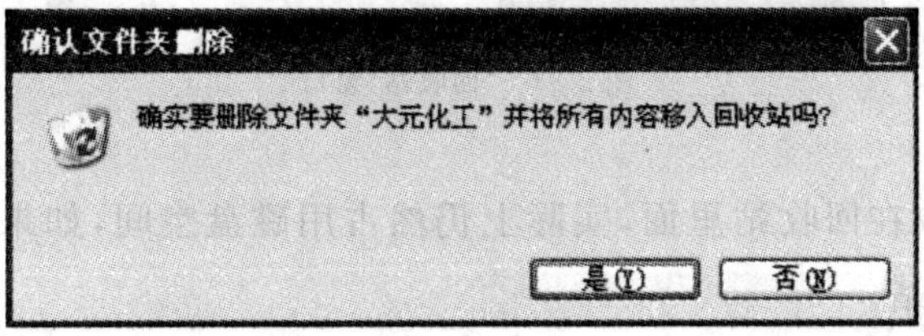

图 2-31 "确认文件(夹)删除"对话框

方法二:选中要删除的对象,按下鼠标左键不放将其拖动到桌面上的"回收站"。

方法三:选中要删除的对象,单击"文件"|"删除"命令,或按下【Del】键,在"确认文件(夹)删除"对话框里单击"是"按钮即可。

以上三种方法,文件或文件夹并没有真正从磁盘上删除,是暂时放到"回收站"中,以后还可以根据需要从"回收站"恢复或彻底删除。如果要彻底删除,可按【Shift+Del】组合键,出现如图 2-32 所示的"确认文件(夹)删除"对话框,单击"是"按钮即可。

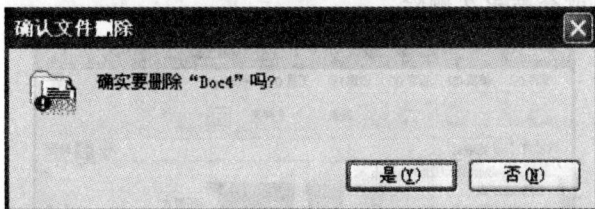

图 2-32 "确认文件(夹)删除"对话框

2.恢复被删除的文件或文件夹

要恢复被删除的文件或文件夹,其操作步骤如下:

(1)双击"回收站",打开"回收站"窗口,如图 2-33 所示。

(2)如果全部还原,在"回收站任务"区单击"还原所有项目"超链接。

(3)如果只还原某个文件或文件夹,单击选中的文件或文件夹。

(4)单击"文件"|"还原"命令。文件或文件夹就被还原到原来的位置;或者右键单击要还原的对象,在弹出的快捷菜单里单击"还原"命令。

如果回收站已被清空,文件或文件夹就无法恢复了。

提示:从网络位置删除的对象、从可移动存储器删除的对象或超过"回收站"存储容量的对象将不被放到"回收站"中,而被彻底删除,不能还原。

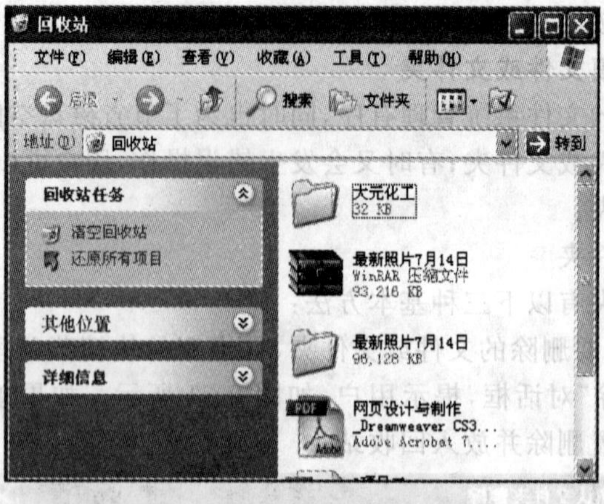

图 2-33 "回收站"窗口

3.清空回收站

被删除的资料放在回收站里面,实际上仍然占用磁盘空间,如果确认资料不需要恢复,就可以清空回收站。

(1)双击打开"回收站"窗口。

(2)如果全部清空回收站的资料,单击"文件"|"清空回收站"命令,或单击"回收站任务"窗格中的"清空回收站"超链接,系统将弹出"确认删除多个文件"对话框。单击"是"按钮,即可清空"回收站"中的全部内容。

(3)如果只是删除某个对象,单击选中它,然后单击"文件"|"删除"命令,或右键单击要删除的对象,在弹出的菜单中单击"删除"选项,如图 2-34 所示。出现确认对话框后单击"是"按钮,该对象就会被永久删除。

图 2-34 从回收站删除文件

提示:如何清空系统临时文件?

在"C:\Windows\Documents and Settings\用户名\LocalSettings"文件夹下的"Temp"和"Temporary Internet Files"目录下(默认为隐藏目录)存储的是软件安装和运行或上网时留下的临时文件夹和废弃的文档,经常清空这两个目录可以释放出大量的硬盘空间。

4.2.8　设置文件或文件夹的显示方式和属性

1. 设置文件或文件夹显示方式

单击"工具"|"文件夹选项"命令,屏幕出现如图 2-35 所示的"文件夹选项"对话框,其中有常规、查看、文件类型、脱机文件四个选项卡。

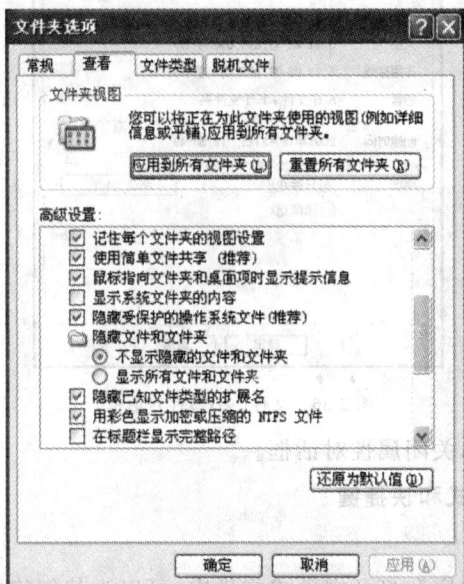

图 2-35　"文件夹选项"对话框

(1)"常规"选项卡

用来设置文件夹的常规属性。"浏览文件夹"设置文件夹的浏览方式;"打开项目的方式"设置文件夹通过单击还是双击打开。

(2)"查看"选项卡

设置文件夹的显示方式。在"高级设置"列表框中显示了有关文件和文件夹的一些高级设置,如"不显示隐藏的文件和文件夹""隐藏已知文件类型的扩展名"等。

(3)"文件类型"选项卡

列出了所有已注册的文件扩展名和文件类型。单击"新建"按钮,弹出"新建扩展名"对话框,输入新建的文件扩展名,单击"高级"按钮,可显示"关联的文件类型"列表,在其中选择所输入的文件扩展名、要建立关联的文件类型,单击"确定"按钮即可新建文件类型。单击"删除"按钮也可删除某种已注册的文件类型。

思考: 如何将自己保密的数据文件隐藏起来,不被别的用户看到?

2. 设置文件或文件夹的属性

文件或文件夹的属性共包含四种:只读、存档、隐藏和系统。用户可以按以下步骤设置文件或文件夹的属性:

(1)选择要设置属性的文件或文件夹。

(2)单击"文件"|"属性"命令;或右键单击该文件(夹),从弹出的快捷菜单中单击"属性"命令。在文件(夹)属性对话框中,用户可以查看该文件的类型、位置、大小、创建时间、修改时间、访问时间以及属性等,如图 2-36 所示。

(3)在"属性"区中,选择或清除复选框就可以更改文件的属性。

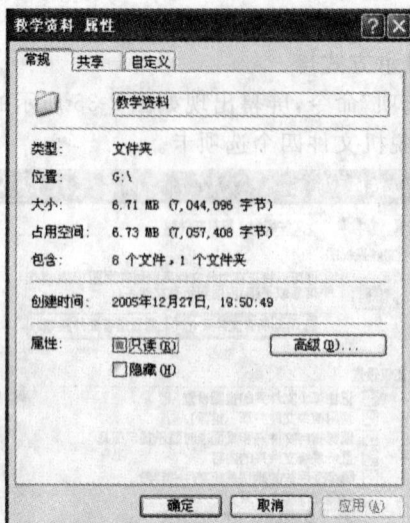

图 2-36　文件(夹)属性对话框

(4)单击"确定"按钮,关闭属性对话框。

4.2.9　创建快捷方式和快捷键

1.创建快捷方式

为了快速启动应用程序和打开文件或文件夹,可以为其创建快捷方式,还可以将常用程序或工具的快捷方式放在桌面上,以方便用户使用。

创建快捷方式的步骤如下:

(1)选定需要创建快捷方式的文件或文件夹。

(2)单击"文件"|"创建快捷方式"命令;或右键单击对象,在其快捷菜单里单击"创建快捷方式"命令,如图 2-37 所示,即会在当前位置出现左下角带有"快捷方式图标"的快捷方式图标。

图 2-37　创建快捷方式

（3）如果要将快捷方式放到桌面上，可在对象的快捷菜单中单击"发送到"|"桌面快捷方式"命令，即可在桌面上出现快捷方式图标。

2.设置快捷键

在创建了桌面快捷方式后，用户还可以为其设置快捷键。用户在打开这些对象时，只需直接按快捷键就可以快速打开了。设置方法为：

（1）右键单击要设置快捷键的对象，在弹出的快捷菜单中选择"属性"命令，打开"属性"对话框。

（2）选择快捷方式选项卡，如图 2-38 所示。

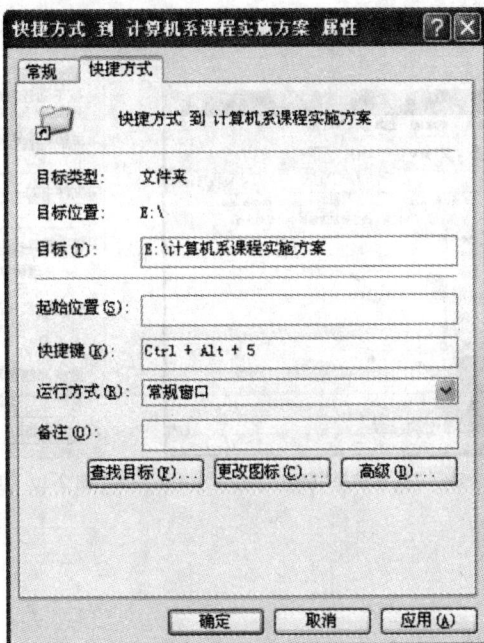

图 2-38　"快捷方式"选项卡

（3）将光标移到"快捷键"文本框中，直接在键盘上按下所要设置的快捷键字符，即可产生【Ctrl＋Alt＋字符】的快捷键。如按下"5"，即可产生快捷键【Ctrl＋Alt＋5】。

（4）设置完毕后，单击"应用"按钮和"确定"按钮即可。

注意：快捷方式和快捷键并不能改变应用程序、文件、文件夹、打印机或网络中计算机的位置。它不是副本，而是一个指针，使用它可以更快地打开项目，删除、移动或重命名快捷方式均不会影响原有的对象。同一对象的快捷方式可以创建多个。

4.2.10　查找文件和文件夹

用户在使用 Windows XP 的过程中，如果需要快速找到某个不知道路径的文件或文件夹，或者需要查找某个日期范围内建立的文件或文件夹，或者是包含某些字符的文件或文件夹，都可以通过 Windows XP 提供的强大的文件查找工具，轻松快速地找到要找的目标。

具体操作步骤如下：

（1）单击"开始"|"搜索"|"文件或文件夹"命令，打开如图 2-39 所示的"搜索结果"窗口。

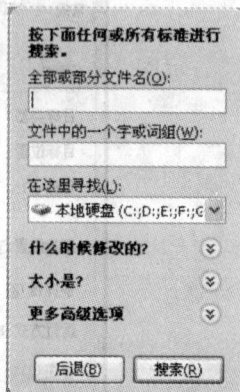

（2）在该窗口左侧单击"所有文件和文件夹"超链接，打开如图 2-40 所示的搜索文件窗格。在"全部或部分文件名"文本框中输入需要查找的文件或文件夹的名称，在"在这里寻找"下拉列表框中确定搜索的范围，既可以选择搜索单个驱动器，也可以选择搜索整个存储系统，如果选择下拉列表框中的"浏览"选项，还可以在网络中进行搜索。

（3）设置完成后单击"搜索"按钮，系统将在设定的条件下搜索符合条件的文件或文件夹。

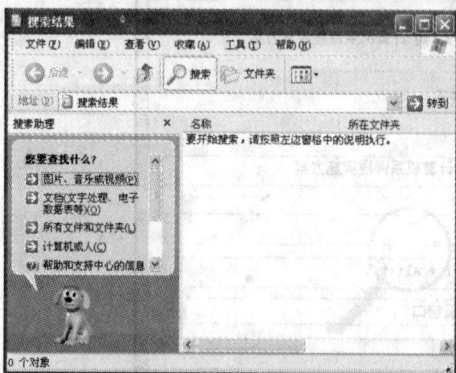

图 2-39　"搜索结果"窗口　　　　图 2-40　搜索文件窗格

4.3　任务实施

1. 创建文件夹

（1）打开"资源管理器"，先在左窗格选中 D 盘，然后在右窗格的空白处右键单击鼠标，在出现的快捷菜单中选择"新建"|"文件夹"，输入文件夹的名称"人力资源规划"。

（2）按以上方法依次建立文件夹："人才招聘""培训开发""劳资关系""日常工作"。

（3）打开"培训开发"文件夹，单击"文件"|"新建"|"文件夹"命令，输入文件夹名"培训"，按【Enter】键。同样的方法创建"开发"子文件夹。

2. 在文件夹中创建文件

（1）在桌面空白处右键单击鼠标建立"备忘录"文件夹，然后双击打开"备忘录"文件夹窗口。

（2）在窗口中右键单击鼠标，在出现的快捷菜单中选择"新建"|"文本文档"，输入文件名"完成任务"；同样，建立文件"未完成任务"。

（3）在"资源管理器"的左窗格选中"劳资关系"文件夹，然后在右窗格的空白处右键单击鼠标，在出现的快捷菜单中选择"新建"|"Microsoft Word 文档"，输入文件名"职员信息"，再右键单击鼠标，在出现的快捷菜单中选择"新建"|"Microsoft Excel 工作表"，输入文件名"工资信息"。

3.文件夹改名并设置属性

在"资源管理器"的左窗格选中"劳资关系"文件夹,右键单击,在出现的快捷菜单中选择"重命名",输入"劳资档案"。再右键单击"劳资档案",选择"属性"命令,在"属性"对话框中选中"隐藏"复选框,依次单击"应用"和"确定"按钮,即可将此文件夹隐藏起来。

4.文件夹复制

在"资源管理器"的左窗格选中"日常工作"文件夹,右键单击,在出现的快捷菜单中选择"复制",然后再右键单击 E 盘,在出现的快捷菜单中选择"粘贴"命令。

5.创建快捷方式,移动文件夹

(1)在"资源管理器"的左窗格选中"日常工作"文件夹上右键单击,在出现的快捷菜单中选择"发送到"|"桌面快捷方式"命令,即可在桌面上出现"日常工作"文件夹的快捷方式图标。

(2)在桌面上选中"备忘录"文件夹,右键单击,在出现的快捷菜单中选择"剪切",然后再选中"日常工作"文件夹,按下【Ctrl+V】键即可将"备忘录"文件夹移动到"日常工作"文件夹中。

6.文件的删除与恢复

(1)在桌面上双击"日常工作"文件夹,再双击"备忘录"文件夹,在打开的窗口中选中"完成任务"和"未完成任务"文件,按下【Del】键删除。

(2)打开"回收站"窗口,选中"未完成任务"文件,右键单击,在弹出的快捷菜单中选择"还原"命令。

7.查看计算机中的所有文件,进行分析整理

逐个查看驱动器的所有文件夹和文件,分析它们的文件类型和属性,然后使用"移动""复制""查找""删除"等方法将它们分别存放到合适的文件夹中并根据内容性质设置合适的属性。保证所有的工作文件存放有序,可以随时调用。

任务小结:(1)文件和文件夹的查看、选择、创建、移动和复制操作是日常办公中应用最频繁的操作,需要反复练习,掌握最快捷的方法。

(2)要分清楚"复制""剪切"与"粘贴"之间的关系;区别复制与移动的不同之处。

(3)熟练使用【Ctrl+C】、【Ctrl+X】和【Ctrl+V】快捷键,能够提高工作效率。

(4)了解"回收站"的属性,使用"回收站"可帮助用户挽回失误。

(5)设置文件或文件夹的显示方式和属性,可以保护文件或文件夹,提高数据安全性。

(6)为常用项目创建快捷方式可以方便日常工作,所以应掌握创建快捷方式的多种方法。

4.4　实战训练

【实训内容】

1.查看 D 盘的所有文件或文件夹

(1)单击 D 盘,打开要查看的文件或文件夹。

(2)分别以"缩略图""平铺""图标""列表""详细信息"的形式查看 D 盘内容。

(3)分别按"名称""大小""类型"和"修改时间"的方式排列图标。

2. 选择文件或文件夹

(1)选择 D 盘上的单个文件或文件夹。

(2)选择 D 盘上多个连续的文件或文件夹

①先单击第一个文件,然后按住【Shift】键再单击最后一个要选择的文件。

②用鼠标拖动的方法选择文件和文件夹。

(3)选择 D 盘上多个不连续的文件或文件夹

先按住【Ctrl】键,再依次单击要选择的项。

(4)选择文件夹下的所有文件(夹)(按【Ctrl+A】组合键)。

(5)撤销选择

①取消一项选择:按住【Ctrl】键,单击要取消的项。

②全部取消:单击选择项以外的空白区域。

3. 创建新文件夹

(1)使用"文件"菜单在 D 盘创建文件夹 student,在 student 文件夹中再建立 stu1 和 stu2 两个子文件夹。

(2)使用快捷菜单在 D 盘创建文件夹"我的练习",在"我的练习"文件夹中再建立"练习一"和"练习二"两个子文件夹。

4. 创建文件

(1)在 student 文件夹中新建文件 LX1. txt 和 LX2. txt。

(2)在"我的练习"文件夹中新建文件 TU1. bmp 和 TU2. bmp。

5. 复制文件或文件夹

(1)用菜单命令将 LX1. txt 复制到 stu1 中。

(2)用工具栏中的"复制"和"粘贴"命令将 LX2. txt 复制到 stu2 中。

(3)用【Ctrl+C】和【Ctrl+V】将 student 复制到"我的练习"文件夹中。

6. 移动文件或文件夹

(1)用菜单命令将 TU1. bmp 移动到"练习一"中。

(2)用工具栏中的"剪切"和"粘贴"命令将 TU2. bmp 移动到"练习二"中。

(3)用【Ctrl+X】和【Ctrl+V】将 TU1. bmp 和 TU2. bmp 移动到 student 文件夹中。

(4)将"我的练习"文件夹移动到"我的文档"中。

7. 重命名文件或文件夹

(1)在 D 盘创建文件夹 student,在 student 文件夹中新建文件 LX1. txt 和 LX2. txt。

(2)将文件夹 student 改名为"我的练习",将文件 LX1. txt 改名为"练习一. txt",将文件 LX2. txt 改名为"练习二. txt"。

8. 删除、恢复文件或文件夹

(1)按【Shift+Delete】键删除文件"练习二. txt"。

(2)删除文件"练习一. txt"和文件夹"我的练习"。

(3)从"回收站"恢复文件夹"我的练习"和文件"练习一. txt"。

9. 设置文件或文件夹显示方式和属性

(1)隐藏文件夹 C:\Windows。

（2）将文件夹"我的练习"的属性设置为只读，将文件"练习一.txt"的属性改为隐藏。

10.查找文件 Calc.exe 和 Wmplayer.exe。

11.给 Calc.exe 创建快捷方式，改名为"计算"，并设置快捷键为【Ctrl＋Alt＋2】。

12.使用"发送到"|"桌面快捷方式"命令给 Wmplayer.exe 创建桌面快捷图标，改名为"听音乐"，并设置快捷键为【Ctrl＋Alt＋3】。

13.在桌面建立"常用程序"文件夹，将"计算"和"听音乐"移动到"常用程序"文件夹中，用快捷键启动两个应用程序。

任务5　个性化环境设置

5.1　工作任务及分析

1.任务描述

某公司市场部想对自己的计算机作个性化设置，将"管理工具"添加到"开始"菜单中；设置程序图标为大图标；将自己喜欢的网页设为桌面背景；定制任务栏托盘上的图标。

2.任务分析

为计算机设置时尚、个性化的桌面，可以使用户有良好的视觉享受，愉快的工作情绪。同时，根据实际工作情况定制"开始"菜单和任务栏，也可以方便日常工作。

5.2　知识与技能

Windows XP 提供了强大的个性化设置功能，用户不但可以根据个人的喜好调整"开始"菜单、任务栏、定制桌面，而且可以利用"控制面板"方便地对显示器、鼠标、网络、声音、字体、帐户、新增设备等进行设置和管理。

5.2.1　自定义 Windows XP

1.自定义"开始"菜单

用户可以根据自己的意愿设置"开始"菜单的显示方式、显示内容，并可添加或删除"开始"菜单中的程序。

（1）自定义"开始"菜单的操作步骤如下：

①在任务栏上的空白处单击鼠标右键，从弹出的快捷菜单中选择"属性"选项，打开"任务栏和「开始」菜单属性"对话框。如图 2-41 所示，单击"「开始」菜单"选项卡。

②选中"「开始」菜单"单选按钮，然后单击右侧的"自定义"按钮，打开"自定义「开始」菜单"对话框，系统默认的是"常规"选项卡，如图 2-42 所示。

③在"常规"选项卡中，可以选择程序图标在"开始"菜单中以"大图标"或"小图标"的方式显示；可以选择开始菜单上的程序数目；也可以选择是否在开始菜单上显示"Internet"和"电子邮件"程序。

图 2-41　"「开始」菜单"选项卡　　　　　　图 2-42　"常规"选项卡

④单击"高级"选项卡，如图 2-43 所示。可以进行"当鼠标停止在它们上面时打开子菜单"和"突出显示新安装的程序"的开始菜单等设置。

⑤完成以上设置后，单击"确定"按钮，返回到"任务栏和「开始」菜单属性"对话框。

（2）使用经典"开始"菜单

经典"开始"菜单指的是 Windows 以前版本的样式，有些用户已习惯使用它们的样式。对于这些用户，可在如图 2-41 所示"「开始」菜单"选项卡中选中"经典「开始」菜单"单选按钮，再单击"确定"按钮，即可将"开始"菜单恢复到以前版本的样式。

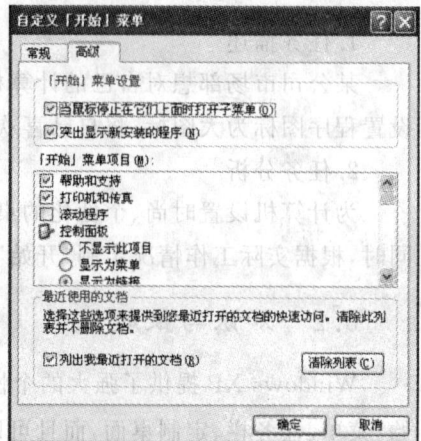

图 2-43　"高级"选项卡

（3）向"开始"菜单顶部添加常用的程序

默认情况下，"开始"菜单左侧的分隔线上方的"固定项目列表"中显示 Internet Explorer 和 Outlook Express。用户也可以根据需要，将常用的程序添加到该列表中。

操作方法如下：

①在"我的电脑"或"资源管理器"窗口中找到要显示在"开始"菜单顶部的程序，用鼠标右键单击，在弹出的快捷菜单中选择"附到「开始」菜单"选项，该程序即显示在"开始"菜单的分隔线上方的"固定项目列表"中。

②如果要从该列表中删除某程序，可以用鼠标右键单击"开始"菜单中的程序，从弹出的快捷菜单中选择"从开始菜单脱离"选项，即可从"固定项目列表"中删除该程序。

2.自定义桌面

桌面是用户使用计算机工作时第一眼看到的界面,用户可以根据自己的喜好和需要进行个性化的桌面设置,如将桌面背景换成喜欢的图案,将桌面图标改变成自己喜欢的形状,这样不仅增加美感,还有利于保护眼睛。在 Windows XP 中增强了桌面的自定义功能,使用户对桌面的自定义更加轻松,也使桌面更加个性化。

设置桌面的方法如下:

(1)右键单击桌面上的空白区域,从弹出的快捷菜单中选择"属性"选项,并在打开的"显示属性"对话框中选择"桌面"选项卡,如图 2-44 所示。

(2)在其中的"背景"列表框中选择所需的墙纸文件。单击"浏览"按钮,可以在打开的"浏览"对话框中查找硬盘或网络上的图片文件作为桌面背景。在"位置"下拉列表框中选择图片的显示方式。

(3)单击"自定义桌面"按钮,将打开如图 2-45 所示的"桌面项目"对话框。用户可以选择在桌面上显示的桌面图标;可以更改图标;也可以单击"现在清理桌面"按钮,运行"清理桌面向导",检查桌面并了解哪些图标从未使用过,是否要将它们删除。

图 2-44 "桌面"选项卡　　图 2-45 "桌面项目"对话框

(4)设置完成后单击"确定"按钮,返回到"桌面"选项卡,再次单击"确定"按钮,关闭"显示属性"对话框,完成桌面的设置。

提示:Windows XP 漂亮的桌面是以消耗大量内存为代价的,相对于速度和美观而言,如果希望选择速度,应将背景设置为"无",并通过"系统属性"对话框将"视觉效果"选为"调整为最佳性能",这样关闭所有特殊的外观设置后就可以节省内存。

3.自定义任务栏

用户可以根据需要调整任务栏的位置和大小,并可选择是否显示任务栏。

（1）移动任务栏

任务栏的默认位置位于桌面的底部，将鼠标指针指向任务栏的任一位置并按下鼠标左键拖动任务栏到屏幕的其他位置，即可改变其位置。将鼠标指针放于任务栏的上边框上，当鼠标指针变成上下方向箭头时，拖动鼠标可改变任务栏的大小。

（2）隐藏任务栏

为了能完整地浏览整个屏幕内容，可以将任务栏暂时隐藏起来。设置任务栏隐藏的操作步骤如下：

①将鼠标指针指向任务栏上的空白位置，然后单击鼠标右键，在弹出的快捷菜单中选择"属性"选项，打开"任务栏和「开始」菜单属性"对话框，系统默认打开"任务栏"选项卡，如图 2-46 所示。

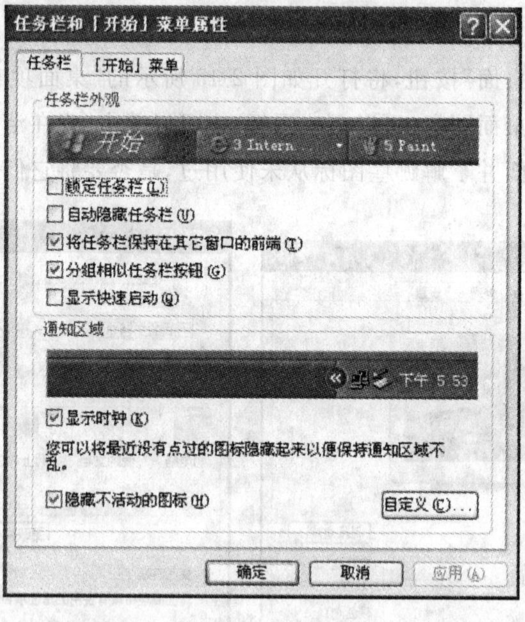

图 2-46　"任务栏"选项卡

②在其中的"任务栏外观"选项区中选中"自动隐藏任务栏"复选框。

③单击"确定"按钮后，系统即隐藏任务栏，使打开的应用程序窗口占据整个屏幕。当需要使用任务栏时，只需要将鼠标指针移动到隐藏以前任务栏所在位置，任务栏就会自动出现。

5.2.2　控制面板

"控制面板"提供了对 Windows XP 本身和计算机系统进行控制、设置的丰富工具。"控制面板"可以帮助用户调整 Windows 的操作环境、添加与删除各种硬件和程序、安装打印机、安装字体和输入法以及配置网络等。

Windows XP 对控制面板中的项目进行了分类，主要分为以下几大类："外观和主题""网络和 Internet 连接""添加/删除程序""声音、语音和音频设备""性能和维护""打印机和其他硬件""用户帐户""日期、时间、语言和区域设置""辅助功能选项"和"安全中心"，每个大类中又包括许多小的设置选项。

打开控制面板有三种方法,分别是:

方法一:在"开始"菜单中,单击"控制面板"菜单项。

方法二:打开"我的电脑"窗口,在"其他位置"区域中单击"控制面板"选项。

方法三:打开"资源管理器"窗口,在文件夹窗口中选择控制面板文件夹,会将其中的各大类展示在文件夹内容窗格中。

"控制面板"窗口如图 2-47 所示,如果用户不习惯这种分类视图显示方式,可以在"控制面板"窗口左侧单击"切换到经典视图"命令,将界面切换到经典视图窗口,如图 2-48 所示。

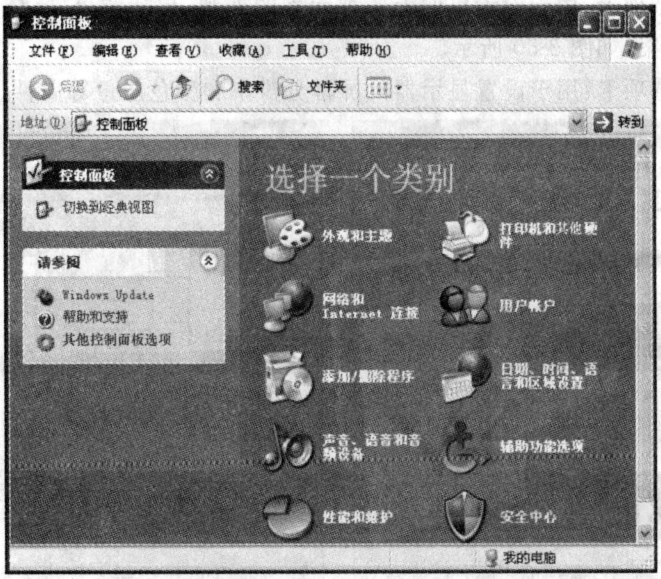

图 2-47　分类视图"控制面板"窗口

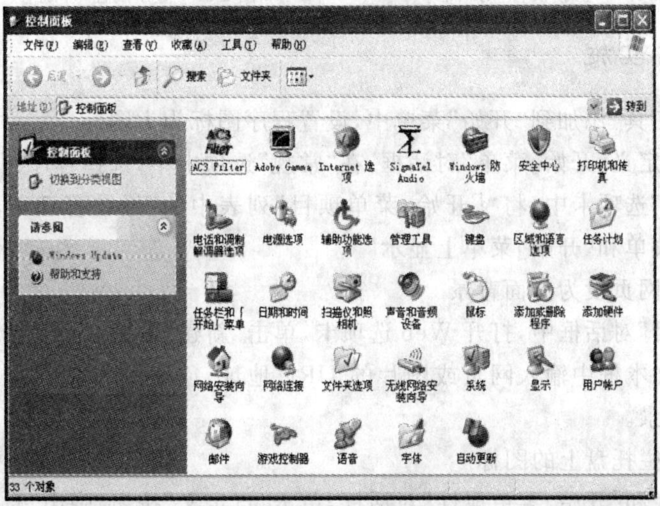

图 2-48　经典视图"控制面板"窗口

5.2.3　设置屏幕显示属性

在"控制面板"窗口中单击"外观和主题"大类,选择其中的"显示"选项,将打开"显示属性"对话框,如图2-49所示。

在该对话框中可以做以下设置:

(1)"主题"选项卡:用于设置桌面的整体外观,在"主题"下拉列表框中列出了可用的桌面主题。

(2)"桌面"选项卡:用于选择桌面所用的图片以及图片的显示方式(居中、平铺或拉伸)。

(3)"屏幕保护程序"选项卡:用于设置和预览屏幕保护程序,设置监视器的性能特征等。

(4)"外观"选项卡:用于设置桌面上各种元素的外观,包括颜色、字体等,通常采用系统默认的配色方案,如图2-50所示。

(5)"设置"选项卡:用于设置显示器的屏幕分辨率和颜色质量等属性。

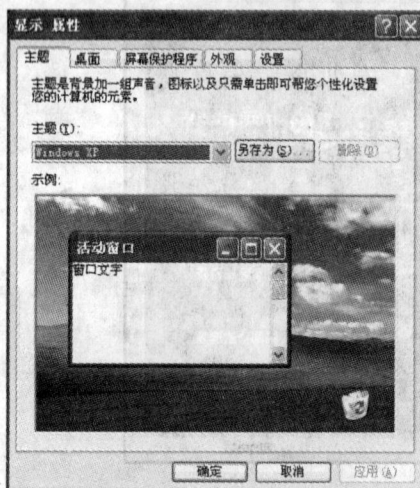

图2-49　"显示 属性"对话框　　　　图2-50　显示属性"外观"选项卡

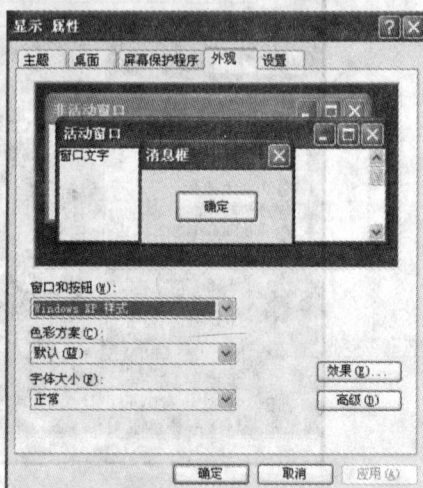

5.3　任务实施

1.将"管理工具"添加到"开始"菜单中,设置程序图标为大图标

(1)打开"自定义「开始」菜单"对话框,在"常规"选项卡中,选择程序图标为"大图标"。

(2)在"高级"选项卡中,将"「开始」菜单项目"列表中的"系统管理工具"选项设置为"在'所有程序'菜单和「开始」菜单上显示"。

2.将喜欢的网页设为桌面背景

在"桌面项目"对话框中,打开Web选项卡,单击"新建"按钮,弹出"新建桌面项目"对话框,在"位置"文本框中输入网页或图片的URL地址,或通过"浏览"按钮定位文件,网页会变为桌面背景。

3.定制任务栏托盘上的图标

打开"任务栏和「开始」菜单属性"对话框,单击"自定义"按钮,弹出"自定义通知"对话框,选择要定义的项目,在"行为"列表框中选择"隐藏"或"显示"即可。

任务小结：根据日常需要，可以将桌面、"开始"菜单、任务栏调整成自己喜欢的风格，这样在熟悉的工作环境中可以提高工作效率。

5.4 实战训练

【实训内容】

1.自定义"开始"菜单

(1)在"开始"菜单中显示小图标。

(2)选择"开始"菜单上的程序数目为8，并取消在"开始"菜单上显示"Internet"和"电子邮件"程序。

(3)向"开始"菜单顶部的"固定项目列表"中添加常用程序 Microsoft Office Word 2003 和 Windows Media Player。

(4)从"开始"菜单顶部删除 Windows Media Player 程序。

2.自定义桌面

(1)更改"我的文档"和"我的电脑"图标，然后再还原成默认图标。

(2)改变桌面背景为 Windows XP，并将图片显示方式设置为"拉伸"。

(3)选一张照片作为桌面背景。

3.自定义任务栏

(1)将任务栏的高度调整为两行显示，再将其移动到桌面的右侧边。

(2)隐藏任务栏。

(3)恢复任务栏为练习前的形式。

4.设置屏幕显示属性

(1)设置桌面主题为 Windows 经典，外观方案为玫瑰色。

(2)设定若3分钟键盘、鼠标无任何操作，进入屏幕保护程序，在屏幕上出现滚动字幕"别动我的电脑"。

任务6 管理与控制 Windows XP

6.1 工作任务及分析

1.任务描述

某公司财务部新购买了财务管理软件和一些外部设备，现想卸载原来的旧软件，安装新的管理软件，安装搜狗拼音输入法，安装新打印机并设置为本部门共享设备。

2.任务分析

控制面板提供了丰富的工具可以对计算机的软硬件进行管理和维护，熟练使用控制面板，可以轻松地完成添加/删除程序、安装和设置外部设备、控制用户帐户、连接网络等工作。

6.2　知识与技能

6.2.1　安装和删除应用程序

1.安装应用程序

安装新的应用程序非常容易。现以光盘为例来安装应用程序:将光盘放入光驱中,大部分的安装程序就会自动运行,用户只需要按照屏幕的提示一步一步进行操作,即可完成安装。这类程序通常会在 Windows 的注册表中进行注册,并且自动在"开始"菜单中添加相应的程序选项。

另外,还可以使用 Windows XP 的"安装程序向导"来安装应用程序,操作步骤如下:

(1)在"控制面板"窗口中单击"添加/删除程序"选项,打开"添加或删除程序"窗口,如图 2-51 所示。

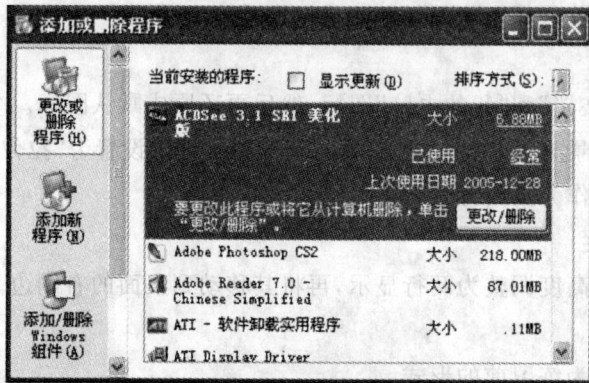

图 2-51　"添加或删除程序"窗口

(2)单击窗口左侧的"添加新程序"按钮,即可切换到安装应用程序的界面,如图 2-52 所示。

图 2-52　添加新程序

(3)将应用程序的安装盘放在驱动器中,然后在安装界面中单击"CD 或软盘"按钮,打开如图 2-53 所示的"从软盘或光盘安装程序"对话框。

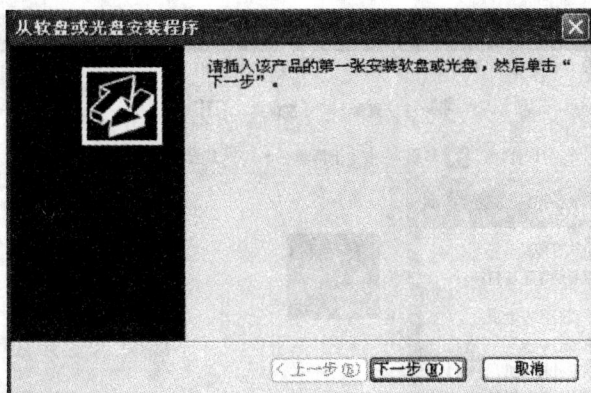

图 2-53 "从软盘或光盘安装程序"对话框

(4)根据系统安装向导提示的操作即可完成安装。

2.删除应用程序

如果计算机中安装了过多的软件,不仅占用计算机宝贵的空间,而且有的软件之间还会发生冲突,从而影响计算机的整体运行速度。因此,对于一些有冲突的软件或经常不用的软件要删除掉。

删除软件不能单纯删除软件所在程序的目录或文件夹,因为在 Windows 环境下安装的软件都会在 Windows 注册表中注册,有的软件在安装中还会在 Windows 目录中拷贝一些共享程序,所以单纯删除软件的目录或文件夹不能把软件完全彻底地删除掉。

正确删除软件的方法有两种。一种是许多软件自身带有卸载程序,用户启动卸载程序便可将该软件完全卸载。另一种是使用"添加或删除程序"功能删除软件,操作方法如下:

(1)在如图 2-51 所示的"添加或删除程序"窗口中,单击左侧的"更改或删除程序"按钮,会看到在"当前安装的程序"列表框中列出了 Windows XP 中已安装的应用程序名称。

(2)选中需要删除的应用程序。

(3)单击"删除"按钮,Windows 会弹出一个确认信息对话框,此对话框将显示系统要进行的操作并询问用户是否进行删除操作,单击"是"按钮,Windows 将开始自动进行删除操作。

6.2.2 安装和设置打印机

安装打印机主要指的是装入打印机驱动程序,使系统正确识别和管理打印机(如果打印机有 USB 接口,则不需要安装驱动程序)。用户可以通过 Windows XP 提供的"添加打印机向导"程序顺利地完成安装。

在开始安装之前,应了解打印机的生产厂商和类型,并使打印机的数据电缆与计算机相应的端口正确连接,然后接通打印机电源。安装打印机驱动程序的步骤如下:

(1)在"控制面板"中单击"打印机和其他硬件"选项,单击"打印机和传真"选项(或单击"开始"|"打印机和传真"菜单项),打开如图 2-54 所示的"打印机和传真"窗口。

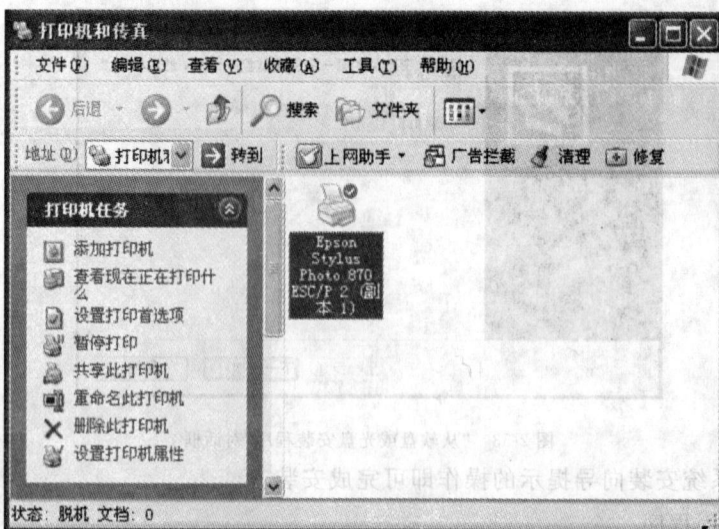

图 2-54 "打印机和传真"窗口

(2)在该窗口左侧的"打印机任务"选项区中单击"添加打印机"超链接,即可启动如图 2-55 所示的"添加打印机向导"对话框。

图 2-55 "添加打印机向导"对话框

(3)单击"下一步"按钮,在弹出对话框的"本地或网络打印机"选项区中选择使用"本地"或"网络"打印机后,单击"下一步"按钮,系统将自动检测新打印机。按系统提示操作,直到完成添加打印机的操作。

(4)在如图 2-54 所示的"打印机和传真"窗口中会出现新添加的打印机图标。用鼠标右键单击此图标,打开该打印机的"属性"对话框,如图 2-56 所示,用户可以对打印机的默认设置进行调整。

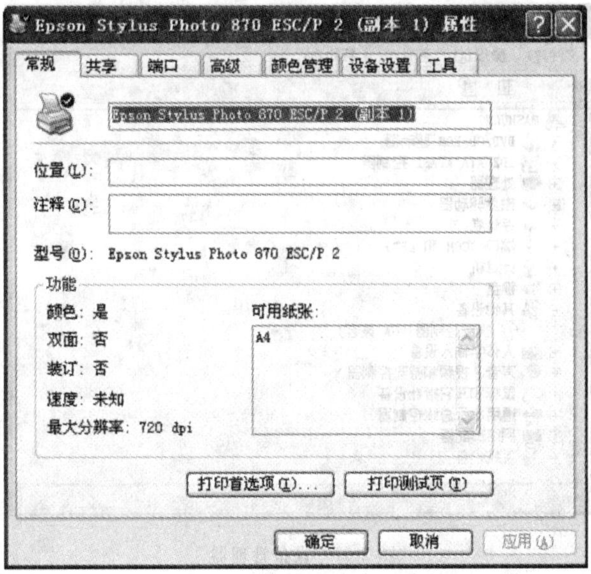

图 2-56 打印机"属性"对话框

6.2.3 添加即插即用的新硬件

要给计算机添加新的硬件,可以按照以下步骤进行:

1. 将新的设备连接到计算机上。

2. 为该设备安装相应的驱动程序。

3. 配置该设备的属性和设置。

对于即插即用设备,一般都允许进行热拔插,即在开机状态下将其连接到计算机。连接以后计算机能自动检测和配置设备并安装适当的设备驱动程序。例如,可以在开机状态下,将 U 盘插入计算机的 USB 接口,计算机将自动检测到该硬件,并添加它的驱动程序,用户就可以直接对 U 盘进行操作。大部分硬件在 Windows XP 下都可以即插即用。

对于非即插即用设备,就需要关闭计算机,然后将设备连接到合适的端口或插入合适的插槽中。在开机后计算机检测到新硬件,或从控制面板中双击"添加硬件"图标,在弹出的"添加硬件向导"对话框中安装设备的驱动程序。在安装过程中要求提供生产商的驱动程序,以便进行加载。

设备驱动程序加载到系统之后,Windows XP 将为该设备配置属性和设置,也可以手工配置。手工配置属性和设置时,该设置为编程固定的设置,这意味着将来发生问题或与其他设备冲突时,Windows XP 将不能修改此设置。

要查看计算机中所有的硬件,则可以从"控制面板"中双击"系统"图标,弹出"系统属性"对话框,选择"硬件"选项卡,再单击对话框中的"设备管理器"按钮,打开"设备管理器"窗口,如图 2-57 所示。该窗口中列出了计算机的硬件配置,可以查看各种硬件的型号、工作情况,也可以将其卸载。

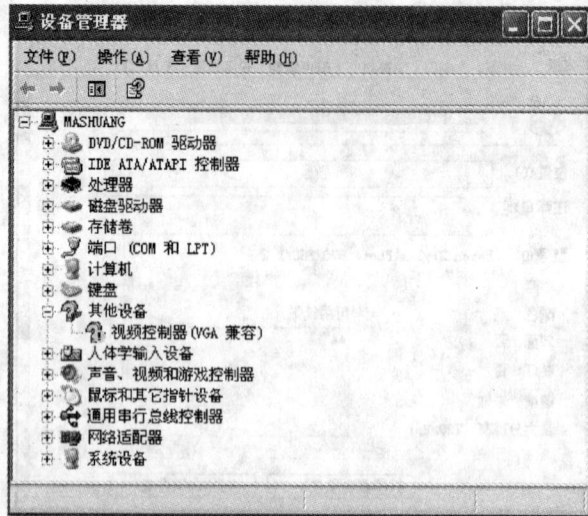

图 2-57　设备管理器

6.2.4　输入法和字体的安装与删除

1. 输入法的安装

对于 Windows XP 系统提供的汉字输入法,要在"控制面板"窗口中依次单击"日期、时间、语言和区域选项""区域和语言选项"图标,打开"区域和语言选项"对话框,在"语言"选项卡中单击"详细信息"按钮,然后在弹出的如图 2-58 所示的"文字服务和输入语言"对话框中,单击"添加"按钮,可以添加需要安装的输入法。

图 2-58　"文字服务和输入语言"对话框

对于非 Windows 内置的输入法,如"最强五笔""自然码"等输入法,可以根据该软件的使用说明进行安装。

2.输入法的删除

如果用户要将已安装的某种输入法删除,其操作方法是:在"文字服务和输入语言"对话框的"已安装的服务"列表框中选定该项输入法,然后单击"删除"按钮。

3.安装新字体

中文 Windows XP 提供安装和删除各种字体的功能,安装新的字体有两种方法,一是直接从系统的字体文件夹或其他文件夹中安装;另一种是由软件商提供的新字体安装程序完成。

(1)从字体文件夹中安装新字体

首先将安装盘或光盘插入相应的驱动器,然后在"控制面板"窗口中双击"字体"图标,打开"字体"窗口,如图 2-59 所示。在菜单栏上选择"文件"|"安装新字体"命令,即可打开"添加字体"对话框,在新字体所在驱动器中选定文件夹和字体文件后,单击"确定"按钮完成新字体的安装。

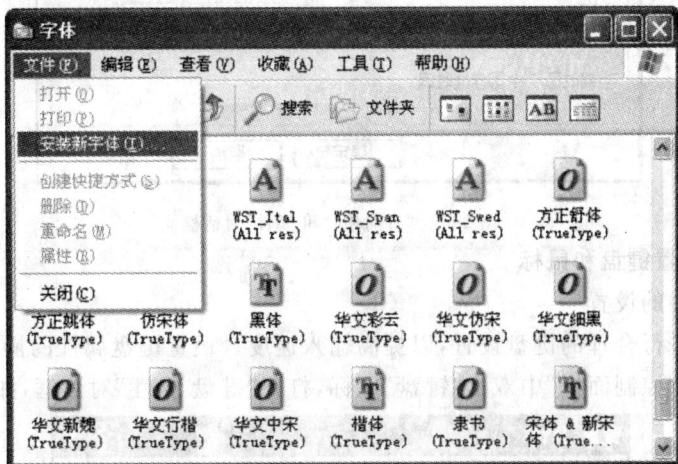

图 2-59　"字体"窗口

(2)由新字体开发商提供的安装程序进行新字体的安装

新字体开发商一般都提供简单的安装程序,用户可以在"开始"菜单中选择"运行"选项,弹出"运行"对话框,在其中的文本框中输入安装程序的盘符、路径和文件名(一般是Setup.exe);或在资源管理器中找到安装程序并运行。在安装过程中,按安装程序提供的向导完成新字体的安装。

4.删除新字体

直接在如图 2-59 所示的"字体"窗口中进行字体删除。先选中要删除的字体文件,然后按【Del】键或用鼠标右键单击字体文件,在弹出的快捷菜单中选择"删除"命令即可。

6.2.5　设置系统日期和时间

在计算机系统中,经常要对显示的日期和时间进行调整,系统默认日期和时间是根据CMOS 中的设置得到的。用户可以在需要时更新日期和时间(例如,到另外一个时区,或者修改当天时间以得到准确的时间)。操作方法如下:

双击任务栏右下角的时间指示器,也可以在经典"控制面板"窗口中双击"日期和时

间"图标,即可打开如图 2-60 所示的"日期和时间 属性"对话框。在"日期"选项区的下拉
列表框中选择月份和年份,然后在日历上单击选中某一天。如果要设置时间,那么就在
"时间"选项区时钟下面的数值框中输入时间,也可以用鼠标直接拖动时钟的指针改变当
前的时间,单击"确定"按钮即可。

图 2-60　"日期和时间 属性"对话框

6.2.6　设置键盘和鼠标

1. 键盘属性的设置

用户可以进行合理的键盘设置,以提高输入速度。设置键盘属性的操作步骤如下:

(1)在经典"控制面板"中双击"键盘"图标,打开"键盘 属性"对话框,如图 2-61 所示。

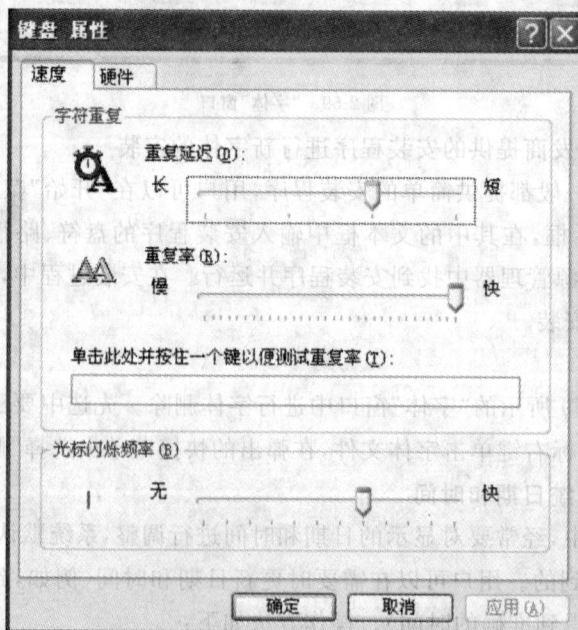

图 2-61　"键盘 属性"对话框

（2）在"速度"选项卡中，用鼠标拖动"重复延迟"选项的滑块，可以设置键盘重复输入一个字符的延迟时间。用鼠标拖动"重复率"选项的滑块，可以设置重复输入字符的速度。单击滑动条下面的文本框，测试所做的设置，根据实际情况再做调整。

（3）用鼠标拖动"光标闪烁频率"选项区中的滑块，可以设置光标在被编辑时的闪烁速度，当拖动滑块时，在滑动条的左边会显示一个光标，表明此设置所对应的光标闪烁速度。

（4）设置完成后，单击"确定"按钮即可应用所做的调整。

2.更改鼠标的工作方式

Windows 系统具有设置鼠标功能，包括使用鼠标"左手习惯"或"右手习惯"、鼠标双击速度、鼠标指针形状等。

更改鼠标的工作方式操作方法如下：

（1）在经典"控制面板"中双击"鼠标"图标，打开如图 2-62 所示的"鼠标 属性"对话框。

（2）设置"左手习惯"或"右手习惯"。单击"鼠标键"选项卡，在鼠标键配置选项区里选中"切换主要和次要的按钮"复选框，即由原来的鼠标左键为主键变成右键为主键。

（3）改变双击速度。调节"双击速度"滑块，然后在测试区域内双击文件夹，如果设置合适，双击成功，文件夹就会打开或关闭。

（4）设置鼠标指针。单击"指针"选项卡，在"方案"下拉列表中选择一种自己喜欢的方案。单击"确定"，设置成功。如果"方案"下拉列表中没有满意的图标，单击"浏览"按钮，从"浏览"对话框中选择一个满意的图标，单击"确定"按钮即可。

（5）设置移动速度。如图 2-63 所示，在"指针选项"选项卡中，拖动"选择指针移动速度"选项的滑块，设置鼠标指针移动速度的快慢，并选中"提高指针精确度"复选框。通过选择"显示指针踪迹"设置显示或不显示鼠标移动指针轨迹。

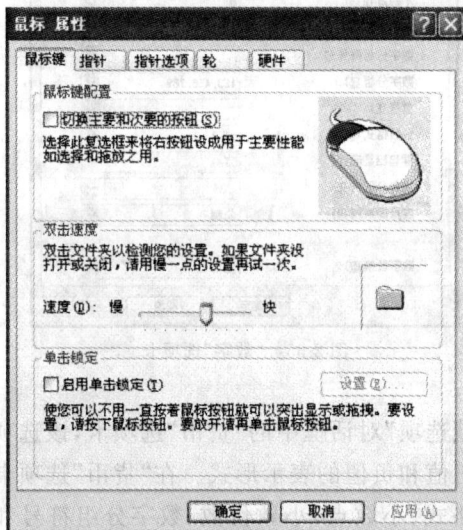

图 2-62 "鼠标 属性"对话框　　图 2-63 "指针选项"选项卡

6.2.7 区域设置

区域设置用于设置所在国家或地区惯用的数字、货币、时间和日期等的表示方式。

1.区域选项

区域选项的操作方法如下：

单击"控制面板"窗口中的"日期、时间、语言和区域设置"超链接,在打开的界面中再单击"区域和语言选项"链接,打开如图 2-64 所示的"区域和语言选项"对话框。在其中的"区域选项"选项卡中的"标准和格式"选项区的下拉列表框中选择本地语言,如"中文(中国)";在"位置"选项区的下拉列表框中选择用户所在地。单击"应用"按钮,系统将根据当前的区域选项自动设置数字、货币、时间、短日期和长日期的格式。用户可以从"示例"中看到相应的格式。

2.数字和货币格式设置

在计算机的使用过程中,特别是做金融和财务工作时,数字、货币、时间与日期的格式是非常重要的。Windows XP 允许用户自行设置数字和货币格式。

(1)指定数字格式

在如图 2-64 所示的"区域和语言选项"对话框中的"区域选项"选项卡中单击"自定义"按钮,打开"自定义区域选项"对话框。在"数字"选项卡中,用户可以设置小数点、小数位数、数字分组符号、数字分组、负号、负数格式、零起始显示、列表分隔符、度量衡系统以及数字替换选项。在"示例"选项区中显示了当前数字格式的正数和负数的表示形式。设置完毕后,单击"应用"按钮,即可在"示例"选项区中显示更改后的正数和负数示例,如图2-65 所示。

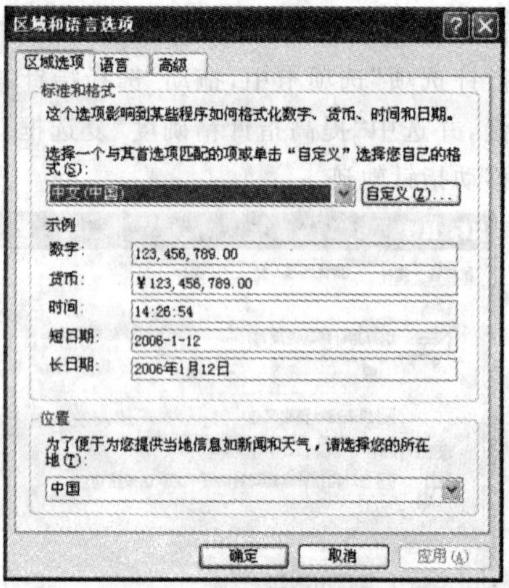

图 2-64　"区域和语言选项"对话框 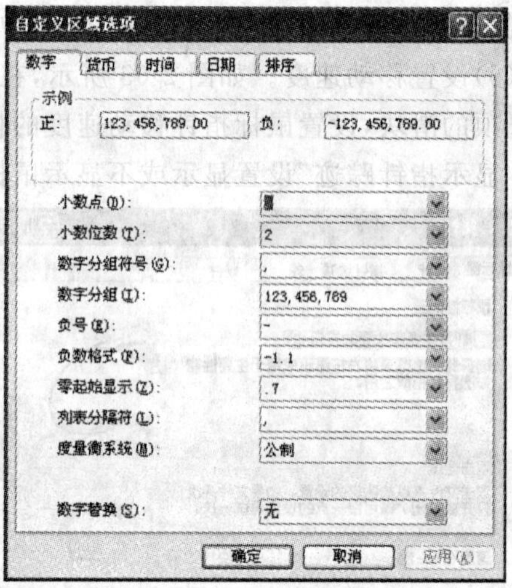　　　　图 2-65　"数字"选项卡

(2)指定货币格式

如果要指定货币格式,则单击"自定义区域选项"对话框中的"货币"选项卡,该选项卡中的"示例"选项区中显示了当前货币格式的正值和负值的表示形式。在"货币"选项卡中可以设置货币符号、货币正数格式、货币负数格式、小数点、小数位数、数字分组符号和数字分组选项。设置完成后,单击"应用"按钮,即可使当前的更改生效。

3.时间和日期格式设置

由于生活习惯和区域的差异,各个国家或地区时间和日期的格式有所不同。如果用户不习惯默认的时间和日期格式,可以在"自定义区域选项"对话框中的"时间"选项卡和"日期"选项卡进行重新设置。

6.3　任务实施

1.卸载原来的旧软件

在如图 2-52 所示的"添加或删除程序"窗口中,单击左侧的"更改或删除程序"按钮,在"当前安装的程序"列表框中找到要删除的应用程序,单击"删除"按钮并确认删除。

2.安装新的管理软件

将新购买的管理软件光盘放入光驱中,安装程序就会自动运行,根据安装向导的提示完成安装。

3.安装搜狗拼音输入法

(1)可从网上下载 sogou_pinyin.exe 文件,双击弹出"打开文件—安全警告"对话框,单击"运行"按钮,运行软件的安装向导。在"许可证协议"对话框中,阅读软件使用协议后,单击"我同意"按钮。

(2)指定安装软件的目标文件夹,可通过"浏览"按钮选择要安装的目标文件夹,也可采用默认路径进行安装。

(3)按照向导提示完成软件的安装。单击"完成"按钮,启动设置向导,安装并设置成功后,就可以直接使用该输入法了。

4.安装新打印机并设置为本部门共享设备

(1)按照 6.2.2 中的安装和设置打印机的方法安装新打印机。

(2)设置为本部门共享设备

在如图 2-56 所示的打印机的"属性"对话框中,打开"共享"选项卡,选中"共享这台打印机",单击"应用"按钮,再单击"确定"按钮。

任务小结:通过控制面板提供的功能,用户可以轻松地添加/删除软件、安装硬件并完成设置。

6.4　实战训练

【实训内容】

1.安装 Photoshop 应用软件。

2.找到计算机中使用频率最小的应用软件并删除它。

3.添加本地打印机。添加一台 Canon Bubble-Jet BJC-250 型号打印机,并设置为当前默认打印机。

4.添加新字体:添加"细明体—新细明体"字体,并将添加前和添加后的字体活动窗口界面,分别以 AA.bmp 和 BB.bmp 为文件名保存到自己的文件夹中。

5.添加输入法:添加双拼输入法,并将添加前(如图 2-66 所示)和添加后(如图 2-67 所示)的对话框界面分别以 CC.bmp 和 DD.bmp 为文件名保存到自己的文件夹中。

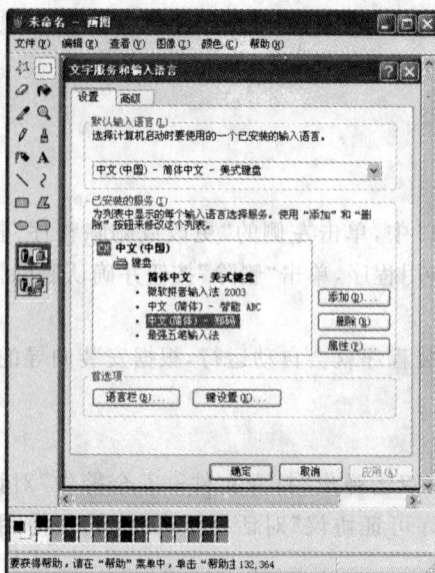

图 2-66　添加双拼输入法前的对话框界面　　图 2-67　添加双拼输入法后的对话框界面

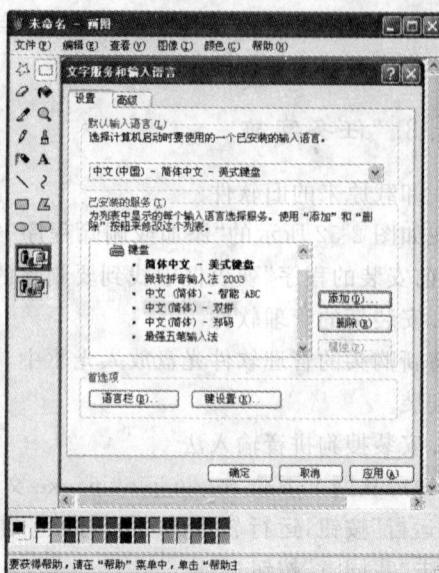

任务7　使用小工具程序

7.1　工作任务及分析

1.任务描述

某公司信息主管帮市场部清理了计算机磁盘(E 盘),进行了磁盘碎片整理。在桌面用记事本建立了客户备忘录,将计算器放于桌面方便计算,编辑了市场部职员喜欢的音乐曲目表作为娱乐。

2.任务分析

Windows XP 自带了一些小而实用的工具程序用来方便用户进行日常管理和工作。比如,通过磁盘管理工具可以对磁盘格式化、清理磁盘、整理磁盘碎片;通过附件小程序可以画画、计算、记备忘录、听音乐。

7.2　知识与技能

7.2.1　格式化磁盘

格式化磁盘就是给磁盘划分存储区域,以便操作系统把数据信息有序地存放在里面。如果新购磁盘在出厂时未格式化,那么必须先对其进行格式化后才能使用。有时因某种原因导致磁盘读写出错,经过格式化可以使磁盘重新正常使用。格式化磁盘将删除磁盘上的所有数据,并能检查磁盘上的坏区。通常格式化之前应先将有用的信息备份到可靠位置。格式化硬盘时更要谨慎,因为硬盘上的数据要比软盘上多得多,一旦磁盘上有用的资料被格式化掉了,会造成不必要的损失。

在格式化磁盘之前,应先关闭磁盘上的所有文件和应用程序。

格式化软盘、硬盘、可移动磁盘的操作类似,此处以格式化硬盘为例进行说明。具体

操作步骤如下：

（1）打开"我的电脑"或"资源管理器"窗口，在准备格式化的磁盘驱动器上单击鼠标右键，在弹出的快捷菜单中选择"格式化"选项，出现如图 2-68 所示的对话框。

（2）在对话框的"容量""文件系统""分配单元大小"列表中选择默认值。

（3）在"卷标"中输入用于识别磁盘内容的标识。

（4）在"格式化选项"选项区中，用户还可以根据需要选择是否"快速格式化"和"启用压缩"，如果需要，选中相应的复选框即可。"快速格式化"一般用于曾经已经格式化过的磁盘，并且不做磁盘错误检查。

（5）在格式化选项设置完毕后，单击"开始"按钮，系统将弹出如图 2-69 所示的警告对话框，提示格式化操作将删除该磁盘上的所有数据。

（6）单击"确定"按钮，系统即开始按照用户的设置对磁盘进行格式化处理，并且在"格式化磁盘"对话框的底部实时地显示格式化磁盘的进度。

图 2-68 "格式化 本地磁盘"对话框

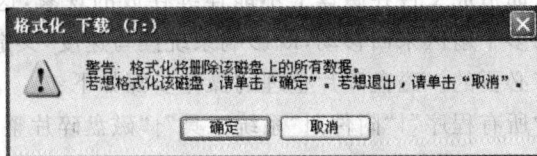

图 2-69 "格式化"警告对话框

提示：C 盘不要轻易格式化，否则微机不能启动了。

7.2.2 磁盘驱动器的管理

1. 磁盘属性

用户可以通过查看磁盘属性知道磁盘容量、已用空间及所剩的可用空间等信息，其操作步骤如下：

（1）在"我的电脑"或"资源管理器"中选中要检查的磁盘，单击"文件"|"属性"命令；或右键单击要查看的磁盘图标，从弹出的快捷菜单中选择"属性"选项，将打开如图 2-70 所示的对话框。

（2）在"常规"选项卡中可以查看磁盘的容量、已用空间和可用空间等信息。还可以在"卷标"文本框中输入新的卷标（卷标是磁盘的一种标识）。

（3）在"工具"选项卡中可以检查磁盘卷中的错误、进行磁盘碎片整理和磁盘备份工作。在"硬件"选项卡中可以查看所有磁盘驱动器并对驱动器进行属性设置。在"共享"选项卡中可以进行"本地共享和安全"和"网络共享和安全"等设置。在"配额"选项卡中可以对磁盘驱动器进行"配额"设置。

2. 磁盘碎片整理

在磁盘的使用过程中，由于经常进行添加、删除等操作，会使磁盘的空闲扇区分散在

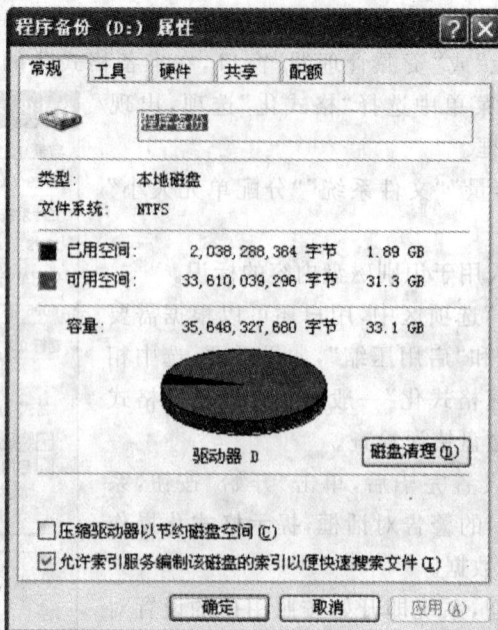

图 2-70　磁盘属性对话框

不同的物理位置上,从而造成文件在磁盘上不能连续存放的现象,这样,在读写这些文件时,磁头需要在磁盘的多个扇区来回移动,既影响系统读写速度,又造成磁盘利用率降低,所以,整理磁盘是很有必要的。磁盘碎片整理的操作步骤如下:

(1)单击"开始"|"所有程序"|"附件"|"系统工具"|"磁盘碎片整理程序"命令;或在磁盘"属性"对话框的"工具"选项卡中单击"开始整理"按钮,打开如图 2-71 所示的"磁盘碎片整理程序"窗口。

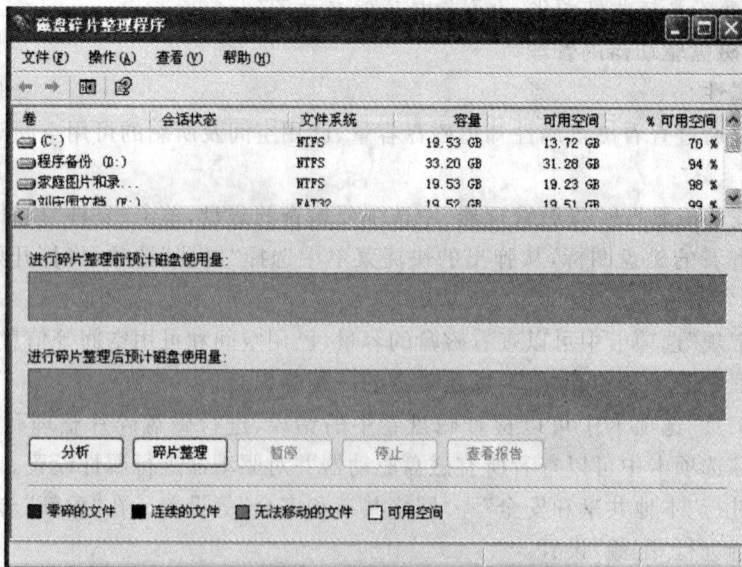

图 2-71　"磁盘碎片整理程序"窗口

(2)在进行磁盘碎片整理前,应先对磁盘碎片进行分析,该驱动器是否需要整理磁盘碎片,若需要再开始进行整理。单击"碎片整理"按钮后,磁盘碎片整理过程会显示在窗口右下角的"碎片整理显示"显示框中。

(3)磁盘碎片整理完成后,系统将弹出"碎片整理完毕"对话框,单击"确定"按钮即可。

整理容量较大的磁盘将会花相当长的时间。磁盘经过碎片整理以后,运行程序速度加快的程度取决于原始磁盘碎片的数量和分布情况。如果原始磁盘碎片较多,而且碎片比较分散,经过碎片整理后,运行程序的速度将会大大提高。

3.磁盘空间管理

在使用计算机的过程中会产生许多没有用的临时文件和程序,时间一长,这些文件和程序会占据大量磁盘空间,因此需要定期对磁盘进行清理,以释放磁盘空间。操作步骤如下:

(1)单击"开始"|"所有程序"|"附件"|"系统工具"|"磁盘清理"命令,打开如图 2-72 所示的"选择驱动器"对话框。选择要清理的驱动器,单击"确定"按钮,系统开始计算可以释放的空间,计算完成后打开如图 2-73 所示对话框。

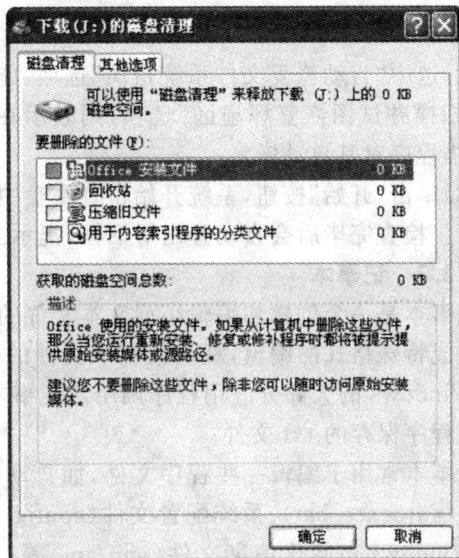

图 2-72 "选择驱动器"对话框   图 2-73 "磁盘清理"对话框

(2)在"要删除的文件"列表框中选择要删除的文件类型。

(3)单击"确定"按钮,系统弹出对话框问"您确信要执行这些操作吗?"用户可以根据需要进行操作。

4.磁盘维护

磁盘维护指的是检查磁盘中是否存在错误并修复磁盘的错误。Windows XP 附带的"磁盘扫描程序"可以检测和修复软盘、硬盘和可移动磁盘上的错误。操作方法如下:

(1)鼠标右键单击要检查的磁盘图标,从弹出的快捷菜单中选择"属性"命令,在"属性"对话框中单击"工具"选项卡,如图 2-74 所示。单击"开始检查"按钮,打开如图 2-75 所示的"检查磁盘"对话框。

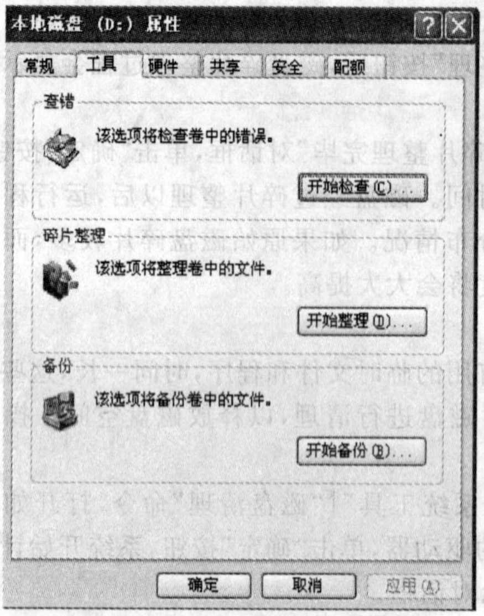

图 2-74　"工具"选项卡

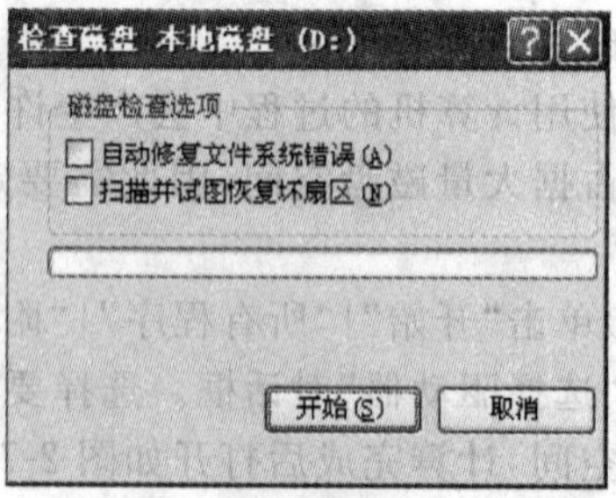

图 2-75　"检查磁盘"对话框

　　(2)选中"自动修复文件系统错误"选项,能够在磁盘检测过程中修复文件系统错误;选中"扫描并试图恢复坏扇区"选项,则表示在检查过程中扫描整个磁盘,如果遇到坏扇区,扫描程序对其自动恢复。

　　(3)单击"开始"按钮,系统开始检查磁盘中的错误。"检查磁盘"对话框中将显示检查的进度。检查完毕后会自动弹出对话框,提示当前磁盘检查已经完成。

7.2.3　记事本

　　记事本是一个创建和编辑小型文本文件的应用程序,它只能完成纯文本文件的编辑,无法完成特殊格式的编辑,默认情况下文件的扩展名为.txt。记事本保存的文本文件可以被 Windows 的大部分应用程序调用。记事本窗口打开的文件可以是记事本文件或其他应用程序保存的 txt 文件。

　　记事本常用于编辑一些程序文件,如自动批处理文件(autoexec.bat)、系统配置文件(config.sys)以及 Windows 初始化信息文件(win.ini)等;还可以用做随记本,记载办公活动中的一些零星琐碎的事情,例如电话记录、留言、摘要、备忘录等,打印出来可备随时查看。

图 2-76　"记事本"窗口

　　单击"开始"|"所有程序"|"附件"|"记事本"命令,打开"记事本"窗口,如图 2-76 所示。

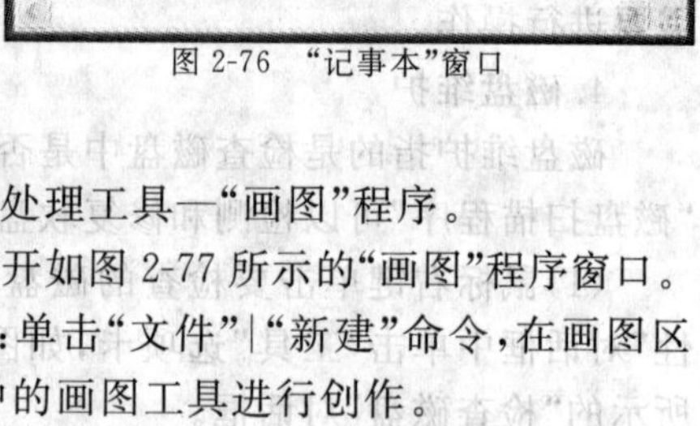

7.2.4　画图

　　Windows 为用户提供了一个简单而易用的图像处理工具—"画图"程序。

　　单击"开始"|"所有程序"|"附件"|"画图"命令,打开如图 2-77 所示的"画图"程序窗口。

　　在"画图"程序中,要制作一幅图画,操作方法是:单击"文件"|"新建"命令,在画图区中打开一个空的画布,可以使用窗口左侧"工具箱"中的画图工具进行创作。

1. 编辑图形

"画图"程序除了可以绘制一些简单的图形之外,还可以作为编辑工具,对一些图形进行编辑,例如对图形进行旋转、拉伸、反色等操作。操作方法如下:

(1)单击"图像"|"翻转/旋转"命令,在打开的"翻转和旋转"对话框中指定旋转的方向和角度,可以对当前打开的图片进行翻转和旋转的操作。

(2)单击"图像"|"拉伸/扭曲"命令,在弹出的"拉伸和扭曲"对话框中指定相应的参数,可以使图像产生变形效果。

(3)用选取工具选择图像的部分区域,然后在"图像"菜单中单击"反色"命令,可以对选中的区域进行颜色反转处理。

2. 编辑颜色

调色板中有程序预置的 28 种颜色,同时在"颜色"菜单中,还提供了"编辑颜色"命令,单击该命令,用户可以在弹出的对话框中定义自己喜爱的颜色,方便以后调用。如图2-78所示为"编辑颜色"对话框。

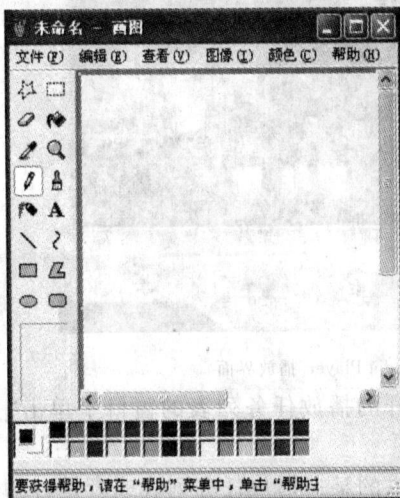

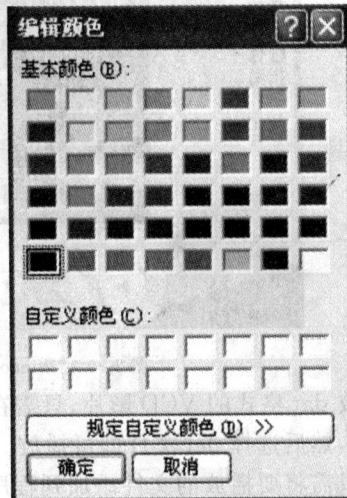

图 2-77 "画图"窗口   图 2-78 "编辑颜色"对话框

3. 绘制图形

用户可以综合应用各种画图工具、菜单功能和颜色设置,随心所欲地绘制自己需要的图形。制作完成后,通常将其保存为".bmp"位图文件。

7.2.5 娱乐

Windows XP 对多媒体设备提供了很强的支持功能,它自带的录音机、Windows Media Player 等可供用户休闲娱乐。

1. 录音机

Windows XP 自带的录音机可以录制和处理声音,并保存成声音文件等。

单击"开始"|"所有程序"|"附件"|"娱乐"|"录音机"命令,打开如图 2-79 所示的"声音－录音机"窗口,这就是 Windows XP 的录音机,最右端的圆形红色按钮是"录音"按钮。

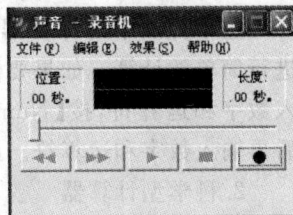

图 2-79 "声音-录音机"窗口

在声卡与麦克风连接正常情况下，只需按下"录音"按钮，然后对麦克风说话，即可看到录音机窗口的状态框中出现波形图，说明正在录音，单击"停止"按钮即可停止录音，然后单击"文件"|"保存"命令，在打开的对话框中输入要保存的文件名与文件类型，即可将录制的声音保存下来。

2. Windows Media Player

Windows XP 集成的 Windows Media Player 具有强大的功能，支持播放的文件格式很多，如：＊.wma、＊.wav、＊.snd、＊.au、＊.mp3、＊.m3u、＊.dat、＊.mp2、＊.avi 等。

操作 Windows Media Player 的方法如下：

单击"开始"|"所有程序"|"附件"|"娱乐"|"Windows Media Player"命令，打开如图2-80所示的播放界面。

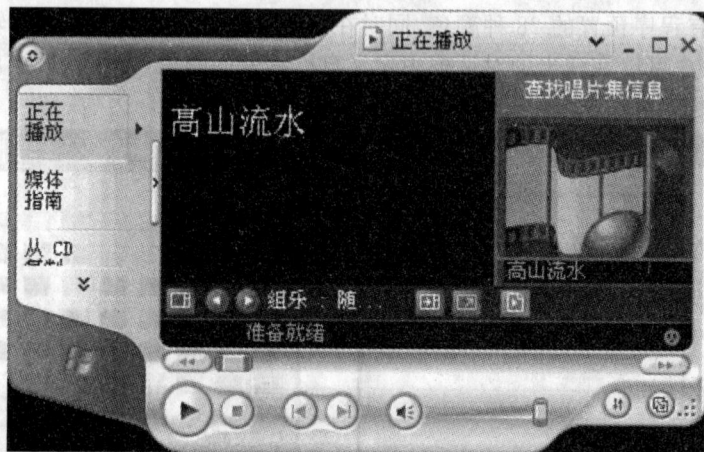

图2-80　"Windows Media Player"播放界面

要播放 dat 格式的 VCD 影片，只需在打开的播放任务列表的窗口中单击"显示所有文件"命令，然后选择 dat 文件即可播放。

用户只需将要播放的文件添加到程序提供的某一播放任务列表或者是自己创建的播放任务列表中即可。

7.2.6　计算器

用户可以使用标准型计算器进行简单的加、减、乘、除运算，也可以用科学型计算器进行高级计算和统计。

1. 标准型计算器

单击"开始"|"所有程序"|"附件"|"计算器"命令，打开"计算器"窗口，如图2-81所示。

这个界面中的计算器是标准型计算器，用它只能进行简单的计算。如果要使用键盘上的数字小键盘输入数字和运算符，按【Num Lock】键实现数字锁定，然后再输入数字和运算符。该计算器还能存储数据。

2. 科学型计算器

在如图2-81所示的计算器窗口中，单击"查看"|"科学型"命令，标准型计算器就变成了科学型计算器，

图2-81　"计算器"窗口

如图 2-82 所示。科学型计算器的功能很强大,不仅可以进行三角函数、阶乘、平方、立方等运算,还具有逻辑和统计计算的功能。

图 2-82 科学型计算器

7.3 任务实施

1.清理计算机磁盘(E 盘)

(1)打开"选择驱动器"对话框,选择 E 盘,再选择"要删除的文件",选择"确定"删除文件。

(2)在"磁盘碎片整理程序"窗口中,选择 E 盘,先单击"分析"按钮进行分析,再单击"碎片整理"按钮等待整理。

2.用记事本建立客户备忘录

打开"记事本"窗口,在编辑区域录入客户备忘录,单击"文件"|"保存"命令,在"保存"对话框的"保存在"下拉列表中选择"桌面",在文件名文本框中输入"客户备忘录",单击"保存"按钮。

3.将计算器放于桌面

在"开始"菜单中找到计算器程序,右键单击,在快捷菜单中选择"发送到"|"桌面快捷方式"命令。

4.编辑曲目表

打开 Windows Media Player 播放器,单击"媒体库"|"我的播放列表",新建播放列表,查找职员喜欢的音乐曲目添加。

任务小结:熟练使用 Windows XP 自带的小工具程序可以方便用户的日常工作。磁盘管理工具可以帮助用户有效地使用磁盘;附件小程序可以完成一些简单的工作。

7.4 实战训练

【实训内容】

1.对使用较久的 U 盘进行格式化,并查看其磁盘容量。

2.从网上下载一篇文章,用记事本程序去掉文本的格式设置。

3.选一张照片,用画图程序进行裁剪,然后保存为 gif 文件。

4.使用 Windows Media Player 播放一段视频。

实践测试

一、选择题

1. Windows XP 是一种（　　　）。
　A. 编译系统　　　　B. 杀毒软件　　　　C. 操作系统　　　　D. 数据库管理系统

2. Windows XP 对磁盘信息的管理和使用是以（　　　）为单位的。
　A. 文件　　　　　　B. 盘片　　　　　　C. 字节　　　　　　D. 命令

3. 将当前活动窗口图案复制到"剪贴板"中，可按（　　　）键。
　A. PrintScreen　　　　　　　　　　　B. Alt＋PrintScreen
　C. Shift＋PrintScreen　　　　　　　　D. Ctrl＋PrintScreen

4. 在 Windows XP 中，将运行程序的窗口最小化，则该程序（　　　）。
　A. 暂停执行　　　　　　　　　　　　B. 终止执行
　C. 仍在前台继续运行　　　　　　　　D. 转入后台继续运行

5. 下面有关 Windows XP 删除操作的说法中，不正确的是（　　　）。
　A. 从 U 盘中删除的文件或文件夹不能被恢复
　B. 从网络硬盘中删除的文件或文件夹不能被恢复
　C. 直接用鼠标将硬盘中的文件或文件夹拖动到回收站后不能被恢复
　D. 硬盘中被删除的文件或文件夹超过回收站存储容量的不能被恢复

6. 在 Windows XP 中，"回收站"是（　　　）。
　A. 内存中的一块区域　　　　　　　　B. 硬盘中的一块区域
　C. 可移动磁盘中的一块区域　　　　　D. 高速缓存中的一块区域

7. "资源管理器"左边窗口中的文件夹或驱动器的加号"＋"表示（　　　）。
　A. 等同数学中的"＋"　　　　　　　　B. 文件夹的增加
　C. 文件夹的移动　　　　　　　　　　D. 表示该文件夹包含子文件夹

8. 在 Windows 中，各应用程序之间的信息交换是通过（　　　）进行的。
　A. 资源管理器　　　　　　　　　　　B. 剪贴板
　C. 任务栏　　　　　　　　　　　　　D. 快捷方式

9. 在 Windows XP 中，对"粘贴"操作错误的描述是（　　　）。
　A. "粘贴"是将"剪贴板"中的内容复制到指定的位置
　B. "粘贴"是将"剪贴板"中的内容移动到指定的位置
　C. 经过"剪切"操作后就能"粘贴"
　D. 经过"复制"操作后就能"粘贴"

10. 在 Windows XP 中的"资源管理器"窗口中，如果要一次选择多个不相邻的文件或文件夹，应进行的操作是（　　　）。
　A. 用鼠标左键依次单击各个文件
　B. 按住【Ctrl】键，并用鼠标左键依次单击各个文件
　C. 按住【Shift】键，并用鼠标左键依次单击各个文件
　D. 用鼠标左键单击第一个文件，然后用鼠标右键单击各个文件

二、填空题

1. 操作系统是计算机系统中的一种＿＿＿＿＿软件，是控制和管理计算机系统内的各种硬

件和软件资源、有效地组织多道程序运行的程序集合,是用户与_____之间的接口。

2.用鼠标单击窗口的最小化按钮后,就会使该窗口缩小成为位于_____上的一个图标。

3.在使用菜单时,如果选择了带有省略号(…)的菜单项,就会弹出_____。

4.在 Windows XP 中,_____用来存放硬盘上被删除的文件或文件夹,需要时还可以通过_____命令将这些文件或文件夹恢复到原来的位置。

5.在 Windows XP 中,如果只记得文件的名称而不知道它的具体位置,可以使用"开始"菜单中的_____命令来找到该文件。

6.鼠标操作非常重要,_____是指连续快速地单击两次鼠标左键。通常,单击鼠标右键会弹出桌面对象的_____。

7.文件或文件夹的属性共有_____、_____、_____和系统四种。

三、上机操作题

1.启动 Windows XP,打开"我的文档"窗口,做以下操作练习:

(1)最小化窗口,观察其结果,然后再将窗口复原。

(2)最大化窗口,然后再将窗口复原。

(3)适当调整窗口的大小,使滚动条出现,然后滚动窗口中的内容。

(4)适当调整窗口的大小,移动窗口。

(5)关闭窗口。

2.定制任务栏,使其自动隐藏且不显示"快速启动栏",然后再恢复原来设置。

3.分别打开"附件"里的写字板、画图、记事本、计算器程序,做以下练习:

(1)以不同方式排列已打开的窗口(层叠、横向平铺、纵向平铺)。

(2)通过任务栏和快捷键切换当前窗口,并试试看是否还有别的方法可以切换窗口?

4.打开"资源管理器"窗口,然后进行以下操作:

(1)观察左右窗格内容分布状态,并调整左右窗格的大小。

(2)分别用鼠标单击带有"+"号和带有"一"号的文件夹图标,观察其变化。

(3)打开一个包含有子文件夹和文件的文件夹,然后在"查看"菜单中分别选"缩略图""平铺""图标""列表""详细信息"菜单项,观察"资源管理器"右窗格显示内容的变化。

(4)在"查看"|"排列图标"级联菜单中,分别选择"名称""大小""类型""按修改时间""按组排列""自动排列"等方式,观察"资源管理器"右窗格中内容的显示。

5.在"我的电脑"或"资源管理器"窗口里完成以下操作:

(1)在 E 盘上新建名为"student"和"teacher" 的文件夹。

(2)在"student"里创建文件"作业 1.txt"和"作业 2.bmp"。

(3)给文件夹"student"和文件"作业 1.txt"创建快捷方式。

(4)将"作业 1.txt"和"作业 2.bmp"复制到文件夹"teacher"里。

(5)在"teacher"文件夹里,将"作业 1.txt"改名为"上交作业 1.txt"。

(6)删除文件夹"student"。

(7)给文件夹"teacher"创建桌面快捷方式。

(8)将"teacher"文件夹移动到 D 盘上。

(9)查看"teacher"文件夹的属性。

(10)从回收站中还原文件夹"student"。

6.用画图程序新建一个文件,自己制作一幅图画后命名为"desk.bmp",并把它设置为桌面背景。

3

项目三　制作文档表格

项目导读

信息化社会中,文字处理已经成为每天都要面对的日常工作。Word 2003 充分利用 Windows 图形界面的优势,不但具有强大的文字处理功能,还具有表格处理、图形处理、图文混排等功能。它既可以帮助普通用户编写工作报告、书信、商务计划等,又可以帮助专业人员排版打印。

本项目以某公司的办公文秘工作为岗位背景,通过起草编辑"员工招聘启事"、制作"个人简历表"、制作"项目宣传单"、排版打印"项目营销推广策划案"、制作批量"购房催款单"等任务的实施(实战训练内容则以学院为背景),读者可以学会文字处理软件中的文档编辑、表格处理、图文混排、页面设置及排版打印等操作,以提高办公文秘岗位人员的工作能力及工作效率。

项目任务分解

任务 1　起草"员工招聘启事"

任务 2　编辑"员工招聘启事"

任务 3　制作"个人简历"表

任务 4　制作"项目宣传单"

任务 5　排版打印"项目营销推广策划案"

任务 6　制作批量"购房催款单"

知识与技能目标

(1)熟练掌握文档的编辑与格式化

(2)掌握表格操作

(3)熟练掌握页面设置和打印

技能实训重点

图文混排及文档的排版打印

任务1 起草"员工招聘启事"

1.1 工作任务及分析

1.任务描述

某公司因业务发展需要,面向社会诚聘人事专员 1 名、会计 2 名、市场研究 2 名,要求人力资源部运用 Word 草拟一份"招聘启事",样文如图 3-1 所示。(在该任务中暂时不考虑样文格式)

招聘启事

美丰房产开发有限公司是房地产一级开发企业,公司具备完善的管理体系,拥有良好的个人发展空间和工作环境,拥有优良的诚信口碑,目前因为业务发展迅速,特请行业内精英人士前来加盟,愿您的加入给我们带来新的活力,我们也将为您提供广阔的发展空间!

● **人事专员 1 名:**
　　工作职责:负责公司人事工作的安排与执行。
　　职位要求:
　　1. 大专及本科学历,有人事工作经验 2 年;
　　2. 负责公司的招聘,社保等参保工作;

● **会计 2 名:**
　　工作职责:
　　1. 日常帐务处理、凭证填制、报表填制;
　　2. 固定资产审核、卡片制作;
　　职位要求:
　　1. 会计类专业大专及大专以上学历;
　　2. 具备会计从业资格,初级以上职称;

● **市场研究 2 名:**
　　工作职责:项目调研组织执行及报告撰写。
　　职位要求:
　　1. 大专及以上学历,房地产、统计学、经济学等相关专业为佳;
　　2. 有一年房地产市场研究经验;

有意应聘者,请将个人简历、职称、学历证明和获奖证书复印件,受聘后的工作设想及本人要求等材料于 2015 年 1 月 5 日前通过电子邮件发至美丰公司人力资源部。

报名方式:
打电话报名登记,发送邮件投寄简历报名,并按报名顺序统一组织面试,可登录公司网址
报名日期:截止到 2015 年 1 月 5 日
公司网址: www.xxx.com 　　　　邮箱:abc@mf.com.cn
联系电话: 088-8888888 　　　　联系人:王先生

美丰房地产开发有限公司人力资源部
2014 年 12 月 20 日

图 3-1 招聘启事样文

2.任务分析

运用 Word 2003 草拟"招聘启事"需要在 Word 中新建文档、录入招聘启事内容、保存文档、加密文档等。

1.2 知识与技能

1.2.1 Word 2003 简介

Office 2003 是 Microsoft 公司推出的办公自动化套件。Office 2003 包括字文处理软件 Word 2003、电子表格 Excel 2003、演示文稿制作软件开发包 PowerPoint 2003、桌面数据库 Access 2003 等。

Word 2003 是 Office 2003 的重要组件之一,它是 Windows 环境下的优秀文字处理软件。使用它可以编辑文档、书写信函、撰写报告和论文等,满足各种文档编排打印的需求;使用它的"所见即所得"排版功能,能产生像书籍、报纸等一样的专业排版效果;使用它还能处理各种表格与图片。Word 2003 让用户轻松地进行文字、图形和艺术字的处理,制作出各种图文并茂的文档,是目前办公环境中普遍使用的文字处理软件。

1. Word 2003 的启动

启动 Word 2003 有多种方法,常用的方法有以下两种:

方法一:使用开始菜单方式启动。

单击"开始"|"程序"|"Microsoft Office"|"Microsoft Office Word 2003",即可启动 Word 2003 工作窗口,如图 3-2 所示。

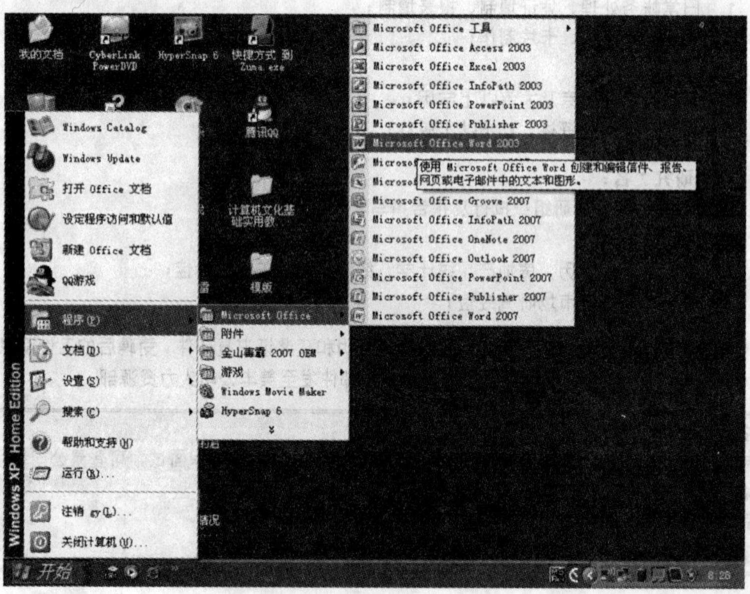

图 3-2 开始菜单启动 Word 2003

方法二:使用快捷方式启动。

在 Windows 桌面上如果有 Microsoft Office Word 2003 快捷方式图标,可直接双击

该图标,如果在 Windows 桌面上没有该快捷方式图标,用户可建立该快捷方式,然后双击该图标即可启动。如图 3-3 所示。

图 3-3 快捷方式启动 Word 2003

2.Word 2003 的退出

退出 Word 2003 时,系统首先关闭所有的文档,然后退出。未被保存过或修改后未保存的文档,系统将提示是否保存该文档,用户根据需要,在屏幕显示的信息提示框中单击"是"或"否"按钮。退出 Word 2003 的方法主要有以下几种:

方法一:单击"文件"|"退出"命令。

方法二:单击标题栏上的"关闭"按钮。

方法三:使用【Alt+F4】组合键退出 Word。

方法四:双击控制图标。

1.2.2 Word 2003 窗口的组成

启动 Word 2003 后,屏幕出现如图 3-4 所示的窗口。Word 窗口由标题栏、菜单栏、工具栏、标尺、编辑区、滚动条、状态栏、任务窗格等组成。

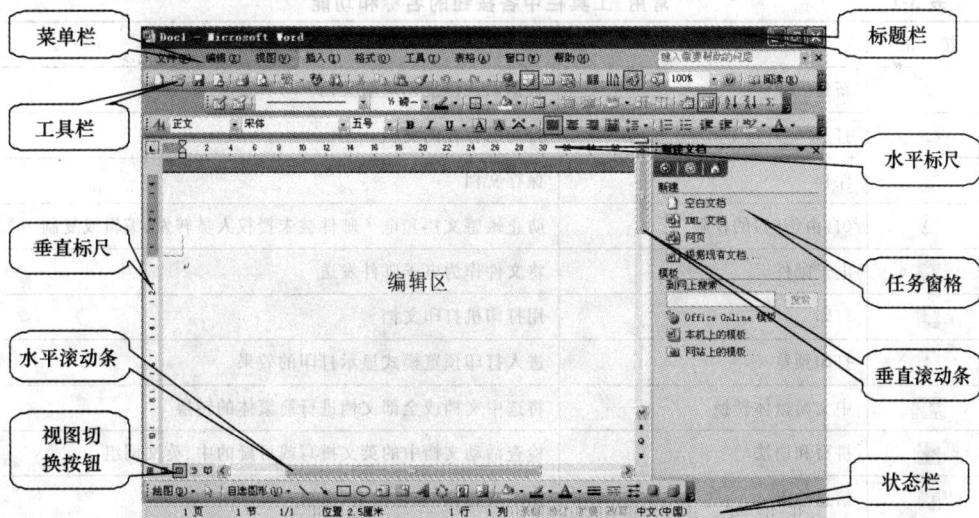

图 3-4 Word 2003 窗口

1.标题栏

标题栏位于窗口的顶部,显示当前所使用的程序名和正在编辑的文档名。标题栏左边是控制菜单按钮,单击该按钮会打开控制菜单,该菜单提供一些用于 Word 2003 窗口的命令。标题栏右边提供了"最小化""还原/最大化"和"关闭"按钮,用于改变窗口大小或退出 Word。

　　思考:文件菜单下的"退出"和"关闭"有何区别? 双击菜单与单击菜单有何区别?

　　2.菜单栏

　　位于标题栏的下方的是菜单栏。菜单栏提供了文件、编辑、视图、插入、格式、工具、表格、窗口、帮助九个菜单。单击后弹出相应的下拉菜单,每个菜单中包含的菜单项是Word可执行的命令或下一级子菜单,供用户选择所需的命令。

　　3.工具栏

　　位于菜单栏下方的是工具栏。工具栏由一系列工具按钮组成。Word 将一些常用的命令制成工具按钮,然后按照不同的功能列于不同的工具栏中。用鼠标单击某个工具按钮,即可快速执行相应的命令。因此,灵活使用工具栏中的工具按钮将会大大提高工作效率。

　　默认情况下,窗口中可以看到"常用"工具栏(如图 3-5 所示)和"格式"工具栏(如图3-6所示)。"常用"工具栏用于文件操作和文档编辑操作,其名称和功能如表 3-1 所示。"格式"工具栏用于字体格式化、段落格式化等,其名称和功能如表 3-2 所示。另外,将鼠标在工具栏中的工具按钮上稍稍停留,便可看到该按钮功能的简单提示。

图 3-5　"常用"工具栏

图 3-6　"格式"工具栏

表 3-1　　　　　　　　　　"常用"工具栏中各按钮的名称和功能

按　钮	名　称	功　能
	新建	根据默认模板创建新文档
	打开	打开已存在的文档
	保存	保存文档
	(自由访问)的权限	防止敏感文档和电子邮件被未授权人员转发、编辑或复制
	电子邮件	将文件作为电子邮件发送
	打印	用打印机打印文档
	打印预览	进入打印预览模式显示打印的效果
	中文简繁体转换	将选中文档或全部文档进行简繁体的转换
	拼写和语法	检查活动文档中的英文拼写或可疑的中、英文词组
	信息检索	显示或隐藏"信息检索"窗格
	剪切	将选择的内容剪下来并存放到剪贴板中
	复制	将选择的内容复制到剪贴板中
	粘贴	在插入点位置插入剪贴板中的内容

（续表）

按 钮	名 称	功 能
	格式刷	将选定格式复制到指定区域
	撤销	取消最后一次操作
	恢复	恢复已用撤销命令撤销的操作
	插入超链接	插入或编辑指定的超链接
	"表格和边框"工具栏	显示或隐藏"表格和边框"工具栏
	插入表格	在插入点位置插入表格
	插入 Microsoft Excel 工作表	在插入点位置插入 Excel 工作表
	分栏	给文档分栏
	更改文字方向	更改文字方向（把横排的文字方向改为竖排，竖排的文字方向改为横排）
	绘图	显示或隐藏"绘图"工具栏
	文档结构图	显示或隐藏文档结构
	显示/隐藏编辑标记	显示或隐藏编辑标记
100%	显示比例	改变文档视图的显示比例
	Microsoft Office Word 帮助	可提供帮助主题和提示，以便协助用户完成任务
阅读(R)	阅读	文档为阅读版式

表 3-2　　　　"格式"工具栏中各按钮的名称和功能

按 钮	名 称	功 能
	格式窗格	显示或隐藏"样式和格式"窗格
正文	样式	用样式为选定内容设置格式
宋体	字体	改变选定文字的字体
五号	字号	改变选定文字的字号
B	加粗	使选定文字加粗
I	倾斜	使选定文字倾斜
U	下划线	给选定文字添加下划线
A	字符边框	给选定文字添加边框
A	字符底纹	给选定文字添加底纹
A	字符缩放	设置扁体字或长体字
	两端对齐	使选择的段落按照左右编排对齐
	居中	使选择的段落居于文档的中间
	右对齐	使选择的段落按照右编排对齐
	分散对齐	使选择的段落整行对齐
	行距	设置行距
	编号	创建编号列表
	项目符号	创建项目符号列表
	减少缩进量	往左减少缩进量
	增加缩进量	往右增加缩进量
	突出显示	给选定文字加上背景色
A	字体颜色	给选定文字设置不同的颜色
	拼音指南	给选定的文字标注拼音
	带圈字符	给选定的文字外面画圈

打开/隐藏某项工具栏的方法是：单击"视图"|"工具栏"命令，在弹出的下级子菜单中标记或清除该菜单左侧的"√"记号，如图 3-7 所示。

图 3-7　打开/隐藏工具栏

思考：如何改变工具栏的停放位置？

提示：打开或隐藏工具栏可直接右键单击工具栏实现。

4. 标尺

标尺分为水平标尺和垂直标尺。水平标尺位于"格式"工具栏的下方，标尺上划有刻度和数字，用于调整左右页边距、设置段落缩进、改变栏宽以及设置制表位等。在页面视图中，编辑区的左侧还会出现垂直标尺，用于调整上下页边距、设置表格的行高等。显示或隐藏标尺，可以单击"视图"菜单，标记或清除"标尺"菜单左侧的"√"记号，如图 3-8 所示。

5. 编辑区

位于水平标尺下方的空白区域是编辑区，此区域可以编辑和查看文档，又称文档窗口。

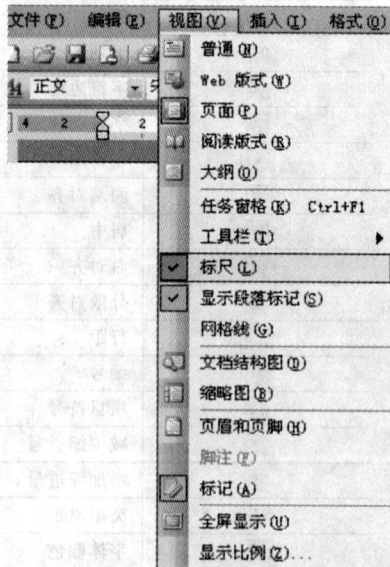

图 3-8　显示或隐藏"标尺"

6. 滚动条

滚动条分为水平滚动条和垂直滚动条,可以通过滚动条滚动文档,以便查看文档。也可以拖动滚动条上的滑块、单击滚动箭头或单击空白区域,快速移到文档中的不同位置。

用户的屏幕中没有显示滚动条,可以单击"工具"|"选项"命令,打开"选项"对话框,在"视图"选项卡中选择"水平滚动条"和"垂直滚动条"复选框,单击"确定"按钮,如图 3-9 所示。

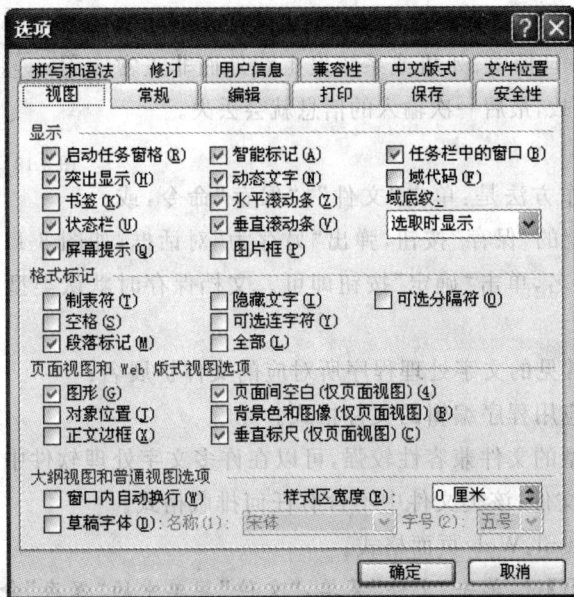

图 3-9 "选项"对话框

思考:单击滚动条上的滑块或右键单击滑块将会怎样?

7. 状态栏

位于 Word 窗口下方的是状态栏,用来显示当前文档的页数、插入点的位置等信息。其右侧四个按钮分别是:"录制""修订""扩展"和"改写",用于表示 Word 工作方式,双击某按钮可以进入或退出该种工作方式。

8. 任务窗格

编辑区右侧是任务窗格,如图 3-4 所示。窗格右上角分别是"其他任务窗格"和"关闭"任务窗格按钮,单击"其他任务窗格"按钮,将显示一个下拉菜单,供用户切换相应任务窗格,在不同任务窗格中,完成相应任务。如在新建文档窗格中单击空白文档,将新建空白文档。打开或隐藏任务窗格可单击"视图"菜单,标记或清除"任务窗格"菜单左侧的"√"记号。

1.2.3 创建新文档

无论用户希望编辑的是一篇文章、一个报告、一个通知还是一封电子邮件,在 Word 中都称之为文档。

当启动 Word 2003 时,将自动创建一个名为"文档1"的空白文档。

创建 Word 文档,可以单击"常用"工具栏上的"新建空白文档"按钮,也可以单击"文件"|"新建"命令,在弹出的"新建文档"窗格中,单击"空白文档",如图 3-10 所示。

当完成新建文档后可以直接在该窗口中输入内容,并对其进行编辑和排版。

1.2.4 保存文档

输入和编辑的文档只有保存在存储介质上才能长时间的存在,如果不保存,一旦掉电、死机或系统发生意外而非正常退出 Word 等其他事故,最后一次输入的信息就会丢失。

图 3-10 "新建文档"任务窗格

1. 保存文档

保存文档的操作方法是:单击"文件"|"保存"命令,或单击"常用"工具栏上的"保存"按钮,弹出"另存为"对话框,如图 3-11 所示。确定文档的保存位置,为文档命名,单击"确定"按钮即可。文档保存时默认类型为 Word 文档,即扩展名为 .doc。

下面列出几种常见的文字处理程序所对应的文件扩展名:

*.doc:Word 应用程序编辑的文件格式。

*.rtf:这种类型的文件兼容性较强,可以在许多文字处理软件中打开使用。

*.txt:纯文本文件,该类文件中不含有任何排版格式。

*.htm 或 *.html:Web 页面格式。

提示:按住【Shift】键,单击"文件"菜单,"文件"菜单中的"保存"命令变为"全部保存"命令,可保存全部打开的文档。

2. 另存为

"另存为"即"更名保存"。操作方法是:单击"文件"|"另存为"命令,弹出如图 3-11 所示的"另存为"对话框,重命名后单击"保存"即可。

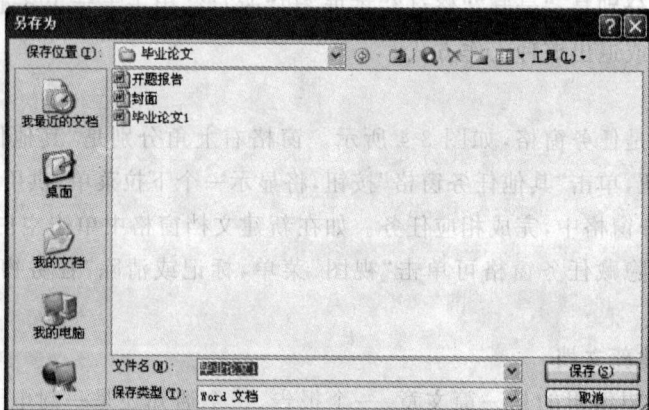

图 3-11 "另存为"对话框

3. 自动保存

为了防止意外事故发生,导致信息丢失,希望每隔一段时间,系统自动将文档保存,可

使用 Word 提供的自动保存功能,方法是:单击"工具"|"选项"命令,弹出"选项"对话框,如图 3-12 所示。选择"保存"选项卡,在"自动保存时间间隔"的输入框中输入时间(单位是分钟),单击"确定"按钮,则每隔设定时间自动保存一次。

4.设置密码

给文档设置密码,可以增强文档信息的安全性,当用户打开文档时,只有输入正确的密码才能打开和修改文件。为文档设置密码的操作步骤如下:

(1)单击"工具"|"选项"命令,在弹出的"选项"对话框中,选择"安全性"选项卡,如图 3-13 所示。

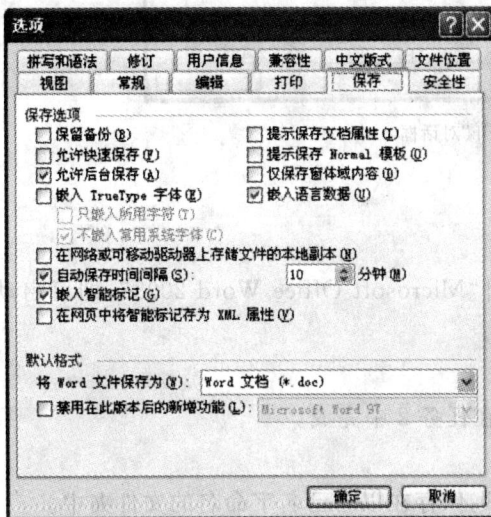

图 3-12 "保存"选项卡　　　图 3-13 "安全性"选项卡

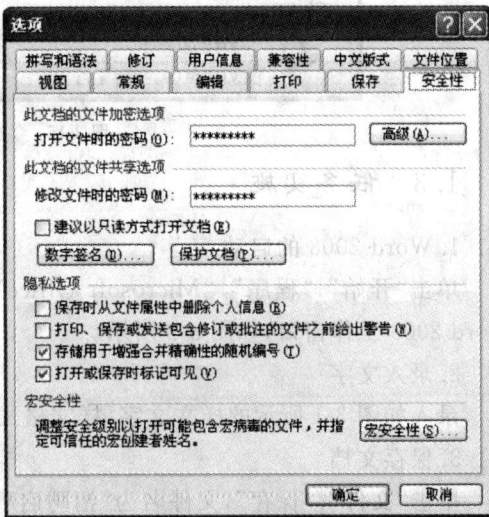

(2)在"打开文件时的密码"和"修改文件时的密码"中分别输入密码。单击"确定"按钮后,系统会弹出对话框再次要求用户确认密码,如图 3-14 所示。

图 3-14 "确认密码"对话框

1.2.5 打开文档

打开 Word 文档的方法很多,下面介绍常用的三种。

方法一:使用菜单命令打开文档。

单击"文件"|"打开"命令,弹出如图 3-15 所示的"打开"对话框。选择要打开的文件,单击"确定"按钮或双击选择的文件,即可打开文档。

方法二:打开"文件"菜单中列出的文档。

在"文件"菜单的下方显示最近打开过的文件列表,选择其中的文件名可打开该文件。默认状态下,"文件"菜单中列出最近使用过的 4 个文件名。

方法三:使用工具栏上的"打开"按钮打开文档。

单击"常用"工具栏上的"打开"按钮,在弹出的对话框中选择要打开的文件。

思考:要同时打开多个文档应如何操作?

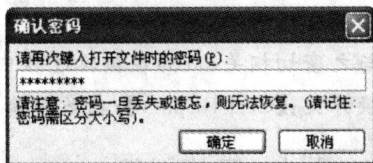

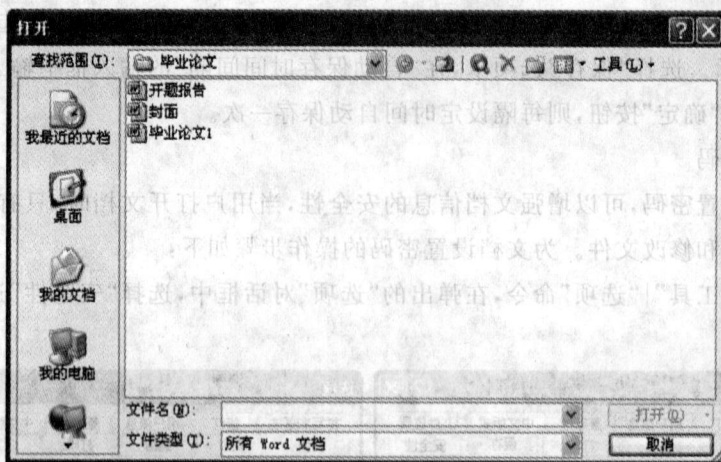

图 3-15　"打开"对话框

1.3　任务实施

1. Word 2003 的启动

单击"开始"|"程序"|"Microsoft Office"|"Microsoft Office Word 2003",即可启动 Word 2003 工作窗口,如图 3-2 所示。

2. 录入文字

录入如图 3-1 所示的样文文字,样文格式在任务 2 中完成。

3. 保存文档

单击"文件"|"保存",文件名为"招聘启事",保存在以自己名字命名的文件夹中。

任务小结:(1)Word 2003 可以轻松地完成文字录入、编辑与排版工作,生成专业水平的公文文书,比较适合办公需要。(2)在编辑过程中,插入点的位置不可忽略,很多操作都与之密切相关。(3)在编辑过程中,注意改写和插入状态的区别。(4)中英文输入法的切换开关:【Ctrl＋Space】;在多种输入法之间切换:【Ctrl＋Shift】。

1.4　实战训练

【实训内容】

1. 实训内容

母亲节到了,学院特举办亲情传递活动,倡议每位学生给妈妈写封信,以表达我们对母亲的深深爱意或思念之情。

2. 实训过程

(1)在 D 盘上创建以自己名字命名的文件夹。

(2)启动 Word 2003,录入信件内容(内容自拟),录入文字前,双击状态栏中的"改写"按钮,将"改写/插入"状态设为"插入"。

(3)信件输入完成后,保存文档,文档命名为"给妈妈的一封信 1",并将文件保存在以自己名字命名的文件夹中。

(4)单击"工具"|"选项"命令,在弹出的"选项"对话框中,选择"安全性"选项卡,在"打

开文件时的密码"和"修改文件时的密码"中分别输入自己的身份证号码作为密码,单击"确定"按钮。

(5)单击"文件"|"关闭"命令,不要"退出"。

(6)重新打开该文档,本次打开文档时需要输入密码。

(7)将文件另存为"给妈妈的一封信2",并将文件保存在以自己名字命名的文件夹中。

(8)单击"文件"|"退出"命令。

任务2 编辑"员工招聘启事"

2.1 工作任务及分析

1.任务描述
录入完"招聘启事"后,按照图3-1所示的"招聘启事"样张,对其内容进行编辑修改。

2.任务分析
草拟"招聘启事"过程中需要录入的文本、符号等内容,对被编辑的对象进行选定、复制、粘贴、移动、删除、替换等操作。

2.2 知识与技能

2.2.1 输入文本
文本是文字、符号、特殊字符和图形等内容的总称。启动Word后,在编辑区可以直接输入文本。

(1)插入状态和改写状态。插入状态和改写状态是输入文本时Word的两种工作状态。"插入"和"改写"两种状态可以互相转换,即按【Insert】键或双击状态栏上的"改写"标记。默认的编辑状态为插入状态。

常用键及功能如表3-3所示。

表3-3 常用键及其功能

按 键	功 能	按 键	功 能
←	向左移动一个字符	Home	移动到当前行首
→	向右移动一个字符	End	移动到当前行尾
↑	向上移动一行	PageUp	移动到上一屏
↓	向下移动一行	PageDown	移动到下一屏
Ctrl + ←	向左移动一个单词	Ctrl + Home	移动到屏幕顶部
Ctrl + →	向右移动一个单词	Ctrl + End	移动到屏幕底部
Ctrl + ↑	向上移动一个段落	Ctrl + PageUp	移动到上一页的开头
Ctrl + ↓	向下移动一个段落	Ctrl + PageDown	移动到下一页的开头

(2)插入字符。在一个字符前插入其他字符时,先将插入点置于目标处,然后输入字符,插入点以后的字符会依次后移。

（3）插入符号或特殊字符。当用户要输入一些不能直接从键盘输入的特殊字符时可以使用"软键盘"，但此方法输入的符号不够丰富，此时可以单击"插入"|"符号"命令，弹出如图3-16所示的"符号"对话框，根据需要选择符号，单击"插入"按钮或双击要选择的符号。

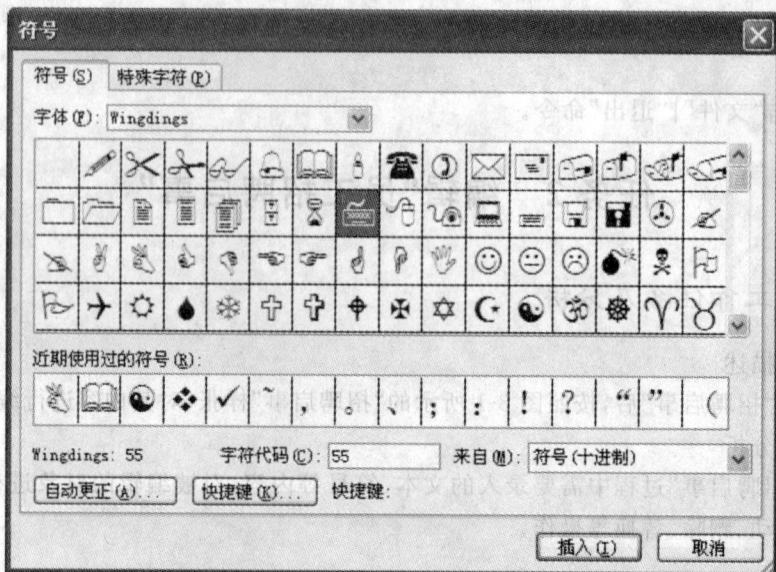

图3-16 "符号"对话框

（4）插入文件。编辑文档时，需要将另一文件的所有内容插入到当前位置，可使用"插入文件"命令完成。操作步骤如下：

①将光标置于要插入文本的位置。

②单击"插入"|"文件"命令，如图3-17所示，弹出"插入文件"对话框。

③在"文件类型"中选择文件类型，在"文件名"中选择文件的名称。

④单击"插入"按钮即可，如图3-18所示。

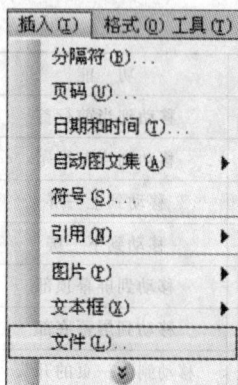

图3-17 "插入文件"命令

图3-18 "插入文件"对话框

（5）插入当前日期和时间。在文档中可插入固定的日期或时间，也可用数据域插入当前使用的日期和时间。操作步骤如下：

①单击"插入"|"日期和时间"命令,弹出"日期和时间"对话框。

②在"可用格式"列表中选择一种格式,在"语言"框中选择一个国家或地区。

③选中"自动更新"复选框,可在打印文档时自动更新日期和时间。如果该复选框未选中,那么文档将始终打印插入时的当前日期或时间。

④单击"确定"按钮即可。

提示:使用自动图文集辅助输入:Word 对用户输入的内容具有一定的"记忆"能力,用户可以利用这种功能来简化输入操作,这种输入方法称为"记忆式键入"。Word 可自动记忆的项目有:当前日期、星期、月份以及一些日常用语等。打开或关闭记忆式输入功能的操作步骤如下:

(1)单击"插入"|"自动图文集"|"自动图文集"命令,弹出"自动更正"对话框。

(2)选择"自动图文集"选项卡,选中"显示'记忆式键入'建议",输入自动图文集词条,单击"添加"按钮。

(3)单击"确定"按钮即可。

用记忆式键入功能输入时,只需键入项目的前几个字符,Word 会建议完整的词条,按下【Enter】或【F3】键可接受建议,若不接受建议继续输入即可。

思考:大文档如何快速合并?

2.2.2　编辑文本

1.选定文本

对文本进行编辑前需要选定文本,利用鼠标或键盘等多种方法,可以选中小到一个字符,大到整个文档的文本。被选定的文本将反色显示,即黑底白字,以便和未被选中的文本区分开来。

(1)使用鼠标选定文本

将光标移到要选定文本的开始位置,按下鼠标左键,拖动鼠标到要选定的文本的最后位置,放开鼠标左键。此时,鼠标拖动经过的文本变成黑底白字显示,这就是被选定的文本,如图 3-19 所示。

(2)选定一行文本

将鼠标移到该行的左侧选定栏内,当鼠标指针变为形状时,单击鼠标左键,即可选定该行。

(3)选定多行文本

将鼠标移动到段落的左侧选定栏内,当鼠标指针变为形状时,按住鼠标左键向上或向下拖动鼠标即可选定多行文本。

(4)选定一个段落

将鼠标移动到段落的左侧选定栏内,当鼠标指针变为形状时,双击鼠标左键或在段落中任一位置三击鼠标。

(5)选定多个段落

将鼠标移动到段落的左侧选定栏内,当鼠标指针变为形状时,双击鼠标左键,并向

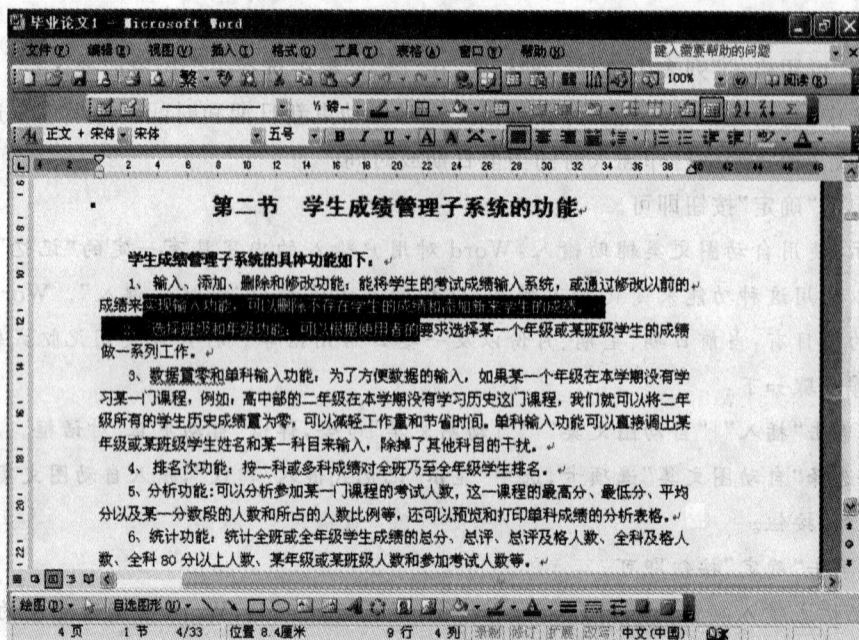

图 3-19　选定文本

上或向下拖动鼠标即可。

（6）选定整篇文档

方法一：将鼠标移动到段落的左侧选定栏内，在鼠标指针变为 ⚐ 形状后，三击鼠标左键即可。

方法二：单击"编辑"|"全选"命令。

方法三：使用快捷键【Ctrl＋A】。

（7）选定一矩形区域

将插入点置于区域的一角，然后按住【Alt】键，拖动鼠标到区域的对角，即可选定一个矩形区域。

（8）配合【Shift】键选定区域

将插入点置于选定的文本之前，确定要选择文本的初始位置，移动鼠标到欲选文本末端，按住【Shift】键，单击鼠标左键即可。这种方法往往用于大区域文本的选择。

（9）配合【Ctrl】键选定不连续区域

按住【Ctrl】键，按住鼠标左键逐一选择要选定的文本即可。

（10）选定一个词

双击要选定的词即可。

2.移动文本

在文本的编辑过程中，常常需要将某些文本从一个位置移动到另一个位置。移动文本可以用鼠标，也可以通过剪贴板来实现。

方法一：利用鼠标拖动的方法。它是移动最常用的方法，它适合于近距离小区域的移动。操作方法如下：

(1)选定要移动的文本。

(2)将鼠标移动到选定文本上,鼠标指针变为形状后,按住左键并拖动到目标位置,松开左键即可。

方法二:利用剪贴板的方法。用"常用"工具栏上的"剪切"和"粘贴"按钮,通常用在要把所选文本移到较远的位置时。操作步骤如下:

(1)选定要移动的文本。

(2)单击"常用"工具栏上的"剪切"按钮，或按【Ctrl+X】键,或单击"编辑"|"剪切"命令,此时所选的文本复制到剪贴板上,此文本从文档中被删除。

(3)把光标移到要移动的目标位置,单击"常用"工具栏上的"粘贴"按钮，或按【Ctrl+V】键,或单击"编辑"|"粘贴"命令,此时剪贴板上的文本粘贴到当前插入点的位置,完成了移动操作。

3.复制文本

文本复制的操作和文本移动的操作很相似。在短距离内可以用鼠标拖动的方法复制文本,方法是在移动文本的同时按住【Ctrl】键。

在较长的距离复制文本时,利用剪贴板更为方便,步骤如下:

(1)选定要复制的文本。

(2)单击"常用"工具栏上的"复制"按钮，或单击"编辑"|"复制"命令。

(3)将光标移到目标位置,单击"常用"工具栏上的"粘贴"按钮，或按【Ctrl+V】键,或单击"编辑"|"粘贴"命令,此时剪贴板上的文本粘贴到目标位置,即完成了复制操作。

提示:用户在复制、粘贴文本时巧妙使用剪贴板可提高工作效率。打开剪贴板可从编辑菜单中打开,也可以连续按两次【Ctrl+C】键,单击"剪贴板"任务窗格中的"全部粘贴"按钮,Office剪贴板中的全部内容将被粘贴到插入符所在的位置。若只粘贴其中的内容,单击"剪贴板"窗格中的相应图标即可。

在粘贴操作完成后,粘贴项目右下方有时出现"粘贴选项"智能标记,单击其中的下拉按钮可进一步对粘贴项目的格式进行选择。"粘贴选项"按钮的显示与隐藏可在"工具"菜单下"选项"命令中选择"编辑"选项卡进行设置。

4.删除文本

用【Backspace】键或【Del】键逐个删除字符,如果要删除大量的文字,先选定要删除的内容,然后可以选择下述任意一种方法删除文本。

方法一:按【Backspace】键或【Del】键。

方法二:单击"常用"工具栏上的"剪切"按钮。

方法三:单击"编辑"|"剪切"命令。

思考:要实现连续多次的、在多个文档之间的复制与粘贴,通过什么方式实现?

5.撤销与重复

在文档的处理过程中,如果误删某一部分,或者排版时出现失误,可以单击"常用"工具栏上的"撤销"按钮，或单击"编辑"|"撤销"命令,使文本恢复原来的状态。如果还要取消再前一次的操作,可继续单击"撤销"按钮。

"常用"工具栏上的"恢复"按钮，其功能与"撤销"按钮正好相反,它可以恢复被撤销的一步或若干步的操作。

提示：常用快捷键有

【Ctrl＋N】——新建文件	【Ctrl＋C】——复制
【Ctrl＋O】——打开文件	【Ctrl＋V】——粘贴
【Ctrl＋S】——保存文件	【Ctrl＋X】——剪切
【Ctrl＋Z】——撤销	【Ctrl＋Y】——恢复

2.2.3　查找和替换

在编辑文本时，如果用"手工"方法查找（或替换）文字以及符号，工作量大且易出错。Word 为我们提供的"查找和替换"功能，可以对文字甚至有格式的文字以及一些特殊字符进行查找和替换，它能快速准确"查找"或"替换"，使得在整个文档范围内进行的修改工作变得十分迅速和有效。

1. 查找文本

（1）单击"编辑"|"查找"命令，弹出"查找和替换"对话框，如图 3-20 所示。

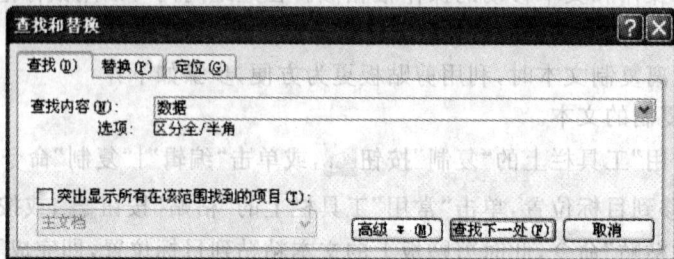

图 3-20　"查找"选项卡

（2）在"查找内容"文本框中输入要查找的内容，然后单击"查找下一处"按钮，开始查找，查找到的内容将被反色显示。

（3）单击"查找下一处"按钮，将继续查找下一处内容。

2. 替换文本

（1）单击"编辑"|"替换"命令，弹出"查找和替换"对话框，如图 3-21 所示。

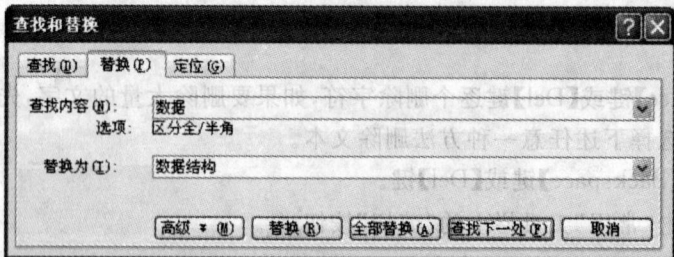

图 3-21　"替换"选项卡

（2）在"查找内容"文本框中输入要查找的内容，在"替换为"文本框中输入要替换的内容。

（3）如果需要将查找到的内容全部替换成"替换为"文本框中的内容，单击"全部替换"按钮即可。如果只需要将查找到的内容部分替换，则单击"查找下一处"按钮进行查找，查找到需要替换的内容后，单击"替换"按钮即可将其替换。

提示：执行查找和替换操作时，应注意搜索规则，如搜索范围的设置、是否区分全角半角、是否区分大小写、是否全字匹配、是否使用通配符、查找英文单词时是否查找拼写不同但同音的单词、是否查找单词的所有形式、是否查找带格式文本等，这些操作均可单击"高级"按钮，完成设置。

2.2.4 设置字体属性和字符间距

1.设置字体属性

设置字体的属性时一般先选择文本，单击"格式"|"字体"命令，弹出"字体"对话框，如图 3-22 所示，在"字体"选项卡中可以设置字体、字号、字形、效果、字体颜色、下划线线型、下划线颜色、着重号，在预览框中可以看到预览效果，也可通过"格式"工具栏来设置，如图3-6 所示。

注意：字号下拉列表中的中文数字越大，显示出来的字越小，而对阿拉伯数字来说，则刚好相反；字体下拉列表中的英文字体只对英文起作用，中文字体只对中文起作用。

思考：如果不选择文本，直接设置字体属性，将会怎样？

2.设置字符间距

单击"格式"|"字体"命令，在弹出的"字体"对话框中选择"字符间距"选项卡，可以设置"缩放""间距""位置"等项目，如图 3-23 所示。

图 3-22 "字体"对话框　　　　图 3-23 "字符间距"选项卡

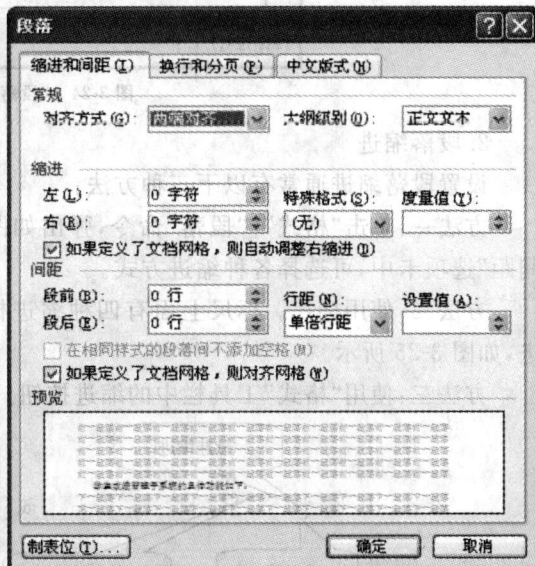

2.2.5 设置段落属性

段落是指两个相邻回车符之间的内容。段落格式主要包括：段落缩进、对齐方式、行间距、段落间距等。设置段落属性时可先选择多个段落或将插入点移到要设置属性段落中的任意位置，再进行属性设置。

1.段落对齐方式

Word 提供了四种对齐方式：两端对齐■、居中■、右对齐■和分散对齐■。

设置对齐方式通常有以下两种方法：

方法一：使用"格式"工具栏上的对齐按钮。

方法二：单击"格式"|"段落"命令，弹出"段落"对话框，在"对齐方式"下拉列表框中选择所需要的对齐方式，按"确定"按钮，如图 3-24 所示。

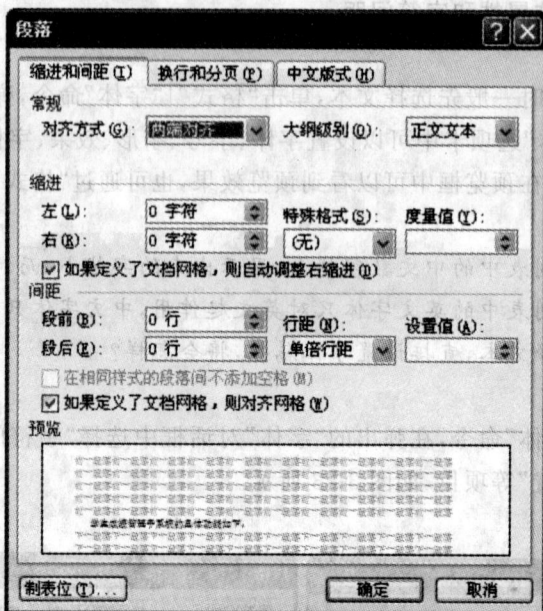

图 3-24　"段落"对话框

2.段落缩进

设置段落缩进通常有以下三种方法：

方法一：单击"格式"|"段落"命令，弹出如图 3-24 所示的"段落"对话框。在"缩进和间距"选项卡中，可选择各种缩进方式。

方法二：使用标尺。标尺上面有四种缩进标记：首行缩进、悬挂缩进、左缩进和右缩进，如图 3-25 所示。

方法三：使用"格式"工具栏中的缩进按钮。

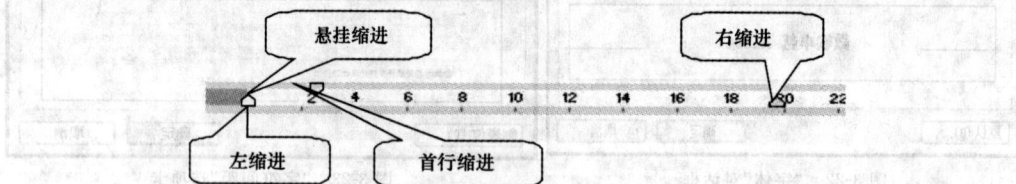

图 3-25　标尺

提示：左（右）缩进是指段落中所有行的左（右）边界向右（左）缩进；首行缩进是指段落中的第一行向右缩进；悬挂缩进是将整个段落中除首行外的所有行向右缩进。

度量单位的修改方法：选择工具菜单中的"选项"命令，在"常规"选项卡中设置所需的度量单位，此单位将用于水平标尺以及对话框中所键入的度量值。

2.2.6　项目符号和编号

项目符号和编号是相对于段落而言的,加入项目符号和编号能使文档条理分明、层次清晰,便于阅读和理解。加入项目符号和编号后,如果增加、移动或删除段落,Word 将会自动更正或调整编号。

1.项目符号

设置项目符号有两种方法。

方法一:使用菜单设置项目符号。

(1)将光标定位在要设置项目符号的段落中或选定要添加项目符号的段落。

(2)单击"格式"|"项目符号和编号"命令,弹出"项目符号和编号"对话框,选择"项目符号"选项卡,如图 3-26 所示,根据需要选择相应的项目符号。

(3)如果需要自己定义项目符号,可以单击"自定义"按钮,弹出"自定义项目符号列表"对话框,根据需要进行相应的设置,如图 3-27 所示。

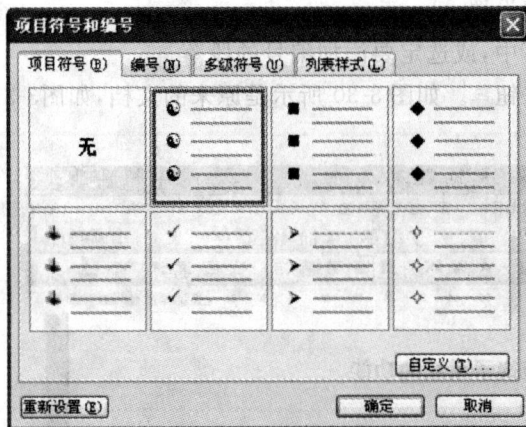

图 3-26　"项目符号"选项卡

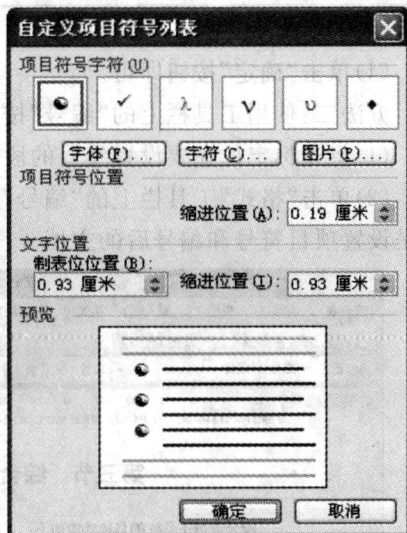

图 3-27　"自定义项目符号列表"对话框

(4)单击"确定"按钮即可。

方法二:使用工具栏上的"项目符号"按钮设置。

(1)将光标定位在要设置项目符号的段落中,或选定要添加项目符号的段落。

(2)单击"格式"工具栏上的"项目符号"按钮。

2.编号

设置编号有两种方法。

方法一:使用菜单设置编号。

(1)将光标定位在要设置编号的段落中,或选定要添加编号的段落。

(2)单击"格式"|"项目符号和编号"命令,弹出"项目符号和编号"对话框,选择"编号"选项卡,如图 3-28 所示,根据需要选择相应的编号。

(3)如果需要自己定义编号,可以单击"自定义"按钮,弹出"自定义编号列表"对话框,根据需要进行相应的设置,如图 3-29 所示。

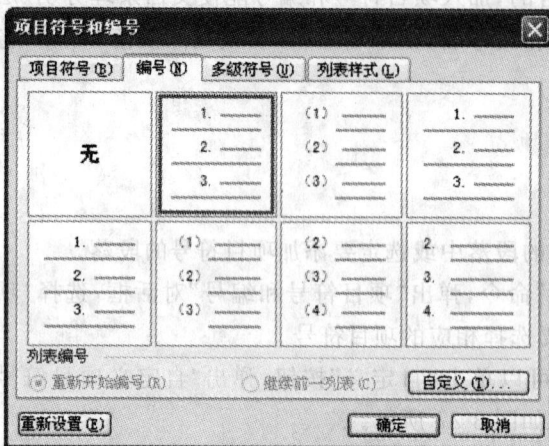

图 3-28　"编号"选项卡

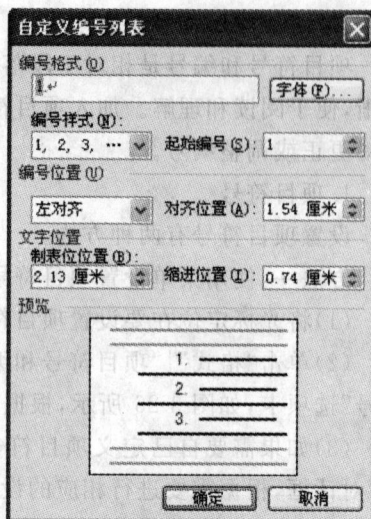

图 3-29　"自定义编号列表"对话框

(4)单击"确定"按钮即可。

方法二:使用工具栏上的"编号"按钮设置。

(1)将光标定位在要设置编号的段落中,或选定要添加编号的段落。

(2)单击"格式"工具栏上的"编号"按钮。如图 3-30 所示是原来的文档,如图3-31所示是设置项目符号和编号后的文档。

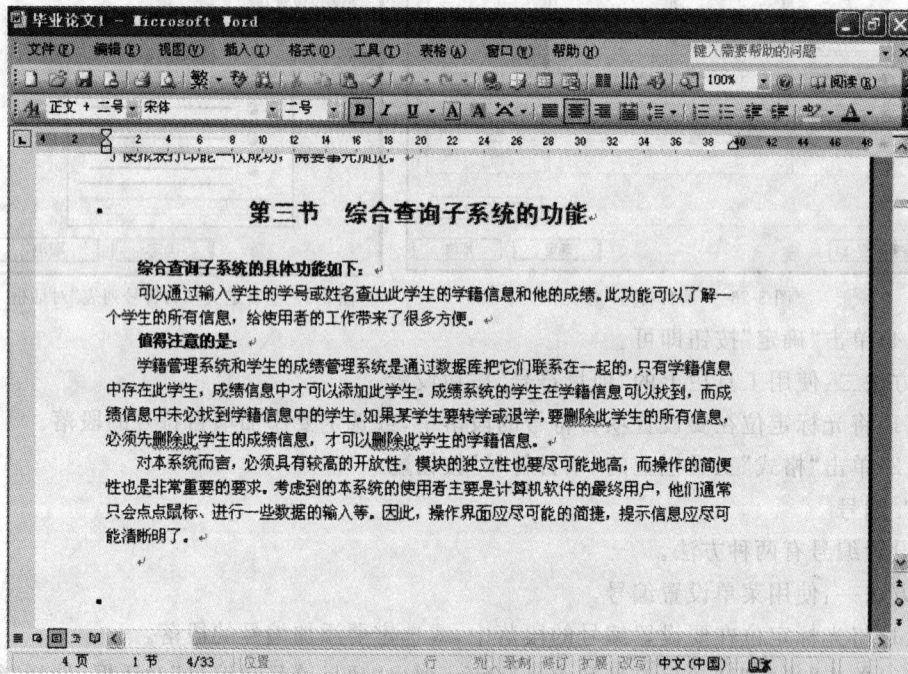

图 3-30　设置项目符号和编号之前的文档

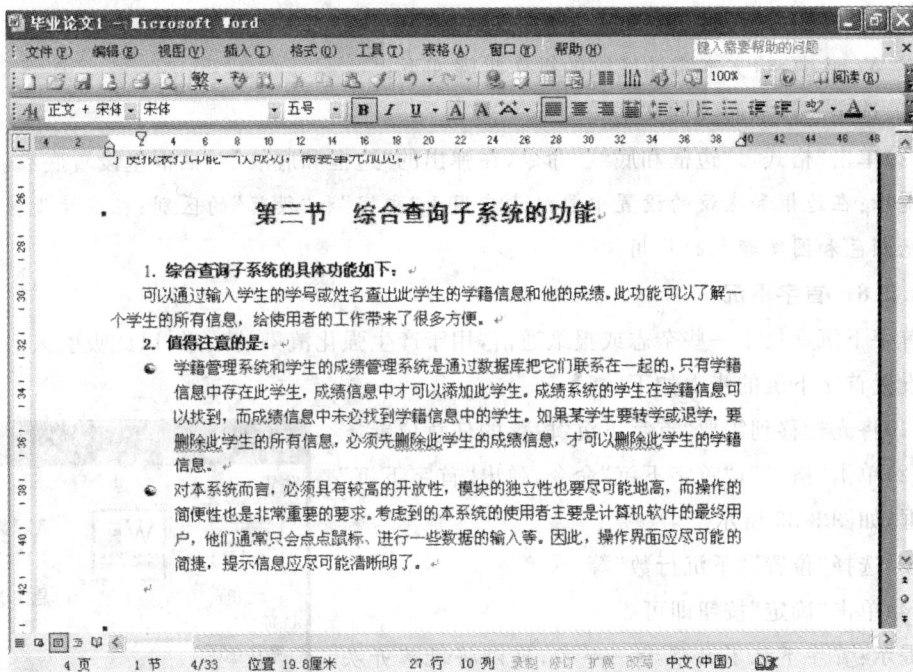

图 3-31 设置项目符号和编号后的文档

提示:使用自定义项目符号或编号时,应首先任意选中一种项目符号或编号,不能选择"无";工具栏中的"项目符号"和"编号"是最近使用过的项目符号和编号。

2.2.7 边框和底纹

1.边框

在 Word 中,给文本添加边框的步骤如下:

(1)选定要添加边框的文本。

(2)单击"格式"|"边框和底纹"命令,在弹出的"边框和底纹"对话框里设置边框,如图 3-32 所示。

图 3-32 "边框和底纹"对话框

2.底纹

在 Word 中,给文本添加底纹的操作步骤如下:

(1)选定要添加底纹的文本。

(2)单击"格式"|"边框和底纹"命令,在弹出的"边框和底纹"对话框里设置底纹。

提示:在边框和底纹的设置中要注意应用于"文字"和"段落"的区别;在底纹设置中注意填充颜色和图案颜色的应用。

2.2.8 首字下沉

首字下沉常见于一些杂志或报纸通信,用于产生强化渲染的效果,以此吸引人们的注意。设置首字下沉的步骤如下:

(1)将光标移到需要"首字下沉"段落的任意位置。

(2)单击"格式"|"首字下沉"命令,弹出"首字下沉"对话框,如图 3-33 所示。

(3)选择"位置""下沉行数"等。

(4)单击"确定"按钮即可。

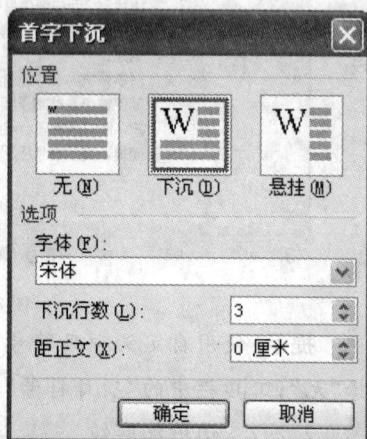

图 3-33 "首字下沉"对话框

提示:首字下沉不只限于一个字,可以将段落开头的若干个字符作为一个整体一起下沉,要达到这一效果,需先选定字符再使用首字下沉命令进行设置。

2.2.9 使用格式刷

在 Word 中,利用"格式刷"可以快速地将设置好的格式复制到其他段落或文本中。使用格式刷的方法是:选中样本,单击"常用"工具栏上的"格式刷"按钮,鼠标变成了形状,用此刷子"刷"过的文字的格式将与样本文字的格式一样。

如果要多处复制同一格式,要先选中样文,然后双击"格式刷"按钮,这样就可以连续给其他文字、行或者段落复制其格式,再次单击"格式刷"按钮即可恢复正常的编辑状态。

2.3 任务实施

1.新建文档

2.插入文件

(1)单击"插入"|"文件"命令,如图 3-17 所示,弹出"插入文件"对话框。

(2)在"文件类型"中选择文件类型,在"文件名"中选择"招聘启事"文件。

(3)单击"插入"按钮即可。

3.格式设置

(1)设置字体:单击"格式"|"字体"命令,将中文字体设置为宋体,将西文字体设置为 Times New Roman;单击格式工具栏中的"字体"按钮,将标题行的字体设置为华云彩云。

(2)设置字号:单击格式工具栏中的"字号"按钮,将标题行设置为二号,其余为五号。

（3）设置对齐方式：单击格式工具栏中的"对齐"按钮,将标题行设置为居中。

（4）设置段落缩进：单击"格式"|"段落"命令,将正文设置为首行缩进2字符。

（5）设置段前段后：单击"格式"|"段落"命令,将第一行标题设置为段前段后各0.5行,每一个招聘职位所在行设置为段前0.5行,相同格式用"格式刷"工具完成。

（6）设置项目符号：单击"格式"|"项目符号"命令,为每一个招聘职位所在行设置项目符号;为每一个招聘职位的职位要求和工作职责所在行设置项目编号。

（7）设置边框和底纹：单击"格式"|"边框和底纹"命令,为"报名方式"及其内容所在行设置双实线边框,灰色-10%底纹。

4.将文档中的"职位"改为"岗位"。

（1）单击"编辑"|"替换"命令,弹出"查找和替换"对话框。

（2）在"查找内容"文本框中输入要查找的内容"职位",在"替换为"文本框中输入要替换的内容"岗位",单击"替换"按钮即可。

（3）如果需要将查找到的内容全部替换成"替换为"文本框中的内容,则单击"全部替换"按钮,如果只需要将查找到的内容部分替换,则单击"查找下一处"按钮进行查找,查找到需要替换的内容后,单击"替换"按钮即可将其替换。

5.保存文档

将新文档命名为"招聘启事2"保存。

任务小结： （1）在进行文本的复制、粘贴、移动等操作中熟练掌握各种区域的选择方法及快捷键、剪贴板的使用可以提高工作效率。（2）在查找替换过程中,也可进行带格式文本的查找与替换。（3）首行缩进、段落间距、行间距不要使用插入空格、回车设置,使用"段落"对话框设置,这样会给编辑文档带来许多方便,特别是长文档编辑。（4）"项目符号和编号"的使用要设置项目符号和编号的位置及文字位置。

2.4 实战训练

【实训内容】

1.实训内容

父亲节到了,为了表达我们对父亲的深深爱意或思念之情,给爸爸写封信,将给妈妈的一封信编辑修改,使其成为给爸爸的一封信。

2.实训过程

（1）新建文件,将给妈妈的一封信插入新建文档。

（2）设置文档格式,包括字体、段落、边框底纹、符号等。

（3）将文中的"妈妈"全部替换成"爸爸"。

（4）保存文档。

任务3 制作“个人简历”表

3.1 工作任务及分析

1.任务描述：

个人简历书写有多种形式，可以是纯文本的，也可以是表格形式的。某公司的人力资源部在面向社会招聘工作人员时，凡应聘者都需填写本公司要求的个人简历表，为本公司设计如图3-34所示的“个人简历表”。

个人简历表

<table>
<tr><td>姓 名</td><td></td><td>民 族</td><td></td><td>性 别</td><td></td><td rowspan="4">照片</td></tr>
<tr><td>专 业</td><td></td><td>毕业院校</td><td colspan="3"></td></tr>
<tr><td>应聘部门</td><td></td><td>应聘职位</td><td colspan="3"></td></tr>
<tr><td>联系电话</td><td></td><td>通信地址</td><td colspan="3"></td></tr>
<tr><td>教育
情况</td><td colspan="6"></td></tr>
<tr><td>工作
经历</td><td colspan="6"></td></tr>
<tr><td>具备
技能</td><td colspan="6"></td></tr>
<tr><td>自我
评价</td><td colspan="6"></td></tr>
<tr><td>备注
说明</td><td colspan="6"></td></tr>
</table>

图3-34 个人简历表

2.任务分析

制作“个人简历表”，首先创建一个适当行列数的表格，之后编辑美化表格，包括表格一般单元格的合并、对齐方式和边框线的设置等。如果表格以外还有文字，还要考虑表格与文字之间的环绕关系等属性。

3.2　知识与技能表

用表格可以将各种复杂的信息简明概要地表达出来。Word 2003 具有强大和便捷的表格制作、编辑功能。表格由水平行和垂直列组成,行与列交叉形成的方框称为单元格。

3.2.1　创建表格

创建表格有以下几种方法:

1. 自动制表

自动制表的操作步骤如下:

(1)将光标定位到要插入表格的位置。

(2)选择"表格"|"插入"|"表格"命令,弹出"插入表格"对话框,如图 3-35 所示。

(3)在"列数"和"行数"文本框中可以分别设置表格的列数和行数。

(4)在"'自动调整'操作"选项区选择一种定义列宽的方式:选中"固定列宽"并且给列宽指定一个确切的值,将按指定的列宽建立表格;选中"固定列宽"并选择"自动"或选中"根据窗口调整表格",则表格的宽度将与正文区宽度相同,列宽等于正文宽度除以列数;选中"根据内容调整表格",表格列宽随每一列输入的内容多少而自动调整。

(5)选中"为新表格记忆此尺寸"复选框,此时对话框中的设置将成为以后新建表格的默认值。

(6)单击"确定"按钮,Word 将在插入点处建立空表格。

也可以用"常用"工具栏上的"插入表格"按钮 来插入表格。如图 3-36 所示。

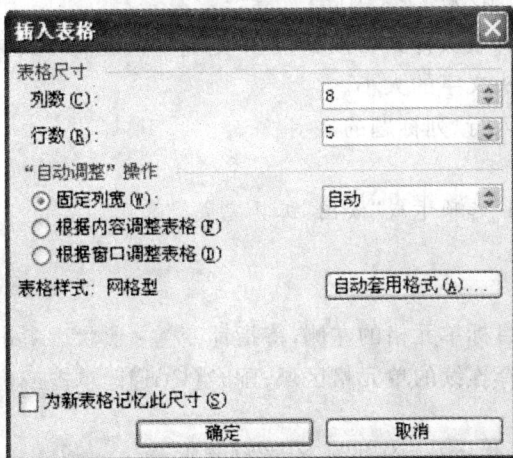

图 3-35　"插入表格"对话框

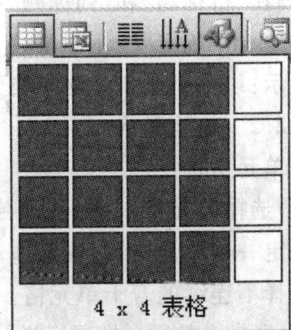

图 3-36　用鼠标拖动产生表格

2. 绘制表格

如图 3-37 所示是"表格和边框"工具栏。

图 3-37　"表格和边框"工具栏

　　绘制表格的操作步骤是：单击"表格"|"绘制表格"命令，或单击"常用"工具栏上的"绘制表格"按钮，此时文档窗口的鼠标指针变为形状，将鼠标移动到要绘制表格的起始位置，拖动鼠标出现可变虚线框，即可画出表格矩形边框。同样沿水平、垂直或斜线方向拖动鼠标可以绘制表格线。如果要擦除表格线，可单击"表格和边框"工具栏上的"擦除"按钮，鼠标指针变为形状，在要擦除的线条上拖动鼠标，即可擦除该线条，再次单击"擦除"按钮退出擦除状态。

　　3. 绘制斜线表头

　　绘制斜线表头的操作方法如下：

　　(1)将光标置于表格中。

　　(2)单击"表格"|"绘制斜线表头"命令，弹出如图 3-38 所示的"插入斜线表头"对话框。

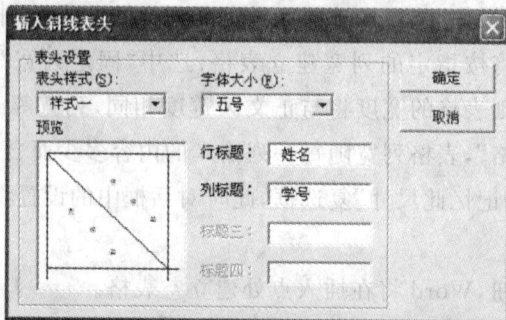

图 3-38　"插入斜线表头"对话框

　　(3)在"表头样式"列表框中选择一种表头样式，"预览"框中则显示该表头样式。

　　(4)在"字体大小"列表框中定义表头文字的大小。

　　(5)在"行标题"和"列标题"框中输入行、列标题的文字。

　　(6)单击"确定"按钮即可。

　　提示：绘制斜线表头也可使用"边框"选项卡或"绘图"工具完成。

3.2.2　编辑表格

　　1. 单元格选择

　　(1)选择单元格。把鼠标指针指向目标单元格的左侧，待指针变为形状后单击左键即可选定一个单元格；用鼠标拖动可选择连续的单元格区域；配合【Ctrl】键单击或拖动鼠标可选择不连续的若干单元格。

　　(2)选择一整行。把鼠标指针指向该行的左侧边沿处，待指针变为形状后单击左键。

　　(3)选择一整列。把鼠标指针指向该列的顶端，待指针变为形状后单击左键。

　　(4)选择多行或多列。在要选择的行或列上拖动鼠标选择连续的行或列；配合【Ctrl】键选择不连续的行或列。

　　(5)选择整个表格。将插入点置于表格中，单击表格左上角标志即可选择整个表格。

　　提示：选择单元格、行、列或整个表格可以使用"表格"|"选择"命令；按住【Alt】键同时双击表格内任何位置可选择整个表格；要注意选择表格某行中所有单元格与选择整行意

义不同。表格中行列的移动要选定整行整列,切忌与单元格混为一谈。

2.单元格的拆分和合并

(1)拆分单元格

拆分单元格就是将选中的一个或多个单元格拆分成等宽的多个小单元格,以图 3-39 为例进行说明,操作步骤如下:

①选定需要拆分的单元格。

②单击"表格"|"拆分单元格"命令,在弹出的"拆分单元格"对话框中,输入需拆分的列数和行数,单击"确定"按钮即可。也可以使用"表格和边框"工具栏中的"拆分单元格"按钮,如图 3-40 所示。

	会计班成绩单		
姓名	数学	语文	英语

图 3-39　原来的表格

		会计班成绩单		
姓名	学号	数学	语文	英语

图 3-40　拆分单元格后的表格

(2)合并单元格

合并单元格就是将相邻的多个单元格合并成一个单元格。以图 3-39 为例进行说明,操作步骤如下:

①选定需要合并的单元格。

②单击"表格"|"合并单元格"命令,单击"确定"按钮即可,或使用"表格和边框"工具栏中的"合并单元格"按钮,如图 3-41 所示。

会计班成绩单			
姓名	数学	语文	英语

图 3-41　合并单元格后的表

3.表格的拆分和合并

表格的拆分和单元格拆分不同,表格一经拆分,将形成两个或多个表格,以图 3-42 为例进行说明。操作步骤如下:

(1)将光标定位在要拆分成的第二个表格第一行处。

(2)单击"表格"|"拆分表格"命令即可,如图 3-43 所示。

如果要合并拆分后的表格,只需要删除两个表格之间的所有内容(包括空行)即可。

4.单元格的移动或复制

单元格的移动或复制与文本的移动或复制的操作方法基本相同,这里不再叙述。

学号	姓名	性别	年龄
001			
002			
003			
004			
005			

图 3-42　拆分前的表格

学号	姓名	性别	年龄
001			
002			
003			
004			
005			

图 3-43　拆分后的表格

5.插入或删除行、列或单元格

（1）插入行或列

选择表格的若干行（列），注意要插入几行（列）就选择几行（列）。单击"表格"|"插入"|"行"（"列"）命令，如图3-44所示。

（2）删除行或列

选择要删除的行（列），单击"表格"|"删除"|"行"（"列"）命令，如图 3-45 所示。

（3）插入或删除单元格

①插入单元格。把光标定位在要插入单元格的位置，单击"表格"|"插入"|"单元格"命令，在弹出的"插入单元格"对话框中选择一种插入方式，单击"确定"按钮即可，如图3-46所示。

②删除单元格。选定要删除的单元格，单击"删除"|"单元格"命令，在弹出的"删除单元格"对话框中选择一种删除方式，单击"确定"按钮即可，如图3-47所示。

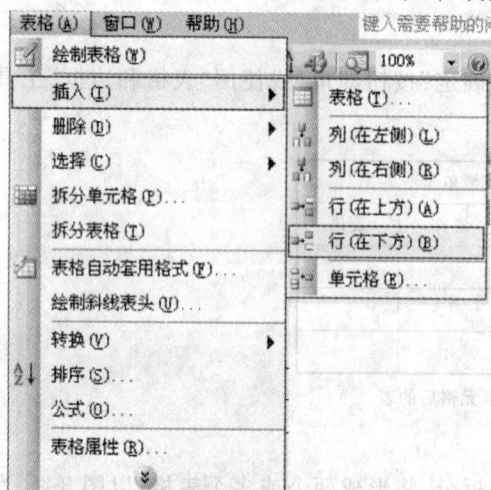

图 3-44　"插入"行或列的子菜单

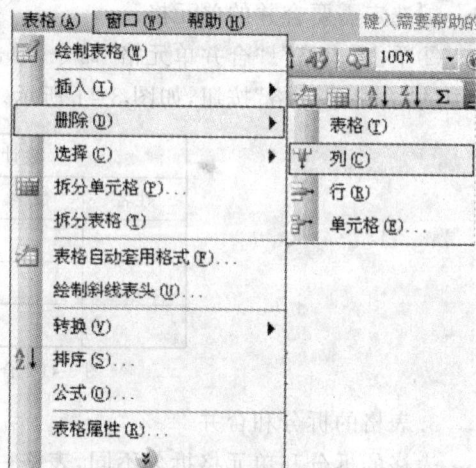

图 3-45　"删除"行和列的子菜单

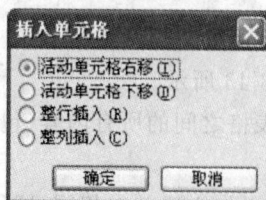

图 3-46　"插入单元格"对话框

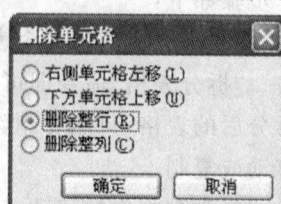

图 3-47　"删除单元格"对话框

6.删除整个表格

鼠标单击要删除的表格,单击"表格"|"删除"|"表格"命令即可。

提示:选定单元格、行、列或整个表格后单击【Del】键,只能清除其内容,并不能删除其格式,也不能删除单元格或表格。单击"编辑"|"清除"命令只能删除"内容"或"格式",不能删除单元格或表格。

7.改变文字方向

默认情况下,表格中的文字是水平方向,但根据需要也可以改变文字的显示方向。操作步骤如下:

(1)选定要改变文字方向的单元格。

(2)单击"格式"|"文字方向"命令,弹出"文字方向"对话框,根据需要选择文字方向,如图 3-48 所示。

(3)单击"确定"按钮即可。

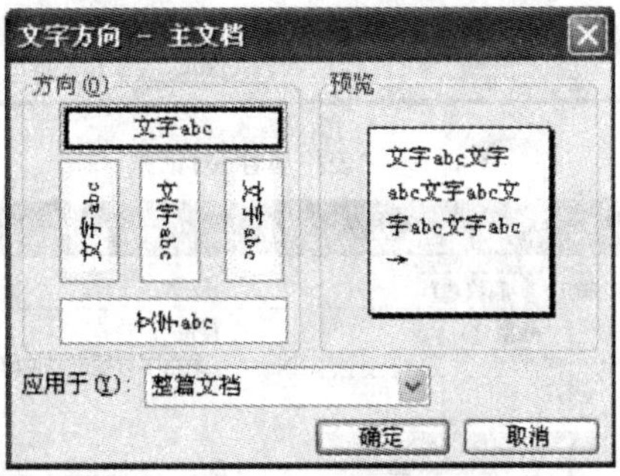

图 3-48　设置文字方向对话框

3.2.3　表格属性

1.设置行高或列宽

创建表格时,如果用户没有指定行高和列宽,Word 使用默认的行高和列宽。用户也可以根据所需尺寸进行相应的调整。调整的方法有以下几种:

方法一:选择需要调整的表格区域,用鼠标拖动水平标尺上的"移动表格列"标记(垂直标尺上的"调整行"标记)即可。

方法二:将鼠标移动到所需调整的表格线上,用鼠标拖动表格线到所需位置。

方法三:选择需要调整的表格区域,单击"表格"|"表格属性"命令,在弹出的"表格属性"对话框中通过"行""列"选项卡可为每个单元格设置行高和列宽,如图 3-49 所示。

方法四:使用"表格"|"自动调整"命令。

2.表格的边框和底纹

用户可以根据需要为表格添加边框和底纹。操作步骤如下:

方法一:使用格式菜单设置边框和底纹。

①选中表格或需要添加边框和底纹的单元格。

②单击"格式"|"边框和底纹"命令,在弹出的"边框和底纹"对话框中选择边框的形状及线型、颜色、宽度等,然后单击"确定"按钮即可,如图 3-50 所示。

方法二:使用"表格和边框"工具设置边框和底纹。

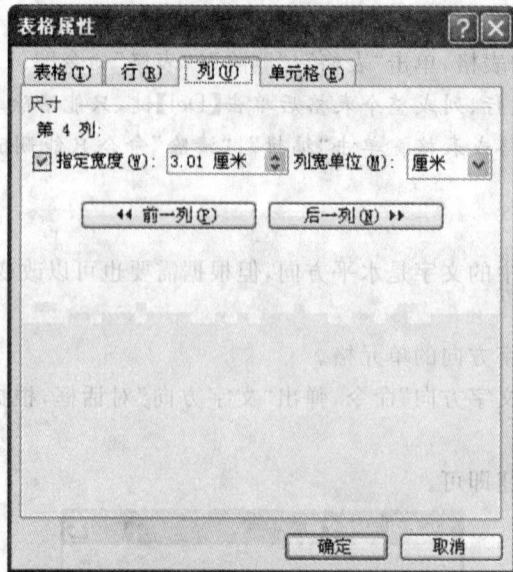

图 3-49 "表格属性"对话框

图 3-50 "边框和底纹"对话框

方法三：在"表格属性"对话框中的"表格"选项卡中设置边框和底纹，如图 3-51 所示。

3.表格自动套用格式

Word 提供了许多种已定义好的表格格式，如果要快速格式化表格，可以使用自动套用格式功能。操作方法如下：

(1)将插入点置于表格中任一位置。

(2)单击"表格"|"表格自动套用格式"命令，在弹出的"表格自动套用格式"对话框的"表格样式"中选择所需格式，并进行其他设置，如图 3-52 所示。

(3)单击"确定"按钮即可。

图 3-51　"表格"选项卡

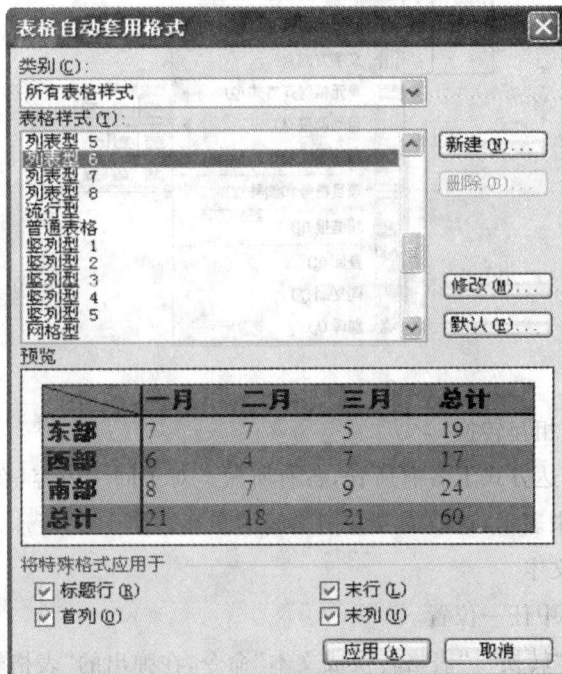

图 3-52　"表格自动套用格式"对话框

4.表格的尺寸、对齐方式及文字环绕方式

表格的尺寸是指整个表的大小;表格的对齐方式是指表格相对于页面的位置;文字环绕方式是指表格与文字之间的环绕关系。操作方法如下:

(1)将插入点置于表格中任一位置。

(2)单击"表格"|"表格属性"命令,弹出"表格属性"对话框。

(3)在"表格"选项卡中根据需要进行相应设置,如图 3-51 所示。

（4）单击"确定"按钮即可。

提示：当表格与表外文字共处一页时，表格与文字是否环绕直接影响表格的操作，对表格编辑时最好先不要与文字环绕，表格制作完成后可设置环绕方式。

5.单元格中文本的对齐方式

单元格中文本的对齐方式是指单元格中文本相对于单元格的位置。其操作方法是：

选定单元格，单击鼠标右键，在弹出的快捷菜单中根据需要设置相应的对应方式，如图3-53所示，或使用"表格和边框"工具栏中的工具。

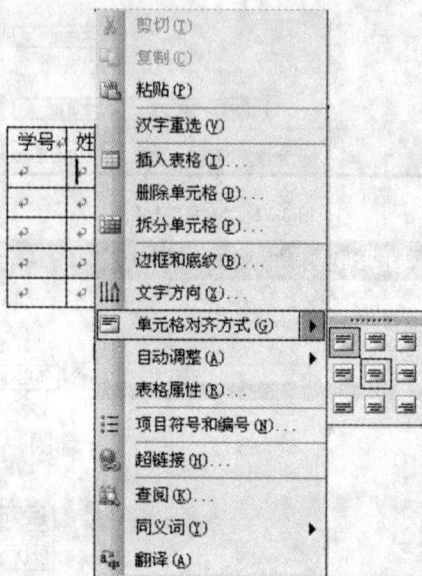

图 3-53　"单元格对齐方式"菜单

6.表格和文本的相互转换

表格和文本在表达方式上各有所长，各有所短。对于同一内容，有时需要用表格来表示，有时需要用文本来表示，这就需要它们之间的相互转换。

（1）表格转换成文本

①光标置于表格中任一位置。

② 单击"表格"|"转换"|"表格转换成文本"命令，在弹出的"表格转换成文本"对话框中选择文字分隔符，然后单击"确定"按钮即可，如图 3-54 所示。

（2）文本转换成表格

①选取要转换成表格的文本。在输入文本时，最好在两个文本之间有一致的分隔符，如制表符、逗号、空格等。

②单击"表格"|"转换"|"文本转换成表格"命令，在弹出的"将文字转换成表格"对话框中进行相应的设置，然后单击"确定"按钮即可，如图 3-55 所示。

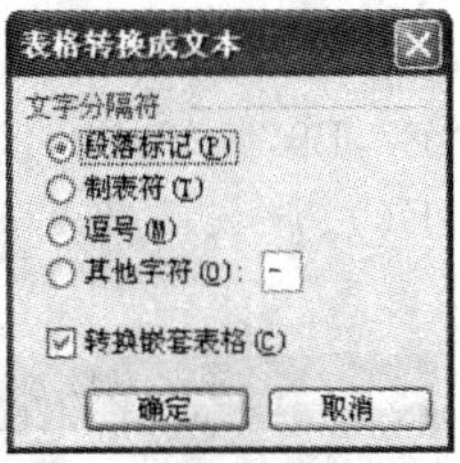

图 3-54　"表格转换成文本"对话框 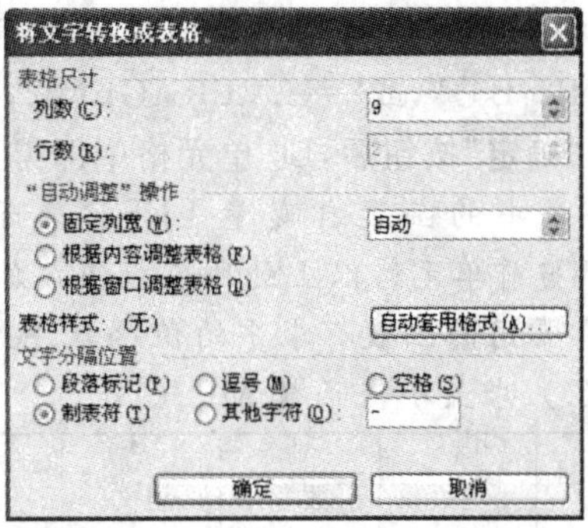　　图 3-55　"将文字转换成表格"对话框

(3)将图 3-56 表格转换成文本。

姓名	语文	英语	数学	物理	化学
王明	95	96	97	98	99
张朋	85	86	87	88	89
李娟	75	76	77	78	79
高博	65	66	67	68	69

图 3-56　表格

图 3-56 所示的表格转换成文本后的结果：

```
姓名    语文    英语    数学    物理    化学
王明    95      96      97      98      99
张朋    85      86      87      88      89
李娟    75      76      77      78      79
高博    65      66      67      68      69
```

(4)将下面的文本转换成如图 3-57 所示的表格。

```
学号    英语    数学    语文    物理
001     86      82      92      89
002     85      88      91      77
003     90      65      78      88
004     87      93      88      99
```

学号	英语	数学	语文	物理
001	86	82	92	89
002	85	88	91	77
003	90	65	78	88
004	87	93	88	99

图 3-57　文本转换成表格

3.2.4　表格的公式计算和数据排序

在 Word 中可以依照某列对表格进行排序,利用表格计算功能对表中的数据进行简单计算。如果要对表格进行比较复杂的数据处理,可以使用 Excel 电子表格。

1.表格中的公式计算

在表格中,计算是以单元格为单位进行的,表格的列从左至右用字母 A、B、C……表示,表格的行自上而下用正整数 1、2、3……表示,每一个单元格的名字由它所在的列和行的编号组合而成。例如对如图 3-58 所示的表格求平均成绩,操作如下:

(1)将插入点移至 B6 单元格中。

(2)单击"表格"|"公式"命令,在"公式"对话框的"粘贴函数"框中选择函数

AVERAGE,在"公式"文本框中输入求平均值范围为"＝AVERAGE(ABOVE)",或"＝AVERAGE(B2:B5)",或"＝AVERAGE(B2,B3,B4,B5)",如图 3-59 所示。

（3）单击"确定"按钮后,B6 单元格中即得到平均成绩。

说明:公式中的函数自变量 LEFT 表示当前单元格以左的所有数值参加运算,ABOVE 表示当前单元格以上的所有数值参加运算,"B2:B6"表示 B2,B3,B4,B5 这个区域参加运算。常用的函数有求平均值函数 AVERAGE()、计数函数 COUNT()、求最大值函数 MAX()、求最小值函数 MIN()等。

科目\姓名	英语	数学	语文	物理
张明	77	88	99	66
王明	65	77	90	100
李明	91	96	66	99
高明	99	76	78	66
平均成绩	83			

图 3-58　表格计算示意图

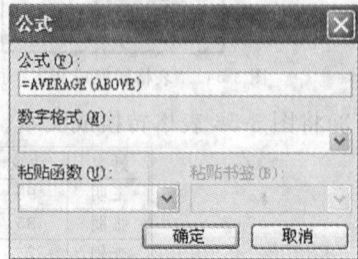

图 3-59　"公式"对话框

2.表格中数据的排序

在 Word 中,可以按照升序或降序把表格的内容按笔画、数字、拼音以及日期进行排序。排序时将插入点置于要排序的列中,用"表格和边框"工具栏上的"排序"按钮排序,也可以用"排序"命令排序。用"排序"命令排序操作步骤如下:

（1）将插入点置于要排序的列中,单击"表格"|"排序"命令,弹出"排序"对话框,如图 3-60 所示。

在"排序"对话框中,排序依据分为主要关键字、次要关键字和第三关键字,总共有三级。"类型"框用于指定排序依据的值的类型,"升序"或"降序"用于选择排序的方式。

（2）用户根据需要进行相应的设置后,单击"确定"按钮即可。

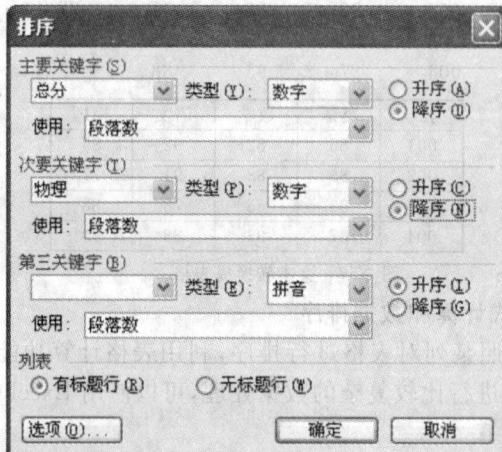

图 3-60　"排序"对话框

3.3　任务实施

（1）输入标题"个人简历表",设置居中,字体为黑体、二号,单击"表格"|"绘制表格"工具栏,将工具栏放置在格式工具栏下方。

（2）创建表格：单击"表格"|"插入"|"表格"命令，输入列数 2，行数 9，选择"自动列宽"。所有"个人简历"内容将包含在这张表中。

（3）单击"绘制表格"工具栏中的"拆分单元格"按钮，将表格前四行的第二列单元格分别按行进行拆分，并分别输入文字，并按文字内容拖动网格竖线调整列宽。如图 3-61 所示。

姓　名		民　族		性　别		
专　业		毕业院校				照片
应聘部门		应聘职位				
联系电话		通信地址				

图 3-61　个人简历表基本信息

（4）分别在表格 5 行至第 9 行的第一列填入相应文字内容，之后分别拖动表格第 5 行至第 9 行的下边线，调整各行行高，以备填写相应内容。

（5）设置单元格对齐方式：单击"绘制表格"工具栏中的"单元格对齐方式"按钮，将表格内所有单元格文字设置为"中部居中"，并设置文字字体格式为黑体、小四号。

（6）设置边框线格式：选中表格，依次单击"绘制表格"工具栏中的"线型""粗细""框线"按钮，分别设置表格的外框线和内部网格线的格式。

（7）设置底纹：分别选中表格中的空白单元格，单击"绘制表格"工具栏中的"底纹颜色"按钮，设置为"灰色-15％"。

（8）保存文档，文件命名为"个人简历表"。

任务小结：（1）利用 Word 2003 可以轻松生成各种表格，并进行简单计算，但表格中数据的复杂分析与处理，应使用 Excel 来完成。（2）美化表格可以使得表格更加美观，但要注意表格应清晰简洁，不宜过分渲染。（3）表格中行列经合并后，在平均分布行或列的操作中，不能完成，此时可以先拆分表格，然后完成行列平均分布，再合并表格。（4）制作长表格时，表格会在表中分页，此时要考虑后续表格是否重复标题，如需重复就要在制表时将重复内容设计在表头部分。

3.4　实战训练

【实训内容】

1.实训内容

学院要求根据课程表总表制作本班课程表，课程表如图 3-62 所示。

课程　时间　星期	上午		下午	晚上
	1、2节 0.8:00~0.9:50	3、4节 10:10~12:00	5、6节 14:30~16:10	7、8节 19:00~20:50
星期一	应用文写作	数学	英语	自习
星期二	数据库	C语言	体育	自习
星期三	数学	英语	网络基础	自习
星期四	C语言	数据库	C语言	自习
星期五	网络基础	应用文写作	数据库	自习

图 3-62　课程表

2.实训过程

（1）单击"表格"|"插入"|"表格"命令，插入表格。

（2）录入课程表内容后，选定表格，右击选择"单元格对齐方式"命令，定义对齐方式为"中部居中"。

（3）将插入点置于要绘制斜线表头的单元格，单击"表格"|"绘制斜线表头"命令，绘制斜线表头。

（4）运用平均分布各行、平均分布各列命令使各行和各列平均分布。

（5）用绘制表格工具设置边框和底纹，美化表格，完成课程表的制作。

任务4　制作项目宣传单

4.1　工作任务及分析

1.任务描述

某公司要为房展会制作一份"荷香雅居"项目宣传单，用以展示该项目先进的设计理念，所处地理位置的优越性等特点。要求图文并茂，美观漂亮，能够吸引客户的眼球。样文如图3-63所示。

图3-63　"荷香雅居"项目介绍

2.任务分析

一个宣传画的制作,首先要收集相关的图片、文字资料,其次要将图片与文字合理编辑排版,对整个页面进行美化,如插入艺术字、文本框、页面背景等,使得作品图文并茂,有创新、有个性地展示所要反映的内容。

4.2 知识与技能

图像是对图片、图形、从电子表格中转换来的图表以及艺术字、公式、组织结构图等图形对象的总称。Word 提供了一套图形绘制工具、图片工具、艺术字工具等,可以实现对各种图形对象的绘制、缩放、存储、插入和修饰等多种操作。用户若将其应用到文档中,会产生图文并茂的艺术效果。图像只有在页面视图下是可见的,因此,当用户对任意图形对象进行操作,Word 都会自动切换到页面视图下。

4.2.1 绘制图形

1.画线(箭头)

单击"绘图"工具栏(如图 3-64 所示)上的"直线"按钮\(("箭头"按钮\),拖动鼠标到合适的大小,则可绘制直线(箭头)。

图 3-64 "绘图"工具栏

2.画矩形(正方形)、椭圆(圆)

单击"绘图"工具栏上的"矩形"按钮□("椭圆"按钮○),拖动鼠标到合适的大小,即可绘制矩形(椭圆)。如果要绘制正方形(圆),则按住【Shift】键,然后拖动鼠标,即可绘制正方形(圆)。

3.画自选图形

单击"绘图"工具栏上的"自选图形"按钮,弹出如图 3-65 所示的"自选图形"子菜单,有线条、连接符、基本形状、箭头总汇、流程图、星与旗帜、标注等。单击需要的图形,拖动鼠标到合适的大小,即可绘制出相应的图形。

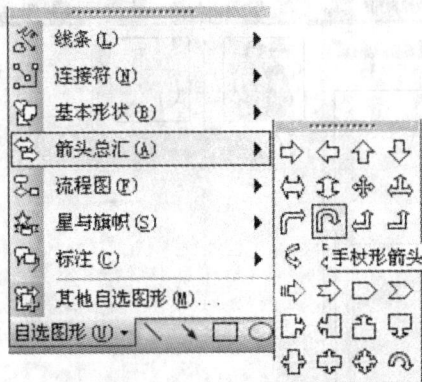

图 3-65 "自选图形"菜单

提示:在绘图时文档中有时会出现一个绘图画布,绘图画布是用来帮助用户安排和重新定义图形对象大小的,在绘图画布上可以绘制多个形状,可以作为一个单元移动和调整大小。如果不需要绘图画布可以在"工具"菜单下"选项"命令中的"常规"选项卡中设置。

4.2.2　插入图片和艺术字

Word 插入的图片可以来自剪贴画、文件、艺术字或自选图形,还可以来自图表、扫描仪、照相机及组织结构图等。

1. 从"管理剪辑…"插入剪贴画

Word 2003 在"剪辑库"中带有自己的图片集,为用户提供了许多漂亮的剪贴画,在文档适当的位置插入剪贴画会使文档增色不少。操作方法如下:

(1)单击"插入"|"图片"|"剪贴画"命令,或单击"绘图"工具栏的"插入剪贴画"按钮 自选图形(U)▾,弹出"剪贴画"任务窗格,如图 3-66 所示。

(2)单击"管理剪辑"选项,弹出"将剪辑添加到管理器"对话框,如图 3-67 所示。单击"以后"按钮,弹出"Microsoft 剪辑管理器"窗口,如图 3-68 所示。

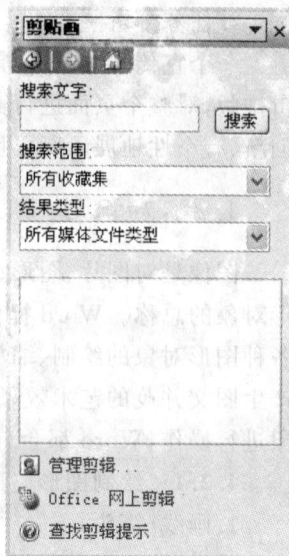

图 3-66　"剪贴画"窗格

(3)在"收藏集列表"的"Office 收藏集"中选择主题,右边的窗口就显示相应的剪贴画。

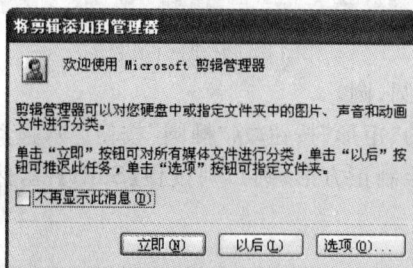

图 3-67　"将剪辑添加到管理器"对话框

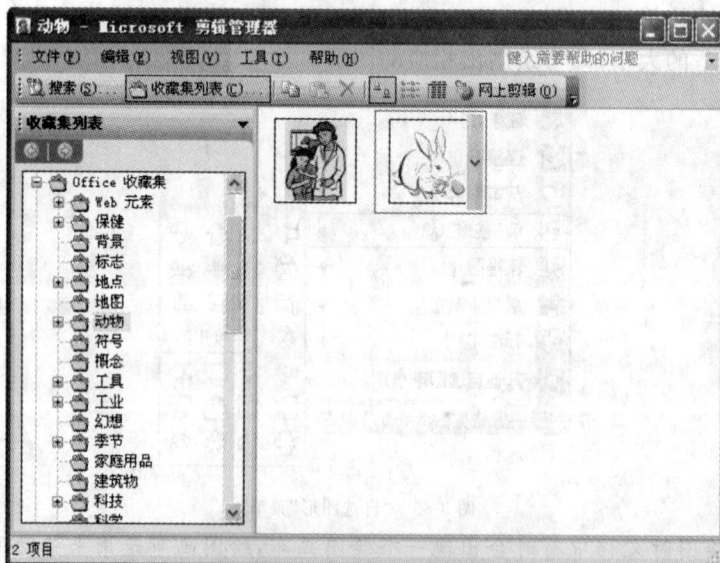

图 3-68　"Microsoft 剪辑管理"窗口

（4）单击选中的剪贴画下拉按钮，在弹出的菜单中单击"复制"命令，把光标移到要插入剪贴画的位置，再次右键单击，在快捷菜单中选"粘贴"命令即可。

2．插入来自文件的图片

在 Word 中，不仅可以插入剪贴画，也可以插入多种格式的图片文件，这是因为 Word 自带了多种图片文件转换器。操作步骤如下：

（1）将光标置于要插入图片的位置。

（2）单击"插入"｜"图片"｜"来自文件"命令，如图 3-69 所示。找到要插入的图片文件。

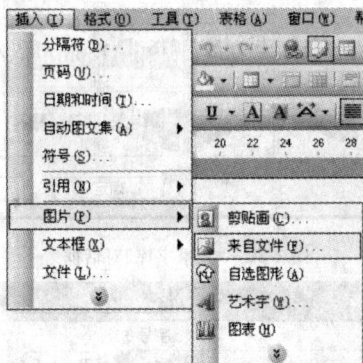

图 3-69　插入来自文件的图片

（3）单击"插入"按钮或双击图片即可插入。

3．插入艺术字

为了满足文字处理工作中文字艺术性的设计需求，使用 Word 提供的艺术字功能，可以创建出各种艺术效果的文字，甚至可以将文字扭曲成各种形状，还可将其设置成具有二维轮廓的形式。

在文档中插入艺术字的操作方法有：

方法一：使用"插入"菜单完成。

（1）将光标置于要插入艺术字的位置。

（2）单击"插入"｜"图片"｜"艺术字"命令，弹出"艺术字库"对话框，如图 3-70 所示。

（3）在"艺术字库"对话框中选择一种艺术字的样式，单击"确定"按钮，出现"编辑'艺术字'文字"对话框，输入内容或将已复制内容粘贴，如图 3-71 所示。

（4）单击"确定"按钮即可。

方法二：使用"艺术字"工具栏完成。

（1）单击"艺术字"工具栏（如图 3-72 所示）上的"插入艺术字"按钮，就打开了"艺术字库"对话框。

（2）其余操作同方法一的（3）和（4）。

4．插入自选图形

单击"绘图"工具栏上的"自选图形"按钮，在弹出的"自选图形"子菜单中根据需要做相应的选择。

4.2.3　图文混排

Word 允许用户对插入的图片、剪贴画和绘制的图形等进行编辑，例如将图片放大、

图 3-70　"艺术字库"对话框

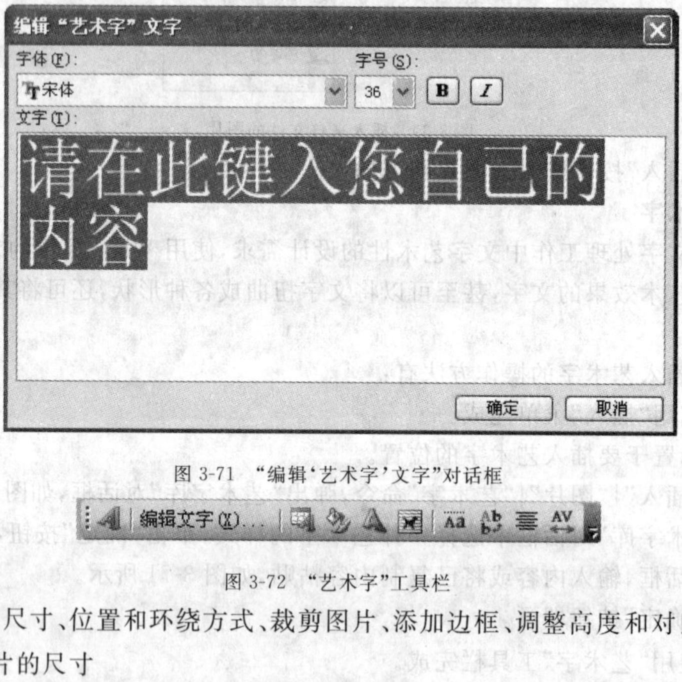

图 3-71　"编辑'艺术字'文字"对话框

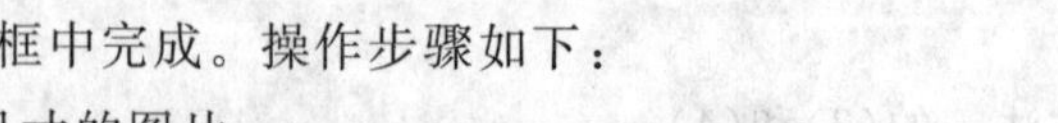

图 3-72　"艺术字"工具栏

缩小、改变图片尺寸、位置和环绕方式、裁剪图片、添加边框、调整高度和对比度等。

1.调整图片的尺寸

选择要调整尺寸的图片，然后用鼠标拖动即可。如果要精确地调整图片的尺寸，可在"设置图片格式"对话框中完成。操作步骤如下：

（1）选择要调整尺寸的图片。

（2）单击"图片"工具栏（如图 3-73 所示）中的"设置图片格式"按钮，在弹出的"设置图片格式"对话框中选择"大小"选项卡，进行相关的设置，如图 3-74 所示。

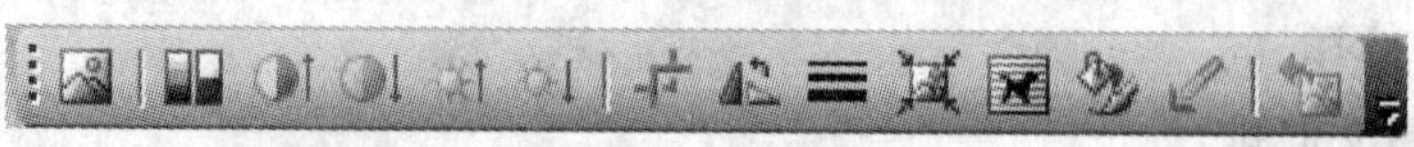

图 3-73　"图片"工具栏

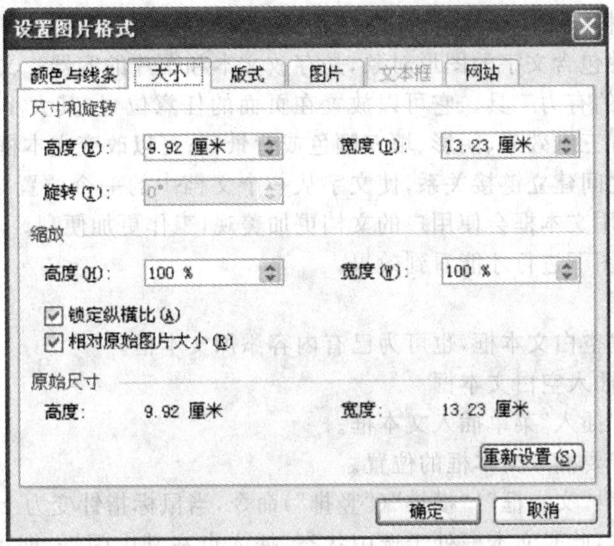

图 3-74 "设置图片大小"选项卡

（3）单击"确定"按钮即可。

2.设置图片的文字环绕方式

图片的文字环绕方式是指图片与文字之间的"贴近"及"层次"关系。

（1）选择要设置文字环绕方式的图片。

（2）单击"图片"工具栏中的"文字环绕"按钮 ，在弹出的"文字环绕"列表中选择所需的环绕方式即可。

精确设置图文混排方式，操作步骤如下：

（1）选择要设置文字环绕方式的图片。

（2）单击"图片"工具栏中的"设置图片格式"按钮 ，在弹出的"设置图片格式"对话框中选择"版式"选项卡，进行相关的设置，如图 3-75 所示。

（3）还可以单击"高级"按钮，在弹出的"高级版式"对话框中根据需要进行进一步的设置，如图 3-76 所示。

（4）单击"确定"按钮即可。

图 3-75 "版式"选项卡

图 3-76 "高级版式"对话框

注意：注意各种环绕方式的细微区别。如四周型和紧密型的环绕效果是不同的。

4.2.4　文本框

文本框是一种包含文字的图形对象,是存放文本和图片的容器。文本框是将文字、表格、图形精确定位的有力工具。它可以放置在页面的任意位置;其大小可以由用户指定;可以对文本框设置三维效果、阴影、填充颜色或背景等;可以改变文本框中的文字方向;还可以在各文本框之间建立链接关系,使文字从一个文档中的一个位置"流动"到另一个位置。总之,灵活使用文本框会使用户的文档更加美观,工作更加便利。对文本框进行编辑时,需要在页面视图下进行才能看到效果。

1.创建文本框

用户可以创建空白文本框,也可为已有内容添加文本框。

(1)在文档中插入空白文本框

方法一:使用"插入"菜单插入文本框。

①将光标置于要插入文本框的位置。

②单击"插入"|"文本框"|"横排"("竖排")命令,当鼠标指针变为十字光标,拖动鼠标就可以绘制文本框,此时文本框处于选中状态,插入点在其中闪烁,即可在矩形区域内输入文字,如图 3-77 所示。

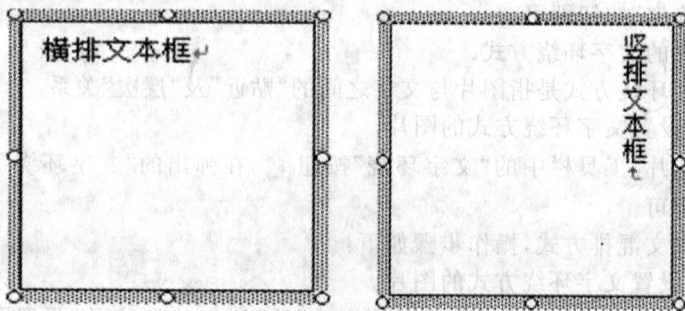

图 3-77　文本框

方法二:使用"绘图"工具栏上的按钮完成。

①光标置于要插入文本框的位置。

②单击"绘图"工具栏上的"文本框"按钮（"竖排文本框"按钮），当鼠标指针变为十字光标,拖动鼠标就可以绘制文本框,此时文本框处于选中状态,插入点在其中闪烁,即可在矩形区域内输入文字。

(2)为已有内容添加文本框

①选定要添加文本框的内容,此内容可以是文字、表格或图形对象等。

②单击"绘图"工具栏上的"文本框"按钮（"竖排文本框"按钮）,即为选定的内容添加了文本框。

2.设置文本框的格式

文本框属于图形对象,可以使用"绘图"工具栏上的工具对其进行格式设置,也可通过双击文本框的边框,打开"设置文本框格式"对话框进行格式设置。

3.移动和复制文本框

(1)移动文本框

①选中文本框。

②将鼠标移到文本框的边框位置附近,此时鼠标变为"✥"形状,按下鼠标左键拖动文本框,实现文本框的移动。

(2)复制文本框

①选中文本框。

②将鼠标移到文本框的边框位置附近,此时鼠标变为"✥"形状,在按住【Ctrl】键的同时按下鼠标左键拖动文本框,则可以把选定的文本框复制到新位置。

注意:选定文本框与选定文本框中的文字不同,如图3-77所示为选中文本框。

4.对象组合

为了统一对多个自选图形的位置、尺寸等格式进行设置,可将其组合成一个图形单元。另外,一个整体图形往往由多个图形组成,利用 Word 提供的组合功能,可以将分散的图形组合起来。

对象的组合操作步骤如下:

(1)按住【Shift】键,逐个选择图形对象,如图3-78所示。

(2)单击鼠标右键,在弹出的快捷菜单中单击"组合"命令,如图3-79所示,图形就组合成为一个整体,如图3-80所示。

图3-78　选择组合对象　　　　　　　图3-79　"组合"命令

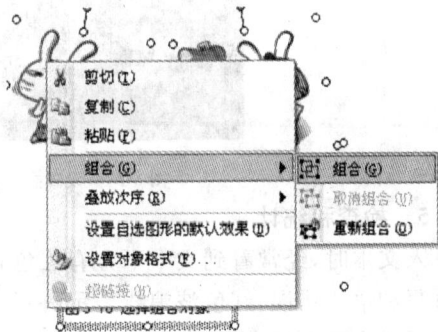

图3-80　对象组合后成为一个整体

提示:组合后的对象还可以取消组合。

5.设置叠放次序

当图形与图形之间、图形与文字之间有重叠现象时,调整它们之间的叠放次序,可获得意想不到的效果。以图形与图形叠放为例,操作步骤如下:

(1)选中需要设置叠放次序的图形,如图3-81所示,该图的下方有一重叠的图片。

（2）单击鼠标右键，在弹出的快捷菜单上单击"叠放次序"命令（如图 3-82 所示），根据需要选择叠放次序，效果如图 3-83 所示。

图 3-81　原图——草坪

图 3-82　设置叠放次序

图 3-83　设置叠放次序后的效果

4.2.5　检查和统计

在录入文本时，经常看到文本下方有红色和绿色的波浪下划线，这是 Word 提示用户可能有拼写和语法错误，红色波浪线表示拼写错误，绿色波浪线表示语法错误。这一功能大大提高了文本录入的准确性。

1. 拼写和语法

如果要对文档进行"拼写和语法"检查，单击"工具"|"拼写和语法"命令，弹出"拼写和语法"对话框，当发现错误时，在"建议"框中会给出修改建议，用户可选择"更改"或"忽略"完成，如图 3-84 所示。

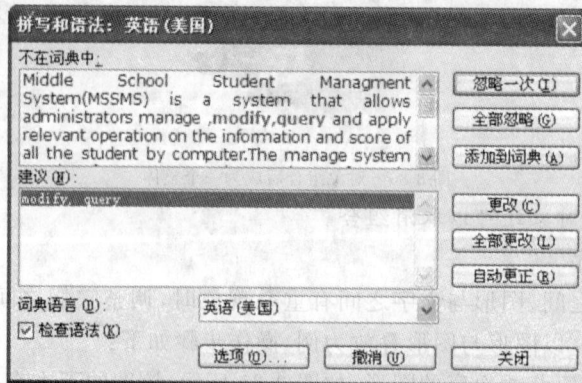

图 3-84　"拼写和语法"对话框

2.自动更正

Word提供了自动更正功能，可以自动更改通常容易发生的输入错误。若要自动检测和更正错误，操作步骤如下：

①单击"工具"|"自动更正选项"命令，弹出"自动更正"对话框。在"替换"文本框中输入替换的词条，"替换为"文本框中输入自动更正的词条。

②单击"确定"按钮即可，如图 3-85 所示。

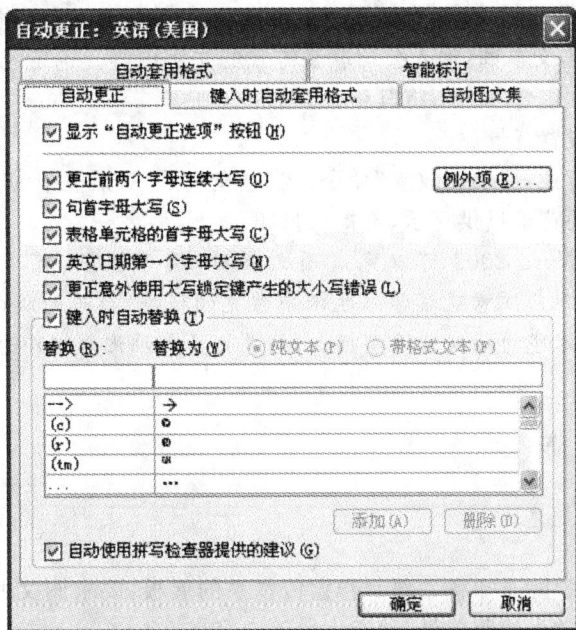

图 3-85　"自动更正"对话框

3.字数统计

对文档进行字数统计，操作方法是：单击"工具"|"字数统计"命令，弹出"字数统计"对话框，在对话框中有许多统计信息。如图 3-86 所示。

4.3　任务实施

1.搜集资料

（1）根据项目宣传单的主题搜集相关的文字资料、公司与项目图片、本项目所处地理位置示意图等。

（2）新建并保存文档，输入项目宣传单的全部文字内容。

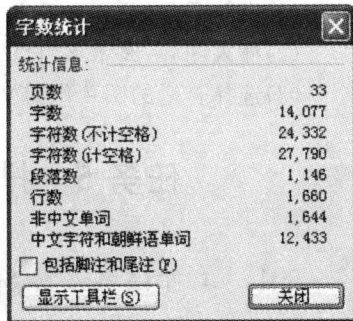

图 3-86　"字数统计"对话框

2.插入艺术字、图片、自选图形及文本框，设置图文混排

（1）单击"工具栏"|"艺术字"命令，设置标题为艺术字，样式为第 3 行第 4 列，字体为黑体，环绕方式为"浮于文字上方"。在标题位置处插入一张图片，调整大小，设置环绕方式为"衬于文字下方"，并将标题艺术字与此图片组合。

（2）设置正文字符格式为"黑体小四"，正文每一段均为 1.5 倍行距，段前后 0.5 行。

（3）单击"插入"|"图片"|"来自文件"命令，在正文中依次插入三张图片。分别双击每张图片，在图片格式对话框中调整每张图片的大小、位置，环绕方式设置为"四周型"。

为正文第三段设置浅绿色底纹。

（4）单击"绘图"工具栏"自选图形"，选择"星与旗帜"中的"横卷形"，在页面底端插入，调整大小，双击图形并在"设置自选图形格式"对话框中设置填充效果，选择图片并设置图像控制为"冲蚀"。

（5）单击"绘图"工具栏中"文本框"按钮，并将文本框置于横卷形图中，将文本框透明度设置为100%，双击文本框，输入公司联系方式的文字内容。选定已插入的自选图形与文本框，右击其选择"组合"命令，将其组合。

3.为整个文档设置背景

单击"格式"|"背景"|"填充效果"命令，在"填充效果"对话框中为文档设置背景效果。但运用此方法设置的背景只供显示，不提供打印。

任务小结：（1）Word 2003 可以完成图文混排，用于板报、贺卡等编辑排版工作。（2）学习完Word 2003后注意观察学习生活中常见的报纸、杂志的版面设计，以提高自己的设计水平。（3）艺术字的插入可逐字插入，效果更具个性化。（4）可用图片做背景，以得到打印出的效果。

4.4　实战训练

【实训内容】

1.实训内容

新生将要报到，学院通知各系部制作宣传本系的展板，要求图文并茂，能形象生动地展示本系专业特色、学生就业前景、师资力量等内容。

2.实训过程

（1）资料采集：收集本系文字、相片、数据等素材。

（2）插入图片、艺术字、自选图形、文本框、表格等内容并设置格式。

（3）选择合适的图片作为文档背景，调整大小且置于底层。

任务5　排版打印项目营销推广策划案

5.1　工作任务及分析

1.任务描述

某公司要起草一份"荷香雅居营销推广策划案"，现要对该策划文档进行页面设置、排版打印。要求对文档进行页面、页眉页脚、标题及正文的排版设置，制作文档目录、打印文档等。

2.任务分析

文档的编辑排版，特别是长文档的编辑排版，一字一段的设置会非常烦琐。使用Word 提供的样式与模板功能可大大提高效率，文档在后期目录制作中也会用到"样式"。

排版时首先要进行页面设置，如纸张大小、页边距、纸张方向，然后为文档插入美观实用的页眉、页脚、页码，制作文档目录。在正式打印前进行打印预览，确定无误后，方可打印。

5.2　知识与技能

5.2.1　页面设置

页面设置主要是指页边距的设置,如上下边距、纸张方向、装订线的位置,如果双面打印还应考虑页边距对称问题;纸张大小的设置;文档网格的设置,如每行的字符数、每页的行数、文字排列的方向等;版式的设置,如使用了页眉和页脚时,奇偶页是否相同、首页是否与其他页不同等。页面内容的设置将直接影响文档的最终打印效果。

1.页边距设置

设置页边距的操作方法如下:

(1)选中要设置页边距的文档或段落,若要对整篇文档设置页边距,只需将插入点置于文档中。

(2)单击"文件"|"页面设置"命令,弹出"页面设置"对话框。

(3)单击"页边距"选项卡,如图 3-87 所示。

(4)在"上""下""左""右"的框内分别指定页边距的数值。

(5)如果要双面打印文档,在"页码范围"的"多页"区下拉列表中选择"对称页边距"选项,可使正反面的内侧边距宽度相等。

(6)在"应用于"列表框中指定当前设置的应用范围。

(7)如果要定义装订线位置,可在"装订线位置"选择装订位置,"装订线"框内输入所需尺寸。

(8)可以选择"纵向"和"横向"设置纸张方向。

(9)设置完毕后单击"确定"按钮即可。

2.纸张设置

纸张设置操作步骤如下:

(1)单击"文件"|"页面设置"命令,在弹出的"页面设置"对话框中,选择"纸张"选项卡。

(2)在"纸张大小"框中选择纸张的大小,用户也可以自定义纸张的大小,在"宽度"和"高度"框中输入所需的纸张的尺寸,并可以对"纸张来源"等其他项进行设置。

(3)单击"确定"按钮即可,如图 3-88 所示。

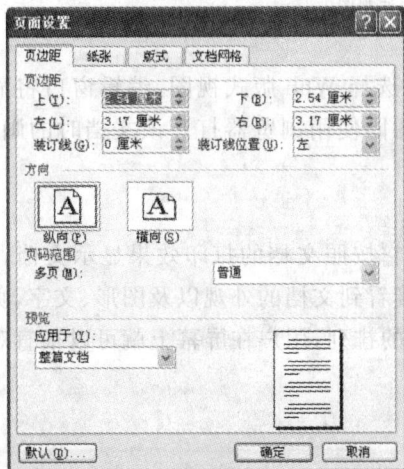

图 3-87　"页边距"选项卡　　　　　图 3-88　"纸张"选项卡

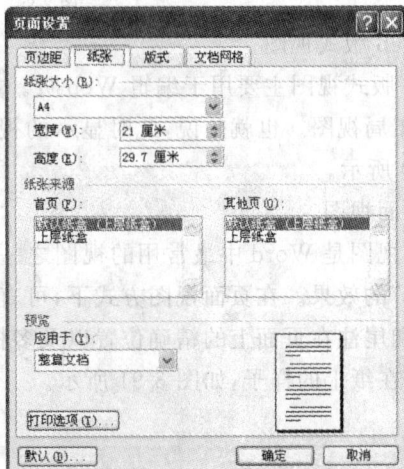

5.2.2　视图方式

屏幕上显示文档的方式称为视图。Word 提供了"普通视图""Web 版式视图""页面视图""大纲视图""阅读版式""打印预览"和"文档结构图"等多种视图,不同的视图方式分别从不同的角度、按不同的方式显示文档,并适应不同的工作特点。

1.普通视图

普通视图是 Word 中最常用的工作视图。该视图与其他视图方式相比,其页面布局最简单,它只显示字体、字号大小、字形、段落缩进以及行间距等最基本的文本格式。由于简化了页面布局,普通视图在重新分页、屏幕刷新和响应滚动命令等方面的速度最快,可以在输入文本或插入图形后很快显示这些文本或图形,所以这种视图方式最适合在输入、编辑文本或只需设置简单文档格式时使用。在普通视图模式下的显示注重正文的格式(例如行距、字体、字号等),但正文的外部区域,包括页眉、页脚、页号、页边距等都不显示出来,如图 3-89 所示。

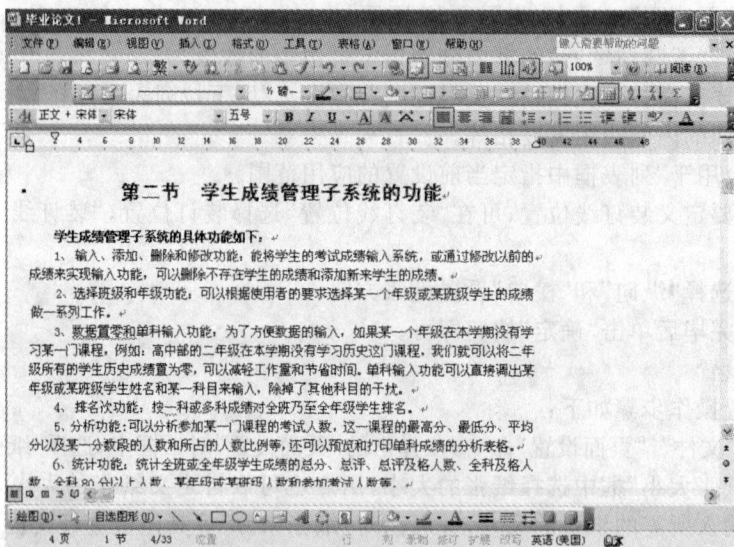

图 3-89　普通视图

2.Web 版式视图

Web 版式视图主要用于编辑 Web 页。如选择 Web 版式视图,编辑窗口将显示文档的 Web 布局视图。也就是说,此时显示的视图同使用浏览器打开该文档时的画面一样,如图 3-90 所示。

3.页面视图

页面视图是 Word 中最常用的视图之一,它按照文档的打印效果显示文档,具有"所见即所得"的效果。在页面视图方式下,可直接看到文档的外观以及图形、文字、页眉和页脚、脚注和尾注在页面上的精确位置以及多栏的排列,用户在屏幕上就可以很直观地看到文档打印在纸上的样子,如图 3-91 所示。

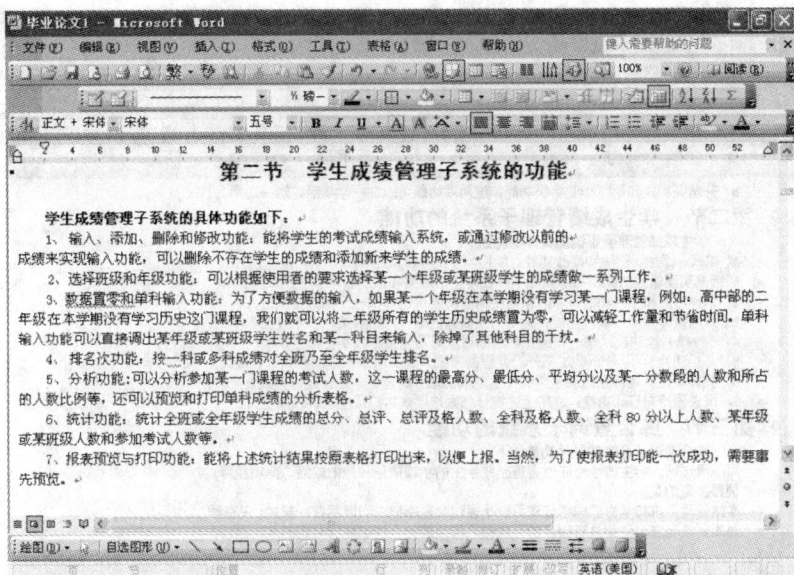

图 3-90　Web 版式视图

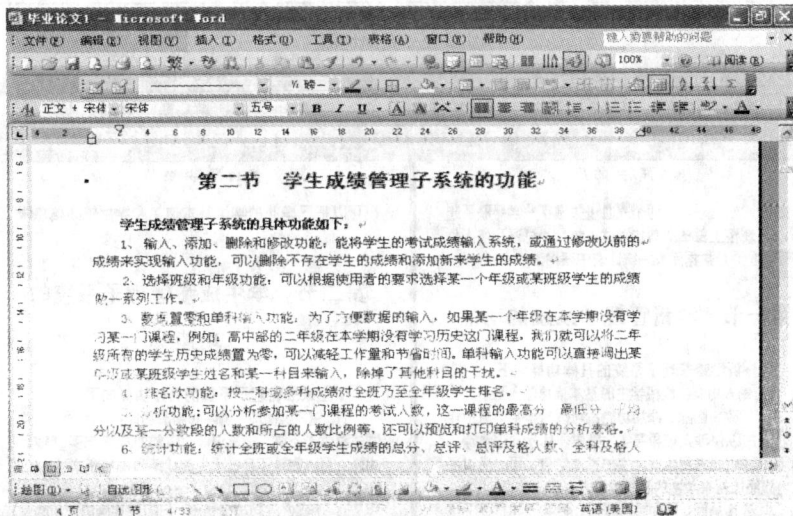

图 3-91　页面视图

4. 大纲视图

大纲视图用于显示、修改或创建文档的大纲。转入大纲视图模式后,系统会自动在文档编辑区上方打开大纲工具栏,通过使用该工具栏可以决定文档显示哪一级,如果文档中定义有不同层次的标题,可以将这些文档压缩起来,只看这些标题,也可以只看到某一特定层次以上的标题。还可以十分容易地移动文档的各段,把一个整段压缩成一行,从而通过这一行的方式来看这一段的文本,如图 3-92 所示。

5. 阅读版式

如果用户打开文档是为了进行阅读,可使用阅读版式视图,方便用户提高工作效率,优化阅读体验,如图 3-93 所示。

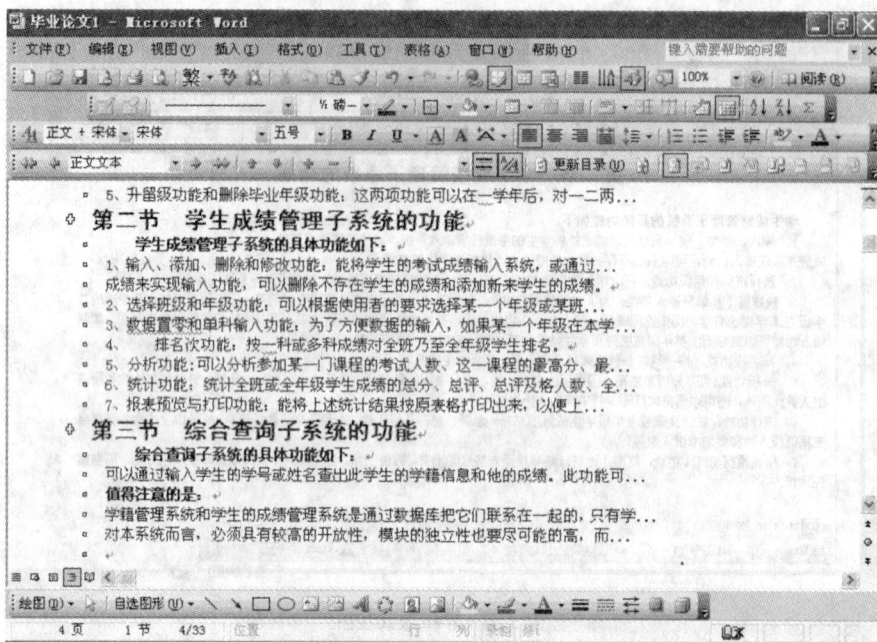

图 3-92   大纲视图

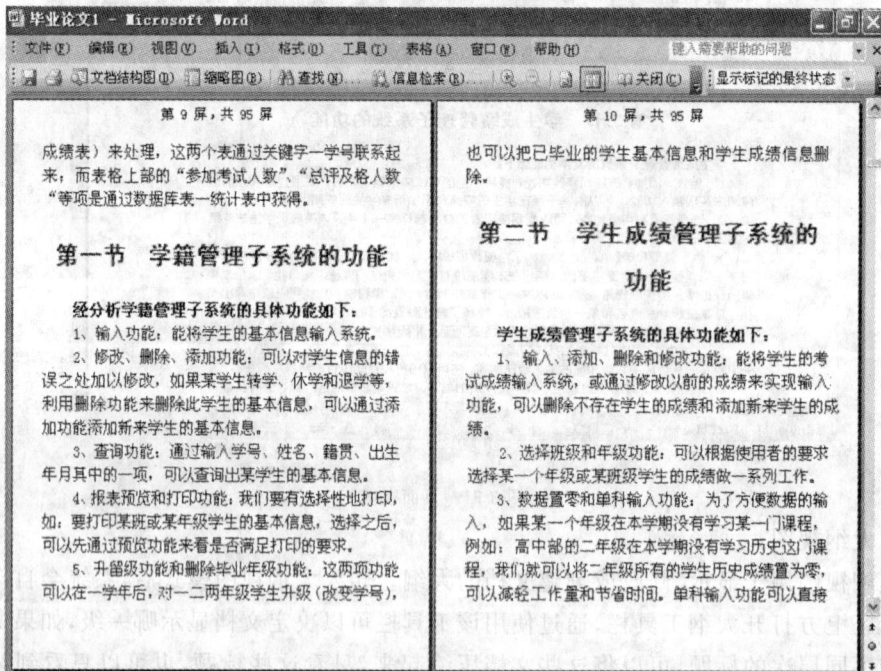

图 3-93   阅读版式视图

6. 文档结构图

文档结构图以树状结构列出了文档的所有标题,并清晰显示了文档结构及层次间的关系。因此,文档结构图常被用来查看文档结构,或查找某个特定的主题。使用文档结构图为编辑人员在处理多层标题结构的文档时提供了极大的便利,如图 3-94 所示。

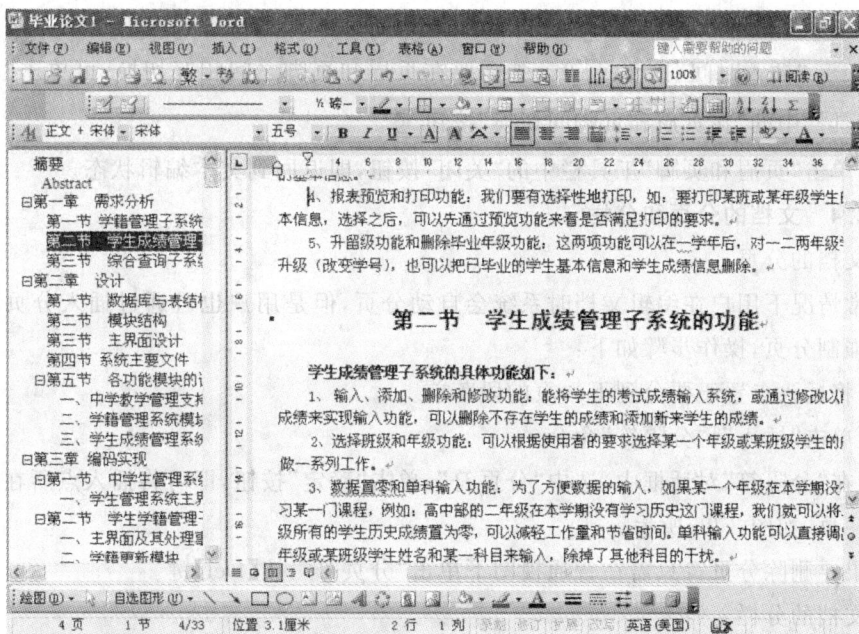

图 3-94 文档结构图

5.2.3 设置页眉和页脚

页眉和页脚通常用于显示文档的附加信息,例如页码、单位名称及各章节等。其中,页眉在页面的顶部,页脚在页面的底部。

页眉和页脚与文档的正文处于不同的层次上,页眉和页脚只有在页面视图或打印预览中才是可见的。因此,页眉和页脚的编辑不能与文档正文的编辑同时进行。添加页眉和页脚的方法如下:

(1)单击"视图"|"页眉和页脚"命令,在文档编辑区出现一个虚线框,可在其中进行页眉和页脚文本的输入、编辑,同时显示"页眉和页脚"工具栏,如图 3-95 所示。

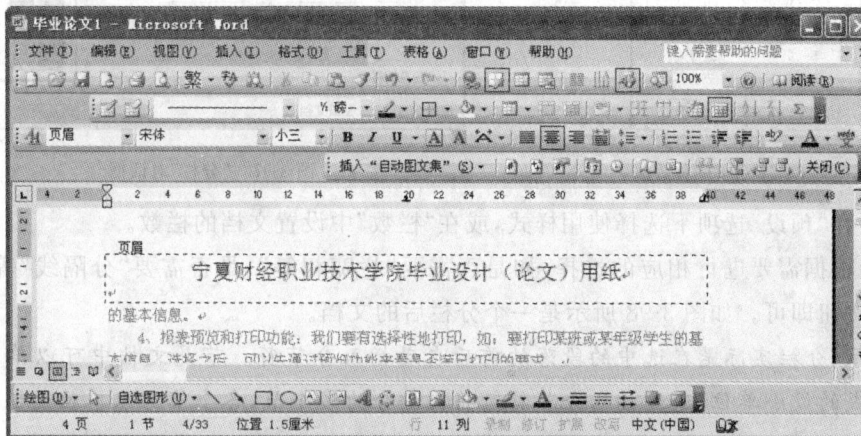

图 3-95 "页眉和页脚"的设置

（2）如果要插入日期、时间等，可单击"页眉和页脚"工具栏中相应的按钮，如"插入日期"按钮 🔢、"插入时间"按钮 🕘 等。如需要在页眉和页脚之间相互切换，可单击"页眉和页脚"工具栏中的"在页眉和页脚间切换"按钮 📄。

（3）单击"页眉和页脚"工具栏中的"关闭"按钮，即返回到文本编辑状态。

5.2.4　文档的分页和分栏

1. 文档的分页

通常情况下用户在编辑文档时系统会自动分页，但是用户也可通过插入分页符在指定位置强制分页，操作步骤如下：

（1）将插入点置于要分到下一页的段落前。

（2）单击"插入"|"分隔符"命令。

（3）在"分隔符"对话框中，选中"分页符"，单击"确定"按钮，即可将插入点所在的段落分到下一页，如图 3-96 所示。

如果要删除分页符只需在普通视图下单击"分页符"，按【Del】键。

2. 文档的分栏

利用 Word 的分栏排版功能可以在文档中建立不同数量或不同版式的栏。用户可以控制栏数、栏宽以及栏间距，还可以很方便地设置分栏长度。操作步骤如下：

（1）选中要进行分栏操作的文字。

（2）单击"格式"|"分栏"命令，弹出"分栏"对话框，如图 3-97 所示。

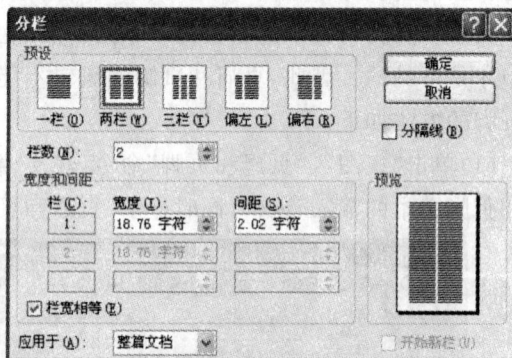

图 3-96　"分隔符"对话框　　　　　图 3-97　"分栏"对话框

（3）在"预设"选项下选择使用样式，或在"栏数"中设置文档的栏数。

（4）根据需要进行相应的选择，如是否需要"栏宽相等"、是否需要"分隔线"等，单击"确定"按钮即可。如图 3-98 所示是一个分栏后的文档。

提示：分栏实际是在选中的段落的前后自动插入分节符。节是文档中可以单独设置不同版式的最小单位，通过插入分节符可将文档分为多个节，各个节可以单独设置页眉页脚、页边距、纸张方向等，从而使文档的编排更加灵活。如果分栏的段落是文档的最后一个段落，选中该段落符和不选中的效果是不同的。

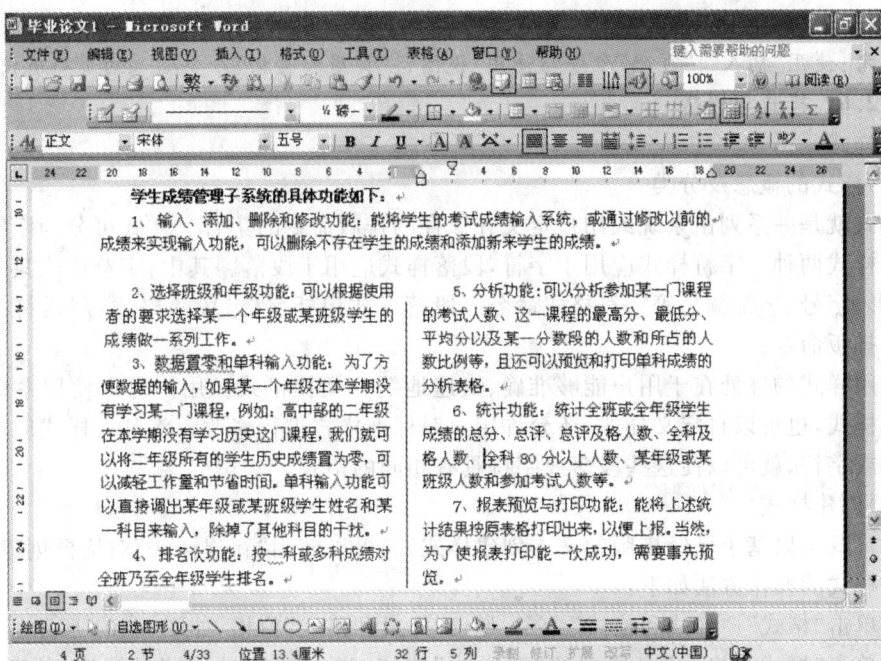

图 3-98 文档的分栏

5.2.5 插入页码

页码通常都被放在页眉或页脚区。Word 可以自动而迅速地编排和更新页码。插入页码的操作步骤如下：

(1)单击要设置页码的文档。

(2)单击"插入"|"页码"命令,弹出如图3-99所示的"页码"对话框。

(3)在"位置"列表框中设置页码位置;在"对齐方式"列表框中设置页码位置的对齐方式。

(4)若要进一步修饰页码,可单击"格式"按钮,弹出如图 3-100 所示的"页码格式"对话框,进行相应的设置。

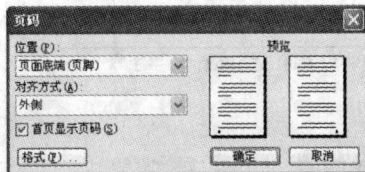

图 3-99 "页码"对话框

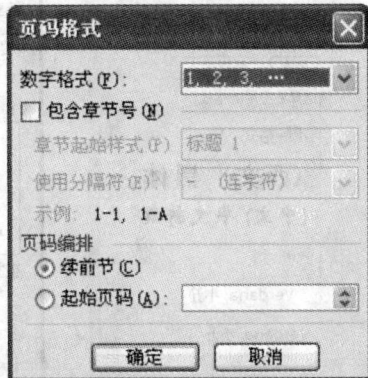

图 3-100 "页码格式"对话框

（5）单击"确定"按钮即可。

思考：使用"插入"|"页码"命令与使用"视图"|"页眉和页脚"命令插入的页码有何不同？

5.2.6 样式与模板

1. 样式

（1）样式的概念及分类

样式就是一系列由系统或用户定义并保存的排版命令的集合。样式可分为字符样式和段落样式两种。字符样式应用于字符，段落样式应用于段落。其中，字符样式只包含字体、字形、字号、字符颜色等字符格式命令。段落样式包括字体、段落格式、制表符、边框、编号等排版命令。

使用样式的好处在于用户能够准确、快速地统一文档格式。用户可以使用系统内置的标准样式，也可以自定义样式，还允许用户对标准样式进行修改。将某一样式应用到其他段落或字符，就可以使这些段落或字符具有相同的格式。

（2）创建样式

用户既可以基于已经排版的文本创建样式，又可以使用"新建样式"对话框创建样式。创建新样式的操作方法如下：

①单击"格式"|"样式和格式"命令，弹出"样式和格式"窗格，如图 3-101 所示。

②单击"样式和格式"窗格中的"新样式"按钮，弹出"新建样式"对话框，如图 3-102 所示。

③在"新建样式"对话框中进行"名称""样式类型""样式基于"和"后续段落样式"等设置。

④单击"格式"按钮，弹出"格式"菜单，从中选择相应的选项为样式定义格式。定义完毕，单击"确定"按钮返回到"新建样式"对话框。

⑤重复步骤④，为样式定义其他的格式。

⑥单击"确定"按钮。

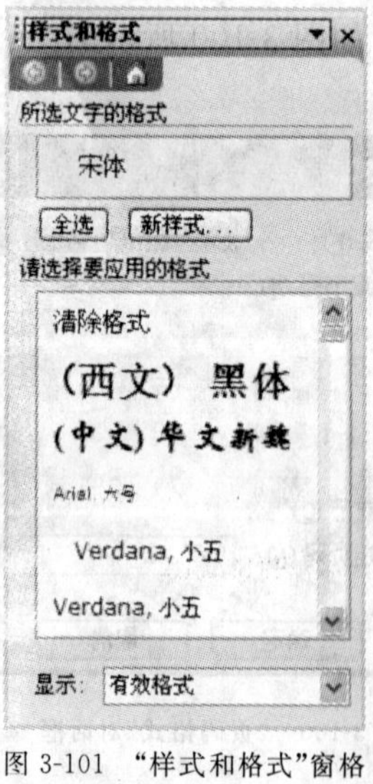

图 3-101 "样式和格式"窗格 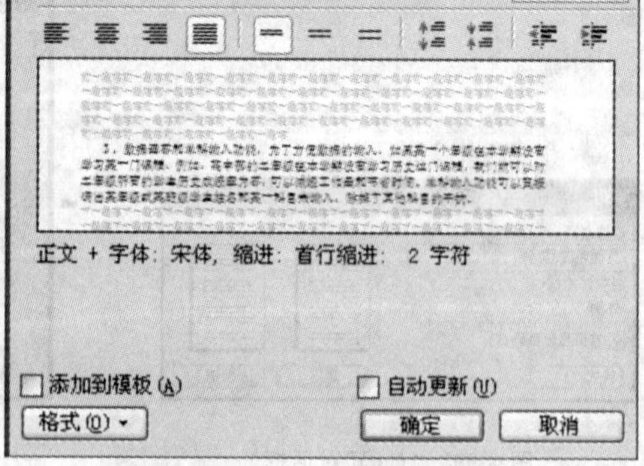　　　　图 3-102 "新建样式"对话框

提示：从已经排版的文档创建样式。首先选择已经排版的文本，单击"格式"工具栏中的"样式"框，在样式框中输入样式名，按回车键即可。

（3）修改样式

如果现有样式不符合要求，可以修改样式使之符合个性化要求。

（4）清除样式

如果要清除已经应用的样式，可以选中要清除样式的文本，在"样式"任务窗格中选择"全部清除"命令即可。

2.模板

通俗地说，模板是一些按照应用文规范建立的文档，在该文档内已经输入设计好的固定内容和格式。用户使用模板创建文档，能够减轻文字录入的负担。模板能帮助不熟悉各种应用文体的用户迅速地得到符合规范的应用文档。例如，在现实生活中我们签合同时的合同文本就是模板。换言之，模板是一种特殊的 Word 文档（文件扩展名为.dot），主要为生成类似的最终文档提供样板。

Word 默认模板是"空白文档"，当新建立一个空白文档时，实际上已使用了系统提供的"空白文档"模板。

系统已经预置了许多常用模板，当这些模板不能满足用户要求时，用户可以自己创建新模板。

利用模板新建文档的方法是：单击"文件"|"新建"命令，弹出"新建文档"窗格，单击"通用模板"选项，在弹出的"模板"对话框中选择所需的模板，单击"确定"按钮即可，如图3-103 所示。

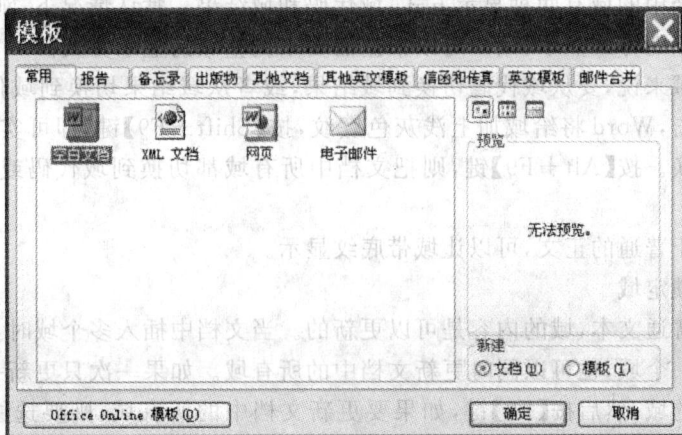

图 3-103 "模板"对话框

5.2.7 域

域是一个变量，域代码可作为变量名。每个 Word 域都有一个唯一的名字，但有不同的取值。用 Word 域能完成许多复杂的工作，比如通过链接与引用在活动文档中插入其他文档的部分或整体，自动编页码、图表的题注、脚注、尾注的号码，按不同格式插入日期和时间等。用 Word 域无须重新键入即可使文字保持最新状态。

1.插入域

（1）将插入点置文档中要插入域的位置。

(2)单击"插入"|"域"命令,打开如图3-104所示的对话框。

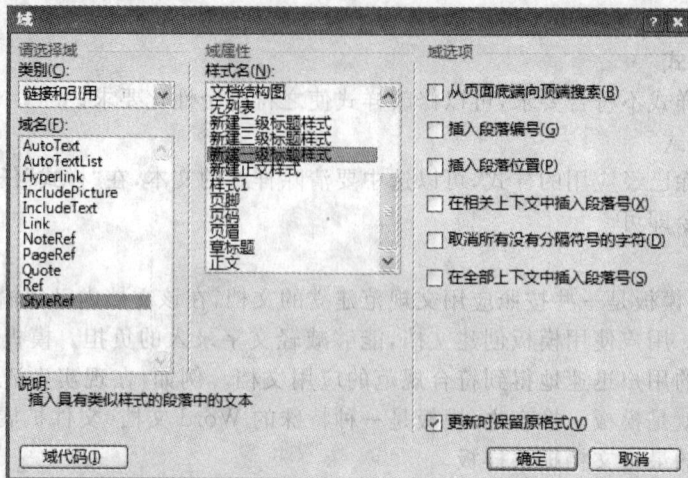

图 3-104 "域"对话框

(3)在"类别"下拉列表中,选择想要插入域的类别。

(4)在"域名"列表中选择所需的域名,Word将显示该域的域代码和简短说明。在域属性中进一步选择需要插入的属性名。

(5)单击"确定"按钮,关闭"域"对话框,即可在文档中插入选定的域。

2.切换域的显示方式

插入到文档中的域有两种显示方式:域代码和域结果。默认情况下,刚插入到文档中的域是以域结果的方式显示,用户可以根据需要来调整域的显示方式。

对于单个域来说,要从域代码切换到域结果,或者从域结果切换到域代码方式,首先要在该域上单击,Word将给域加上浅灰色底纹,按【Shift+F9】键,即可实现域代码和域结果之间的转换。按【Alt+F9】键,则把文档中所有域都切换到域代码或域结果的显示方式。

为了区别于普通的正文,可以让域带底纹显示。

3.更新和锁定域

域不同于普通文本,域的内容是可以更新的。当文档中插入多个域时,用户可以一次只更新其中的一个域,也可以同时更新文档中的所有域。如果一次只更新一个域,将插入点置于要更新的域,然后按【F9】键,如果要更新文档中的所有域,则要选中整个文档,然后按【F9】键。有的时候,我们不希望域更新。要防止域更新,可以暂时锁定域,以后在需要更新域时再解除对域的锁定,也可将域结果永久性地转换为普通文本。

要暂时锁定域,首先选中要锁定的域,然后按【Ctrl+F11】键。

要解除对域的锁定,首先选中要解除的域,然后按【Ctrl+Shift+F11】键。

要将域结果永久性地转换为普通文本,首先单击域,然后按【Ctrl+Shift+F9】键。

5.2.8 制作目录

目录的作用是列出文档中不同级别标题所在的页,并在浏览长文档时可快速定位到要阅读的章节。一般情况下,目录中包含文档中的章节名称及各章节的页码等信息。特别是在长文档编辑中,编排目录是一项非常重要的工作。

1. 自动生成目录

Word 具有自动编制目录的功能。目录编制后,用户只要按下【Ctrl】键单击目录中某一章节,就可以快速跳转到页码对应的标题处。自动编制目录操作方法如下:

(1) 运用样式来设置用作目录的标题。

(2) 将插入点置于目录所要放置处,一般在文档的开头部分。

(3) 单击"插入"|"引用"|"索引和目录"命令,打开"索引和目录"对话框,单击"目录"选项卡,如图 3-105 所示。

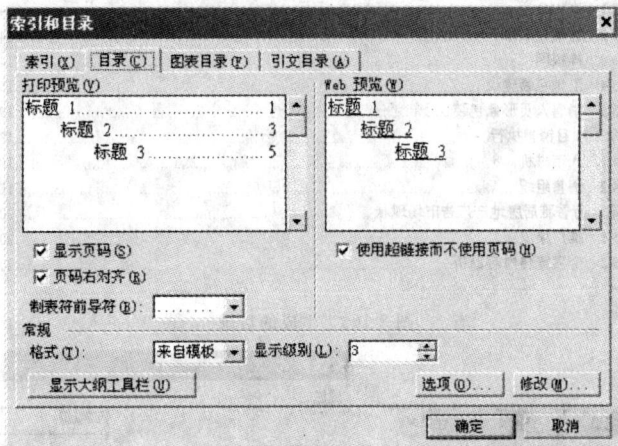

图 3-105　"索引和目录"对话框

(4) 在"格式"下拉列表中指定一种目录风格,在"打印预览"框上可以看到该目录风格的显示效果。

(5) 如果选择"来自模板",则创建的目录按内置的目录样式来格式化目录,单击"修改"按钮可以修改内置目录样式。

(6) 选择"显示页码"复选框,目录的每一标题后将显示该标题所在页码。

(7) 选择"页码右对齐"复选框,可使目录中的页码右对齐。

(8) 在"显示级别"框内可指定目录中标题的级数。

(9) 在"制表符前导符"中可指定标题与页码之间的分隔符。

(10) 单击"确定"按钮即可生成目录,如图 3-106 所示。

2. 修改目录

当目录生成后,可以像在文档中编辑文本一样来编辑目录,但对目录的格式或目录与页码之间的前导符格式修改,就要用修改目录的方法,操作方法如下:

(1) 单击"插入"|"引用"|"索引和目录"命令,打开"索引和目录"对话框,如图 3-105 所示。

(2) 单击"修改"按钮弹出"样式"对话框,如图 3-107 所示。

(3) 在"样式"列表框中选择要修改的样式,单击"修改"按钮,打开"修改样式"对话框,如图 3-107 所示。

(4) 对选定的目录项样式进行修改后逐级确定即可。

目录

图 3-106　生成的目录

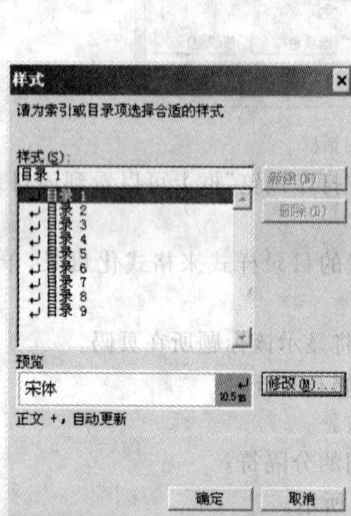

图 3-107　"样式"对话框

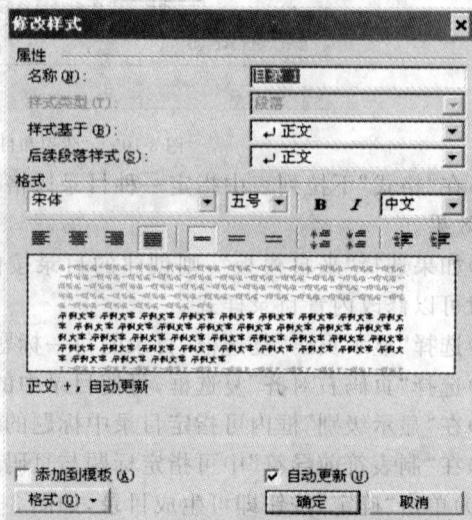

图 3-108　"修改样式对"话框

3.更新目录

当对文档进行修改或重新排版后,将引起页码变化,这就需要更新目录,操作方法如下:

(1)单击目录选定。

(2)右键单击选定目录,选择"更新域"命令,打开"更新目录"对话框,如图 3-109 所示。

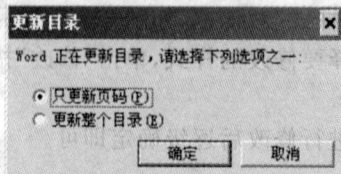

图 3-109　"更新目录"对话框

（3）选择"只更新页码"将保留目录格式,选择"更新整个目录"将重新编辑更新后的目录。

（4）单击"确定"按钮即可。

5.2.9 设置超链接

在文档中可以创建超链接,这种超链接可以链接到本文档中,也可以链接到外部文档,创建超链接后可快速链接至所指定的位置。操作方法如下:

（1）选定要设置超链接的文字或段落。

（2）单击"插入"|"超链接"命令,打开"插入超链接"对话框,如图 3-110 所示。

（3）在"链接到"中选择链接位置,在"查找范围"列表框中选择要链接的文件。

（4）单击"确定"按钮,即可完成。

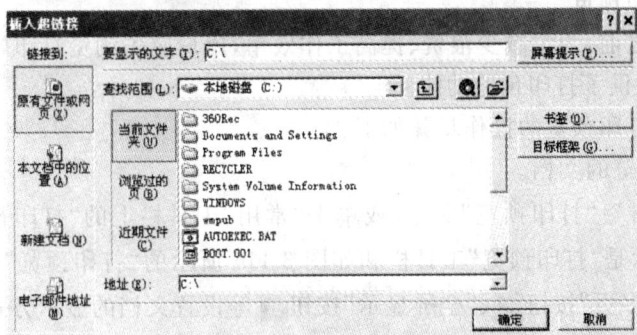

图 3-110 "插入超链接"对话框

5.2.10 审阅

日常工作中,若手工进行文档的审阅与修订会使文件混乱,修改非常麻烦,用 Word 提供的审阅与修订就相对方便,审阅方可在文档中写出自己的审阅修改建议,修订方可以根据审阅方的建议接受或拒绝修订,这一功能在审阅修订长文档时显得尤为突出。

当审阅方接受文档进行审阅和修订方判断是否接受审阅方修改建议时,操作方法如下:

（1）打开文档,将插入点置于要修改处。

（2）打开"审阅"工具栏,单击工具栏中的"审阅窗格"按钮,可以看出审阅者对主文档的修订和批注、对页眉和页脚修订等,如图 3-111、图 3-112 所示。

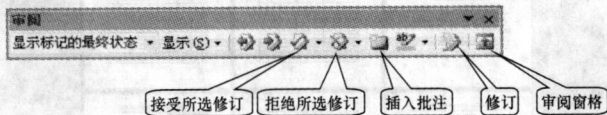

图 3-111 "审阅"工具栏

（3）单击"修订"按钮,开始做审阅者的修订,在审阅窗格中将显示该内容,如图 3-112 所示。

（4）修订完成后保存文档,供修订者参考。

（5）修订者打开文档,会看到审阅方的修改内容,右键单击修改对象选择接受或拒绝修订,也可单击"接受所选修定"/"拒绝所选修订"按钮,即可修订文档。

（6）在审阅和修订结束后,再次单击"修订"按钮,即可结束审阅与修订。

主文档修订和批注		
删除的内容	GT	2011-2-19
修订		
插入的内容	GT	2011-2-19
修改		
页眉和页脚修订		
(无)		
文本框修订		
(无)		
页眉和页脚文本框修订		

图 3-112　审阅窗格

5.2.11　打印预览

在实施打印之前,为了减少浪费、提高工作效率,用户应先浏览打印效果,确定无误后再打印。Word 提供了打印预览功能。

对文本进行打印预览的操作步骤如下:

(1)打开要预览的文档。

(2)单击"文件"|"打印预览"命令,或单击"常用"工具栏上的"打印预览"按钮 ,出现如图 3-113 所示是"打印预览"工具栏和如图 3-114 所示的"打印预览"窗口。通过单击"单页"按钮 、"多页"按钮 、"全屏显示"按钮 等设置文档的显示方式。

如果要退出打印预览,单击"打印预览"工具栏中的"关闭"按钮 即可。

图 3-113　"打印预览"工具栏

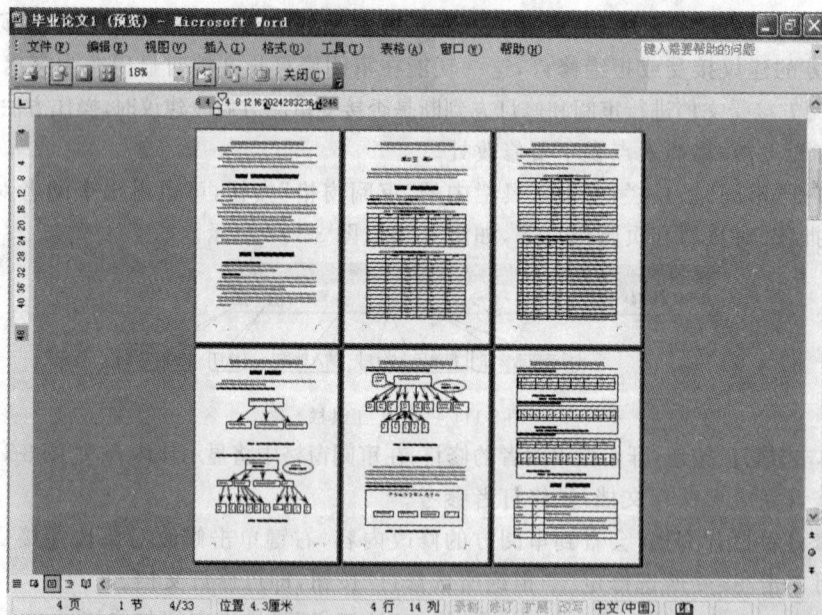

图 3-114　"打印预览"窗口

5.2.12 打印

文档经过排版，再经过打印预览查看满意后，就可以将文档打印出来。Word 可以打印文档的全部内容，也可以打印指定的页。操作步骤如下：

(1)单击"文件"|"打印"命令，弹出"打印"对话框，如图 3-115 所示。

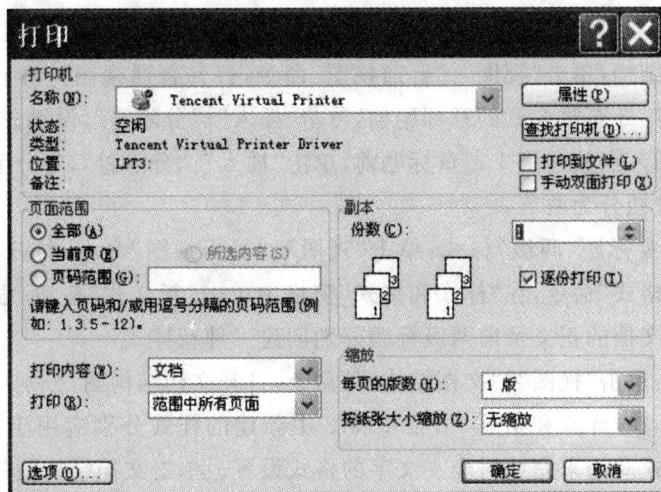

图 3-115 "打印"对话框

(2)根据需要进行相应的设置。例如在"页面范围"栏内选择"全部""当前页"或"页码范围"；在"份数"栏内输入需要打印的份数；在"打印"列表框内选择"范围中所有页面""奇数页"或"偶数页"。

(3)单击"确定"按钮即可。

注意：要进行双面打印时，可先打印奇数页，然后把纸反过来再打印偶数页。

5.3 任务实施

对长文档"荷香雅居营销策划方案"进行排版，依次对文档进行页面设置、设置正文内容格式、设置页眉页脚、制作目录等版面设置。任务要求说明如下：

页面设置：纸张 A4；默认页边距。

文档结构：文档的封面、前言、目录及每一章（共 5 章）都从新建页开始。将长文档划分为 2 节，文档的封面、前言及目录页为第 1 节，第 1 章至第 5 章为第 2 节。

正文文字格式：中文宋体；西文字母新罗马体（Times New Roman）；小四号；首行缩进 2 字符，行间距 1.5 倍。

一级标题格式：四号黑体，段前后各 1 行，居中，大纲级别一级。

二级标题格式：小四号黑体，段前后各 0.5 行，左对齐，大纲级别二级。

页眉：从文档第 1 章开始设置页眉，奇偶页页眉不同。其中奇数页页眉为"荷香雅居"，偶数页页眉为本章章标题（一级标题）名称。封面、前言及目录页均不设置页眉。

页码（页脚）：从文档第 1 章第 1 页页面底端中部开始显示页码，起始页码为 1。

目录：在目录页中插入目录，显示每章的一级和二级标题及其起始页码。

运用文档结构图查阅论文，打印预览。

审阅修订，打印装订。

任务实施如下：

1. 页面设置：打开长文档"荷香雅居营销策划方案"，文档由封面、前言、目录（预留页）及第1至5章内容构成。单击"文件"|"页面设置"命令，根据任务要求说明中的①设置纸型与页边距。

2. 划分文档结构：单击"视图"|"普通视图"命令，打开普通视图。将插入点分别放在"前言""目录"及第2至第5章的章标题前，单击"插入"|"分隔符"，设置分隔符类型为"分页符"。之后将插入点放在第1章章标题前，单击"插入"|"分隔符"，将分节符类型设置为"下一页"，将长文档分为两节。

3. 新建正文及标题（两级）样式：单击"视图"|"页面视图"命令，打开页面视图，单击"格式"|"样式和格式"命令，在"样式和格式"窗格中单击"新样式"按钮，根据任务要求说明的②、③、④为文档的正文及前两级标题分别创建一种新样式。

4. 应用样式：单击"视图"|"文档结构图"命令，打开文档结构图，分别选中正文及文中各级（两级）标题，在"样式和格式"窗格中将2中新建的样式分别应用于正文及各级（两级）标题，通过样式应用来完成对全文文字的格式设置。单击文档结构图中的标题可快速查阅文档。

5. 将光标定位在第1章第1页，单击"视图"|"页眉和页脚"命令，单击"页眉和页脚"工具栏中的"页面设置"按钮，在"版式"选项卡中将"页眉和页脚"设置为"奇偶页不同"，并且设置应用于"本节"。

6. 设置奇数页页眉：将插入点放在第1章第1页页眉中，单击"视图"|"页眉和页脚"命令，单击弹起"页眉和页脚工具栏"中的"同前"按钮，页眉右上角的"与上一节相同"提示消失，断开本节与第一节页眉之间的链接关系，在页眉中输入"荷香雅居"。

7. 设置偶数页页眉：将插入点放在第1章第2页的页眉中，单击弹起"页眉和页脚工具栏"中的"同前"按钮，单击"插入"|"域"，在"域名"列表框中选择"Style Ref"，在"样式名"中选择本节中一级标题所应用的样式名称，会将章节标题自动提取到页眉中（因为本文档的标题级别是通过样式（Style）定义的）。如图3-116所示。

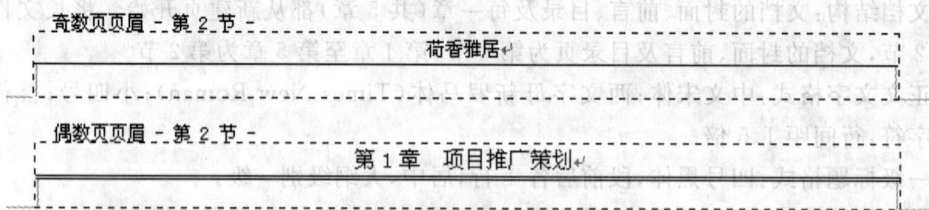

图3-116　奇偶页不同的页眉

8. 设置页脚（页码）：将插入点放在第1章第1页的页脚中，单击弹起"页眉和页脚工具栏"中的"同前"按钮，断开本节与第一节页脚之间的链接关系。单击"插入页码"，对齐方式为"居中"，设置"首页显示页码"，单击"格式"按钮，设置"起始页码为1"。

9.插入目录：将插入点放在目录页中，单击"插入"｜"引用"｜"索引和目录"命令，为文档制作目录，目录显示级别为两级。

10.单击"常用"工具栏上的"打印预览"按钮，预览排版效果。

11.假设在预览时发现文档中有错误，但需文档撰写人才能确认修改，可以打开"审阅"工具栏，单击"修订"按钮，提出修订建议。

12.撰写人右击修改对象选择接受或拒绝修订，修订完成。

13.单击"文件"｜"打印"命令，打印文档。

任务小结：(1)对文档进行页面设置时，经常会有某部分格式与其他部分不同，此种情况下就要用到分节，插入分节符后可单独设置该节格式。如文档中某一页需纸张横向、不同页眉页脚设置等。(2)在排版长文档时视图方式很重要，如在大纲视图中进行大纲编辑及格式化；在普通视图中会看到分节符而在页面视图中无法看到。(3)页眉页脚设置时，在"页眉和页脚"工具栏上有一个"链接到前一个"按钮，可用来设置与上一节不同的页眉和页脚。

5.4 实战训练

【实训内容】

1.实训内容

毕业班学生论文已做完，任课教师希望我们班学生帮助毕业班学生完成论文的后期编辑排版工作，排版要求：

(1)论文封面要求：论文题目、作者姓名、指导教师姓名、日期。

(2)论文正文要求：正文、段落、行间距、论文中不能用回车增加行间距。

(3)页面要求：纸张大小、左右边距、上下边距、纸张方向。

(4)页眉页脚要求：奇偶页不同，奇数页页眉为论文题目，偶数页页眉为一级标题。

(5)标题要求：为论文一级标题、二级标题、三级标题创建样式并应用样式格式化。

(6)对论文中引用他人文献的内容添加尾注。

(7)对论文中发现的问题，如错别字等提出审阅建议。

(8)目录要求：论文目录为二级。

(9)页码要求：目录所在页面无页码，页码从正文开始，位置在页面下方居中，数字样式，其他内容可根据作者要求自定。

(10)根据本次论文排版后的经验，做一份论文模板，以备自己以后使用。

2.实训过程

(1)按要求首先进行页面设置。

(2)在正文开始插入分页符，制作论文封面。

(3)创建三个标题样式，分别用三个样式格式化前三级标题。

(4)假设论文中有五处错误，给出修订建议。

(5)对论文中引用他人文献的内容插入尾注。

(6)将论文结束语部分分两栏。

(7)为论文添加页眉。

(8)在论文下方插入页码

(9)制作论文目录。

(10)预览排版后论文。

(11)定稿打印。

任务6 制作批量"购房催款单"

6.1 工作任务及分析

1.任务描述

某公司要制作批量购房催款单,用以向每位购房客户发一封信,说明小区已交付使用,望客户接到通知前来补缴剩余购房款。催款单样文,如图 3-117 所示。

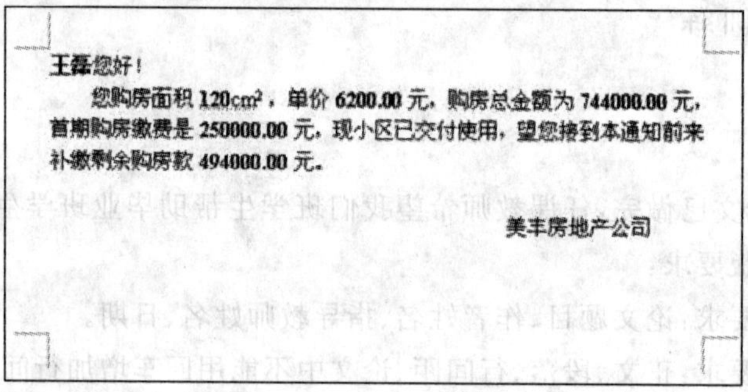

王磊您好!

　　您购房面积 120cm²,单价 6200.00 元,购房总金额为 744000.00 元,首期购房缴费= 250000.00 元,现小区已交付使用,望您接到本通知前来补缴剩余购房款 494000.00 元。

美丰房地产公司

图 3-117　购房催款单样文

2.任务分析

每位客户收到的信息内容一致,但每位客户的购房信息不同,如首付款和应补缴款数据不同等。这样就需创建主文档,反映这封信的固定内容,而客户详细信息存放在表格中,通过 Word 提供的邮件合并功能,自动将数据添加到主文档中,完成批量邮件。

6.2 知识与技能

邮件合并是把每份邮件中都重复的内容与区分不同邮件的数据合并起来。前者称为"主文档",后者称为"数据源"。其功能实际上是在文档中插入一些域,域相当于程序设计中的变量,这些变量在邮件合并中可以用"数据源"中的值来代替,能够自动地按照收信人的信息,成批生成相应的邮件。

该部分以制作"购房催款单"的实施过程为例,介绍邮件合并的操作方法。

6.3 任务实施

(1)建立"购房催款单"主文档并设置格式,如图 3-118 所示。

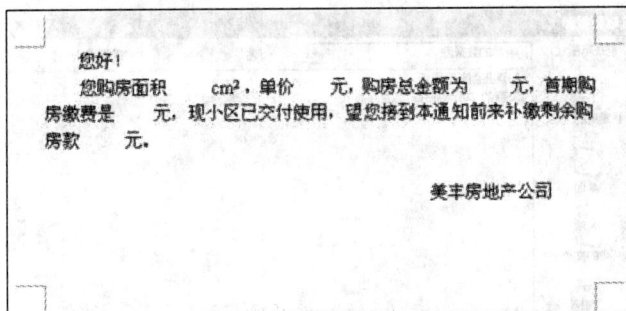

您好!
   您购房面积   cm²,单价   元,购房总金额为   元,首期购
房缴费是   元,现小区已交付使用,望您接到本通知前来补缴剩余购
房款   元。

                                        美丰房地产公司

图 3-118 邮件合并主文档

(2)在 Excel 中建立用于邮件合并的数据源文件,如图 3-119 所示。

	A	B	C	D	E	F	G
1	姓名	购房面积	单价	应缴房款	首付日期	首付金额	补缴房款
2	王磊	120	6200.00	744000.00	2014-7-8	250000.00	494000.00
3	孙明明	100	6200.00	620000.00	2014-7-9	200000.00	420000.00
4	张春梅	95	6250.00	593750.00	2014-7-10	150000.00	443750.00
5	高兴	140	6150.00	861000.00	2014-7-11	250000.00	611000.00
6	华美丽	130	6250.00	812500.00	2014-7-12	300000.00	512500.00
7	杨明	160	6000.00	960000.00	2014-7-13	300000.00	660000.00
8	孙玉涛	115	6250.00	718750.00	2014-7-14	310000.00	408750.00

图 3-119 邮件合并的数据源文件

(3)单击"工具"|"信函与邮件"|"显示邮件合并工具栏"命令,打开"邮件合并"工具栏,如图 3-120 所示。

图 3-120 "邮件合并"工具栏

(4)单击邮件合并工具栏中的"设置文档类型"按钮,设置主文档类型,如"信函",如图 3-121 所示。

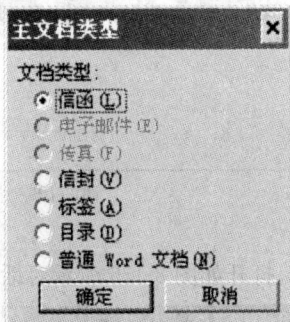

图 3-121 设置主文档类型

(5)单击"打开数据源"按钮,选取数据源,如图 3-122、图 3-123 所示。

(6)单击"插入域"按钮,在主文档插入域的位置处插入需要的域,如图 3-124、图 3-125 所示。

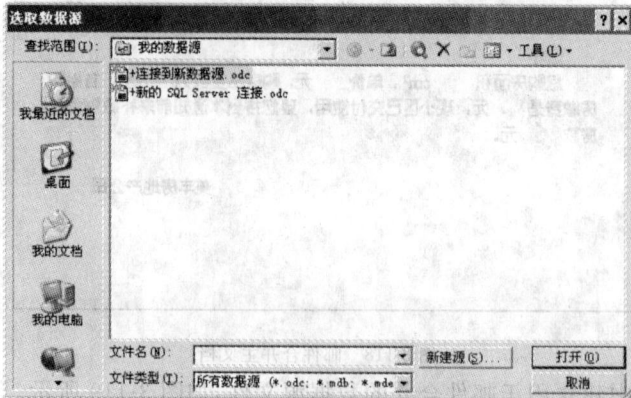

图 3-122　选取数据源

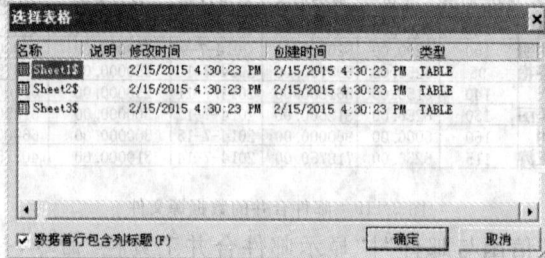

图 3-123　"选择表格"对话框

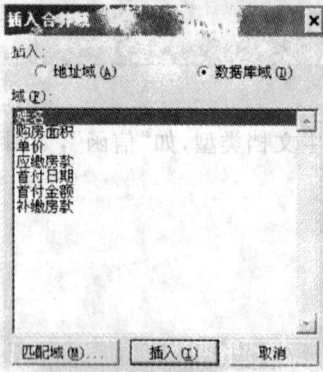

图 3-124　"插入合并域"对话框

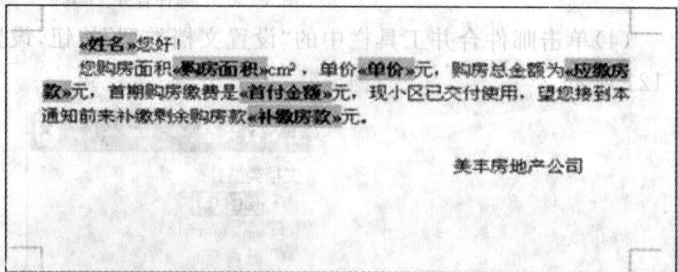

图 3-125　插入域后的主文档

（7）单击"合并到新文档"按钮，打开如图 3-126 所示对话框。设置后即可成批生成邮件。

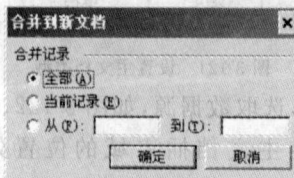

图 3-126　"合并到新文档"对话框

6.4　实战训练

【实训内容】

1.实训内容

某学校考试结束后，向每位学生以信件方式发送成绩通知单，要求制作主文档和数据源文件，并用邮件合并完成如图 3-127 所示的批量信件。

李雨同学：

现将本学期期末考试成绩通知如下：

| 大学语文 | 85 | 高等数学 | 98 | 实用英语 | 85 |
| 计算机基础 | 84 | 工程制图 | 76 | 政治经济学 | 82 |

教务处
2014年1月20日

图 3-127　邮件合并后的信件

2.实训过程

(1)创建主文档。

(2)创建数据源文件。

(3)打开"邮件合并"工具栏，设置信函类型，打开数据源，插入域。

(4)单击"邮件合并"工具栏中的"合并到新文档"按钮，生成批量信件。

实践测试

一、选择题

1. Word 是 Microsoft 公司提供的一个（　　）。

A. 操作系统　　　B. 表格处理软件　　　C. 文字处理软件　　　D. 数据库管理系统

2. Word 文档文件的默认扩展名是（　　）。

A. TXT　　　B. EXE　　　C. DOC　　　D. HTML

3. 在 Word 中选定矩形区域时鼠标与（　　）键配合使用。

A.【Ctrl】　　　B.【Shift】　　　C.【Alt】　　　D.【Caps Lock】

4. 下列哪个按钮表示加粗（　　）。

A. B　　　B. I　　　C. U　　　D. A

5. 在 Word 中，要将插入点快速移动到行末位置应该按（　　）键。

A.【Ctrl＋End】　　B.【Ctrl＋PgDn】　　C.【Ctrl＋↓】　　D.【End】

6. 新建 Word 文件的快捷键是（　　）。

A.【Ctrl＋O】　　B.【Ctrl＋S】　　C.【Ctrl＋N】　　D.【Ctrl＋V】

7. 要将插入点快速移动到文档结尾位置应该按（　　）键。

A.【Ctrl＋End】　　B.【Ctrl＋PgDn】　　C.【Ctrl＋↓】　　D.【End】

8. 在 Word 中关闭当前文件的快捷键是(　　)。

A.【Ctrl+F6】　　B.【Ctrl+F4】　　C.【Alt+F6】　　D.【Alt+F4】

9. 在 Word 中默认情况下,输入了错误的英语单词时,会(　　)。

A. 系统铃响,提示出错　　　　　　B. 在单词下有绿色下划波浪线

C. 在单词下有红色下划波浪线　　D. 自动更正

10. 在 Word 中选定全文的快捷键是(　　)。

A.【Ctrl+A】　　B.【Shift+A】　　C.【Alt+A】　　D.【Ctrl+V】

二、填空题

1. 一般情况下,Word 窗口上显示两个工具栏,它们是_____工具栏和_____工具栏。

2. Word 有两种编辑状态,分别是_____状态和_____状态,可按_____键进行切换。

3. 利用_____工具可以对文档进行快速的格式化。

4. 利用 Word 提供的_____功能,可以方便地将全部或部分文本分成几栏放置在文档页面中。

5. 设置首字下沉的命令是选择_____菜单中的_____命令。

6. 设置字体的命令是选择_____菜单中的_____命令。

7. 在_____菜单中可以打开任务窗格。

8. Word 窗口中工具栏的打开是在_____菜单中。

9. 双击"格式刷"工具按钮可以实现_____功能。

10. 项目符号和编号以_____为单位。

三、上机操作题

1. 为某篇长文档排版并制作目录。

2. 制作一份两页以上的工资表,要求标题行重复,并做简单的统计。

3. 设计一张贺年卡,要求有图片、艺术字、文字等。

4 项目四 处理分析表格数据

项目导读

在办公中，表格的制作、处理和分析是一项经常且重要的工作任务，Office办公系列软件中的 Excel 2003 是一款功能强大的电子表格处理软件。使用 Excel 不仅能快速创建一个实用的电子表格，还能通过一系列的公式或函数对大量数据进行组织、计算和分析处理。由于 Excel 具有强大的表格、图形、图表、数据分析和管理功能，因而被广泛地应用于财务、行政、金融、统计等众多行业领域。

本项目以某公司的人力资源部、市场部的工作为岗位背景，通过制作公司员工基本信息表、美化打印员工基本信息表、制作公司员工工资统计表、分析处理员工工资表数据、制作公司产品销售图表五个任务的实施，读者可以学会工作表的创建、编辑美化、常用函数的使用、数据的分析处理、图表的应用等各种实用的电子表格工作技能。

项目任务分解

任务1　制作公司员工基本信息表

任务2　美化打印员工基本信息表

任务3　制作公司员工工资统计表

任务4　分析处理员工工资表数据

任务5　制作公司产品销售图表

知识与技能目标

(1)了解 Excel 2003 的基本功能，理解窗口的组成元素：工作簿、工作表、单元格区域的概念

(2)掌握工作表中数据的输入、修改、删除等操作

(3)掌握单元格、单元格区域和整个工作表的常用编辑操作

(4)掌握工作表中数值运算、常用函数的使用

(5)了解数据清单概念，掌握工作表的排序、筛选、分类汇总操作

(6)了解创建工作表图表及其编辑修改操作

技能训练重点

(1)工作表的创建、编辑与美化

(2)工作表数据运算处理

(3)工作表数据分析

任务1　制作公司员工基本信息表

1.1　工作任务及分析

1.任务描述

某公司人力资源部的工作人员现要制作如图 4-1 所示的员工基本信息情况表,表中信息包括:员工编号、姓名、性别、所在部门、工作时间和办公室电话。

2.任务分析

在日常工作中,熟练制作表格是一项重要的工作,使用 Excel 制作表格轻松容易,只要掌握好行、列数目,把握数据类型并准确录入数据即可完成表格的制作。

	A	B	C	D	E	F	G	H
1		员工基本信息表						
2		员工编号	姓名	性别	所在部门	工作时间	办公室电话	
3		10001	张一一	男	办公室	2000年	2111120	
4		10002	李小伟	女	人力资源部	2000年	2111121	
5		10003	赵成成	男	销售部	2000年	2111122	
6		10004	王婷婷	男	工程部	2000年	2111123	
7		10005	徐 磊	男	办公室	2001年	2111120	
8		10006	李佳佳	女	销售部	2000年	2111122	
9		10007	丁小华	男	工程部	2002年	2111123	
10		10008	岳 张	男	销售部	2002年	2111122	
11		10009	李 华	女	销售部	2003年	2111122	
12		10010	成 亮	男	销售部	2005年	2111122	
13		10011	李艳艳	女	人力资源部	2010年	2111121	
14								

图 4-1　员工基本信息样表

1.2　知识与技能

工作表本身就是一个二维表格,因此使用 Excel 来制作表格、管理数据非常方便和快捷。Excel 2003 是 Microsoft 公司推出的电子表格软件,是 Office 2003 办公系列软件的重要组成部分,它以友好的界面、强大的数据计算功能广泛应用于财务、行政、金融、统计等众多领域。

1.2.1　Excel 2003 概述

1.Excel 2003 工作界面

启动中文版 Excel 2003 之后将弹出 Excel 的工作窗口,如图 4-2 所示。该窗口分为左右两部分:左侧为工作区,文字输入和编辑工作都在此区域中进行;右侧为任务窗格,任务窗格是 Excel 2003 的新增功能。

用户可以看到 Excel 的基本界面和 Windows 系统下的其他应用程序的界面大体上是一样的,只是 Excel 是一种电子表格处理软件,它有一些不同于 Word 等其他应用软件的地方。主要介绍以下几项:

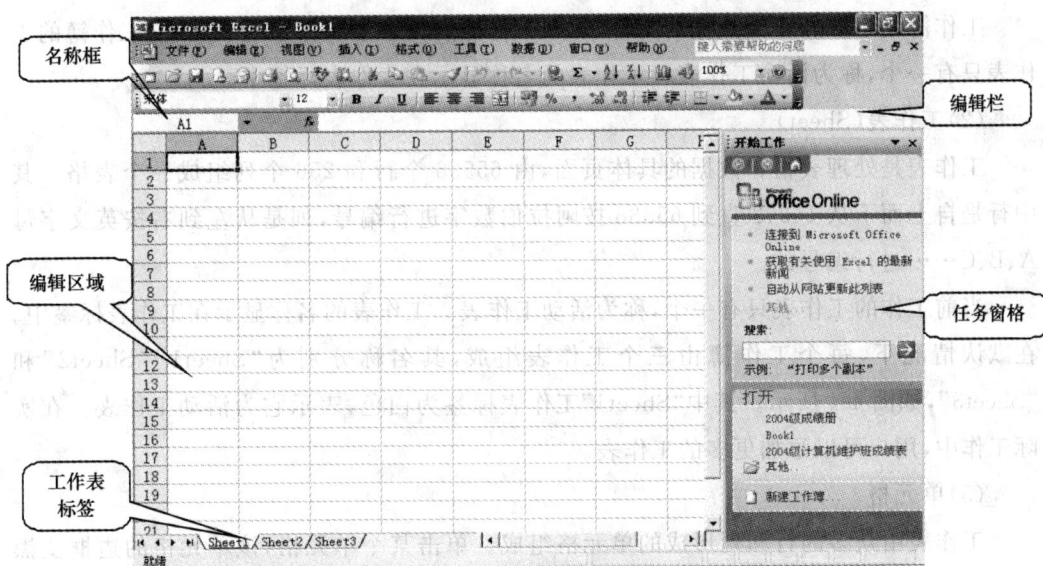

图 4-2　Excel 窗口

（1）名称框

名称框中显示的是当前正在操作单元格的名称，也可以选定某区域后在名称框内自定义该区域的名称。

（2）编辑栏

编辑栏用于在单元格中输入公式。

（3）编辑区域

编辑区域也称工作表窗口，用户可以在编辑区内进行表格的编辑、格式化等操作。

（4）工作表标签和控制按钮

单击某个工作表标签，可将其激活为活动工作表，而双击则可更改工作表名。工作表标签左侧有 4 个控制按钮，它们用于工作表的管理。分别单击它们，可将第一个工作表、上一个工作表、下一个工作表或最后一个工作表设置成活动工作表，如图 4-3 所示。

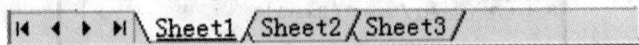

图 4-3　工作表标签和控制按钮

（5）任务窗格

使用任务窗格可以方便地找到所需内容。任务窗格是一种有效且可伸缩的多功能面板，当选择某一命令时，它将自动打开。

2. Excel 中的基本概念

Excel 是一个功能非常强大的电子表格处理软件，包含许多的概念。其中工作簿、工作表和活动单元格是 Excel 最基本的概念。

（1）工作簿（Book）

工作簿是 Excel 系统下用于处理表格和数据的文件。可以把它比喻成账簿，一个账簿是由很多内容不同的账页组成的，账簿就相当于工作簿，以 .xls 的扩展名保存；每一页账页就相当于一个工作表。一个工作簿可以由多个工作表组成（最多为 255 个）。

工作簿是运算和存储数据的文件，每个工作簿可由多个工作表组成，当前工作簿的工作表只有一个，称为活动工作表。工作表的名称显示在工作表标签中。

（2）工作表（Sheet）

工作表是处理表格和数据的具体页面，由 65536 个行和 256 个列组成一个表格。其中行是自上而下从 1、2、3 直到 65536 按阿拉伯数字进行编号，列是从左到右按英文字母 A、B、C……进行编号的。

当前工作的工作表只有一个，称为活动工作表。工作表的名称显示在工作表标签中。在默认情况下，每个工作簿由三个工作表组成，其名称分别为"Sheet1""Sheet2"和"Sheet3"，如图 4-4 所示。其中"Sheet1"工作表标签为白色，表示它为活动工作表。在实际工作中，用户可以添加更多的工作表。

（3）单元格

工作表由众多的行和列形成的单元格组成。单击某个单元格，该单元格的边框变黑加粗，表示该单元格被选中成为活动单元格。单元格的地址即该单元格所在的列和行通常在名称框中显示出来，如图 4-4 所示。

单元格的内容可以是数字、字符、日期等。

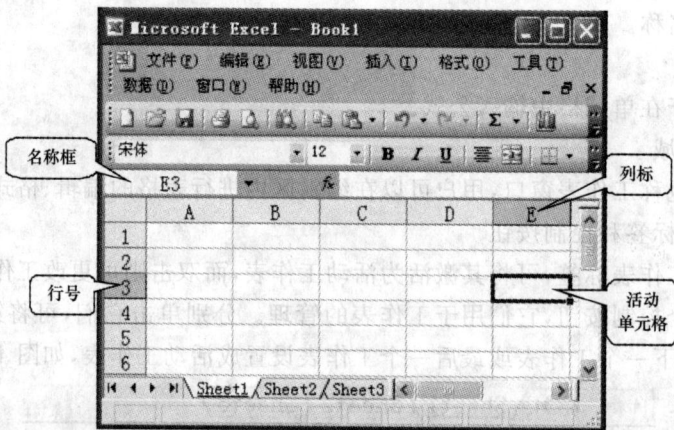

图 4-4　工作簿组成

（4）单元格地址

每个单元格都有固定地址，例如 E3，就代表第 E 列第 3 行的单元格。

（5）活动单元格

活动单元格是指正在使用的单元格，其外有一个黑色的方框，输入数据会被保存在该单元格中，如图 4-4 所示。

（6）单元格区域

单元格区域是指一组被选中的单元格。它们既可以是相邻的，也可以是彼此分离的。对一个单元格区域的操作，就是对该区域中的所有单元格进行相同的操作，如图 4-5 所示。

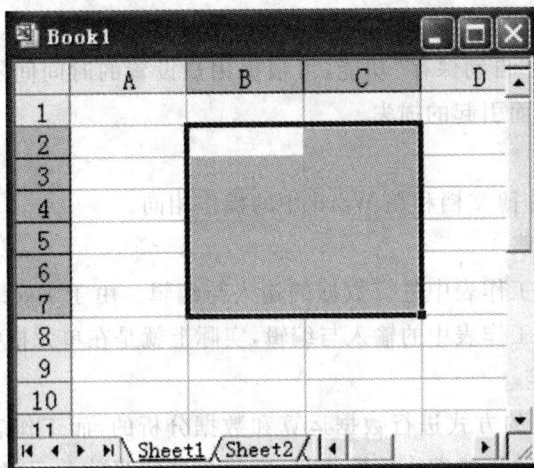

图 4-5　单元格区域

3. 工作簿的基本操作

(1)建立新工作簿

启动 Excel 时,系统会自动创建一个新的工作簿 Book1. xls,并在新建工作簿中新建三个空白的工作表 Sheet1、Sheet2、Sheet3。创建一个新的工作簿有下面几种方法:

方法一:单击"文件"|"新建"命令,在"新建工作簿"任务窗格中单击"空白工作簿"。

方法二:单击"常用"工具栏上的"新建"按钮或按【Ctrl+N】键。

方法三:创建一个基于模板的工作簿。单击"文件"|"新建"命令,在"新建工作簿"任务窗格中单击"本机上的模板",打开如图 4-6 所示的"模板"对话框,选择"电子方案表格"选项卡,在其中选择需要的模板,单击"确定"按钮即可。

图 4-6　"模板"对话框

(2)保存工作簿

如果是首次保存工作簿,当用户执行"保存"操作时,将弹出一个"另存为"对话框。若是已经保存过的工作簿,单击"保存"按钮则完成后台保存。操作方法和

Word 操作相同。

Excel 提供了一种"自动保存"功能，可根据用户设置的时间间隔逐段保存已输入的数据，减少因意外事故而引起的损失。

（3）打开工作簿

打开已建好的工作簿文档和在 Word 中的操作相同。

1.2.2　建立工作表

建立工作表，即在工作表中进行数据的输入与编辑。由于 Excel 要处理的数据全部存放在单元格中，所以工作表中的输入与编辑，实际上就是在单元格中输入与编辑数据。

1. 活动单元的选定

Excel 是以工作表的方式进行数据运算和数据分析的，而工作表的基本单元是单元格。因此，在工作表中输入或编辑数据之前，应该先选定当前单元格或单元格区域，使其成为活动工作区域。

（1）选定单元格

选定单元格的常用方法有以下两种：

方法一：单击该单元格即可。

方法二：在名称框中输入要定位的单元格的名称，然后按【Enter】键。如在名称框中输入"A5"，则 A5 单元格周围会出现黑线框。

（2）选定单元格区域

若需要将某一区域作为活动区域，可以用鼠标或键盘来选定一个单元格区域或多个不连续的工作区域。

①选定整行单元格

例如选定第 8 行，单击该行的行号，即可选定整行单元格。

②选定整列单元格

例如选定第 E 列，单击该列的列标，即可选定整列单元格。

③选定连续的单元格区域

选定连续的单元格区域的操作方法如下：

a. 单击所选区域左上角的单元格。

b. 按住鼠标左键从所选单元格左上角拖至右下角。在拖动过程中，所选单元格区域的行数和列数将在名称框内显示。

c. 松开鼠标。此时第一个选定的单元格为活动单元格呈白色，其他选定区域为浅蓝色。这是 Excel 的新功能，目的是让用户能够看到所选定的区域，见图 4-5。

④选定不连续的单元格区域

先按住【Ctrl】键不放，再单击选定各个单元格，选定结果如图 4-7 所示。

⑤选定当前工作表的全部单元格

单击工作表左上角的行号与列标交叉的"全选"按钮，或者按【Ctrl＋A】键，即可选定当前工作表的全部单元格，如图 4-8 所示。

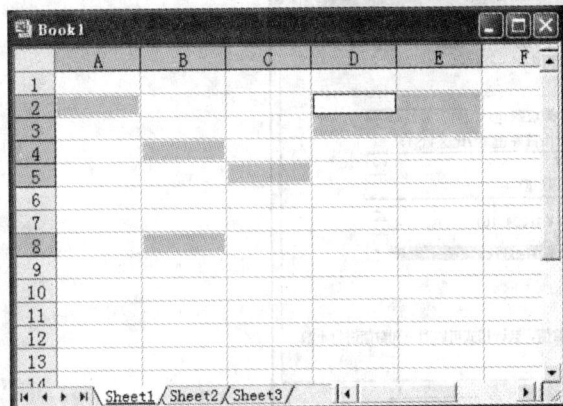

图 4-7　选定不连续单元格区域

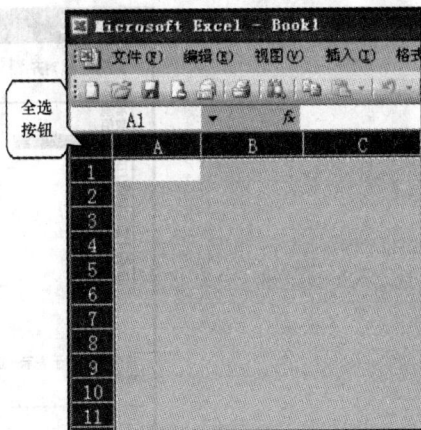

图 4-8　选定整个工作表

2.输入单元格数据

要在单元格内输入内容,首先要选取其为活动单元格,然后直接输入内容,输入过程中状态栏显示为"输入",按回车键或是将光标指向别的单元格,都表示输入结束。

(1)输入文本

文本包含了英文字母、汉字、数字以及其他特殊字符。默认情况下,单元格中的文本为左对齐。如果要将数字作为文字显示,只要先加上一个单撇号然后键入数字即可。例如电话号码 01012345678 的输入方法是"′01012345678"。

Excel 预设单元格宽度为 8 个字符,如果输入文字超过当前单元格的列宽时,会有下列两种情况:

①如果右边的单元格中没有任何数据,则输入的文字可以跨列显示。

②如果右边的单元格中有其他数据,则输入超过列宽部分的文字会被截断而不显示出来。但实际文字数据仍然存在,只要改变列宽后,即可恢复正常显示。

(2)输入数字

默认情况下,单元格中的数字为右对齐。

如果要输入一个分数,需要在数字前面加一个 0 以及空格。例如要在单元格中显示"5/8",则输入"0 5/8",否则 Excel 会将其理解为"5 月 8 日"日期型格式。负数的输入,例如"－23"可输入"(23)"或直接输入"－23"。如果要输入货币形式,不用一一输入,可以预先设置,Excel 能够自动添加相应的货币符号。操作步骤如下:

①选定要输入数值的单元格和单元格区域,单击"格式"|"单元格"命令,打开"单元格格式"对话框。

②在"数字"选项卡的"分类"列表框中选择"货币"选项,在"货币符号"下拉列表中选择所需要的符号,然后在"小数位数"数值框中输入 2,如图 4-9 所示。

③单击"确定"按钮。此时只需在当前单元格区域中输入数值即可。

(3)输入日期和时间

Excel 可以用不同格式显示日期和时间型的数据。如果键入的数字格式与系统内部

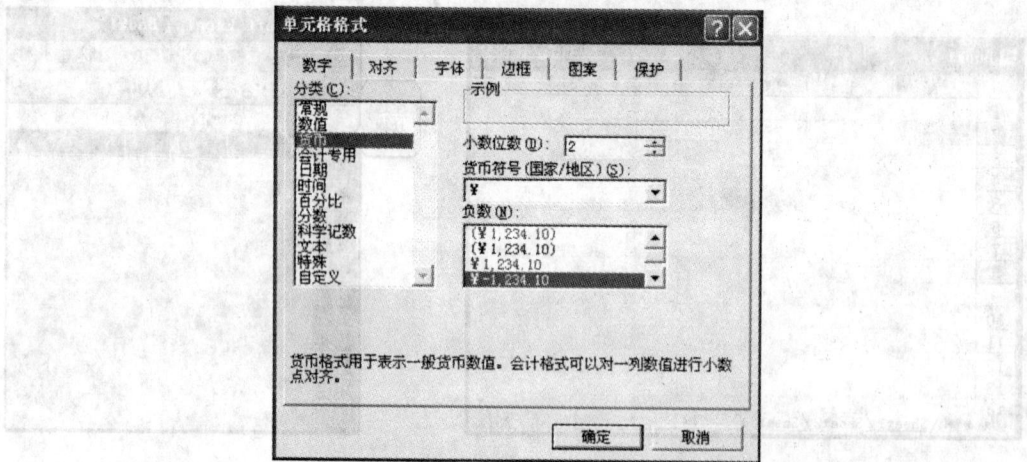

图 4-9　设置货币格式

的日期和时间格式相符,Excel 会视其为日期。如输入"2008-2-8"或输入"2008/2/8"系统均表示为时间格式"2008-2-8",输入"20:45"默认为时间。

　　默认情况下,单元格中的日期和时间对齐方式为右对齐。日期和时间的显示格式可以设定。方法是:选中单元格,单击鼠标右键,在快捷菜单中单击"设置单元格格式"命令,在弹出的"单元格格式"对话框的"数字"选项卡中选择"日期"("时间")项即可设置。日期和时间都是数值,因此它们可以进行各种运算。例如,如果要计算两个日期之间的差值,可以用一个日期表示(如="2005-6-23"-"2005-5-17")。

　　提示:输入系统当前日期按【Ctrl+;】键,输入系统当前时间按【Ctrl+Shift+;】键。

　　(4)添加批注

　　有时候需要对表格中某个数据进行一些说明,就是为数据添加批注。操作步骤如下:

　　①选定要添加批注的单元格。

　　②选择"插入"|"批注"命令,在该单元格旁边出现一个批注框。

　　③在批注框中输入批注文本,如图 4-10 注明本任务中的"李小伟"为"人力资源部部长"。

	A	B	C	D	E	F	G	H
1			员工基本信息表					
3	员工编号	姓名	性别	所在部门	工作时间	办公室电话		
4	10001	张一一	男	办公室	2000年	2111120		
5	10002	李小伟	男	源部	2000年	2111121		
6	10003	赵成成	人力资源部部长	部	2000年	2111122		
7	10004	王婷婷			2000年	2111123		
8	10005	徐磊			2001年	2111120		
9	10006	李佳佳			2000年	2111121		
10	10007	丁小华	男	工程部	2002年	2111123		
11	10008	岳张	男	销售部	2002年	2111122		
12	10009	李华	女	销售部	2003年	2111122		
13	10010	成亮	男	销售部	2005年	2111122		
14	10011	李抱抱	女	人力资源部	2010年	2111121		
15								
16								
17								
18								

图 4-10　插入批注

④输入结束，单击批注框外的任何区域。此时该单元格右上角多了一个小红三角，表示该单元格有批注。若需查看批注，只需将鼠标移至该单元格。

用鼠标指向该单元格右键单击，在弹出的快捷菜单中选择编辑、删除、显示或隐藏，对批注执行不同的操作。

3.单元格中数据的快捷输入方法

(1)在单元格中直接输入相同的内容

在输入数据时，如果有一批单元格需要输入相同的内容，可以用以下方法进行输入。

方法一：先选取这些单元格，然后在编辑栏中输入要输入的内容后，按下【Ctrl＋Enter】组合键即可，如图4-11所示。

方法二：若相同内容的单元格在同一行或同一列。在第一个单元格中输入内容，然后将鼠标指针指向这一单元格的右下角，当鼠标指针变为＋形状时，按下鼠标左键，在同一行或同一列拖动，完成对第一单元格内容的复制，如图4-12所示。

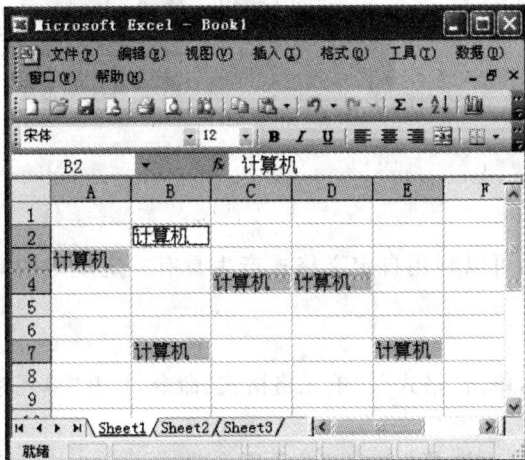

图4-11 输入相同的内容

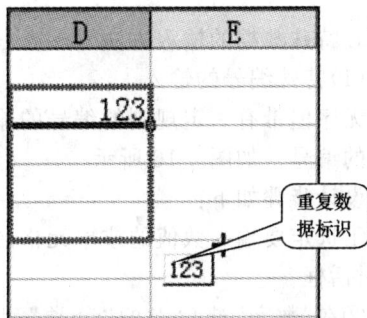

图4-12 在同一列(行)输入相同内容

(2)自动填充序列

如果某一行或某一列的数据为有规律的(例如1,2,3……或1,3,5……)或者是一组固定的序列数据(例如星期一，星期二，星期三……或一月，二月，三月……)时，用户可以用鼠标拖动来填充序列，或者用"序列"对话框来填充序列。

方法一：使用鼠标拖动填充序列。步骤如下：

①选定要填充的第一个单元格，并输入序列中的初始值。如果序列的步长不是1,请再选定区域的下一个单元格，并输入序列中的第二个数值，两个值之间的差将决定数据序列的步长。例如选定单元格A1、A2以确定初始值和步长值。

②鼠标移动到选定单元格区域的填充柄上，在包含序列上拖动，如图4-13所示。

③松开鼠标左键时，Excel将在这个区域完成填充工作，结果如图4-14所示。

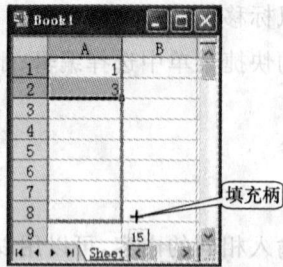

图 4-13 自动填充

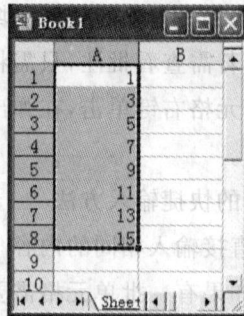

图 4-14 自动填充结果

方法二：使用"序列"对话框填充序列。步骤如下：

①选定要填充区域的第一个单元格，并输入初始值。

②单击"编辑"|"填充"命令，在出现的级联菜单中单击"序列"命令，弹出如图4-15所示对话框。

③在"序列产生在"区中选择"行"或"列"。在"类型"区中选择序列类型。填入"步长值"和"终止值"。

④单击"确定"按钮。

本任务中的员工编号就是应用自动填充序列的方法完成的。

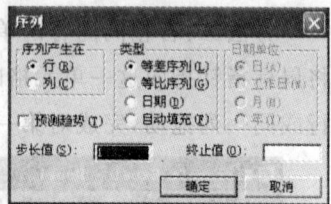

图 4-15 "序列"对话框

4.特殊数据的输入方法

(1)特殊编号的输入

无序但带有一定规则的编号的输入，可以利用自定义格式产生具有一定规则的特殊格式的编号。如图 4-16 所示。

设计步骤如下：

①选定要输入数值的或单元格区域，单击"格式"|"单元格格式"命令，打开"单元格格式"对话框。

②在"数字"选项卡的"分类"列表框中选择"自定义"选项，在"类型"文本框输入p09-3425-0000，数值不同部分用 0 来代替，其他相同部分直接输入。如图 4-18 所示。

品牌	产品型号
东芝	p09-3425-5787
东芝	p09-3425-3214
东芝	
东芝	
东芝	
东芝	
东芝	
东芝	
东芝	
东芝	

图 4-16 特殊符号

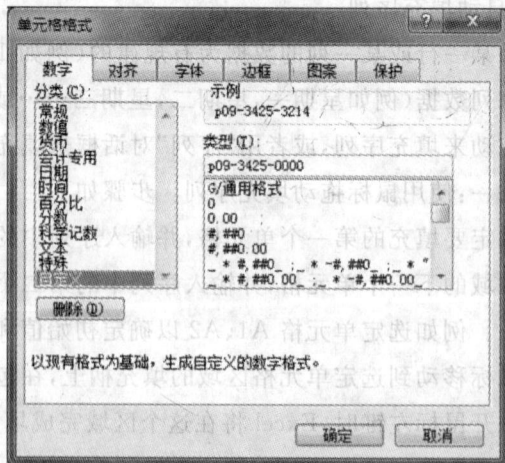

图 4-17 "单元格格式"对话框

③单击"确定"按钮。此时只需在当前单元格区域中输入不同的数值即可,例如:p09-3425-5787 只需要输入 5787 即可。

(2)自定义序列填充

自定义序列:用户可以将经常使用的数据序列添加到 Excel 中,该序列就会拥有与 Excel 内置序列相同的功能。比如,输入该序列的第一项内容后,之后各项都可以通过填充复制产生。如图 4-189 所示。

设计步骤如下:

①单击"工具"|"选项"命令,弹出"选项"对话框。

②在"自定义序列"选项卡的"输入序列"列表框中输入计算机学院,然后回车,在第二行输入通信学院,用同样的方法依次输入,单击添加按钮,在"自定义序列"列表框中添加了计算机学院系列。如图 4-19 所示。

学院
计算机学院
通信学院
经济管理学院
法律学院
电子技术学院

图 4-18 序列填充

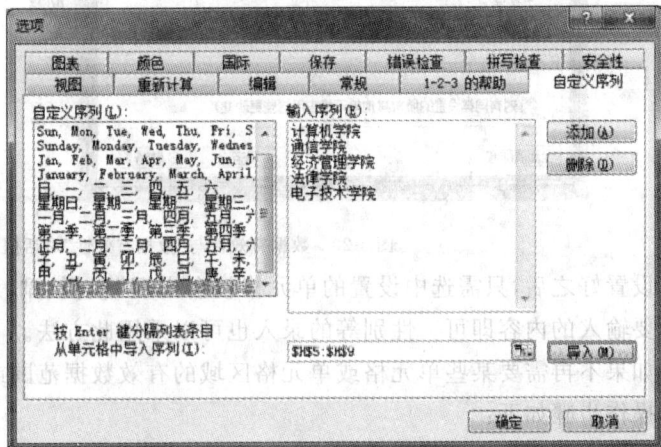

图 4-19 "选项"对话框

③单击"确定"按钮。

建立输入自定义序列后,输入第一项,即"计算机学院"后,通过填充复制就能产生其他各项内容。

提示:在自定义序列中,序列中的每一个数据的第一个字符不能是数字。如果想删除自定义序列,选择"自定义序列"列表框中想删除的序列,单击"删除"按钮即可。但是,不能删除 Excel 默认的序列。

(3)进行数据有效性输入

在建立工作表的过程中,有些单元格中输入的数据没有限制,而有些单元格中输入的数据具有有效范围。为了保证输入的数据都在有效范围内,用户可以使用 Excel 提供的"有效性"命令为单元格设置条件,比如职称、性别、工种、单位及产品类型等。

某校教师档案如图 4-20 所示,其中的职称列数据只能从"讲师、教授、副教授、助教"中选择。这类数据用下拉列表输入,方便而准确。

设计步骤如下:

①选定要输入数值的单元格和单元格区域,单击"数据"|"有效性"命令,打开"数据有

效性"对话框。如图 4-20 所示。

②在"设置"选项卡的"允许"下拉列表框中选择需要的数据设置的有效性数据类型，本例选择"序列"类，并在"来源"编辑框中输入"教授、副教授、讲师、助教"自定义序列。或者单击折叠按钮，然后选定所在的区域 L7：L10，再单击还原按钮，返回到"数据有效性"对话框。

③单击"确定"按钮。

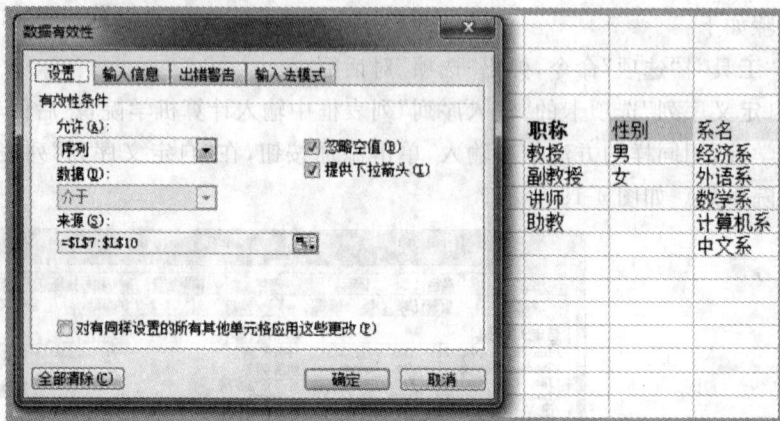

图 4-20　数据有效性与"数据有效性"对话框

设置好之后，只需选中设置的单元格就会出现"教授、副教授、讲师、助教"下拉列表，选择要输入的内容即可。性别等的录入也可以采用此方法。

如果不再需要某些单元格或单元格区域的有效数据范围或提示信息，可以将其删除。具体操作步骤如下：

①选定要删除有效数据范围或提示信息的单元格。

②单击"数据"|"有效性"命令，打开"数据有效性"对话框，选择"设置"选项卡，单击"全部清除"按钮。

③单击"确定"按钮。

提示：设置了有效数据范围后，用户便不能在其中输入超出数据范围的数据，有时会忘记所设置的数据范围，对于这种情况，用户可以在"数据有效性"对话框的"输入信息"和"出错警告"选项卡中进行设置。

1.2.3　单元格数据的编辑

1.单元格数据的修改

单元格数据的修改方法，一种是在单元格中直接修改，另一种是在"编辑栏"中修改。

在单元格中修改数据，双击要修改的单元格，直接输入新的数据即可；或者选中单元格后，按【Backspace】键把原有的内容删除后再输入新的内容。

在"编辑栏"中修改数据的操作步骤如下：

①选中要修改内容的单元格。

②单击"编辑栏"，在编辑栏中出现闪烁的光标。

③用鼠标定位插入点的方法或用【←】、【→】键移动光标到需要删除的字符后，按

【Backspace】键删除光标前面的字符,然后输入新的字符即可。

2.复制、移动和删除单元格中的数据

(1)复制单元格数据

方法一:选中要复制数据的单元格,将鼠标指针移动到选定单元格的边缘,当鼠标指针变成"十"字形时,拖动鼠标到目标单元格,松开鼠标,数据便被快速复制到所需要的位置。

方法二:选中要复制数据的单元格。单击工具栏上的"复制"按钮,这时选中区域出现一个虚线框,然后选中要粘贴数据的目标单元格,单击工具栏上的"粘贴"按钮。

方法三:使用鼠标右键快捷菜单的方法可以更快地进行操作,步骤如下:

①选中要复制的单元格,右键单击,从弹出的快捷菜单中选择"复制"。

②选中要粘贴数据的目标单元格。右键单击,从弹出的快捷菜单中选择"粘贴"命令。

(2)移动单元格数据

移动单元格数据与复制单元格数据的操作类似,只是把选择"复制"的操作变为"剪切"。

(3)删除单元格区域数据

方法一:选中要删除的单元格,按【Del】键即可。

方法二:单击"编辑"|"删除"命令,弹出"删除"对话框,根据需要进行选择,如图4-21所示。

方法三:单击"编辑"|"清除"命令,弹出下级子菜单,然后根据需要进行选择,如图4-22所示。

提示:如果不同工作表内的数据需要复制并链接,选择源数据,定位好目标位置后,单击"编辑"|"选择性粘贴",在"选择性粘贴"对话框选择粘贴链接即可。

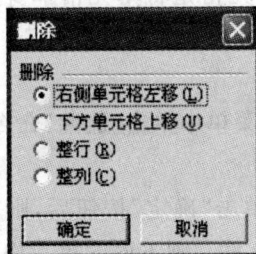

图 4-21　"删除"对话框　　　　图 4-22　"清除"级联子菜单

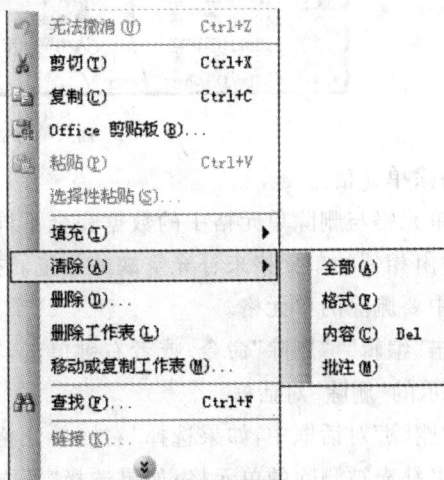

3.行、列、单元格的编辑

(1)插入单元格

插入单元格的操作步骤如下:

①选中要插入新单元格的位置(把 D2 单元格作为插入点),如图 4-23 所示,单击"插

入"|"单元格"命令,弹出"插入"对话框,如图 4-24 所示。

图 4-23　插入单元格操作

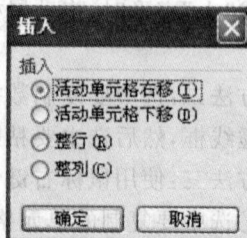

图 4-24　"插入"对话框

②选择"活动单元格右移"单选框,将 D2 单元格中原有的内容"所在部门"移到右边。

③单击"确定"按钮,完成单元格的插入。插入单元格后的效果如图 4-25 所示。

图 4-25　插入单元格操作结果

(2)删除单元格

删除单元格与删除单元格中的数据完全不同,删除单元格是将单元格本身及数据一同删除,并由相邻的单元格来补充空缺的位置。操作步骤如下:

①选中要删除的单元格。

②单击"编辑"|"删除"命令;或者右键单击,在弹出的菜单中单击"删除"命令,弹出如图 4-21 所示的"删除"对话框。

③在"删除"对话框中,如果选择"右侧单元格左移",单击"确定"按钮后,则右侧的单元格左移来补充被删除的单元格;如果选择"下方单元格上移",则下面的单元格上移来补充被删除单元格的位置。

(3)插入和删除一行或一列单元格

有时候用户需要插入或删除一行或一列单元格。例如在图 4-23 所示的员工基本信息表中,需要增加一名员工的基本信息,这就需要插入一行;或者要在"员工编号"左侧增加一个空列,就需要插入一列。下面分别介绍完成插入一行或一列的操作。

A.插入一行

①选中插入行的位置中的任意一个单元格。

②单击"插入"|"行"命令。此时,选中的这一行便下移一行,该行下面的所有行都依次下移一行,而插入行的位置变成一行空白单元格,如图 4-26 所示。

	A	B	C	D	E	F
1	员工基本信息表					
2	员工编号	姓名	性别	所在部门	工作时间	办公室电话
3	10001	张一一	男	办公室	2000年	2111120
4	10002	李小伟	女	人力资源部	2000年	2111121
5	10003	赵成成	男	销售部	2000年	2111122
6						
7	10004	王婷婷	男	工程部	2000年	2111123
8	10005	徐　磊	男	办公室	2001年	2111120
9	10006	李佳佳	女	销售部	2000年	2111122
10	10007	丁小华	男	工程部	2002年	2111123
11	10008	岳　张	男	销售部	2002年	2111122
12	10009	李　华	女	销售部	2003年	2111122
13	10010	成　亮	男	销售部	2005年	2111122

图 4-26　插入一行

B.插入一列

①选中插入列的位置中的任意一个单元格。

②单击"插入"|"列"命令。此时,被选中的列向右移动一列,而原先的位置成为一列空白的单元格,如图 4-27 所示。

	A	B	C	D	E	F	G
1	员工基本信息表						
2	员工编号	姓名	性别		所在部门	工作时间	办公室电
3	10001	张一一	男		办公室	2000年	2111
4	10002	李小伟	女		人力资源部	2000年	2111
5	10003	赵成成	男		销售部	2000年	2111
6							
7	10004	王婷婷	男		工程部	2000年	2111
8	10005	徐　磊	男		办公室	2001年	2111
9	10006	李佳佳	女		销售部	2000年	2111
10	10007	丁小华	男		工程部	2002年	2111
11	10008	岳　张	男		销售部	2002年	2111
12	10009	李　华	女		销售部	2003年	2111
13	10010	成　亮	男		销售部	2005年	2111

图 4-27　插入一列

提示:插入多行(列),选定与待插入的空行(列)数目相同的数据行(列),然后单击"插入"|"行(列)"命令。

C.删除一行或一列

①选中要删除的行或列中的任意一个单元格。

②单击"编辑"|"删除"命令,弹出"删除"对话框。

③在"删除"对话框中选择"整行"或"整列"项,然后单击"确定"按钮,则选中的行或列就被删除,这时,被删除的行下方的所有行会依次上移一行或被删除的列的右侧的所有列都向左依次移动一列。

1.3　任务实施

1.建立工作簿

(1)新建工作簿:启动 Excel 2003,系统会自动创建一个文件名为"Book1"的新文档。

（2）保存工作簿：单击"文件"|"保存"命令，在弹出的"另存为"对话框中，命名工作簿名称为"公司员工表.xls"。

2.工作表的建立

（1）在"公司员工表"工作簿的 Sheet1 表中建立如图 4-1 所示内容的员工基本信息表。

（2）在单元格中输入相应的表格数据。员工编号应用"自动填充序列"的方法进行输入。只需输入员工编号"10001"和"10002"，其余的编号自动填充序列即可。

（3）表格数据全部输入完成后，保存文件。

任务小结：（1）单元格操作以及数据的输入与编辑是 Excel 建表的最基本的操作，熟练掌握是学习做表的第一步。（2）单元格尤其是活动单元格（包括单元格区域）的操作方法有很多种，用户可尽量按照自己的习惯进行操作。（3）工作簿的操作与管理是进行工作表管理的基础，多张表可以放在一个工作簿中进行管理。

1.4　实战训练

【实训内容】

1.建立工作簿

（1）新建工作簿

启动 Excel 2003，系统自动创建一个文件名为"Book1"的新文档。

（2）保存工作簿

单击"文件"|"保存"，在弹出的"另存为"对话框中，命名工作簿名称为"学生成绩表.xls"。

2.工作表的建立

（1）在"学生成绩表"工作簿中建立如图 4-28 所示学生成绩表，在相应的单元格中录入学生成绩表中的数据。

	A	B	C	D	E	F
1	计算机班学生成绩表					
2	姓名	数据结构	组成原理	计算机基础	组装与维修	总分
3	王　民	65	73	49	64	
4	许　玉	92	90	95	90	
5	李丽丽	76	89	75	80	
6	赵　娟	78	90	80	67	
7	刘美丽	69	70	75	78	
8	吴　刚	86	85	93	96	
9	林国真	90	96	89	92	
10	刘朝阳	75	67	66	72	
11						
12						

图 4-28　学生成绩表

（2）自动填充序列。

①在姓名前插入一列，在这一列的第一行输入"学号"，设置"学号"列为左对齐；

②利用自动填充功能输入学号，起始学号为"201103001"。

3.工作表编辑

（1）将"王民"的"组成原理"成绩由"73"改为"63"（局部修改方法）；

（2）在标题"计算机班学生成绩表"与数据间插入一空行；

（3）将表格中的"姓名"一列复制到成绩表的最右侧（应用剪贴板复制）；

（4）删除最右侧的"总分"一列；

（5）各门成绩的数据格式为保留小数点后一位。

4.添加批注

选定数据"49"所在的单元格；添加批注文本"成绩不及格"，用于注明本表中的"49"为不及格成绩。

任务2　美化员工基本信息表并打印

2.1　工作任务及分析

1.任务描述

人力资源部现要对任务1中制作的员工基本信息表进行美化修改，使此表标题醒目，数据清晰，并设置分页打印，打印五份员工基本信息表上报。

2.任务分析

为了让工作表美观大方，呈现的数据清晰易读，需要对工作表进行格式设置，即美化工作表。可以通过对工作表的边框线、底纹图案、文字大小和字体、工作表的样式等进行设置，使其美观易用。还可以根据需要设置打印格式，输出表格。

2.2　知识与技能

2.2.1　工作表的基本操作

默认情况下，Excel工作簿有"Sheet1""Sheet2"和"Sheet3"共三个工作表，工作表的名称显示在工作表标签上，通过单击相应的工作表标签，可以在工作表间进行切换。

1.选定工作表

在对工作表进行操作之前，首先要选定被操作的工作表。选定一个工作表，单击工作表标签即可。选定多个工作表，可以使用下面的方法：

方法一：要选定一组连续的工作表，先选定第一个工作表标签，按住【Shift】键，再单击要选定的最后一个工作表标签。

方法二：要选定不连续的工作表，先选定第一个工作表标签，按住【Ctrl】键，再单击要选定的每个工作表标签。

方法三：要选定工作簿中全部的工作表，用鼠标右键单击工作表标签，从弹出的快捷菜单中单击"选定全部工作表"命令。

2.重命名工作表

在默认情况下，所有工作表被命名为Sheet，编号从1开始，为方便用户使用有意义的工作表名称，Excel允许用户重新命名工作表。工作表的名称中可有空格，但长度不超过31个字符。操作步骤如下：

①双击需重命名的工作表标签或单击鼠标右键,从快捷菜单中选择"重命名"命令,工作表标签变成黑色。

②输入新的工作表名称,按【Enter】键即可。如图 4-29 所示的工作簿的 Sheet1 重命名为"员工基本信息表"。

	A	B	C	D	E	F
1	员工基本信息表					
2	员工编号	姓名	性别	所在部门	工作时间	办公室电话
3	10001	张一一	男	办公室	2000年	2111120
4	10002	李小伟	女	人力资源部	2000年	2111121
5	10003	赵成成	男	销售部	2000年	2111122
6	10004	王婷婷	男	工程部	2000年	2111123
7	10005	徐磊	男	办公室	2001年	2111120
8	10006	李佳佳	女	销售部	2000年	2111122
9	10007	丁小华	男	工程部	2002年	2111123
10	10008	岳张	男	销售部	2002年	2111122
11	10009	李华	女	销售部	2003年	2111122
12	10010	成亮	男	销售部	2005年	2111122
13	10011	李艳艳	女	人力资源部	2010年	2111121

图 4-29　重命名工作表

3.插入工作表

用户可以在任何位置插入一个新的工作表。插入工作表的方法有如下几种:

方法一:单击"插入"|"工作表"命令,Excel 会在当前工作表之前插入一个新的工作表。例如,工作簿中原有三个工作表,新工作表自动被命名为"Sheet4"。

方法二:使用快捷菜单来插入新表,使用该方法的好处是能够插入基于不同模板的工作表,方法是:在选定的工作表标签上右击,从弹出的快捷菜单中单击"插入"命令,出现如图 4-30 所示的"插入"对话框,根据需要选择不同的工作表模板,单击"确定"按钮即可。

4.复制工作表

用户可以在工作簿内复制工作表,还可以将工作表复制到其他的工作簿中。

方法一:选定工作表标签。按住左键沿着标签行拖动,同时按住【Ctrl】键。此时鼠标指针变成的形状,在标签行上方出现一个小黑三角形,此三角形指示复制工作表所要插入的位置。松开鼠标和【Ctrl】键后,工作表就会被复制到相应位置。

方法二:

①打开源工作簿和目标工作簿,切换到源工作簿并选定要复制的工作表标签。

②单击"编辑"|"移动或复制工作表"命令,弹出如图 4-31 所示的"移动或复制工作表"对话框。

③在"移动或复制工作表"对话框的"工作簿"列表框中,选择目标工作簿。在"下列选定工作表之前"列表框中,选择要放置工作表的位置。选定"建立副本"复选框。

④单击"确定"按钮即可。

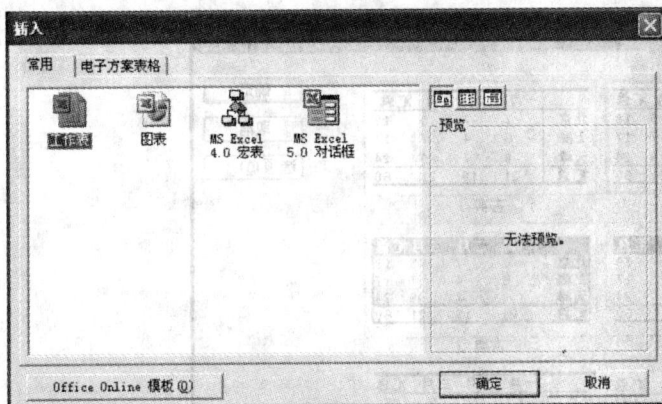

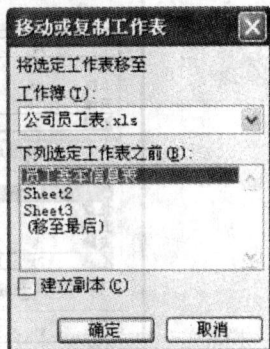

图 4-30　插入工作表　　　　　　　　图 4-31　"移动或复制工作表"对话框

5.移动工作表

用户可以在工作簿内移动工作表,或者将工作表移到其他的工作簿中。

(1)在同一个工作簿中移动工作表。选定要移动的工作表标签,按住左键并沿着标签行拖动,鼠标指针变成 的形状,同时在标签行上方出现一个小黑三角形,指示当前工作表所要插入的位置。松开鼠标左键,工作表就被移到新位置处。

(2)在不同的工作簿中移动工作表。步骤如下:

①打开源工作簿和目标工作簿,切换到源工作簿并选定要移动的工作表标签。

②单击"编辑"|"移动或复制工作表"命令,如图 4-31 所示。

③在"工作簿"列表框中,选择目标工作簿。在"下列选定工作表之前"列表框中,选择要放置工作表的位置。

④单击"确定"按钮即可。

提示:在移动和复制工作表中也可以应用方法二的步骤实现工作簿内的工作表复制,只是不用选择目标工作簿。

6.删除工作表

删除工作表的方法是:选定要删除的工作表,单击"编辑"|"删除工作表"命令。

2.2.2　工作表格式设置

若要使工作表美观,在建立好工作表之后,还需要对工作表的边框线、底纹图案、文字大小和字体及工作表的样式等进行设置,即对工作表进行格式化。

1.工作表的自动套用格式

对如图 4-29 所示的"员工基本信息表"套用 Excel 提供的格式,可实现工作表的自动格式化。

操作步骤如下:

①选定要格式化的区域 A2:F13。

②单击"格式"|"自动套用格式"命令,弹出"自动套用格式"对话框,如图 4-32 所示。

③选择合适的格式,单击"确定"按钮,工作表的样式即发生变化,如图 4-33 所示。

2.单元格格式的设置

设置单元格格式包括设置单元格中数据的字体和对齐方式,单元格中数据的类型,单元格的边框、图案和单元格保护等内容。设置单元格格式:单击"格式"|"单元格"命令,弹出"单元格格式"对话框,该对话框包括"数字""对齐""字体""边框""图案"和"保护"六个选项卡。

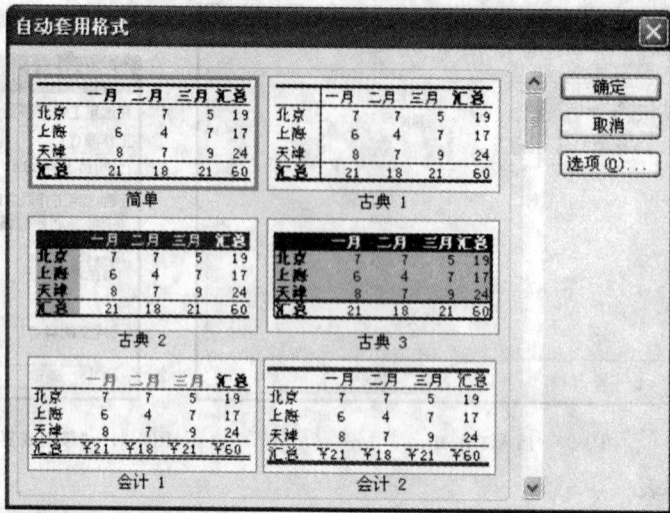

图 4-32 "自动套用格式"对话框

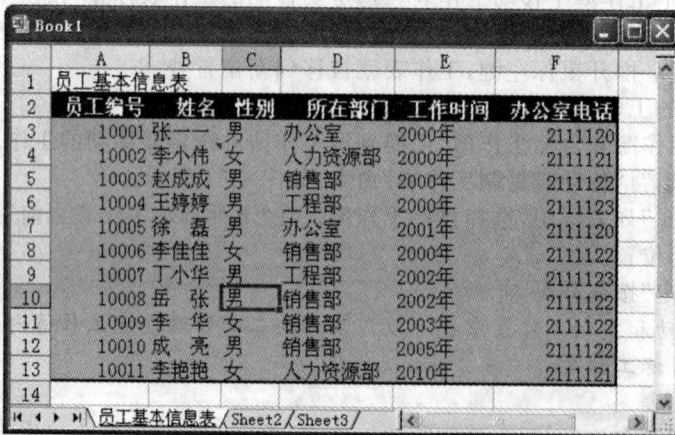

图 4-33 套用格式结果

（1）数字格式设置

在工作表的内部，数字、日期、时间以纯数字存储，当要显示在单元格内时，就会以该单元格所规定的格式显示。若单元格没有使用过，则该单元格使用"常规"格式，输入的数值以最大的精确度显示出来。当数值很大时，用科学计数法表示。如果单元格的宽度太小，无法以所规定的格式将数字如图 4-34 所示——列出数据，可进行进一步的设置使数据只保留一位小数，如图 4-35 所示。

图 4-34 未设置数据格式的数据

图 4-35 设置小数位数结果

操作步骤如下：

①选定要设定的数据区域。

②单击"格式"|"单元格"命令，弹出"单元格格式"对话框。

③单击"数字"选项卡，并在分类列表框中选择"数值"，然后在"小数位数"数值框中设定小数位数为1，如图4-36所示。

④单击"确定"按钮即可。

(2)字体格式设置

字体设置包括：字体、字形、字号、颜色等。设置方法有：

方法一：使用"格式"工具栏上按钮，分别进行设置。

方法二：使用"格式"|"单元格"命令，弹出"单元格格式"对话框，单击"字体"选项卡进行详细设置，如图4-37所示。

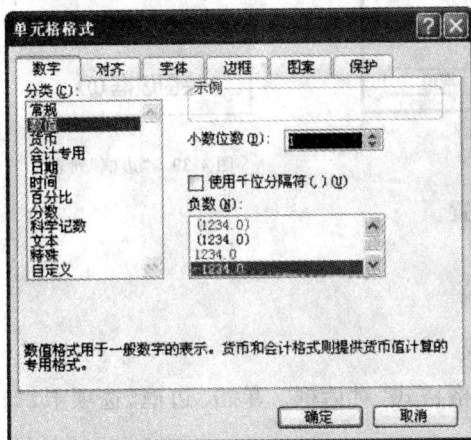

图4-36 "数字"选项卡　　　　　图4-37 "字体"格式设置

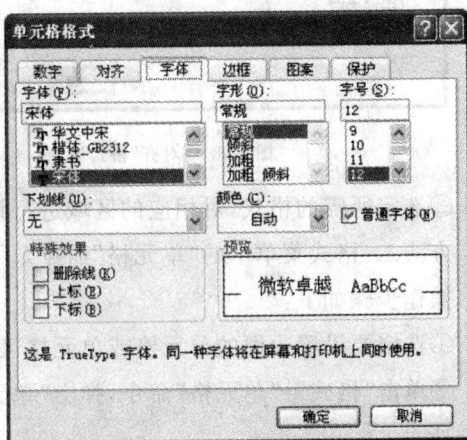

(3)文本对齐方式设置

方法一：使用"格式"工具栏上的对齐方式按钮，分别进行设置。

方法二：使用"格式"|"单元格"命令，弹出"单元格格式"对话框，单击"对齐"选项卡进行设置，如图4-38所示。

注意："合并单元格"和"文字对齐方向"可在"对齐"选项卡中进行设置。

(4)单元格边框设置

默认情况下，Excel的表格线都是统一的淡色的细线，这种边线在打印表格时是不会打印出来的。为了使表格能真实表现出来，在打印之前，通常要对表格进行边框设置。

为表格设置边框的方法有两种：

方法一：应用"格式"工具栏上的"边框" 按钮。

操作步骤如下：

①选定要设置边框的单元格区域。

②在"格式"工具栏上，单击"边框" ▦ 按钮右边向下的箭头，出现边框列表，如图 4-39 所示。

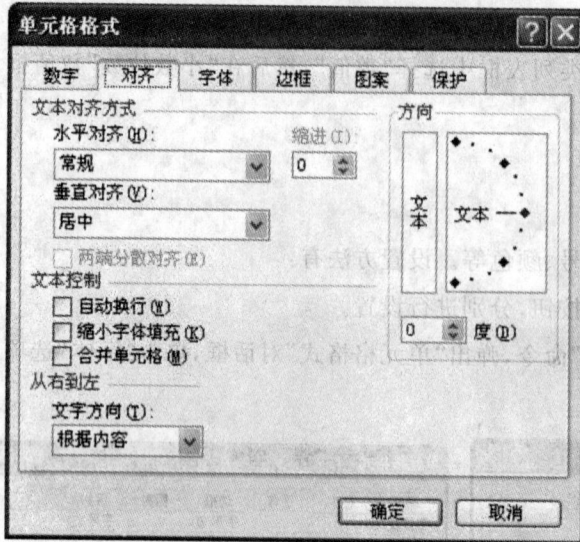

图 4-38　"对齐"格式设置

图 4-39　"边框"列表

③选定所需的格式，对相应的区域进行设置。

方法二：格式菜单中的"单元格"命令。

操作步骤如下：

①选定要设置边框的单元格或单元格区域。

②单击"格式"|"单元格"命令，弹出"单元格格式"对话框。单击"边框"选项卡，如图 4-40 所示。

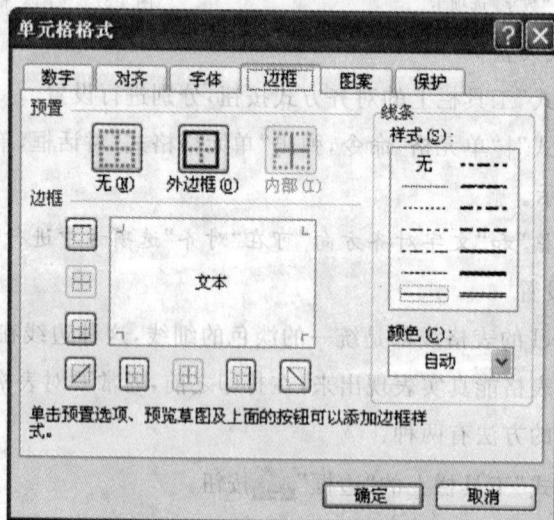

图 4-40　"边框"选项卡

③在选项卡中指定边框线条的样式和颜色。

（5）单元格底纹设置

默认情况下，单元格是没有颜色和底纹的。为使表格中的重要信息或特殊信息能突出显示，可以在工作表中使用不同的底纹或颜色作为单元格的背景，来强调重点和增加视觉效果。

底纹设置的操作步骤如下：

①选定要添加底纹或颜色的单元格区域。

②单击"格式"|"单元格"命令，弹出"单元格格式"对话框，单击"图案"选项卡，如图4-41所示。

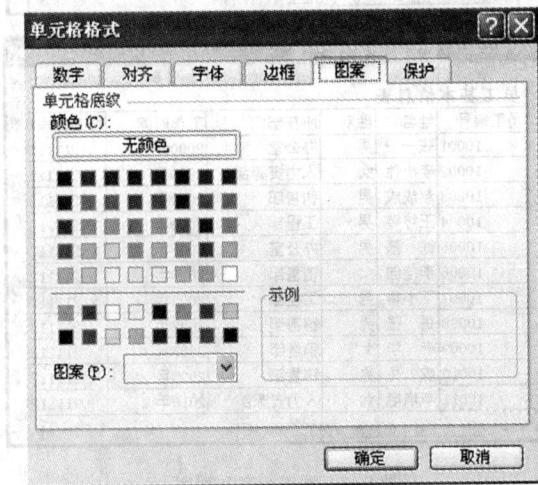

图 4-41 调整行高

③在选项卡的颜色区选择单元格的颜色，若想设置底纹为图案，在"图案"选项卡的"图案"下拉列表框中，选择合适的底纹，在"示例"中可以预览到设置的效果。

④单击"确定"完成设置。

提示：如果只是为单元格或单元格区域设置颜色，可应用"格式"工具栏中的"填充颜色"按钮。单击向下箭头在颜色列表框中选择合适的颜色。

（6）行高与列宽设置

有时候，自动的行高和列宽并不符合要求，这时可以对行高和列宽进行设置。

方法一：拖动行号的下边界来改变行高，拖动列标的右边界来改变列宽，如图4-42所示。

方法二：精确设置单元格的行高和列宽。行高设置可单击"格式"|"行"|"行高"命令，在弹出的"行高"对话框中输入行高值，即可精确设置行高。列宽设置单击"格式"|"列"|"列宽"命令，在弹出的"列宽"对话框中输入列宽值，单击"确定"即可。

提示：如果要设置列宽或行高适合单元格的内容，双击行标号的下边界使该行的行高为最适合的高度，双击列标的右边界使该列的列宽为最适合的列宽。

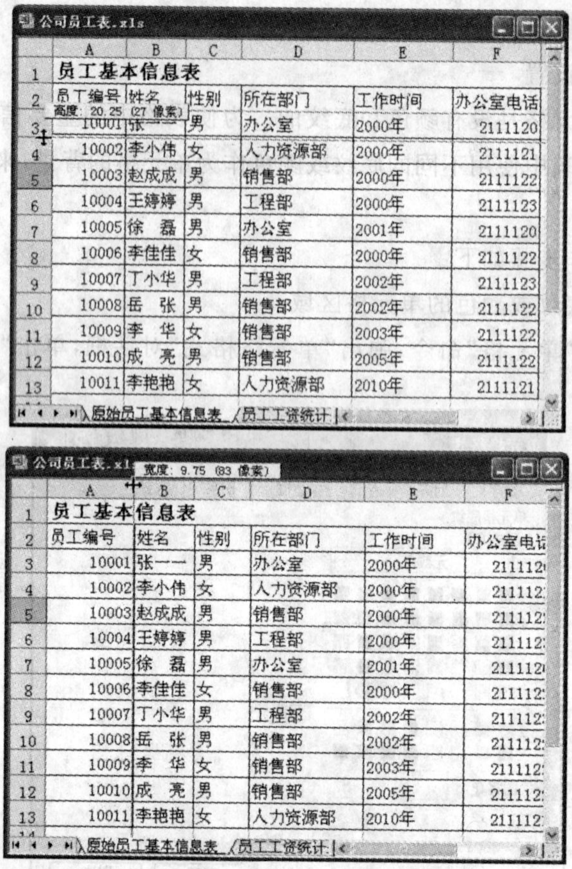

图 4-42 调整行高和列宽

2.2.3 打印工作表

完成工作表创建、编辑和格式化后,就可以对工作表进行打印了。与 Word 类似,为了保证打印效果,在打印之前,应先进行页面设置和打印预览。

1.设置打印区域

设置打印区域就是将所选定的工作表区域定义为打印区域。在默认状态下,Excel会自动选择有文字行和列的区域作为打印区域。当用户只需要打印工作表部分内容时,可以对打印区域进行设置,操作步骤如下:

①选定要打印的区域,单击"文件"|"打印区域"|"设置打印区域"命令。

②此时工作表中所选定的区域出现虚线框,单击"常用"工具栏上的"打印"按钮即可将此部分打印出来。

若想取消所设置的打印区域,单击"文件"|"打印区域"|"取消打印区域"命令。

2.分页

当工作表较大、记录较多时,Excel 会自动分页。但有时用户需要在自己满意的位置分页,就要设置分页符。

(1)插入分页符

操作步骤如下:

①选定要插入分页符的位置，例如选定单元格 F9。

②单击“插入”|“分页符”命令，在工作表中所选定的位置出现虚线，表示已在此处分页，如图 4-43 所示。

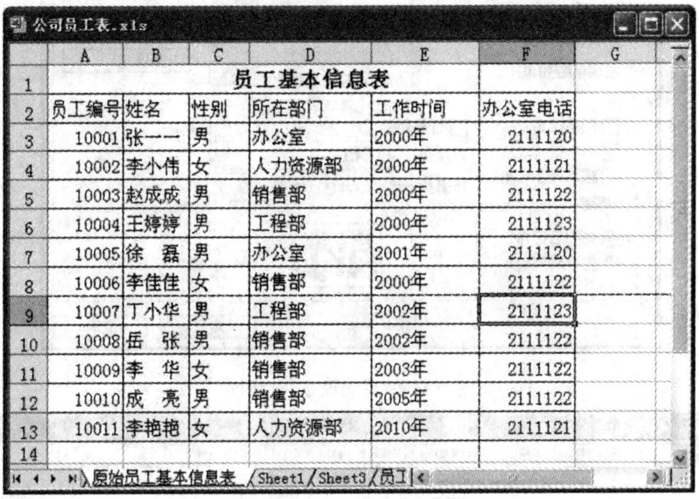

	A	B	C	D	E	F	G
1	员工基本信息表						
2	员工编号	姓名	性别	所在部门	工作时间	办公室电话	
3	10001	张一一	男	办公室	2000年	2111120	
4	10002	李小伟	女	人力资源部	2000年	2111121	
5	10003	赵成成	男	销售部	2000年	2111122	
6	10004	王婷婷	男	工程部	2000年	2111123	
7	10005	徐　磊	男	办公室	2001年	2111120	
8	10006	李佳佳	女	销售部	2000年	2111122	
9	10007	丁小华	男	工程部	2002年	2111123	
10	10008	岳　张	男	销售部	2002年	2111122	
11	10009	李　华	女	销售部	2003年	2111122	
12	10010	成　亮	男	销售部	2005年	2111122	
13	10011	李艳艳	女	人力资源部	2010年	2111121	
14							

图 4-43　插入分页符

(2)删除分页符

选定分页符(虚线)的下一行，单击“插入”|“删除分页符”命令，即可将分页符从工作表中删除。

3. 设置打印标题

当一张工作表不能全部在一张打印页上打印时，如果不设置“打印标题”，除了第一页以外的其他页将由于没有标题而使用户看不懂数据的含义。通过“设置打印标题”就可以使得用户在每一张打印页上都可以看到表的标题。

操作步骤如下：

①单击“文件”|“页面设置”命令，弹出“页面设置”对话框。

②单击“工作表”选项卡，在“打印标题”处可以分别对“顶端标题行”和“左端标题列”进行设置，如图 4-44 所示。例如对图 4-43 所示工作表设置打印标题，单击对话框中顶端标题行的区域选择按钮，在工作表中选择第 1、2 行为顶端标题行。

③单击“折叠”按钮，返回到“页面设置”对话框。

④单击“确定”即可。

4. 打印预览

页面设置好，在打印之前，通常可对设置好的工作表进行打印预览。

对设置了打印标题的工作表“员工基本信息表”预览打印效果。

操作步骤如下：

①单击“文件”|“打印预览”命令，或单击“常用”工具栏上的“打印预览”按钮，在屏幕上出现“打印预览”窗口，如图 4-45 所示。

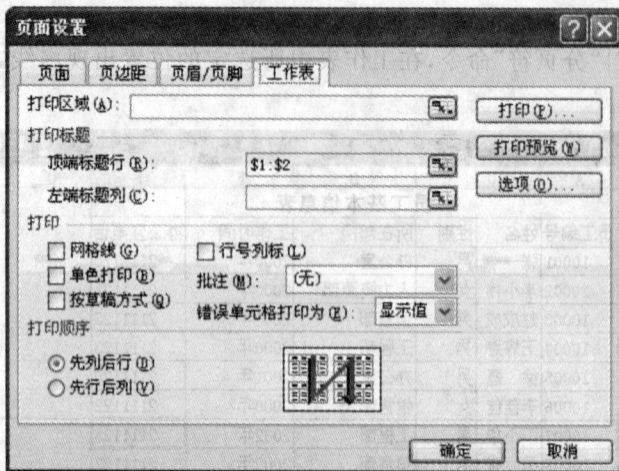

图 4-44　"页面设置"对话框

图 4-45　"打印预览"窗口

②单击"关闭"按钮,从"打印预览"窗口退出。

注意:如果工作表被分为多页,可单击"下一页"按钮来查看打印预览的效果。如上例中的工作表被分为了多页,单击"下一页"效果如图 4-46 所示。

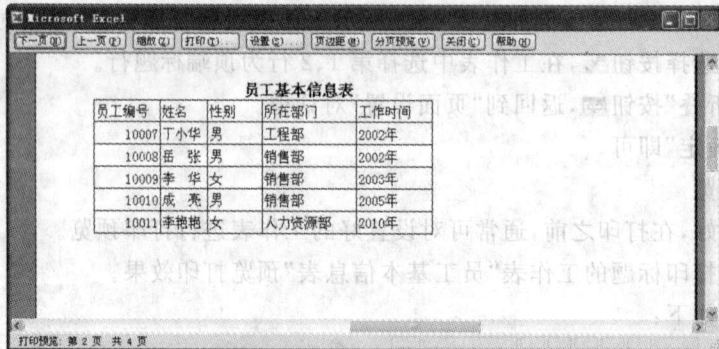

图 4-46　"下一页"预览效果

思考:观察图 4-45、图 4-46 打印预览,为什么标题和姓名字段会在两页中都出现?

5.打印输出

最后的工作就是将设置好的工作表打印出来。操作方法与 Word 类似，不同之处是对话框中的"打印"区域内设有"选定区域""整个工作簿"和"选定工作表"三个单选按钮，操作时可按实际需要进行选择。如图 4-47 所示是"打印内容"对话框。

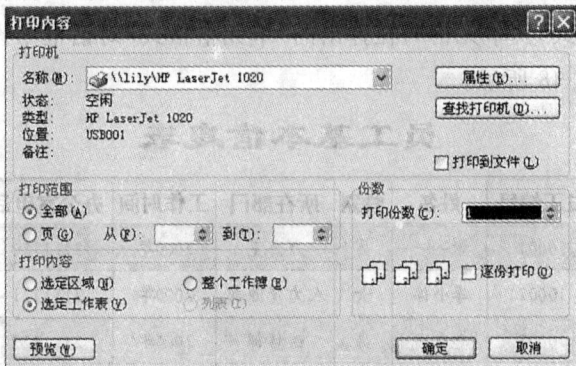

图 4-47 "打印内容"对话框

2.3 任务实施

1.工作表操作

(1)打开公司员工表.xls 工作簿，重命名 Sheet1 工作表名称为"员工基本信息表"。

(2)为了避免操作失误，复制"员工基本信息表"内容到 Sheet2，并重命名为"原始员工基本信息表"。

2.美化工作表

(1)打开"员工基本信息表"；

(2)在 A 列前插入一空列，在第一行下方插入一空行；

操作步骤：选择 A 列，单击鼠标右键，选择插入。选择第二行，单击鼠标右键，选择插入，在第二行上方插入一空行。

(3)将单元格区域 B1:G2 合并及居中，设置字体为隶书，字号为 30，字形为加粗，字体颜色为深蓝色。

(4)将单元格区域 B3:G3 的对齐方式设置为水平居中；设置字体为黑体，字号 16，字形加粗；设置浅黄色的底纹。

(5)将单元格区域 B4:G14 的对齐方式设置为水平居中；设置字体为楷体 GB-2312，字号为 14；为编号为"单数"的行设置玫瑰红的底纹。

上面操作均可以在"格式"工具栏中找到相应的设置项进行设置。底纹的设置要在"单元格格式"对话框中进行设置。

(6)调整"员工编号"一列的宽度为 14；调整"工作时间""办公室电话"的列宽为"最合适的列宽"。操作步骤：① 选择"员工编号"列，单击右键，在弹出的快捷菜单中选择"列宽"，在弹出的"列宽"对话框中输入"14"。② 选择"工作时间"和"办公室电话"两列，选择

"格式"|"列"|"最合适的列宽",系统自动调整合适的列宽。

(7)将单元格区域 B3:G14 的外边框线设置为浅橙色的粗实线,"员工编号"一行的下边框为内边框为蓝色的双划线(即边框样式的第 2 列第七行),表格数据"员工编号"为双数所在的行的上下边框线为点划线(边框样式的第 1 列第五行)。操作步骤:选择表格区域 B3:G14,选择"格式"|"单元格",在弹出的"单元格格式"对话框中设置表格边框,美化后的表格效果如图 4-48 所示。

员工基本信息表

员工编号	姓名	性别	所在部门	工作时间	办公室电话
10001	张一一	男	办公室	2000年	2111120
10002	李小伟	女	人力资源部	2000年	2111121
10003	赵成成	男	销售部	2000年	2111122
10004	王婷婷	男	工程部	2000年	2111123
10005	徐磊	男	办公室	2001年	2111122
10006	李佳佳	女	销售部	2000年	2111122
10007	丁小华	男	工程部	2002年	2111123
10008	岳张	男	销售部	2002年	2111122
10009	李华	女	销售部	2003年	2111122
10010	成亮	男	销售部	2005年	2111122
10011	李艳艳	女	人力资源部	2010年	2111121

图 4-48 美化后的工作表

3. 打印工作表

(1)按照打印要求,首先要设置分页符,每页是十个数据。在"员工基本信息表"工作表的第 13 行插入分页符;设置表格标题及字段行为打印标题。操作步骤:①光标选择第 14 行,或放置在第 14 行任一单元格中,选择"插入"|"分页符",在 14 行上方插入一条分页符。②选择"文件"|"页面设置",在打开的对话框中,选择"工作表"选项卡,在"工作表"选项卡的行标题中设置需要设置的打印标题区域 A1:A3,单击"确定"。

(2)预览打印效果。

(3)打印"员工基本信息表",设置打印份数为十份。操作步骤:选择"文件"|"打印",在打开的"打印内容"对话框中,设置打印份数"10"。

任务小结:(1)办公工作中,表格的格式设置与美化工作是必不可少的,进行表格的单元格格式设置是最基本、最频繁的操作工作,必须熟练掌握。(2)工作表是工作簿的重要组成单元,管理好工作表才能有效管理数据及相应的信息。

2.4　实战训练

【实训内容】

1.重命名工作表

(1)将工作簿"学生成绩表"中的工作表 Sheet1 重命名为"计算机班学生成绩表"。

(2)工作表 Sheet2 重命名为"原始数据表"。

2.复制文本

复制"计算机班学生成绩表"单元格区域 A1:G11 的内容到"原始数据表"。操作步骤如下：

①单击工作表标签栏中的"计算机班学生成绩表"工作表后,"计算机班学生成绩表"工作表被选中成为当前工作表。

②用鼠标拖动选择"计算机班学生成绩表"中的区域 A1:G11,单击工具栏上的"复制"按钮。

③单击工作表标签栏中的"原始数据表"后,单击 A1 成为当前活动单元格,单击工具栏上的"粘贴"按钮。

3.复制工作表

(1)在当前工作簿中,把"原始数据表"复制到"计算机班学生成绩表"前面,并重命名为"格式化表"。

(2)新建工作簿,保存命名为"数据分析"。

(3)把"学生成绩表"工作簿中的"计算机班学生成绩表"复制到工作簿"数据分析"的 Sheet1 之前,重命名为"数据排序"。

(4)复制"数据排序"工作表到"数据排序"表之后,重命名为"数据筛选"。

4.美化工作表

(1)打开工作表"格式化表"。

(2)在 A 列前插入一空列,在第 1 行下方插入一个空行。

(3)将单元格区域 B1:G1 合并及居中,设置字体为隶书,字号为20,字形为加粗,字体颜色为红色;设置浅青绿色的底纹。

(4)将单元格区域 B3:G3 的对齐方式设置为水平居中;设置字体为黑体;设置浅黄色的底纹。

(5)将单元格区域 B4:G11 的对齐方式设置为水平居中;设置字体为华文行楷,字号为 14,字体颜色为浅青绿色;设置紫色的底纹。

(6)调整第 2 行行高为 6;调整 A 列的宽度为 14;调整所有成绩的单元格的列宽为"最合适的列宽"。

(7)将单元格区域 B3:G11 的外边框线设置为橘黄色的粗实线,内边框线为红色细实线。

5.设置打印标题

在"格式化表"工作表的第 8 行插入分页符;设置表格标题及字段行为打印标题,如图 4-49 所示。

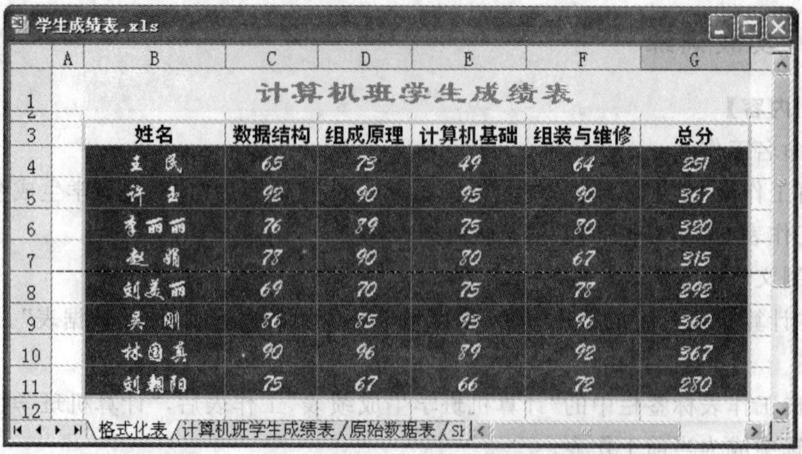

姓名	数据结构	组成原理	计算机基础	组装与维修	总分
王 民	65	73	49	64	251
许 玉	92	90	95	90	367
李丽丽	76	89	75	80	320
赵 娟	78	90	80	67	315
刘美丽	69	70	75	78	292
吴 刚	86	85	93	96	360
林国真	90	96	89	92	367
刘朝阳	75	67	66	72	280

图 4-49 实训结果图示

任务 3 制作员工工资统计表

3.1 工作任务及分析

1. 任务描述

财务部要求公司出纳制作一张员工工资统计表，工资统计表样式如图 4-50 所示。统计表要求：

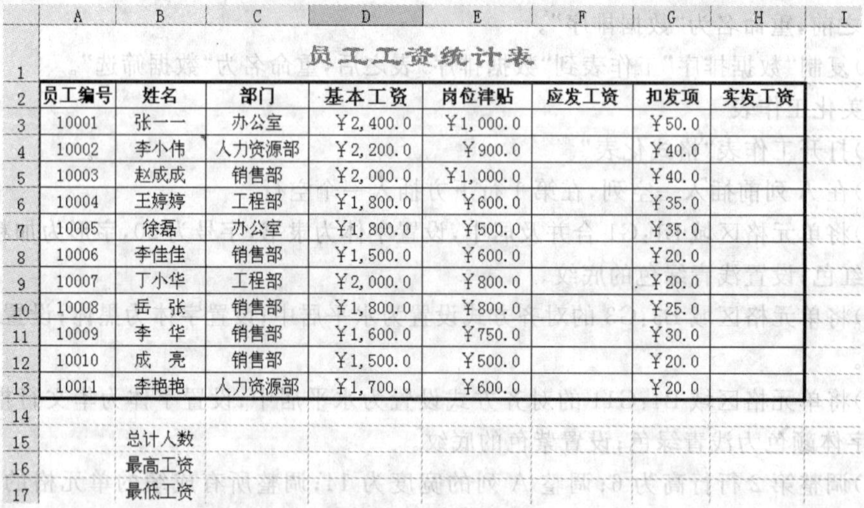

员工工资统计表

员工编号	姓名	部门	基本工资	岗位津贴	应发工资	扣发项	实发工资
10001	张一一	办公室	￥2,400.0	￥1,000.0		￥50.0	
10002	李小伟	人力资源部	￥2,200.0	￥900.0		￥40.0	
10003	赵成成	销售部	￥2,000.0	￥1,000.0		￥40.0	
10004	王婷婷	工程部	￥1,800.0	￥600.0		￥35.0	
10005	徐磊	办公室	￥1,800.0	￥500.0		￥35.0	
10006	李佳佳	销售部	￥1,500.0	￥600.0		￥20.0	
10007	丁小华	工程部	￥2,000.0	￥800.0		￥20.0	
10008	岳 张	销售部	￥1,800.0	￥800.0		￥25.0	
10009	李 华	销售部	￥1,600.0	￥750.0		￥30.0	
10010	成 亮	销售部	￥1,500.0	￥500.0		￥20.0	
10011	李艳艳	人力资源部	￥1,700.0	￥600.0		￥20.0	
	总计人数						
	最高工资						
	最低工资						

图 4-50 员工工资统计表

(1)根据工资单项计算应发工资、实发工资；

(2)统计工资表中的总人数；

(3)统计工资表中“实发工资”的最高工资值和最低工资值。

2. 任务分析

在财务或者数据处理工作中，经常会出现数据的加、减或者其他更为复杂的数据运算。利用 Excel 提供的公式和函数，可以引用单元格中的数据进行自动运算，免除了手工计算的烦琐。本任务重点是应用公式和函数。

3.2　知识与技能

3.2.1　公式中的运算符

Excel 包含四种类型的运算符，即算术运算符、比较运算符、文本运算符和引用运算符。

1. 算术运算符

主要用于完成对数值型数据进行加、减、乘（＊）、除（/）、乘方（^）、百分比（％）等运算。

2. 比较运算符

比较运算符可用来完成两个运算对象的比较，并使用公式让返回的结果为逻辑值 True(真)或 False(假)。比较运算符包括：＞、＜、＞＝、＜＝、不等于（＜＞）、等于（＝）。

3. 文本运算符

主要用来加入或连接一个或更多文本字符串，以便产生一串文本。要连接几个文本内容，必须使用文本运算符"＆"。例如"计算机"＆"科学技术系"表达式的结果是"计算机科学技术系"。

4. 引用运算符

使用引用运算符可以将单元格区域合并计算。引用运算符包括：

冒号（:）:区域运算符，产生对包括两个引用之间的所有单元格的引用。例如 A3:A8 表示引用从 A3 到 A8 单元格中的数据。

逗号（,）:联合运算符，将多个引用合并为一个引用。例如 SUM(A3,B4,C5)表示计算 A3＋B4＋C5。

空格（　）:交叉运算符，表示几个单元格区域所共有的那些单元格。B6:D8 C6:C8 表示两个单元格区域共有的单元格区域 C6:C8。

5. 公式的运算规则

在 Excel 中使用公式时要在表达式的开头加一个等号"＝"，Excel 是用"＝"来识别公式的。比如将"＝4＋8＊3"输入单元格，Excel 就知道是要进行计算，按【Enter】键后计算结果就会显示在单元格中。

在 Excel 中不仅可以输入常数进行计算，也可以引用单元格地址进行计算，如输入"＝A3＋D5＊4"，就是将 A3 单元格中的数值与 D5 单元格的数值乘以 4 后相加。

3.2.2　公式的编辑

1. 输入公式

了解了以上的基础知识后，就可以输入公式进行简单计算了，输入公式的操作类似于输入文本，用户既可以在编辑栏中输入公式，也可以在单元格中直接输入公式。

在单元格中输入公式的步骤是：

①单击要输入公式的单元格。

②在单元格中输入等号和公式。

③按【Enter】键或者单击编辑栏中的"输入"按钮。

在编辑栏中输入公式的操作步骤如下：

①单击要输入公式的单元格。

②单击编辑栏，在编辑栏中输入等号，接着输入公式的内容及运算符。

③按【Enter】键或者单击编辑栏中的"输入"按钮。

例，在 F3 单元格输入"＝D3＋E3"得到结果如图 4-51 所示。

	员工编号	姓名	部门	基本工资	岗位津贴	应发工资	扣发项	实发工资
				员工工资统计表				
3	10001	张一一	办公室	￥2,400.0	￥1,000.0	￥3,400.0	￥50.0	
4	10002	李小伟	人力资源部	￥2,200.0	￥900.0		￥40.0	
5	10003	赵成成	销售部	￥2,000.0	￥1,000.0		￥40.0	
6	10004	王婷婷	工程部	￥1,800.0	￥600.0		￥35.0	
7	10005	徐磊	办公室	￥1,800.0	￥500.0		￥35.0	
8	10006	李佳佳	销售部	￥1,500.0	￥600.0		￥20.0	
9	10007	丁小华	工程部	￥2,000.0	￥800.0		￥20.0	
10	10008	岳 张	销售部	￥1,800.0	￥800.0		￥25.0	
11	10009	李 华	销售部	￥1,600.0	￥750.0		￥30.0	
12	10010	成 亮	销售部	￥1,500.0	￥500.0		￥20.0	
13	10011	李艳艳	人力资源部	￥1,700.0	￥600.0		￥20.0	
14								
15		总计人数						
16		最高工资						
17		最低工资						

图 4-51　公式的输入

2.编辑公式

当发现某个公式有错误时，用户可对其进行编辑，具体步骤如下：

①单击包含要修改公式的单元格。

②对公式中有错误的地方进行修改。

③编辑完成后，按【Enter】键即可。

3.移动和复制公式

有时候，用户会发现某一个表格的数据计算公式是一样的，这样可以通过移动和复制公式来进行快捷的公式计算。

如图 4-52 所示，表格中 F3 为 D3 和 E3 两个单元格数值之和，要把 F3 的公式应用到 F4、F5……几个单元格中，可以使用填充柄进行。方法是选定包含公式的单元格，拖动填充柄，使之覆盖需要填充的区域。

	A	B	C	D	E	F	G	H	I
1				员工工资统计表					
2	员工编号	姓名	部门	基本工资	岗位津贴	应发工资	扣发项	实发工资	
3	10001	张一一	办公室	￥2,400.0	￥1,000.0	￥3,400.0	￥50.0		
4	10002	李小伟	人力资源部	￥2,200.0	￥900.0	￥3,100.0	￥40.0		
5	10003	赵成成	销售部	￥2,000.0	￥1,000.0	￥3,000.0	￥40.0		
6	10004	王婷婷	工程部	￥1,800.0	￥600.0	￥2,400.0	￥35.0		
7	10005	徐磊	办公室	￥1,800.0	￥500.0	￥2,300.0	￥35.0		
8	10006	李佳佳	销售部	￥1,500.0	￥600.0	￥2,100.0	￥20.0		
9	10007	丁小华	工程部	￥2,000.0	￥800.0	￥2,800.0	￥20.0		
10	10008	岳 张	销售部	￥1,800.0	￥800.0	￥2,600.0	￥25.0		
11	10009	李 华	销售部	￥1,600.0	￥750.0	￥2,350.0	￥30.0		
12	10010	成 亮	销售部	￥1,500.0	￥500.0	￥2,000.0	￥20.0		
13	10011	李艳艳	人力资源部	￥1,700.0	￥600.0	￥2,300.0	￥20.0		
14									
15		总计人数							
16		最高工资							
17		最低工资							

图 4-52 公式的复制

3.2.3 单元格引用

单元格引用是在公式和函数中使用引用来表示单元格中的数据。例如前面的例子中,在单元格 F3 中得到 D3 和 E3 两个单元格数值的和,是用公式"=D3+E3"来实现的。当 D3 或 E3 中的数值改变时,F3 的值会发生相应的改变,这就用到了单元格的引用。在 Excel 中,根据应用的需要采用"相对引用""绝对引用"和"混合引用"三种方法。

1. 相对引用

相对引用是指公式中的单元格地址会随着公式所在位置的改变而改变。例如将单元格 E3 中的公式"=B3+C3+D3"复制到 E5 时会变为"=B5+C5+D5"。

2. 绝对引用

绝对引用是指公式中的单元格地址不会随着单元格的地址改变而改变。创建绝对引用时,只需在引用行与列前插入"$"符号即可。绝对引用列采用 $A1、$B2 的形式,行采用 A$1、B$2 的形式。例如将单元格 E3 的公式"=$B$3+$C$3+$D$3"复制到单元格 E5 时会变为"=$B$3+$C$3+$D$3"。

3. 混合引用

混合引用是指在一个单元格引用中,既有绝对引用,同时也有相对引用。当含有混合引用公式的单元格因插入、复制等原因引起行、列引用的变化,公式中相对引用部分随公式位置的变化而变化,而绝对引用部分不发生改变。例如将单元格 E3 的公式改为 =$B3+$C3+$D3,然后将公式复制到单元格 E5 时,其结果会变为 =$B5+$C5+$D5。

注意:复制公式时,单元格的引用将根据所用的引用方式发生变化。

3.2.4 Excel 中函数的输入

1. 直接输入函数

与输入公式一样,在单元格中也可以键入任何函数。如果能够记住函数的参数,直接从键盘输入函数是最快的方法。操作步骤如下：

①双击要输入函数的单元格。

②输入等号"="；然后输入函数名（如求总计人数）COUNT 和左括号；选定要引用的单元格或区域，此时所引用的单元格或区域的名称会出现在左括号后面；输入右括号。

③按回车键，即可在单元格式中显示公式的结果，如图 4-53 所示。

员工编号	姓名	部门	基本工资	岗位津贴	应发工资	扣发项	实发工资
			员工工资统计表				
10001	张一一	办公室	￥2,400.0	￥1,000.0	￥3,400.0	￥50.0	
10002	李小伟	人力资源部	￥2,200.0	￥900.0	￥3,100.0	￥40.0	
10003	赵成成	销售部	￥2,000.0	￥1,000.0	￥3,000.0	￥40.0	
10004	王婷婷	工程部	￥1,800.0	￥600.0	￥2,400.0	￥35.0	
10005	徐磊	办公室	￥1,800.0	￥500.0	￥2,300.0	￥35.0	
10006	李佳佳	销售部	￥1,500.0	￥600.0	￥2,100.0	￥20.0	
10007	丁小华	工程部	￥2,000.0	￥800.0	￥2,800.0	￥20.0	
10008	岳 张	销售部	￥1,800.0	￥800.0	￥2,600.0	￥25.0	
10009	李 华	销售部	￥1,600.0	￥750.0	￥2,350.0	￥30.0	
10010	成 亮	销售部	￥1,500.0	￥500.0	￥2,000.0	￥20.0	
10011	李艳艳	人力资源部	￥1,700.0	￥600.0	￥2,300.0	￥20.0	

总计人数 =count(A3:A13
最高工资
最低工资 COUNT(value1, [value2], ...)

图 4-53　直接输入函数

2.使用"函数"下拉列表输入函数

使用"函数"下拉列表输入函数的操作步骤如下：

①选定要输入函数的单元格。

②在编辑栏中输入等号"="。单击编辑栏左侧的"插入函数"按钮图，弹出"插入函数"对话框，如图 4-54 所示。在该对话框中，可以搜索用户所需要的函数，或者在"或选择类别"下拉列表中选择所需的类别，再在"选择函数"列表框中选择需要的函数。

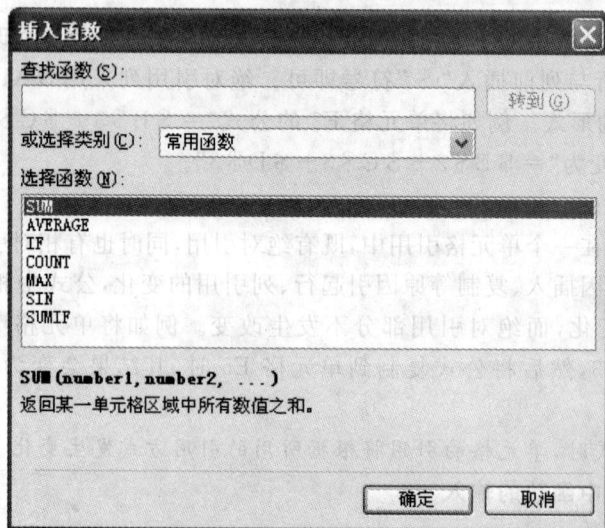

图 4-54　"插入函数"对话框

　　③单击"确定"按钮,打开"函数参数"对话框。在参数框中直接输入数值、引用单元格或单元格区域的名称,或单击此对话框中的按钮，在工作表中选定引用的单元格或单元格区域。

　　④单击"确定"按钮即可。

3.2.5　常用函数操作介绍

1.自动求和

自动求和的步骤如下:

①选定求和结果所在的单元格。

②单击"常用"工具栏中的"自动求和"按钮，系统会自动出现求和函数以及求和的数据区域,如图 4-55 所示。

③按【Enter】键即可。

	A	B	C	D	E	F	G	H	I
1				员工工资统计表					
2	员工编号	姓名	部门	基本工资	岗位津贴	应发工资	扣发项	实发工资	
3	10001	张一一	办公室	￥2,400.0	￥1,000.0	￥3,400.0	￥50.0		
4	10002	李小伟	人力资源部	￥2,200.0	￥900.0	￥3,100.0	￥40.0		
5	10003	赵成成	销售部	￥2,000.0	￥1,000.0	￥3,000.0	￥40.0		
6	10004	王婷婷	工程部	￥1,800.0	￥600.0	￥2,400.0	￥35.0		
7	10005	徐磊	办公室	￥1,800.0	￥500.0	￥2,300.0	￥35.0		
8	10006	李佳佳	销售部	￥1,500.0	￥600.0	￥2,100.0	￥20.0		
9	10007	丁小华	工程部	￥2,000.0	￥800.0	￥2,800.0	￥20.0		
10	10008	岳张	销售部	￥1,800.0	￥800.0	￥2,600.0	￥25.0		
11	10009	李华	销售部	￥1,600.0	￥750.0	￥2,350.0	￥30.0		
12	10010	成亮	销售部	￥1,500.0	￥500.0	￥2,000.0	￥20.0		
13	10011	李艳艳	人力资源部	￥1,700.0	￥600.0	￥2,300.0	￥20.0		
14			总计	=SUM(D3:D13)					
15		总计人数	11						
16		最高工资							
17		最低工资							

图 4-55　自动求和

2.最大值

①选定最高工资结果所在的单元格。

②单击"插入"|"函数"菜单,打开"插入函数"对话框,如图 4-56 所示。选择最大值函数 MAX。

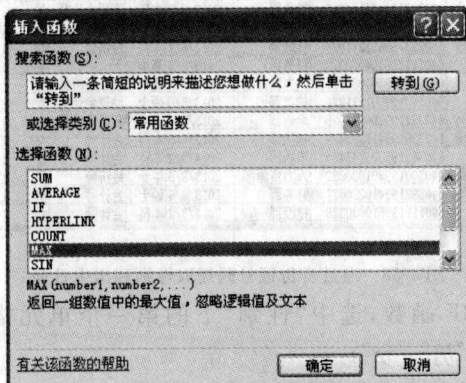

图 4-56　选择 MAX 函数

③打开“函数参数”对话框，如图 4-57 所示。参数值中的 Number1 代表要取最大值的数据的范围。现在要取应发工资的最大值，选择取值范围为 F3:F13，单击“确定”后得到最高应发工资值。

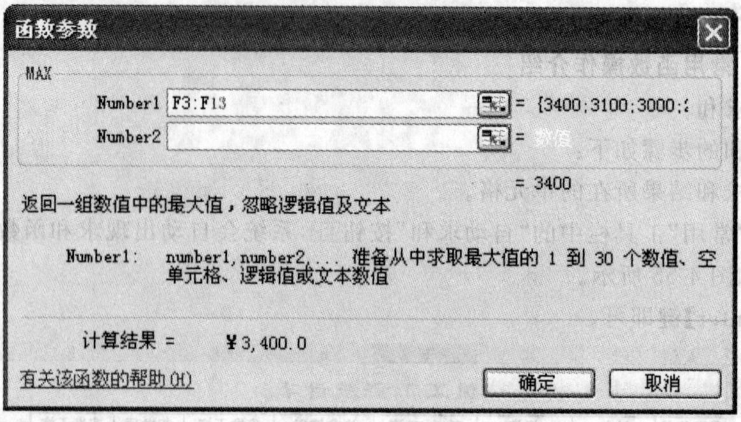

图 4-57 “函数参数”对话框

提示：如果不想确定取值范围可以在 Number1 和 Number2 中自行输入数值进行比较。

3. 利用函数通过身份证号码提取性别、出生日期

通过如图 4-58 所示的身份证号码提取性别和出生日期，实现的步骤如下：

利源公司员工基本信息表

编号	姓名	身份证号码	部门	入职时间	学历	职称	性别	出生日期
KY01	王飞	640202199404300012	人力资源部	2012/7/5	大专	高级经济师	男	1994-04-30
KY02	张楠	640221199402023045	物流部	2013/8/6	硕士	经济师	女	1994-02-02
KY03	徐瑞	640122199410250023	行政部	2014/3/2	本科	助理会计师	女	1994-10-25
KY04	王云	340123199307187180	培训部	2013/8/6	本科	高级会计师	女	1993-07-18
KY05	赵怡婷	640522199504031624	财务部	2014/3/2	硕士	高级会计师	女	1995-04-03
KY06	鲍佳贤	640111199405172148	财务部	2012/7/5	本科	高级经济师	女	1994-05-17
KY07	谭江伟	412722199502201570	培训部	2014/3/2	硕士	助理会计师	男	1995-02-20
KY08	宋丽娟	640121199401293121	物流部	2012/7/5	本科	高级会计师	女	1994-01-29
KY09	王欣	360124199412210645	物业部	2014/3/2	大专	工程师	女	1994-12-21
KY10	轩宗美	130221199409205523	物流部	2014/3/2	本科	高级经济师	女	1994-09-20
KY11	张桦	620503199207205744	财务部	2013/8/6	大专	高级会计师	女	1992-07-20
KY12	邵海棠	640321199306041728	人力资源部	2014/3/2	本科	经济师	女	1993-06-04
KY13	马荣	642221199303010906	行政部	2014/3/2	硕士	高级会计师	女	1993-03-01
KY14	杨梅	640322199210130626	物流部	2014/3/2	大专	高级经济师	女	1992-10-13
KY15	杨海红	640324199407082624	培训部	2012/7/5	硕士	工程师	女	1994-07-08
KY16	吴凡过	642223199410281026	市场部	2012/6/7	大专	会计师	女	1994-10-28
KY17	牛璐	152822199408141526	财务部	2014/3/2	本科	经济师	女	1994-08-14
KY18	闫维慧	640121199311023128	财务部	2012/6/7	本科	工程师	女	1993-11-02
KY19	杨鹏	640382199402194313	财务部	2012/7/5	本科	高级会计师	男	1994-02-19
KY20	吴燕	640321199412061140	行政部	2014/3/2	高中	高级经济师	女	1994-12-06
KY21	王倩茹	640223199411271020	行政部	2012/6/7	本科	经济师	女	1994-11-27
KY22	马瑞	640111199404060929	财务部	2013/8/6	高中	无	女	1994-04-06
KY23	金雪	640111199301080927	人力资源部	2014/3/2	高中	高级经济师	女	1993-01-08
KY24	张璐	640103199501211821	物流部	2013/8/6	硕士	助理会计师	女	1995-01-21
KY25	倪佳兴	640381199206070026	培训部	2013/8/6	高中	高级会计师	女	1992-06-07
KY26	任瑜瑜	142326199410231420	物流部	2012/7/5	本科	会计师	女	1994-10-23
KY27	王静	640382199309243424	市场部	2014/3/2	本科	会计师	女	1993-09-24
KY28	陈小军	640300199301030032	人力资源部	2013/8/6	中专	经济师	男	1993-01-03
KY29	张利明	640382199410250637	财务部	2013/8/6	硕士	会计师	男	1994-10-25
KY30	刘欣	640111199510030328	物流部	2014/3/2	本科	会计师	女	1995-10-03

图 4-58 通过身份证号码提取性别和出生日期

①性别的提取使用 IF 函数，选中“性别”下的第一个单元格：输入公式＝IF(MOD(MID(C3,17,1),2)＝1,″男″,″女″)。

提示：提示：IF 函数表达式：＝IF(条件表达式，符合条件时返回的值，不符合条件时

返回的值),该函数的功能作用是执行真假值的逻辑判断,根据逻辑条件真假值,返回不同的结果。

②出生日期的提取使用 MID 函数,选中"出生日期"下的第一个单元格:输入公式＝MID(C3,7,4)&"−"&MID(C3,11,2)&"−"&MID(C3,13,2)。

提示:MID 返回文本字符串中从指定位置开始的特定数目的字符,该数目由用户指定。函数表达式:MID(text,start_num,num_chars)

text 是包含要提取字符的文本字符串。

start_num 是文本中要提取的第一个字符的位置。文本中第一个字符的 start_num 为 1,依此类推。

num_chars 指定希望 MID 从文本中返回字符的个数。

说明:

- 如果 start_num 大于文本长度,则 MID 返回空文本("")。
- 如果 start_num 小于文本长度,但 start_num 加上 num_chars 超过了文本的长度,则 MID 只返回至多直到文本末尾的字符。
- 如果 start_num 小于 1,则 MID 返回错误值＃VALUE!。
- 如果 num_chars 是负数,则 MID 返回错误值＃VALUE!。

3.2.6 输入时常显示的错误提示信息

输入计算公式之后,经常会因为输入错误,使系统"看不懂"公式,使得在单元格中显示错误信息。下面列出了一些常见的错误信息、可能发生的原因以及解决的方法。

1.＃＃＃＃＃

错误原因:输入到单元格中的数值太长或公式产生的结果太长,单元格内容容纳不下,将产生错误值＃＃＃＃＃。

解决方法:适当增加列的宽度。

2.＃DIV/0!

错误原因:当公式被 0(零)除时,将产生错误值＃DIV/0!。

解决方法:修改单元格引用,或者在用作除数的单元格中输入不为零的值。

3.＃N/A

错误原因:当在函数或公式中没有可用的数值时,将产生错误值＃N/A。

解决方法:如果工作表中某些单元格暂时没有数值,请在这些单元格中键入＃N/A,公式在引用这些单元格时,将不进行数值计算,而是返回＃N/A。

4.＃NAME!

错误原因:在公式中使用了 Microsoft Excel 不能识别的文本时。

解决方法:确认使用的名称确实存在。如果所需的名称没有被列出,请添加相应的名称。如果名称存在拼写错误,请修改名称拼写。

5.＃NULL!

错误原因:当试图为两个不相交的区域指定交叉点时,将产生错误值＃NULL!。

解决方法:如果要引用两个不相交的区域,请使用联合运算符(逗号)。

6. ＃NUM!

错误原因：当公式或函数中某些数字有问题时，将产生错误值＃NUM!。

解决方法：检查数字是否超出限定区域，确认函数中使用的参数类型正确。

7. ＃REF!

错误原因：当单元格引用无效时，将产生错误值＃REF!。

解决方法：更改公式；在删除或粘贴单元格之后立即单击"撤销"按钮以恢复工作表中的单元格。

8. ＃VALUE!

错误原因：当使用错误的参数或运算对象类型时，或当自动更正公式功能不能更正公式时，将产生错误值＃VALUE!。

解决方法：确认公式或函数所需的运算符或参数正确，并且公式引用的单元格中包含有效的数值。

3.3 任务实施

1. 创建工资统计表

创建如图 4-50 所示的员工工资统计表并保存。

2. 应用公式

（1）计算"张一一"的应发工资。

操作步骤如下：

①选定单元格 F3，输入等号。

②单击 D3 单元格，等号后出现 D3，输入加号。

③单击 E3 单元格。

④输完公式后，按【Enter】结束。

（2）公式复制（计算其他员工的应发工资）

操作步骤如下：

①鼠标指向 F3 单元格右下角的填充柄上，按住鼠标左键并向下拖动到单元格 F13。

②松开鼠标左键，公式被复制。其他员工应发工资单元格的内容均发生了改变。如单元格 F6，原公式变为＝D6+E6，其他单元格也是同样的道理。

（3）计算每个员工的实发工资。实发工资＝应发工资－扣发项。如上述步骤方法输入计算公式。

（3）函数应用

（1）求员工总人数。选定单元格 C15，计算员工人数。员工人数是一个统计数，所以要用到计数函数（COUNT）。

（2）求实发工资中的最高工资和最低工资额。

操作步骤如下：

①选定单元格 C16，单击"常用"工具栏中的"插入函数"按钮，弹出如图 4-56 所示的"插入函数"对话框，选择"选择函数"列表框中的"MAX"选项，单击"确定"按钮。

②在弹出的"函数参数"对话框中，单击"折叠"按钮，折叠"函数参数"对话框，拖动十字鼠标，选择参加运算的单元格（在此处参加运算的单元格区域是 H3：H13），再单击"还原"按钮，回到"函数参数"对话框，单击"确定"按钮，计算出实发工资的最高额。

③求实发工资的最低额，步骤参照求最高额的方法，函数选择"MIN"函数。

④单击工具栏上的"保存"按钮，保存文件。工资统计结果如图 4-59 所示。

员工编号	姓名	部门	基本工资	岗位津贴	应发工资	扣发项	实发工资
10001	张一一	办公室	￥2,400.0	￥1,000.0	￥3,400.0	￥50.0	￥3,350.0
10002	李小伟	人力资源部	￥2,200.0	￥900.0	￥3,100.0	￥40.0	￥3,060.0
10003	赵成成	销售部	￥2,000.0	￥1,000.0	￥3,000.0	￥40.0	￥2,960.0
10004	王婷婷	工程部	￥1,800.0	￥600.0	￥2,400.0	￥35.0	￥2,365.0
10005	徐磊	办公室	￥1,800.0	￥500.0	￥2,300.0	￥35.0	￥2,265.0
10006	李佳佳	销售部	￥1,500.0	￥600.0	￥2,100.0	￥20.0	￥2,080.0
10007	丁小华	工程部	￥2,000.0	￥800.0	￥2,800.0	￥20.0	￥2,780.0
10008	岳张	销售部	￥1,800.0	￥800.0	￥2,600.0	￥25.0	￥2,575.0
10009	李华	销售部	￥1,600.0	￥750.0	￥2,350.0	￥30.0	￥2,320.0
10010	成亮	销售部	￥1,500.0	￥500.0	￥2,000.0	￥20.0	￥1,980.0
10011	李艳艳	人力资源部	￥1,700.0	￥600.0	￥2,300.0	￥20.0	￥2,280.0
	总计人数	11					
实发工资	最高工资	￥3,350.0					
	最低工资	￥1,980.0					

图 4-59　统计结果

任务小结：（1）Excel 工作表除了能进行基本的数学运算外，还提供公式和函数运算。（2）Excel 软件广泛应用于财务、金融、统计等多个行业领域也是由于强大的函数运算能力，除了常用函数它还包括了很多专业领域函数，如：财务函数、统计函数等等。（3）作为一门基础知识用书，本任务未涉及更为复杂的函数，掌握基础的知识后就会更容易领会和学习其他更深的知识。

3.4　实战训练

【实训内容】

在已经建立好的"学生成绩表"工作簿的学生成绩表中完成如下的任务。

1.公式应用

（1）用公式输入的方法计算"王民"的总分；

（2）用公式复制的方法计算其他同学的总分。

2.函数应用

（1）求每个学生每门课程的平均成绩；

（2）求各科成绩的最高分、最低分；

（3）统计参加考试人数。

实训结果如图 4-60 所示。

	A	B	C	D	E	F	G	H	I	J
1					计算机班学生成绩表					
2		姓　名	数据结构	组成原理	计算机基础	组装与维修	总分	平均分		
3		王　民	65	73	49	64	251	62.75		
4		许　玉	92	90	95	90	367	91.75		
5		李丽丽	76	89	75	80	320	80		
6		赵　娟	78	90	80	67	315	78.75		
7		刘美丽	69	70	75	78	292	73		
8		吴　刚	86	85	93	96	360	90		
9		林国真	90	96	89	92	367	91.75		
10		刘朝阳	75	67	66	72	280	70		
11										
12		考试人数	8							
13	各科	最高分	92	96	95	96				
14		最低分	65	67	49	64				
15										
16										
17										

图 4-60　学生成绩函数计算

任务 4　处理分析员工工资统计表数据

4.1　工作任务及分析

1.任务描述

人力资源部想根据图 4-61 所示的员工工资统计表对公司职员的整体工资状况做一些数据分析,要求如下:

	A	B	C	D	E	F	G	H
1				员工工资统计表				
2	员工编号	姓名	部门	基本工资	岗位津贴	应发工资	扣发项	实发工资
3	10001	张一一	办公室	￥2,400.0	￥1,000.0	￥3,400.0	￥50.0	￥3,350.0
4	10002	李小伟	人力资源部	￥2,200.0	￥900.0	￥3,100.0	￥40.0	￥3,060.0
5	10003	赵成成	销售部	￥2,000.0	￥1,000.0	￥3,000.0	￥40.0	￥2,960.0
6	10004	王婷婷	工程部	￥1,800.0	￥600.0	￥2,400.0	￥35.0	￥2,365.0
7	10005	徐磊	办公室	￥1,800.0	￥500.0	￥2,300.0	￥35.0	￥2,265.0
8	10006	李佳佳	销售部	￥1,500.0	￥600.0	￥2,100.0	￥20.0	￥2,080.0
9	10007	丁小华	工程部	￥2,000.0	￥800.0	￥2,800.0	￥20.0	￥2,780.0
10	10008	岳　张	销售部	￥1,800.0	￥800.0	￥2,600.0	￥25.0	￥2,575.0
11	10009	李　华	销售部	￥1,600.0	￥750.0	￥2,350.0	￥30.0	￥2,320.0
12	10010	成　亮	销售部	￥1,500.0	￥500.0	￥2,000.0	￥20.0	￥1,980.0
13	10011	李艳艳	人力资源部	￥1,700.0	￥600.0	￥2,300.0	￥20.0	￥2,280.0
14								

图 4-61　员工工资统计表

(1)员工应发工资从大到小排列顺序;

(2)"人力资源部"的所有工作人员的工资情况;

(3)应发工资额在 2500～3000 元的员工;

(4)统计工资表 中各部门的基本工资、岗位津贴和实发工资的平均值;

(5)对工资表进行数据透视分析,主要了解实发工资的具体情况。

2.任务分析

Excel具有很强大的数据分析处理功能,这些功能可以对数据进行排序、筛选、合并计算、分类汇总、数据透视等。

4.2 知识与技能

Excel不仅可以制作普通表格,而且可以输入数据清单,并对数据清单进行排序、筛选、分类汇总,还可以对数据清单分析数据,创建数据透视表和数据透视图等。

4.2.1 数据清单

在Excel中,数据的管理模式与数据库文件相似,但又有所区别。Excel的数据管理模式称为数据清单,当用户对数据清单进行某项操作时,Excel会将它当作数据库来对工作表的数据进行处理。

1.创建数据清单

在工作表中创建数据清单时应注意以下几点:

(1)每个工作表仅使用一个数据清单。

(2)工作表数据清单与其他数据间至少留出一个空行或一个空列。

(3)不要将关键数据放到数据清单的左右两侧,以免这些数据在筛选数据清单时被隐藏起来。

(4)在数据清单的第一行中创建列标志,Excel会使用这些标志查找和组织数据。

(5)在设计数据清单时,应使同一列中的各行有近似的数据项。

(6)在单元格的开始处不要插入多余的空格,以免影响排序和查找。

在工作表中创建数据清单的操作可以通过直接在工作表中输入数据来建立,也可以用菜单创建数据清单。用菜单创建数据清单的操作步骤如下:

①在工作表中选定要定义名称的单元格区域(包括清单列名称在内)。

②单击"插入"|"名称"|"定义"命令如图4-62所示,出现"定义名称"对话框,如图4-63所示。在"在当前工作簿中的名称"文本框中会自动显示清单名称,如"员工工资统计表"。

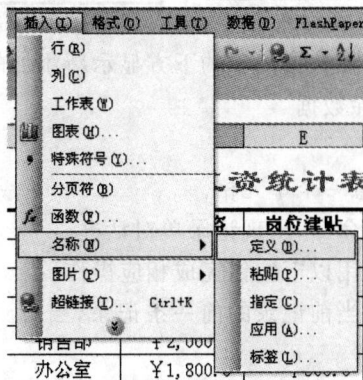

图4-62 选定要定义名称的区域

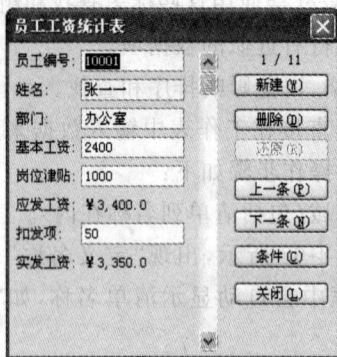

图 4-63　"定义名称"对话框

③单击"确定"按钮即可。

2. 数据清单的编辑

用户可以直接在工作表中添加数据,但是如果数据清单比较大,最好在记录单中添加数据,操作步骤如下:

①单击数据清单中的任意一个单元格。

②单击"数据"|"记录单"命令,出现如图 4-64 所示的记录单对话框。

③单击"新建"按钮,弹出如图 4-65 所示对话框,Excel 显示一个空记录,在此记录单中输入新记录的值。如果要添加多行记录,则在输入完一项后按【Enter】键或者单击"新建"按钮,继续输入。

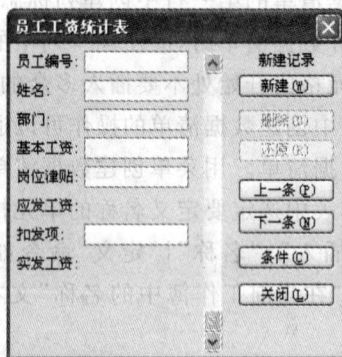

图 4-64　记录单对话框　　　　　图 4-65　新建记录对话框

④单击"关闭"按钮,即可在数据清单的下方显示新添加的记录。

3. 使用记录单修改或删除数据

操作步骤如下:

①单击数据清单中的任意一个单元格。

②单击"数据"|"记录单"命令,出现记录单对话框。

③在记录单对话框中,利用以下按钮完成相应操作:

上一条:显示数据清单中当前记录的前一条记录,当看到要修改的记录后,在相应的文本框中进行修改。

下一条:显示数据清单中当前记录的下一条记录。

删除:删除记录单中显示的记录。

还原:取消对当前记录的修改。

4.用记录单查找数据

操作步骤如下：

①单击数据清单中的任意一个单元格。

②单击"数据"|"记录单"命令，出现记录单对话框。

③单击"条件"按钮，在相应的文本框中输入条件，

④单击"上一条"按钮或者"下一条"按钮，即可在对话框中显示符合条件的记录。

4.2.2　数据排序和筛选工作表中数据

1.数据的排序

数据的排序是指将一组数据按一定的顺序，比如由小到大（升序）或由大到小（降序）来排列工作表的行。排序不会改变每一行本身的内容。

（1）根据单列进行排序。选中要排序的列标题，单击工具栏上的"升序排序"按钮 （"降序排序"按钮 ），该列数据的类型将按升序（降序）排列。

（2）按多列进行排序。操作步骤如下：

①选定要排序的数据区域；如果对整个数据清单排序，可以选择需要排序的数据清单中的任一单元格。

②单击"数据"|"排序"菜单，弹出"排序"对话框。在对话框中，有三个关键字设定框：主要关键字、次要关键字和第三关键字。若仅使用一个或两个排序关键字，则其他关键字设定框内容为空即可。单击"升序"或"降序"选项，确定排序的方式，如图4-66所示。

③单击"确定"按钮即可。

在"排序"对话框的底部有两个单选钮："有标题行"和"无标题行"。前者表示排序后的数据清单保留字段名行，后者表示排序后的数据清单删除了原来的字段名行。如果对排序还有一些特别的要求，单击"选项"按钮，弹出"排序选项"对话框，如图4-67所示，可以根据需要进行设置。

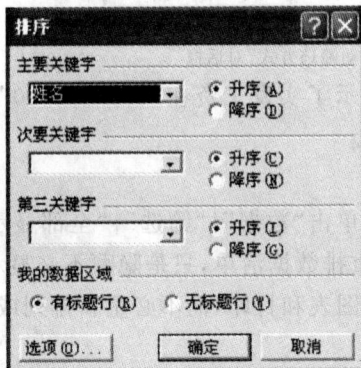

图4-66　"排序"对话框　　　图4-67　"排序选项"对话框

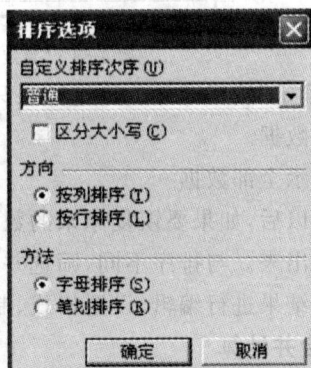

2.数据筛选

Excel的数据筛选功能是将符合条件的数据显示出来，不符合条件的数据隐藏起来。应用这一功能，用户能够在大量数据中很容易地查找到自己想要的数据。筛选数据清单可以快速寻找和使用数据清单中的数据记录，并且隐藏其他的信息而只显示筛选结果。

Excel提供了"自动筛选"和"高级筛选"功能，通常"自动筛选"功能能够满足大部分

用户的需要。例如要将如图 4-61 所示的"员工工资统计表"中"实发工资"在"2000～2500"的员工筛选出来。操作步骤如下：

①打开"员工工资统计表"，单击表格中任意一个单元格。

②单击"数据"|"筛选"|"自动筛选"命令。在表格中的每一项字段单元格的右侧出现一个下拉箭头，单击"实发工资"单元格右侧的下拉箭头，如图 4-68 所示。

员工编	姓名	部门	基本工资	岗位津贴	应发工资	扣发项	实发工资
10001	张一一	办公室	￥2,400.0	￥1,000.0	￥3,400.0	￥50.0	￥3,350.0
10002	李小伟	人力资源部	￥2,200.0	￥900.0	￥3,100.0	￥40.0	￥3,060.0
10003	赵成成	销售部	￥2,000.0	￥1,000.0	￥3,000.0	￥40.0	￥2,960.0
10004	王婷婷	工程部	￥1,800.0	￥600.0	￥2,400.0	￥35.0	￥2,365.0
10005	徐磊	办公室	￥1,800.0	￥500.0	￥2,300.0	￥35.0	￥2,265.0
10006	李佳佳	销售部	￥1,500.0	￥600.0	￥2,100.0	￥20.0	￥2,080.0
10007	丁小华	工程部	￥2,000.0	￥800.0	￥2,800.0	￥20.0	￥2,780.0
10008	岳张	销售部	￥1,800.0	￥800.0	￥2,600.0	￥25.0	￥2,575.0
10009	李华	销售部	￥1,600.0	￥750.0	￥2,350.0	￥30.0	￥2,320.0
10010	成亮	销售部	￥1,500.0	￥500.0	￥2,000.0	￥20.0	￥1,980.0
10011	李艳艳	人力资源部	￥1,700.0	￥600.0	￥2,300.0	￥20.0	￥2,280.0

图 4-68　筛选数据

③单击下拉列表框中的"自定义…"选项，出现"自定义自动筛选方式"对话框。如图 4-69 所示，在该对话框中设置筛选条件。

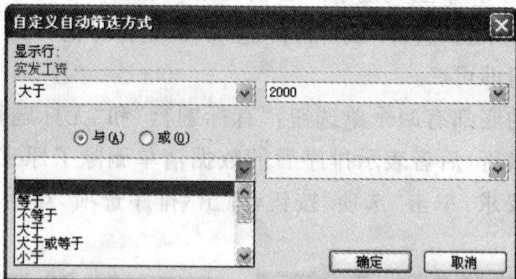

图 4-69　"自定义自动筛选方式"对话框

④单击"确定"按钮即可。筛选结果只显示了实发工资在"2000～2500"的员工信息，而隐藏了其他数据。

3. 恢复显示全部数据

筛选完毕以后，如果要恢复原来的数据，单击"数据"|"筛选"|"全部显示"命令，全部数据便又显示出来。与排序不同，筛选并不重排数据清单，只是隐藏不必显示的行。用户可以对筛选的结果进行编辑、设置格式、制作图表和打印，而不必重新排列或移动。

4.2.3　合并计算

在实际工作中，经常需要将一些分散的数据或多张表的数据汇总合并到一起，得到一张新的工作表。Excel 2003 提供了合并计算的功能，可完成这些汇总工作。

合并计算是指通过合并计算的方法来汇总一个或多个源区中的数据。Excel 提供了两种合并计算数据的方法。一是通过位置，即当源区域有相同位置的数据的汇总方式。二是按分类，当源区域没有相同的布局时，则采用分类方式进行汇总。

1.按位置合并计算

如果所有源区域的数据按同样的顺序和位置进行排列,则可以按位置进行合并计算。

下面举例说明,观察图 4-70,工作表中分别列出了某电器公司第一季度、第二季度的销售情况。现在可以通过合并计算的方法求出上半年的销售情况。这两张表格的格式相同,可通过按位置合并计算的方法。按位置合并计算的操作步骤如下:

图 4-70 按位置合并表

①在当前工作表的两张表格下方的空白处,任选一单元格,例如 A18 作为数据目标区域。

②单击"数据"|"合并计算"命令,弹出如图 4-71 所示的"合并计算"对话框。

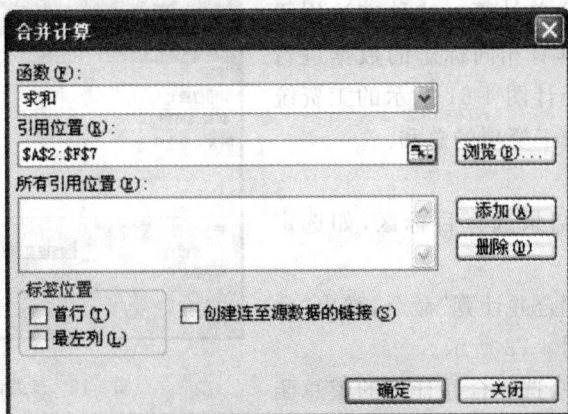

图 4-71 "合并计算"对话框

③在"函数"列表框中选定合并计算的方法,如使用默认的"求和"选项。

④单击"引用位置"框中的折叠按钮,然后选定第一季度数据所在的区域 A2:F7,再单击"还原"按钮。返回到"合并计算"对话框。

⑤单击"添加"按钮,将区域添加到引用位置列表框。

⑥对第二季度的数据重复上述操作。

⑦在"标签位置"选项框中,勾选指示标签复选框:"首行""最左列"。

⑧单击"确定"按钮,返回到工作表。合并计算结果如图 4-72 所示。

图 4-72　按位置合并计算结果

2.按分类合并计算

如果要汇总计算的表格有一组相同的行和列标志，但以不同的方式组织数据，可以按表格的分类来进行合并计算。这种方法用于对每一张工作表中具有相同标志的数据进行合并计算。例如要统计图 4-61 所示的工资统计表中各部门的各个工资项的总和。

操作步骤如下：

①为合并计算结果选择目标区，如选定 C15 单元格。

②单击"数据"|"合并计算"命令，弹出"合并计算"对话框，如图 4-73 所示。

③在"函数"框中，选择合并计算的汇总函数，此处选择"求和"，要计算各工资项的和。

图 4-73　按类合并计算设置

④在"引用位置"框中，选择合并计算区域，本例中选择部门及各工资项。

⑤在"标签位置"选项框中，勾选指示标签。按部门对各工资项进行分类合并计算，故此处选择首行和最左列。

⑥单击"确定"按钮。合并计算结果如图 4-74 所示。

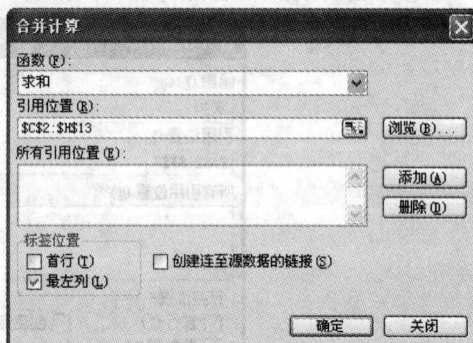

4.2.4　数据的分类汇总

1.分类汇总的概念及分类

分类汇总是指对数据库中的记录按类型分别进行分析和管理，是一种常用的数据处理方法。为保证分类汇总的正确性，在分类汇总前先要按照某列排序。

	员工编号	姓名	部门	基本工资	岗位津贴	应发工资	扣发项	实发工资
1	\multicolumn{8}{c}{员工工资统计表}							
2	员工编号	姓名	部门	基本工资	岗位津贴	应发工资	扣发项	实发工资
3	10001	张一一	办公室	￥2,400.0	￥1,000.0	￥3,400.0	￥50.0	￥3,350.0
4	10002	李小伟	人力资源部	￥2,200.0	￥900.0	￥3,100.0	￥40.0	￥3,060.0
5	10003	赵成成	销售部	￥2,000.0	￥1,000.0	￥3,000.0	￥40.0	￥2,960.0
6	10004	王婷婷	工程部	￥1,800.0	￥600.0	￥2,400.0	￥35.0	￥2,365.0
7	10005	徐磊	办公室	￥1,800.0	￥500.0	￥2,300.0	￥35.0	￥2,265.0
8	10006	李佳佳	销售部	￥1,500.0	￥600.0	￥2,100.0	￥20.0	￥2,080.0
9	10007	丁小华	工程部	￥2,000.0	￥800.0	￥2,800.0	￥20.0	￥2,780.0
10	10008	岳张	销售部	￥1,800.0	￥800.0	￥2,600.0	￥25.0	￥2,575.0
11	10009	李华	销售部	￥1,600.0	￥750.0	￥2,350.0	￥30.0	￥2,320.0
12	10010	成亮	销售部	￥1,500.0	￥500.0	￥2,000.0	￥20.0	￥1,980.0
13	10011	李艳艳	人力资源部	￥1,700.0	￥600.0	￥2,300.0	￥20.0	￥2,280.0

合并结果：

	基本工资	岗位津贴	应发工资	扣发项	实发工资
办公室	￥4,200.0	￥1,500.0	￥5,700.0	￥85.0	￥5,615.0
人力资源部	￥3,900.0	￥1,500.0	￥5,400.0	￥60.0	￥5,340.0
销售部	￥8,400.0	￥3,650.0	￥12,050.0	￥135.0	￥11,915.0
工程部	￥3,800.0	￥1,400.0	￥5,200.0	￥55.0	￥5,145.0

图 4-74　按类合并计算

分类汇总分为简单分类汇总、多重分类汇总、嵌套分类汇总。简单分类汇总主要用于对数据表中的某一列进行排序,然后进行分类汇总。多重分类汇总是对工作表中的某列数据按照两种或两种以上的汇总方式或汇总项进行汇总,多重分类汇总每次用的"分类字段"总是相同的,"汇总方式"或"汇总项"不同。嵌套分类汇总是指在一个已经建立了分类汇总的工作表中再进行另外一种分类汇总,两次分类汇总的分类字段是不相同的,在建立嵌套分类汇总前同样要先对工作表中需要进行分类汇总的字段进行排序,排序的主要关键字应该是第 1 级汇总关键字,排序的次要关键字应该是第 2 级汇总关键字。

2.创建分类汇总

分类汇总是指对数据库中的记录按类型分别进行分析和管理,是一种常用的数据处理方法。为保证分类汇总的正确性,在分类汇总前先要按照某列排序。下面就应用分类汇总的方法来计算"员工工资统计表"中各部门的基本工资、岗位津贴和实发工资的平均值。

操作步骤如下:

①选中表中"部门"列中的任意一个单元格,先进行升序排序。

②单击"数据"|"分类汇总"命令,弹出"分类汇总"对话框。对"分类汇总"对话框进行设置:在"分类字段"中选择"部门",在"汇总方式"中选择"平均值",在"选定汇总项"中选择"基本工资""岗位津贴"和"实发工资"。如图 4-75 所示。

③单击"确定"按钮,分类汇总完毕,结果如图 4-76 所示。

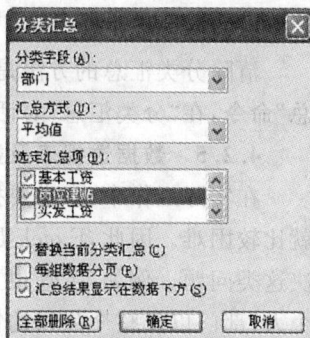

图 4-75　"分类汇总"对话框

1 2 3	A	B	C	D	E	F	G	H
1				员工工资统计表				
2	员工编号	姓名	部门	基本工资	岗位津贴	应发工资	扣发项	实发工资
3	10001	张一一	办公室	¥2,400.0	¥1,000.0	¥3,400.0	¥50.0	¥3,350.0
4	10005	徐磊	办公室	¥1,800.0	¥500.0	¥2,300.0	¥35.0	¥2,265.0
5			办公室 平均值	¥2,100.0	¥750.0			¥2,807.5
6	10004	王婷婷	工程部	¥1,800.0	¥600.0	¥2,400.0	¥35.0	¥2,365.0
7	10007	丁小华	工程部	¥2,000.0	¥800.0	¥2,800.0	¥20.0	¥2,780.0
8			工程部 平均值	¥1,900.0	¥700.0			¥2,572.5
9	10002	李小伟	人力资源部	¥2,200.0	¥900.0	¥3,100.0	¥40.0	¥3,060.0
10	10011	李艳艳	人力资源部	¥1,700.0	¥600.0	¥2,300.0	¥20.0	¥2,280.0
11			人力资源部 平均值	¥1,950.0	¥750.0			¥2,670.0
12	10003	赵成成	销售部	¥2,000.0	¥1,000.0	¥3,000.0	¥40.0	¥2,960.0
13	10006	李佳佳	销售部	¥1,500.0	¥600.0	¥2,100.0	¥20.0	¥2,080.0
14	10008	岳 张	销售部	¥1,800.0	¥800.0	¥2,600.0	¥25.0	¥2,575.0
15	10009	李 华	销售部	¥1,600.0	¥750.0	¥2,350.0	¥30.0	¥2,320.0
16	10010	成 亮	销售部	¥1,500.0	¥500.0	¥2,000.0	¥20.0	¥1,980.0
17			销售部 平均值	¥1,680.0	¥730.0			¥2,383.0
18			总计平均值	¥1,845.5	¥731.8			¥2,546.8
19								

图 4-76　汇总结果

④本题只要求求出各部门的平均值。可在分类汇总明细结果中,单击图 4-76 左侧分类级数中的 2,仅显示二级汇总结果,如图 4-77 所示。

1 2 3	A	B	C	D	E	F	G	H
1				员工工资统计表				
2	员工编号	姓名	部门	基本工资	岗位津贴	应发工资	扣发项	实发工资
5			办公室 平均值	¥2,100.0	¥750.0			¥2,807.5
8			工程部 平均值	¥1,900.0	¥700.0			¥2,572.5
11			人力资源部 平均值	¥1,950.0	¥750.0			¥2,670.0
17			销售部 平均值	¥1,680.0	¥730.0			¥2,383.0
18			总计平均值	¥1,845.5	¥731.8			¥2,546.8
19								

图 4-77　二级汇总结果

注意:①在分类汇总时,要分类汇总的数据库必须有字段名,即每一列的数据都要有列标题。②同类型的数据要连续,Excel 会根据列标题及连续的数据类型来创建数据组并计算总和。③对分类字段要进行排序。

3. 清除分类汇总

清除分类汇总的方法是选中分类汇总数据表中的任意单元格,单击"数据"|"分类汇总"命令,在"分类汇总"对话框中单击"全部删除"按钮,则数据表恢复到原始状态。

4.2.5　数据透视表及数据透视图

在实际工作中,常常要按多个字段进行数据的汇总,若要用分类汇总的方法进行处理就比较困难。因此,Excel 提供了一个强有力的工具——数据透视表(数据透视图)来解决这类问题。例如,主管想了解的是基本工资、岗位津贴和实发工资三个字段的最大值的个人、部门以及整个公司的情况时,就可以通过创建数据透视表(图)来完成。

1. 创建数据透视表

具体操作步骤如下:

①单击表格中的任一单元格,选中数据清单或选定数据源。

②单击"数据"|"数据透视表和数据透视图"命令,启动"数据透视表和数据透视图"向导。

③在向导的步骤1界面(如图4-78所示),选择"请指定待分析数据的数据源类型"为"Microsoft Office Excel 数据列表或数据库"(默认选项);选择"所需创建的报表类型"为"数据透视表"(默认选项),若需要建立数据透视图,选择"数据透视图(及数据透视表)"。单击"下一步"按钮。

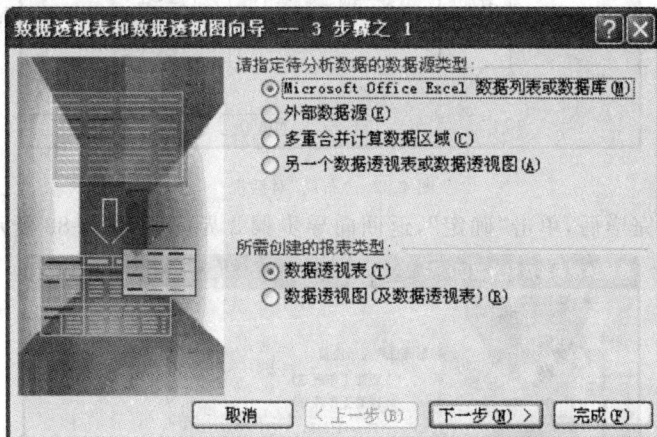

图 4-78 数据透视表向导步骤 1

④在向导的步骤2界面(如图4-79所示),选定要建立数据透视表的数据源区域,单击"下一步"按钮。

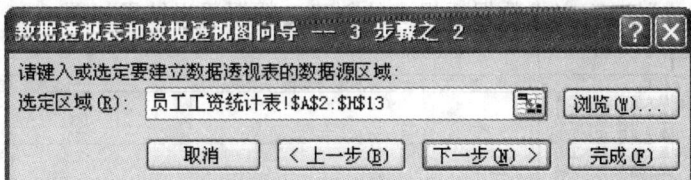

图 4-79 数据透视表向导步骤 2

⑤在向导的步骤3界面(如图4-80所示),选择数据透视表显示的位置。若选择现有工作表,需确定数据透视表存放的位置,单击按钮。

图 4-80 数据透视表向导步骤 3 之一

⑥在 Sheet1 中选定存放数据透视表的单元格。单击按钮,如图 4-81 所示。

图 4-81 数据透视表向导步骤 3 之二

⑦单击"布局"按钮,弹出"布局"对话框。在对话框右边以按钮形式列出了数据表的全部字段,分别将字段按钮拖入行、列位置,成为数据透视表的行、列标题;将汇总的字段拖入数据区;拖入页位置的字段将成为分页显示的依据,如图4-82所示。

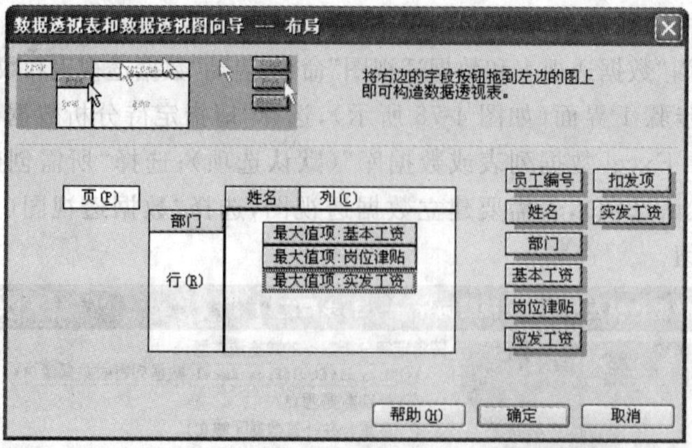

图 4-82 "布局"对话框

⑧布局设置完毕后，单击"确定"，返回向导步骤 3 界面，如图 4-83 所示。

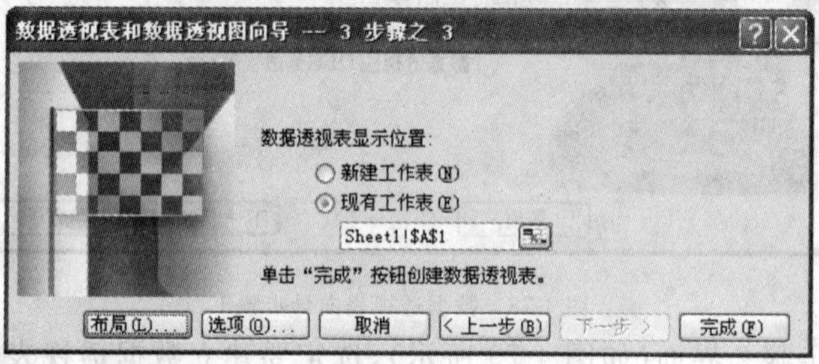

图 4-83 数据透视表向导 3 之三

⑨单击"完成"按钮，完成数据透视表的创建。数据透视结果如图 4-84 所示。

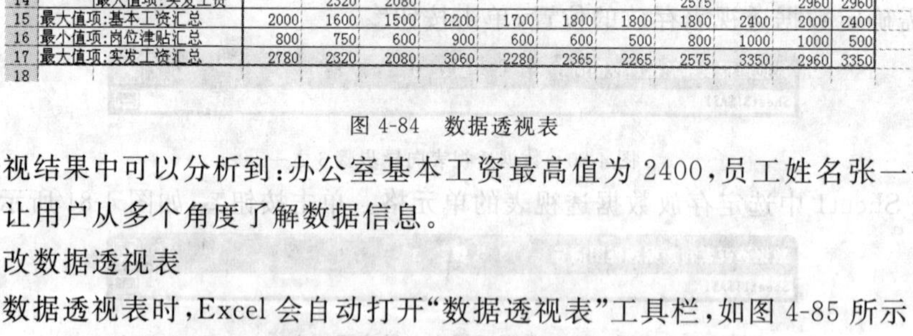

	A	B	D	E	F	G	H	I	J	K	L	M	N
1													
2	部门	数据	丁小华	李 华	李佳佳	李小伟	李艳艳	王婷婷	徐磊	岳	张	张一一	赵成成	总计
3	办公室	最大值项:基本工资						1800			2400		2400
4		最小值项:岗位津贴						500			1000		500
5		最大值项:实发工资						2265			3350		3350
6	工程部	最大值项:基本工资	2000				1800						2000
7		最小值项:岗位津贴	800				600						600
8		最大值项:实发工资	2780				2365						2780
9	人力资源	最大值项:基本工资				2200	1700						2200
10		最小值项:岗位津贴				900	600						600
11		最大值项:实发工资				3060	2280						3060
12	销售部	最大值项:基本工资		1600	1500				1800			2000	2000
13		最小值项:岗位津贴		750	600				800			1000	800
14		最大值项:实发工资		2320	2080				2575			2960	2960
15	最大值项:基本工资汇总		2000	1600	1500	2200	1700	1800	1800		2400	2000	2400
16	最小值项:岗位津贴汇总		800	750	600	900	600	600	500		800	1000	1000	500
17	最大值项:实发工资汇总		2780	2320	2080	3060	2280	2365	2265		2575	3350	2960	3350
18													

图 4-84 数据透视表

从透视结果中可以分析到:办公室基本工资最高值为 2400，员工姓名张一一。数据透视可以让用户从多个角度了解数据信息。

2. 修改数据透视表

创建数据透视表时，Excel 会自动打开"数据透视表"工具栏，如图 4-85 所示。也可以单击"视图"|"工具栏"|"数据透视表"命令打开该工具栏。

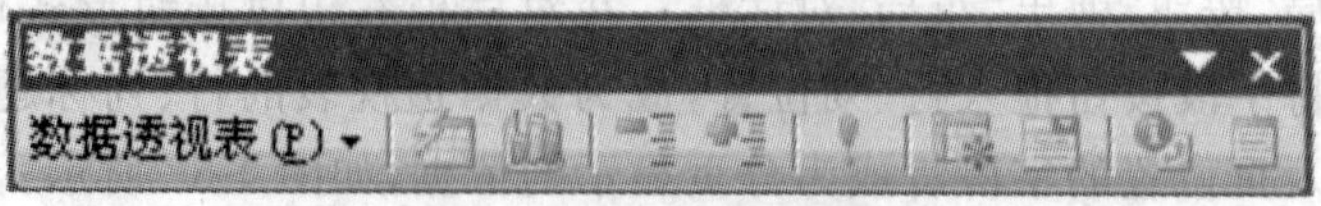

图 4-85 "数据透视表"工具栏

在"数据透视表"工具栏上,打开"数据透视表"列表,选择"数据透视表向导"选项可重新选择要创建的报表类型、待分配数据的数据源类型等,还可更新数据、定义计算公式、增减透视表中数据等。

思考:对上面的例题中只列出实发工资的最大值的汇总情况,如何操作?

3. 删除数据透视表

删除数据透视表可以按照下面的步骤操作:

①单击数据透视表。

②在"数据透视表"工具栏上,单击"数据透视表"|"选定"|"整张表格"命令。

③单击"编辑"|"清除"|"全部"命令,则数据表恢复到原始状态。

4.3 任务实施

1. 员工工资排序

使用"员工工资统计表"中的数据,以"基本工资"为主要关键字,"实发工资"为次要关键字,降序排序。结果如图 4-86 所示。

	员工编号	姓名	部门	基本工资	岗位津贴	应发工资	扣发项	实发工资
	10001	张一一	办公室	¥2,400.00	¥1,000.00	¥3,400.00	¥50.00	¥3,350.00
	10002	李小伟	人力资源部	¥2,200.00	¥900.00	¥3,100.00	¥40.00	¥3,060.00
	10003	赵成成	销售部	¥2,000.00	¥1,000.00	¥3,000.00	¥40.00	¥2,960.00
	10007	丁小华	工程部	¥2,000.00	¥800.00	¥2,800.00	¥20.00	¥2,780.00
	10008	岳张	销售部	¥1,800.00	¥800.00	¥2,600.00	¥25.00	¥2,575.00
	10004	王婷婷	工程部	¥1,800.00	¥600.00	¥2,400.00	¥35.00	¥2,365.00
	10005	徐磊	办公室	¥1,800.00	¥500.00	¥2,300.00	¥35.00	¥2,265.00
	10011	李艳艳	人力资源部	¥1,700.00	¥600.00	¥2,300.00	¥20.00	¥2,280.00
	10009	李华	销售部	¥1,600.00	¥750.00	¥2,350.00	¥30.00	¥2,320.00
	10006	李佳佳	销售部	¥1,500.00	¥600.00	¥2,100.00	¥20.00	¥2,080.00
	10010	成亮	销售部	¥1,500.00	¥500.00	¥2,000.00	¥20.00	¥1,980.00

图 4-86 数据排序结果

2. 数据筛选

挑选出员工部门为"人力资源部"的所有工作人员。

操作步骤如下:

①打开"员工工资统计表",单击表格中任意一个单元格。

②单击"数据"|"筛选"|"自动筛选"命令。在表格中的每一项字段单元格的右侧出现一个下拉箭头,单击"部门"单元格右侧的下拉箭头。

③在下拉列表框中选择"人力资源部"选项单击,筛选结果就出来了,如图 4-87 所示。

④清除筛选结果的方法是:单击"数据"|"筛选"|"全部显示",所有的表格数据就会显示出来,如图 4-88 所示。

3. 数据合并计算

统计"员工工资统计表"中各部门的基本工资、岗位工资和实发工资的平均值,即对

	A	B	C	D	E	F	G	H	I
1				员工工资统计表					
2	员工编	姓名	部门	基本工资	岗位津贴	应发工资	扣发项	实发工资	
4	10002	李小伟	人力资源部	￥2,200.0	￥900.0	￥3,100.0	￥40.0	￥3,060.0	
10	10011	李艳艳	人力资源部	￥1,700.0	￥600.0	￥2,300.0	￥20.0	￥2,280.0	
14									

图 4-87　筛选结果

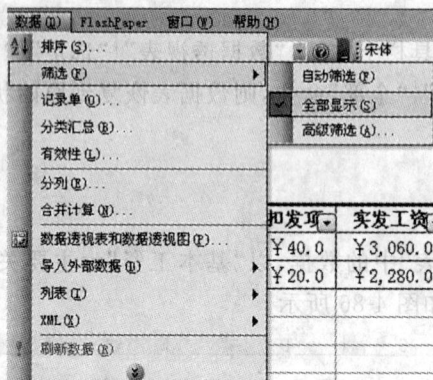

图 4-88　清除筛选结果

员工按部门合并,再分别计算各部门的基本工资、岗位津贴和实发工资的平均值,可以应用合并计算里的"按类进行合并计算"。操作步骤如下:

(1)先合并计算基本工资和岗位津贴的各部门的平均值。

①在工作表的 A16 单元格中输入"各部门基本工资、岗位津贴平均值"。

②合并单元格区域 A16:C16。

③选定单元格 A17,作为目标工作区。

④然后完成对"各部门的基本工资、岗位津贴的平均值"的合并计算。结果如图 4-89 所示。

各部门基本工资、岗位津贴平均值		
	基本工资	岗位津贴
办公室	￥2,100.0	￥750.0
人力资源部	￥1,950.0	￥750.0
工程部	￥1,900.0	￥700.0
销售部	￥1,680.0	￥730.0

图 4-89　合并计算结果

(2)计算各部门的实发工资的平均值。操作方法同上,注意合并区域的选择。

思考:能不能同时对基本工资、岗位津贴和实发工资进行平均值的合并计算,试一试,看看会有什么情况发生?

4.分类汇总

当用户试图用合并计算的方法来进行"员工工资统计表"中各部门的基本工资、岗位工资和实发工资的平均值计算时,发现不能同时计算,就要思考可以试试其他的功能了。其实使用"分类汇总"功能,就可以以部门为分类字段,将基本工资、岗位津贴以及其他工资项进行"平均值"汇总。分类汇总结果为二级汇总。结果如图 4-90 所示。

5.数据透视

使用数据透视工作表中的数据,以"部门"为行字段,以"姓名"为列字段,对所有的工资项做求和,在 Sheet1 工作表的 A1 单元格建立数据透视表。透视结果如图 4-91 所示。

图 4-90　分类汇总结果

图 4-91　数据透视结果

注意：由于数据太多，篇幅有限，透视结果未全部给出。读者在做练习时，只可参考。

图 4-91 是一张数据全面的透视表，现在财务主管只想了解实发工资的具体情况。在数据字段里选择"求和项：实发工资"，就可以了解实发工资的具体情况。具体操作如下：

①单击"数据"字段右侧的向下的三角按钮，如图 4-92 所示。

②所列字段前的对钩取消，只选择"求和项：实发工资"。

③透视结果如图 4-93 所示。

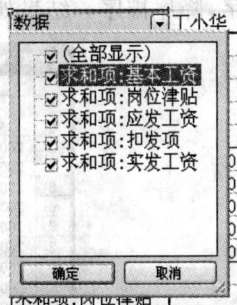

图 4-92　透视项的选择

图 4-93　实发工资的透视结果

任务小结：(1)熟练掌握数据处理的各种方法，有助于解决办公工作中的一些实际问题并能简化工作，提高工作效率。(2)数据的排序和筛选是日常工作中经常用到的数据处理功能，通过排序、筛选、合并计算、分类汇总和数据透视会生成对用户有着实际工作意义的新工作表,这些工作表也可以保存打印。(3)表是二维的,而数据透视表突破了二维的界限,在一个平面里让用户可以用多个角度去观察和分析表格数据。

4.4 实战训练

【实训内容】

建立如图 4-94 所示的考试成绩表,然后复制四个这样的工作表,并将工作表分别命名为“数据排序”“数据筛选”“合并计算”“分类汇总”和“数据透视”。

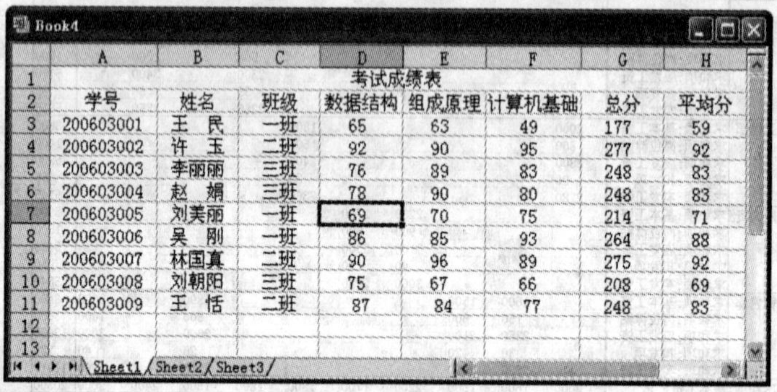

学号	姓名	班级	数据结构	组成原理	计算机基础	总分	平均分
200603001	王 民	一班	65	63	49	177	59
200603002	许 玉	二班	92	90	95	277	92
200603003	李丽丽	三班	76	89	83	248	83
200603004	赵 娟	三班	78	90	80	248	83
200603005	刘美丽	一班	69	70	75	214	71
200603006	吴 刚	一班	86	85	93	264	88
200603007	林国真	二班	90	96	89	275	92
200603008	刘朝阳	三班	75	67	66	208	69
200603009	王 恬	二班	87	84	77	248	83

图 4-94 考试成绩表

1. 数据排序

使用“数据排序”工作表中的数据,以“总分”为主要关键字,“数据结构”为次要关键字,降序排序。结果如图 4-95 所示。

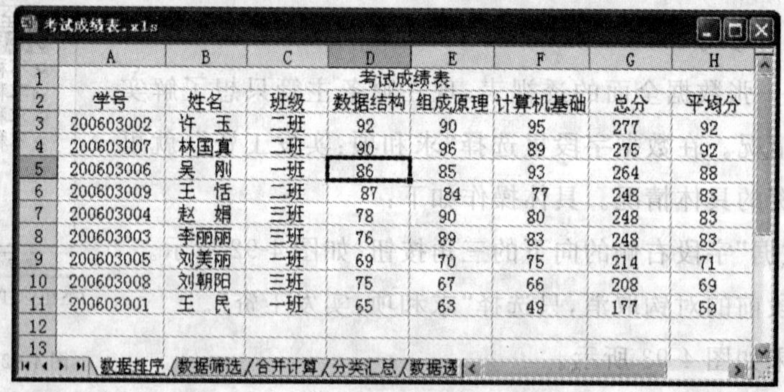

学号	姓名	班级	数据结构	组成原理	计算机基础	总分	平均分
200603002	许 玉	二班	92	90	95	277	92
200603007	林国真	二班	90	96	89	275	92
200603006	吴 刚	一班	86	85	93	264	88
200603009	王 恬	二班	87	84	77	248	83
200603004	赵 娟	三班	78	90	80	248	83
200603003	李丽丽	三班	76	89	83	248	83
200603005	刘美丽	一班	69	70	75	214	71
200603008	刘朝阳	三班	75	67	66	208	69
200603001	王 民	一班	65	63	49	177	59

图 4-95 排序结果

2. 数据筛选

使用“数据筛选”工作表中的数据,筛选出各科成绩大于等于 80 分的记录。结果如图 4-96 所示。

3. 数据合并计算

使用“合并计算”工作表中的数据,进行对“各班各科成绩平均分”合并计算。结果如图 4-97 所示。

考试成绩表.xls

	A	B	C	D	E	F	G	H
1				考试成绩表				
2	学号	姓名	班级	数据结	组成原	计算机基	总分	平均分
4	200603002	许 玉	二班	92	90	95	277	92
8	200603006	吴 刚	一班	86	85	93	264	88
9	200603007	林国真	二班	90	96	89	275	92

数据排序 数据筛选 合并计算 分类汇总 数据透

图 4-96 筛选结果

13		各班各科成绩平均分			
14		数据结构	组成原理	计算机基础	
15	一班	73	73	72	
16	二班	90	90	87	
17	三班	76	82	76	
18					

图 4-97 合并计算结果

4. 分类汇总

使用"分类汇总"工作表中数据，以班级为分类字段，将各科成绩、总成绩和平均成绩进行"平均值"汇总。分类汇总为二级汇总。结果如图 4-98 所示。

考试成绩表.xls

	A	B	C	D	E	F	G	H
1				考试成绩表				
2	学号	姓名	班级	数据结构	组成原理	计算机基础	总分	平均分
6			一班 平均值	73	73	72	218	73
10			三班 平均值	76	82	76	235	78
14			二班 平均值	89.66667	90	87	267	89
15			总计平均值	79.77778	81.55556	78.555556	240	80

数据排序 数据筛选 合并计算 分类汇总 数据透视 Sh

图 4-98 分类汇总结果

5. 数据透视

使用"数据透视"工作表中的数据，以"班级"为分页，以"姓名"为列字段，以各科为求和项，在 Sheet1 工作表的 A1 单元格建立数据透视表。结果如图 4-99 所示。

	A	B	C	D	E
1	班级	二班			
2					
3		姓名			
4	数据	林国真	王 恬	许 玉	总计
5	求和项:数据结构	90	87	92	269
6	求和项:组成原理	96	84	90	270
7	求和项:计算机基础	89	77	95	261

图 4-99 数据透视结果

任务5 制作公司销售统计图表

5.1 工作任务及分析

1.任务描述

市场部要将上一年的主要家用电器(电视机、洗衣机、空调、冰箱和热水器)销售情况进行统计并制作出销售统计图表上报。要求:制作以"第一季度"和"第三季度"为系列的各种家电的销售统计柱形图。销售情况表如图4-100所示。

部分家用电器年销售情况表

品 种	第一季度	第二季度	第三季度	第四季度
电视机	730	850	700	900
洗衣机	500	530	450	600
空 调	260	480	500	200
冰 箱	220	500	450	400
热水器	300	400	280	310

图 4-100 销售情况表

2.任务分析

利用工作表中的数据制作图表,能够更加清楚、直观和生动地表现数据,且用户可以通过图表直接了解到数据之间的关系和变化趋势。当工作表中的数据发生变化时,图表会自动随之改变。

5.2 知识与技能

在实际工作中,仅有数据清单形式的数据是不够的,有时需要将数据清单中的数据形象化地表示出来。这时,就可以使用Excel提供的图表功能。图表是以图形的方式表示数据,使数据表格图形化。

5.2.1 创建图表

创建图表的操作步骤是:

①打开图4-100所示的销售情况表,将该工作表数据作为图表的数据源。选定工作表中的数据区域B2:F7,单击"插入"|"图表"命令,弹出"图表向导—图表类型"对话框,如图4-101所示。

②在对话框中的"图表类型"列表框中选择柱形图,在"子图表类型"中选择一种类型,按照对话框提示"按下不放可查看示例"按下不放查看示例。单击"下一步",弹出"图表向导—图表源数据"对话框,如图4-102所示。

图 4-101 "图表向导—图表类型"对话框

图 4-102 "图表向导—图表源数据"对话框

③单击"下一步"按钮,弹出"图表向导—图表选项"对话框,如图 4-103 所示。对"标题"选项卡进行设置,如在"图表标题"框中输入"年销售统计"。单击"下一步",弹出"图表向导—图表位置"对话框,如图 4-104 所示。

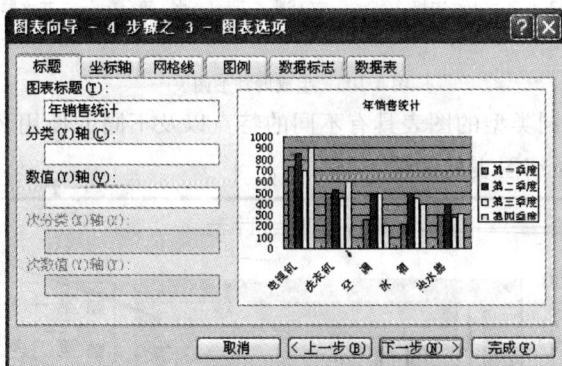

图 4-103 "图表向导—图表选项"对话框

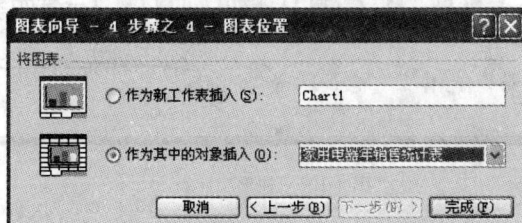

图 4-104 "图表向导—图表位置"对话框

④在"图表位置"对话框中设置图表存放位置。默认情况是"作为其中的对象插入",这样创建的图表和源数据放在同一个工作表中。

⑤单击"完成"按钮。生成的图表显示在源数据上,如图 4-105 所示。

5.2.2 图表的基本结构

Excel 中有不同种类的图表类型,如柱形图、条形图、饼图、折线图等,每一类还有数

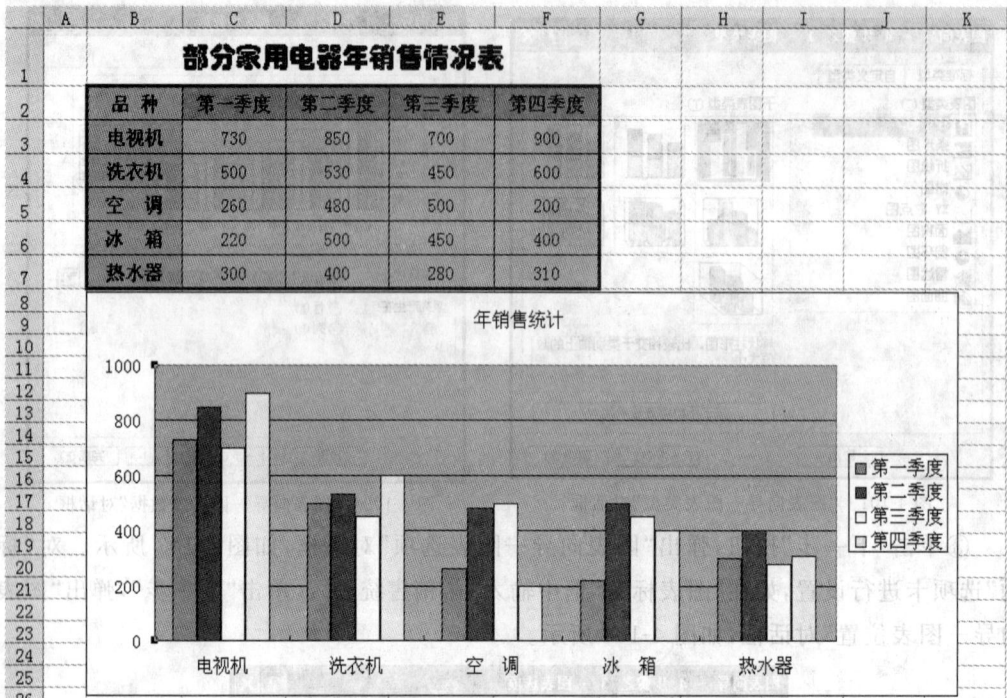

图 4-105　生成的柱形图表

量不等的子类型。不同类型的图表具有不同的特点以及不同的使用环境。以图 4-106 所示的柱形图表为例,介绍图表的结构:

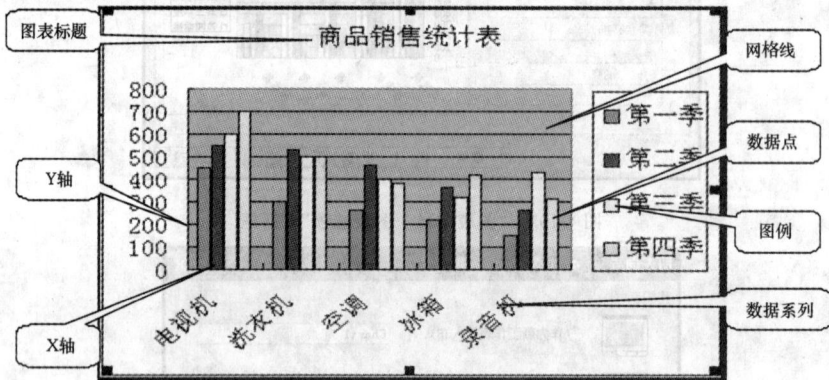

图 4-106　柱形统计表

1.图表标题

图表标题用来说明图表的名称、标识和内容。

2.坐标

坐标用来确定图表的位置,其由横坐标 X 轴和纵坐标 Y 轴组成,在三维图表中还有 Z 轴。

3.数据系列

数据系列用来表示数据,每一系列代表一组数据。

4.图例

图例用来说明图表中各个数据系列所代表的内容。

5.数据点

数据点用来表示数据的大小,不同图表的数据点表示数据的方式不同。柱形图以柱形的长度表示数据的大小;折线图以折线的坐标点表示数据大小;饼图用面积的大小表示数据的大小。

6.网格线

网格线用来标记度量的线条,通常与 Y 轴上的刻度相连,帮助用户分清数据点的位置。如果需要表示 X 轴的度量,可以标识出 X 轴方向的网络线。

5.2.3　编辑图表

图表创建完成后,可以对其进行编辑。编辑图表包括更改图表类型、移动图表和调整图表的大小、修改图表中的标题、调整图表的颜色和图案等。

1.更改图表类型

更改图表类型的操作步骤是:

① 选中需要更改类型的图表。

② 单击"图表"|"图表类型"命令,在弹出的"图表类型"对话框中选择所需要的图表类型,单击"确定"按钮即可。

2.移动图表和更改图表大小

(1)移动图表。鼠标指向要移动的图表,按下鼠标左键,当鼠标指针变成"✛"形状时,拖动鼠标,这时会看到表示图表区域的虚线框,当虚线框移动到合适的位置时松开鼠标,图表就移动到了新的位置。

(2)调整图表的大小。单击选中要调整的图表,这时图表区的边框出现叫做调整柄的8 个小黑点,鼠标按住任意一个角的小黑点,当鼠标指针变成倾斜的双箭头时,在对角线的方向拖动鼠标,可以按比例调整图表的大小。

3.修改图表标题

修改图表标题的步骤如下:

①选中工作表。

②单击"图表"|"图表选项"命令。弹出"图表选项"对话框,在"标题"选项卡的"图表标题"中输入修改后的图表标题。

③单击"确定"按钮即可。

4.调整图表的颜色和图案

Excel 允许对图表中的每一部分颜色、图案、线条等分别进行调整,操作步骤如下:

①单击图例中任意一项左边的彩色方块,此方块变成如图4-107所示的标识。双击图例项标识,弹出"图例项标示格式"对话框,如图 4-108 所示。

②在"图例项标示格式"对话框的"边框"区域中设置边框的"样式""颜色"和"粗细",在"内部"区域中设置各种颜色。单击"填充效

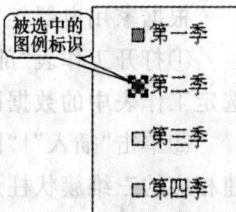

图 4-107　图例项标识

果"按钮,弹出"填充效果"对话框,如图 4-109 所示。

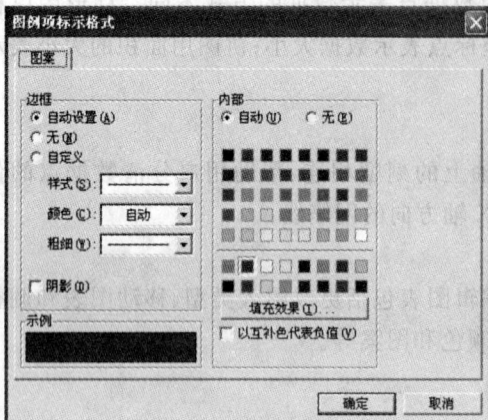

图 4-108　"图例项标示格式"对话框

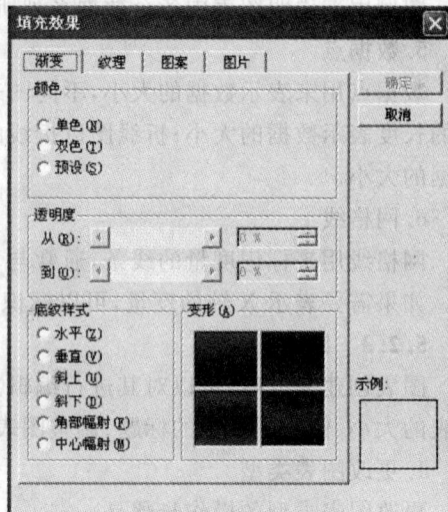

图 4-109　"填充效果"对话框

　　③在"填充效果"对话框中可以选择"渐变""纹理""图案"和"图片"选项卡中的各种效果。选择每一种效果,都可以在"示例"窗口观看,满意后单击"确定"按钮返回到"图例项标示格式"对话框。

　　④单击"确定"按钮即可。

　　利用上述方法,可以对图表的各个部分,如图表区域、图例项等进行设置,使图表的外观更加美观协调。

5.2.4　常用图表

几种常用图表类型及适用范围:

　　(1)柱形图。通常用于表示一组文本信息与对应数值信息的关系,分类轴为文本信息。

　　(2)折线图。通常用于显示一段时间内的走向,通常分类轴为时间或日期(以一定的时间间隔)。

　　(3)散点图。由数据轴 X 和数据轴 Y 构成,通常用于表示两组数据之间的关系。

　　(4)饼图。主要用于表示数据所占份额,通常分类信息和数值信息各一列。

5.3　任务实施

根据家用电器年销售情况表制作"销售统计"的簇状柱形图。操作步骤如下:

　　①打开工作表"部分家用电器年销售情况表",将该工作表数据作为图表的数据源。选定工作表中的数据区域 B2:C7 和 E2:E7,如图 4-110 所示深色区域即图表源数据区域。

　　②单击"插入"|"图表"命令,弹出"图表向导—图表类型"对话框。依照向导的步骤创建相应的三维簇状柱形图表。生成的图表显示在源数据下方,如图 4-111 所示。

　　任务小结:(1)图表的应用可更加直观地表现工作表中的数据关系,有利于数据分析。(2)图表的类型很多,用户可根据具体的需求进行选择应用。

图 4-110　图表区域选择

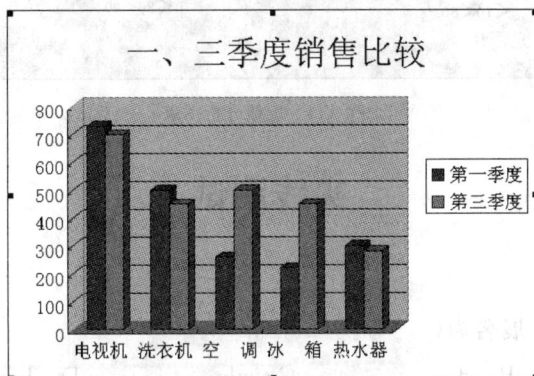

图 4-111　生成的图表

5.4　实战训练

【实训内容】

在如图 4-112 所示的"计算机班学生成绩表"中,统计出"计算机基础"成绩"大于等于 90 分""80 到 90 分""70 分到 80 分""60 到 70 分"和不及格人数。利用统计结果建立三维饼图。要求:饼图要有标题,有数值项,标题字体为黑体,字号为 20。

操作提示:

(1)根据"计算机班学生成绩表"得到相应的"计算机基础成绩分析表",如图 4-113 所示。

图 4-112　学生成绩表

计算机基础成绩分析表	
≥90	2
≤80<90	3
≤70<80	4
≤60<70	1
<60	1

图 4-113　成绩分析表

(2)根据成绩分析表的数据结果,创建三维饼图。结果如图 4-114 所示。

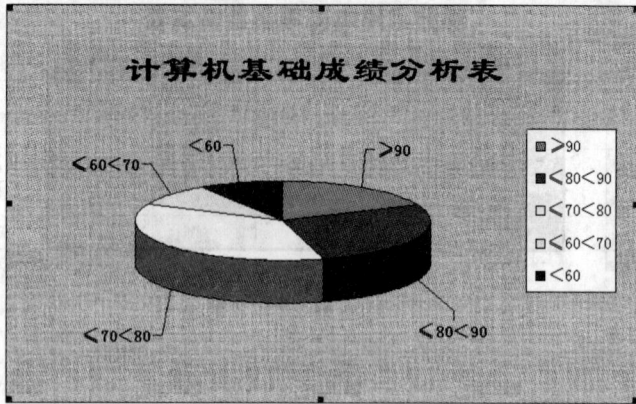

图 4-114 成绩分析图表

实践测试

一、选择题

1. Excel 文件的扩展名为(   )。

A..txt   B..doc   C..xls   D..bmp

2. Excel 行号是以(   )排列的。

A.英文字母序列   B.阿拉伯数字   C.希腊字母   D.任意字符

3. Excel 选定单元格区域的方法是,单击这个区域左上角的单元格,按住(   )键,再单击这个区域右下角的单元格。

A.Alt   B.Ctrl   C.Shift   D.任意键

4. 下列关于 Excel 表格区域的选定方法不正确的是(   )。

A.按住【Shift】键不放,再用鼠标单击可以选定相邻单元格的区域

B.按住【Ctrl】键不放,再用鼠标单击可以选定不相邻单元格的区域

C.按住【Ctrl+A】键不可以选定整个表格

D.单击某一行号可以选定整行

5. 下列关于 Excel 中区域及其选定的叙述不正确的是(   )。

A.B4:D6 表示是 B4~D6 之间所有的单元格

B.A2,B4:E6 表示是 A2 加上 B4~E6 之间所有的单元格构成的区域

C.可以用拖动鼠标的方法选定多个单元格

D.不相邻的单元格不能组成一个区域

6. 如果输入以(   )开始,Excel 认为单元的内容为公式。

A.=   B.!   C.*   D.√

7. SUM(3,4,5)的值是(　　)。

A. 4　　　　　　　　B. 60　　　　　　　　C. 12　　　　　　　　D. 6

8. 在 B6 单元格存有公式 SUM(B2:B5),将其复制到 D6 后,公式变为(　　)。

A. SUM(B2:B5)　　　　　　　　B. SUM(B2:D5)

C. SUM(D5:B2)　　　　　　　　D. SUM(D2:D5)

9. 以下(　　)可用做函数的参数。

A. 数　　　　　　　B. 单元格　　　　　　C. 区域　　　　　　D. 以上都可以

10. 下列不能对数据表排序的是(　　)。

A. 单击数据区中任意一个单元格,然后单击工具栏中"升序"("降序")按钮

B. 选定要排序的数据区域,然后单击工具栏中的"升序"("降序")按钮

C. 选定要排序的数据区域,然后单击"编辑"|"排序"命令

D. 选定要排序的数据区域,然后单击"数据"|"排序"命令

11. 在 Excel 表格图表中,不包括的图形类型是(　　)。

A. 柱形图　　　　　B. 条形图　　　　　　C. 圆锥形图　　　　　D. 扇形图

12. 下列关于 Excel 中图表的叙述错误的是(　　)。

A. 图表由标题、数据系列、图例、坐标轴和网络线等组成

B. 任何图表都具有数据系列,而其他成分则不一定都有

C. 图表是以数据表格为基础,在创建图表之前必须先建立相应的数据表格

D. 修饰图表时不需要分别对这些图表的组成部分进行修饰

二、填空题

1. 系统默认一个工作簿包含＿＿＿＿＿个工作表,一个工作簿内最多可以有＿＿＿＿＿个工作表。

2. 每个存储单元有一个地址,由＿＿＿＿＿与＿＿＿＿＿组成,例如 A2 表示＿＿＿＿＿列第＿＿＿＿＿行的单元格。

3. 在 Excel 中输入数据时,如果输入数据具有某种内在规律,则可以利用＿＿＿＿＿功能。

4. 公式被复制后,公式中参数的地址发生相应的变化,叫＿＿＿＿＿。

5. 公式被复制后,参数的地址不发生变化,叫＿＿＿＿＿。

6. 单元格内数据对齐的默认方式为:文字靠＿＿＿＿＿对齐,数值靠＿＿＿＿＿对齐。

7. 运算符包括＿＿＿＿＿、＿＿＿＿＿、＿＿＿＿＿、＿＿＿＿＿。

8. 在 Excel 中,选择某一单元格,输入"＝SUM(D2:D8)",它的含义是＿＿＿＿＿填入该单元格。

9. 在 Excel 中,如果要对数据进行分类汇总,必须先对分类字段进行＿＿＿＿＿操作。

10. 在 Excel 中,如果要打印一个多页的列表,并且使每页都出现列表的标题行,则应该在"文件"菜单的＿＿＿＿＿命令中进行设置。

三、上机操作题

1.工作表的建立及美化

(1)制作如图 4-115 所示的销售情况工作表。

	A	B	C	D	E	F	G	H
1		**销售情况表**						
2		职工编号	姓名	产品名称	数量	单价	销售收入	
3		z001	张一一	电视机	10	￥11,000.00	￥110,000.00	
4		z002	李江	洗衣机	15	￥2,230.00	￥33,450.00	
5		z003	王岩	空调	6	￥5,200.00	￥31,200.00	
6		z004	赵刚	电视机	8	￥8,900.00	￥71,200.00	
7		z005	马越	冰箱	9	￥6,700.00	￥60,300.00	
8		z006	李铁	冰箱	3	￥3,600.00	￥10,800.00	
9		z007	王昊	空调	4	￥12,000.00	￥48,000.00	
10		z008	薛刚	洗衣机	7	￥2,600.00	￥18,200.00	
11		z009	张飞	电视机	4	￥6,500.00	￥26,000.00	
12								

图 4-115 销售情况工作表

(2)工作表的职工编号使用自动填充序列功能。

(3)格式化工作表

• 第一行标题:华文琥珀、24 号、加粗、合并居中。

• 第二行标题(职工编号、姓名……):华文细黑、16 号、加粗、水平居中。

• 其他表格内容:宋体、14 号、水平居中。

• 行、列设置:姓名一列列宽 18、其他列选择"最适合的列宽";表格标题行高为 40、其他行高"25"。

• 边框与底纹:表格外边框黑色粗实线、内边框浅绿色细点划线;职工编号一行红色底纹、表格内奇数行浅绿色底纹。

(4)保存工作簿,并为此工作簿命名"销售情况格式化表",复制两份"销售情况格式化表"分别重命名为"销售情况计算表""销售情况处理分析表"。

2.工作表数据计算、处理和分析(在销售情况计算表和销售情况处理分析表中做)

(1)打开"销售情况计算表",在当前表格的合适位置输入平均销售收入、收入最大值、收入最小值。

(2)应用公式或函数计算每个职工的销售收入,平均销售收入、收入最大值和最小值。操作结果如图 4-116 所示。

图 4-116　销售情况计算

（3）以"销售收入"为主要关键字对"销售情况处理分析表"排序。

（4）自动筛选：选出销售收入在 3000 到 8000 的职工。

（5）合并计算：对各种产品进行销售收入的求和计算。

（6）分类汇总：以"产品名称"为分类字段，对各种产品的销售数量和销售收入进行"求和"分类汇总。二级汇总结果如图 4-117 所示。

图 4-117　分类汇总结果

（7）建立数据透视表：以"姓名"为行字段，以"产品名称"为列字段，以"数量"和"销售收入"为求和项，在 Sheet3 中 B3 单元格建立数据透视表。

5

项目五　**制作多媒体演示文稿**

项目导读

人们在工作、交流学习、展示产品等许多场合都需要将自己要展示的内容制作成可以在计算机屏幕上放映的幻灯片，这一系列幻灯片组成的文件就称为演示文稿。PowerPoint 正是最受广大用户欢迎的演示文稿制作软件，其功能强大，使用方便。用户利用它制作的演示文稿可以含有文字、图形、声音、电影、动画等信息，使用户所要表达的信息变得图文并茂、生动形象，从而获得极佳的展示效果。

本项目以某公司的市场部工作为岗位背景，通过创建公司形象宣传演示文稿、编辑公司形象宣传演示文稿、设置演示文稿的动画效果、设置演示文稿的放映方式四个任务的实施，使读者可以学会 PowerPoint 中演示文稿的创建、幻灯片的制作、动画效果的添加、幻灯片的放映等功能的使用，从而掌握制作各类演示文稿的技能。

制作演示文稿的最终目的是给观众演示，能否给观众留下深刻印象是评定演示文稿效果的主要标准。在进行演示文稿设计时应遵循重点突出、简捷明了、形象直观等原则。在演示文稿中尽量减少文字的使用，尽可能地使用图形、图表等表达方式，还可以加入声音、动画和影片剪辑来加强演示文稿的表达效果。

项目任务分解

任务1　创建公司形象宣传演示文稿
任务2　编辑公司形象宣传演示文稿
任务3　设置演示文稿的动画效果
任务4　设置演示文稿的放映方式

知识与技能目标

(1) 了解 PowerPoint 的功能和用途
(2) 掌握编辑演示文稿的基本方法
(3) 掌握为演示文稿添加动画效果的方法
(4) 掌握演示文稿的放映方式

技能训练重点

(1) 编辑演示文稿
(2) 设置演示文稿的动画效果

任务1　创建公司形象宣传演示文稿

1.1　工作任务及分析

1.任务描述

某公司市场部员工要在 PowerPoint 中创建一演示文稿,用于房展会期间宣传公司形象。具体要求如下:

(1)根据宣传主题搜集制作演示文稿所需的素材,将它们分别以文件的形式保存。这些素材必须能够突出表现演示文稿的展示主题。

(2)在 PowerPoint 中根据设计模板创建空白演示文稿。

2.任务分析

制作演示文稿的目的在于宣传公司形象,根据此目标搜集素材。素材是指制作演示文稿所需要的材料,一般可分为三种:文字素材、图像素材和多媒体素材。新建演示文稿有多种方式,可以根据任务的需要来选择一种。

1.2　知识与技能

PowerPoint 2003 是 Office 2003 的一个重要组件,用于幻灯片的制作和播放,是人们工作、学习和生活中不可少的工具软件。运用 PowerPoint 制作的幻灯片中可以含有文字、图形、图像、声音、电影、超级链接等各种多媒体信息。

PowerPoint 可以很方便地与 Word、Excel、Access 等其他 Office 组件的内容进行互相调用,互相链接,或利用复制、粘贴功能实现资源共享。也可以将这些组件结合在一起使用,以便使字处理、电子表格、演示文稿、数据库、时间表、出版物以及 Internet 通信等结合起来,从而创建出适用于不同场合的、专业水平的、生动和直观的电子文档。

1.2.1　PowerPoint 2003 概述

1. PowerPoint 2003 基本功能

PowerPoint 2003 主要有以下功能:

(1)屏幕演示

电子演示文稿可以在屏幕上进行自动播放,演示过程中伴有声音、音乐、动画及视频剪辑等,用户可以控制幻灯片的放映方式。演示文稿可以单独播放,也可以通过网络在多台计算机上放映,召开演示文稿会议。"幻灯片放映"工具栏使用户能够在演示中方便地使用墨迹注释工具、笔和荧光笔选项以及"幻灯片放映"菜单,而此工具栏却不会妨碍观众。

(2)打印文稿

用户可以把演示文稿利用打印机打印出来,在演讲时散发或制成投影片用投影仪演示。既可以用彩色、灰度或黑白模式打印整个演示文稿的幻灯片、大纲、备注和观众讲义,也可以打印特定的幻灯片、讲义、备注页或大纲页。可以设计和创建类似于备注页的讲义,选择打印版面选项:从每页 1 张幻灯片到每页 9 张幻灯片。还可以调整幻灯片以适合标准的 35 毫米幻灯胶片(高架放映机),或自定义适配的方式和方向。

(3)制作网络文档

可以针对网络设计演示文稿,再将它存成各种与 Web 兼容的格式,例如 html 文本,在网上传播。

(4)刻录 CD

PowerPoint 提供了"打包成 CD"功能,用于制作自动运行的演示文稿 CD,以便在运行 Windows 操作系统的计算机上查看。"打包成 CD"功能可以将演示文稿和所有的图形、音视频文件打包到文件夹中,再刻录到 CD 上面,而且可以创建自动播放的 CD。在打包演示文稿时,经过更新的 Microsoft Office PowerPoint Viewer 也包含在 CD 上。因此,没有安装 PowerPoint 的计算机不需要安装播放器便可查看。"打包成 CD"还允许用户选择将演示文稿打包到文件夹而非 CD 中,以便将演示文稿存档或发布到网络共享位置。

(5)升级的媒体播放

PowerPoint 与 Microsoft Windows Media Player 集成,以全屏播放视频、播放流式音频和视频,或从幻灯片内显示视频播放控件。安装了 Microsoft Windows Media Player,PowerPoint 中对媒体播放的改进可支持其他媒体格式,包括 asx、wmx、m3u、wvx、wax 和 wma。如果未显示所需的媒体编、解码器,PowerPoint 将通过使用 Windows Media Player 技术尝试下载。

(6)智能标记

PowerPoint 已经增加常见智能标记支持。操作方法是:单击"工具"|"自动更正选项"命令,然后在弹出的对话框中单击"智能标记"选项卡,便可在演示文稿中为文字加上智能标记。PowerPoint 所包含的智能标记识别器列表中包括人名、日期等。

2. PowerPoint2003 的工作界面

安装 Office 2003 后,单击"开始"|"所有程序"|"Microsoft Office"|"Microsoft Office PowerPoint 2003"命令,即可启动如图 5-1 所示的 PowerPoint 工作窗口。

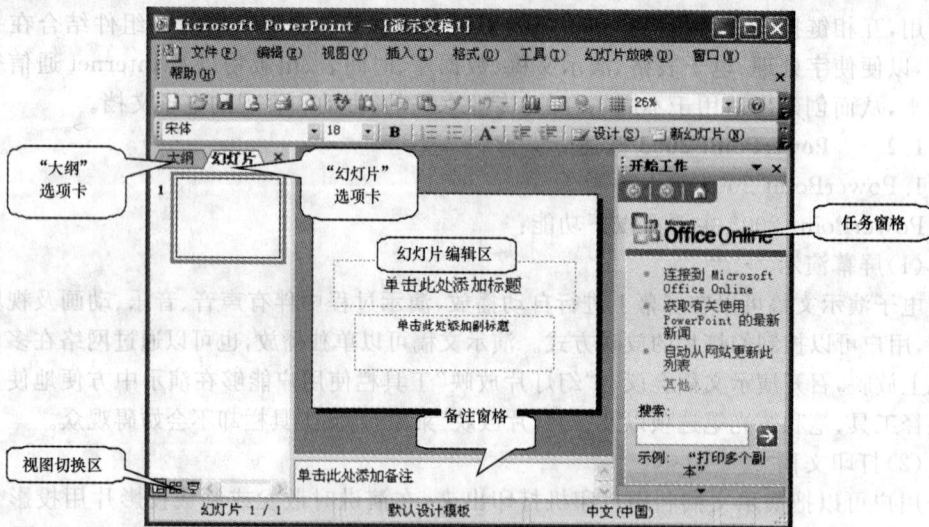

图 5-1 "PowerPoint"窗口

和其他的微软产品一样,PowerPoint 也拥有典型的 Windows 应用程序的窗口,其工作界面除包括常规 Windows 窗口的标题栏、菜单栏、工具栏、状态栏等外,还有 PowerPoint 特有的幻灯片列表区(大纲编辑区)、幻灯片编辑区、任务窗格、备注窗格等部分。

下面对 PowerPoint 特有的窗口元素做简单介绍。

（1）幻灯片列表区（大纲编辑区）

在 PowerPoint 窗口的左侧有两张选项卡："大纲"和"幻灯片"。

选择"幻灯片"选项卡时，在该列表区中将列出当前演示文档的所有幻灯片的缩略图。单击某张幻灯片，在幻灯片编辑区中将放大显示，并可对其进行编辑处理，从而呈现出演示文稿的总体效果，如图 5-2 所示。

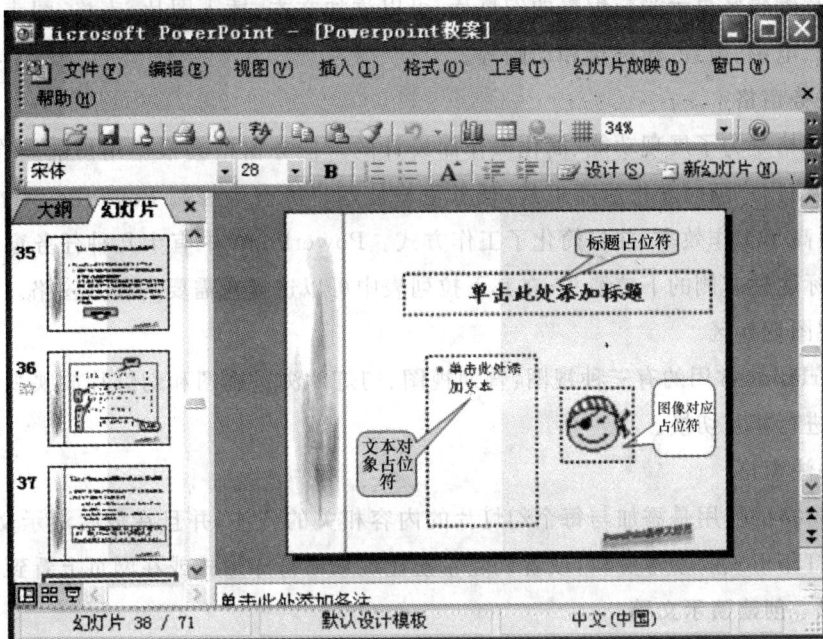

图 5-2　"幻灯片"选项卡窗口

选择"大纲"选项卡时，该窗格列出了当前演示文稿的文本大纲，如图 5-3 所示。

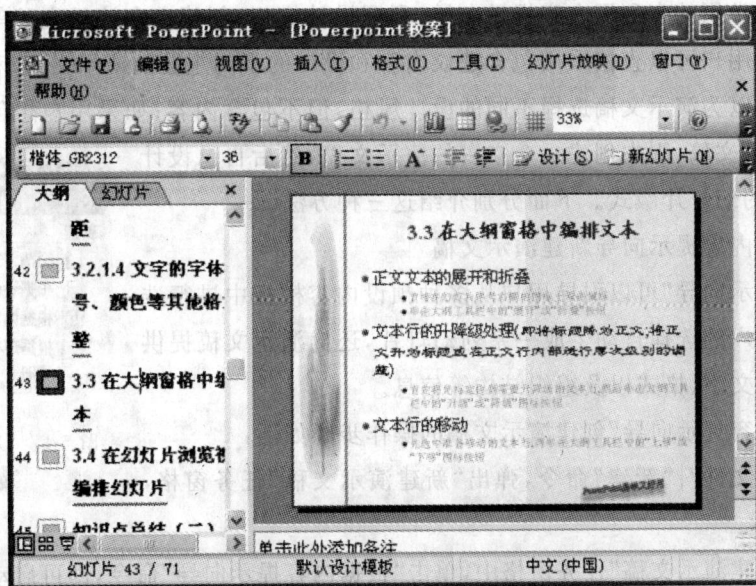

图 5-3　"大纲"选项卡窗口

在"大纲"选项卡中编辑文本有助于编辑演示文稿的内容和移动项目符号或幻灯片。使用"大纲"选项卡进行编辑时,"常用"和"格式"工具栏上的按钮变为可用,可以增加或减少文本的缩进、折叠和展开,这样就能在工作时查看幻灯片标题并显示或隐藏文本格式。

(2)幻灯片编辑区

幻灯片编辑区显示当前编辑的幻灯片,可以添加文本,插入图片、表格、图表、绘图对象、文本框、电影、声音、超链接和动画等。

(3)任务窗格

任务窗格是为了展现功能、简化操作而设计的。任务窗格会根据用户的操作需求自动弹出来,使用户随时获得所需工具;任务窗格使用户能有效控制 PowerPoint 的工作方式,大大提高了工作效率,并且简化了工作方式。PowerPoint 中有十几种任务窗格,单击任务窗格标题栏右侧的下拉箭头,在其下拉列表中可以选择所需要的任务窗格。

(4)视图切换区

PowerPoint 常用的有三种视图:普通视图、幻灯片浏览视图和幻灯片放映视图,它们之间可以进行相互切换。

(5)备注窗格

备注窗格的作用是添加与每个幻灯片的内容相关的备注,并且在放映演示文稿时将它们用作打印形式的参考资料,或者创建希望让观众以打印形式或在网页上看到的备注。

1.2.2　创建演示文稿

1.新建演示文稿

新建演示文稿是非常方便的,PowerPoint 根据用户的不同需要,提供了多种新文稿的创建方式,常用的有利用内容提示向导、利用设计模板、创建空白演示文稿等。利用内容提示向导,用户可以直接采用包含建议内容和设计的不同主题的演示文稿;利用设计模板,用户则可以为演示文稿选择不同的设计风格,但不包含内容;如果用户想创建体现自己风格的演示文稿,则先创建一个空白的演示文稿,然后自己设计出别具特色的幻灯片版式。下面分别介绍这三种方法。

(1)使用内容提示向导新建演示文稿

"内容提示向导"可以引导用户从多种预设内容模板中进行选择,并根据用户的选择自动生成一系列幻灯片,还为演示文稿提供了建议、开始文字、格式以及组织结构等信息。

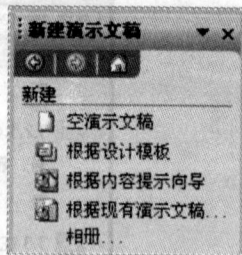

图 5-4　"新建演示文稿"任务窗格

通过"内容提示向导"创建演示文稿的操作步骤如下:

①单击"文件"|"新建"命令,弹出"新建演示文稿"任务窗格,如图 5-4 所示。

②在"新建演示文稿"任务窗格中,单击"根据内容提示向导"命令,即可启动内容提示向导,弹出如图 5-5 所示的"内容提示向导"对话框。

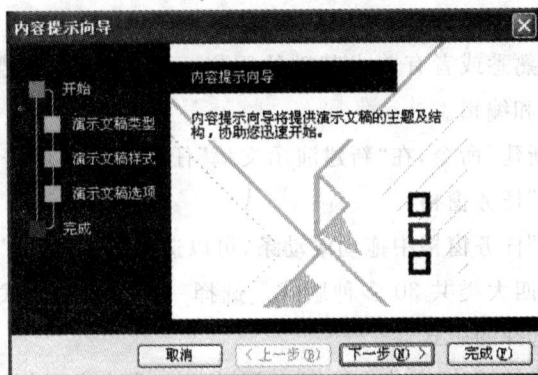

图 5-5　"内容提示向导"对话框

③单击"下一步"按钮,弹出"演示文稿类型"页面。用户选择一种文稿类型后,在其右边的白框中便会列出该类型所包含的具体演示文稿类型。再从中选择一个需要的类型,单击"下一步"按钮。

④在演示文稿样式页面中选择一种输出类型,例如"屏幕演示文稿",单击"下一步"按钮。

⑤在演示文稿选项页面中,用户可以填写演示文稿的一些信息,比如标题、页脚等。填完后,单击"下一步"按钮。

⑥单击"完成"按钮即可。这时便根据用户所做的选择建立了一组基本的幻灯片,并将演示文稿显示在普通视图中。

(2)根据演示文稿模板创建演示文稿

在创建一个演示文稿时,若对文稿没有特别的构想,最好使用模板。模板可以让用户集中精力创建文稿的内容而不必操心其整体风格。

根据演示文稿模板创建演示文稿的操作步骤如下:

单击"文件"|"新建"命令,在"新建演示文稿"任务窗格中单击"根据设计模板"命令,即可在下方显示出所有可应用的设计模板,浏览选中一种即可,如图 5-6 所示。

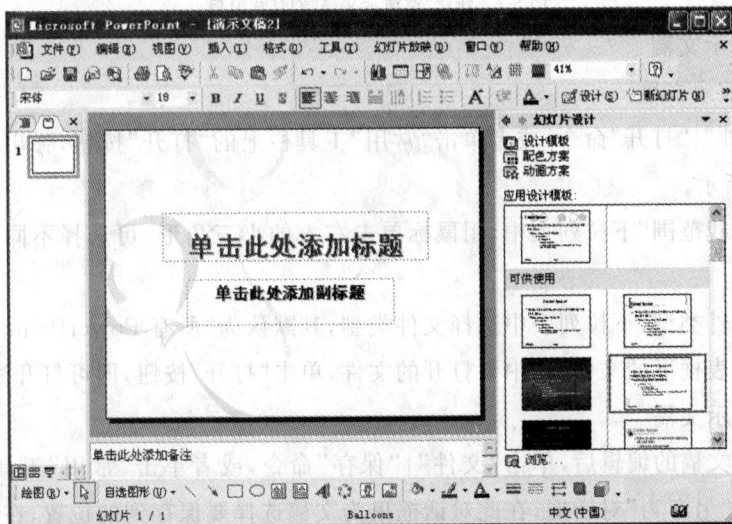

图 5-6　"设计模板"窗口

（3）创建新的空白演示文稿

对 PowerPoint 很熟悉或者有美术基础的用户，可以按以下步骤创建空白的演示文稿，再进行自己的设计和编辑。

①单击"文件"|"新建"命令，在"新建演示文稿"任务窗格中单击"空演示文稿"命令，就打开了"幻灯片版式"任务窗格。

②在"幻灯片版式"任务窗格中拖动滚动条，可以选择"文字版式""内容版式""文字和内容版式""其他版式"四大类共 30 多种版式。选择一种需要的版式，如图 5-7 所示。当前的幻灯片即变为所选择的版式。

③如果要继续新建幻灯片，单击"格式"工具栏上的"新幻灯片"按钮。

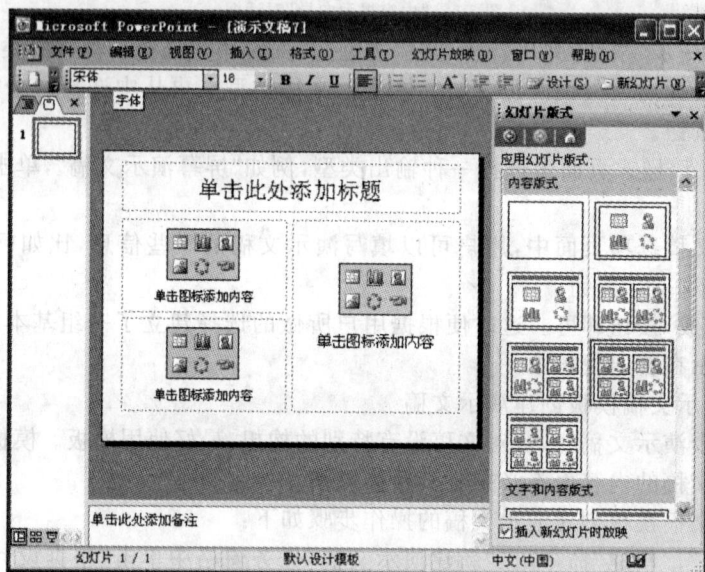

图 5-7　新建"空演示文稿"幻灯片窗口

2.打开演示文稿

（1）打开演示文稿

单击"文件"|"打开"命令，或者单击"常用"工具栏上的"打开"按钮，弹出"打开"对话框，如图 5-8 所示。

（2）在"查找范围"下拉列表中，用鼠标单击右方的小三角形，可选择不同的驱动器和文件夹。

（3）在"文件类型"下拉列表中选择文件类型，其默认为"所有 PowerPoint 演示文稿"，单击"名称"列表框下的文件，选中要打开的文件，单击"打开"按钮，即可打开演示文稿。

3.保存演示文稿

完成对新文稿的编辑后，单击"文件"|"保存"命令，或者单击"常用"工具栏上的"保存"按钮，弹出"另存为"对话框，在此对话框里为文稿选择要保存到的位置，在"文件名"文本框里给文稿起好名字，默认的文件类型是"演示文稿"，单击"保存"按钮即可。

图 5-8　"打开"对话框

当打开一个已有的演示文稿进行编辑后，单击"保存"按钮直接存到原来的文件，不再弹出对话框；如果要保存这个文稿的副本，单击"文件"|"另存为"命令将原文稿重新命名保存。

如果要将文件保存为另一种格式，单击"保存类型"下拉按钮，在弹出的列表中选择要保存的文件类型，然后单击"保存"按钮即可。

1.3　任务实施

1.明确主题：创建用于房展会期间宣传公司形象的演示文稿。

2.搜集素材

（1）搜集能突出表现公司和项目形象的文字、图片、声音等文件素材。比如：公司简介文字、LOGO 图片、团队构成数据、公司精品项目的图文等。

（2）整理搜集到的素材并将它们以文件的形式保存在硬盘指定的文件夹中。

3.创建演示文稿

（1）新建演示文稿：启动 PowerPoint 2003，系统会自动创建一个文件名为"演示文稿 1"的新文档。

（2）根据演示文稿模板创建演示文稿：在"新建演示文稿"任务窗格中单击"根据设计模板"命令，在下方显示出的模板中选择一种设计模板。

（3）保存演示文稿：单击"文件"|"保存"，在弹出的"另存为"对话框中，命名演示文稿为"公司及项目形象宣传演示文稿"，保存类型为"演示文稿"。

任务小结：（1）在创建演示文稿前要先明确演示文稿的展示主题和目标。（2）一定要根据演示文稿的主题去搜集素材，搜集到的素材一般要经过筛选、整理之后才能用。

1.4 实战训练

【实训内容】

1.明确主题：制作演示文稿用于新学期班会课的自我介绍。

2.搜集素材：

(1)根据主题搜集能够突出表现自我介绍的文字、图片、声音等素材。

(2)整理搜集到的素材并将它们以文件的形式保存在计算机指定的文件夹中。

3.创建演示文稿：

(1)新建演示文稿：启动 PowerPoint 2003，系统会自动创建一个文件名为"演示文稿1"的新文档。

(2)根据演示文稿模板创建演示文稿：在"新建演示文稿"任务窗格中单击"根据设计模板"命令，在下方显示出的模板中选择一种作为设计模板。

(3)保存演示文稿：单击"文件"|"保存"，在弹出的"另存为"对话框中，命名演示文稿为"自我介绍"。

任务 2 编辑公司形象宣传演示文稿

2.1 工作任务及分析

1.任务描述

市场部员工为任务1创建的空白演示文稿进行编辑，制作幻灯片页面，具体要求如下：

(1)根据演示文稿的目标规划幻灯片，每张幻灯片都要有一个突出的主题。

(2)所有幻灯片整体风格保持一致，要有统一的样式和格式。

(3)在普通视图中新建幻灯片，根据幻灯片的主题选择它的版式并设置背景。

(4)根据幻灯片的主题选取它所需素材的内容和形式，并在页面里输入具体的内容。

(5)编辑并美化幻灯片，其中文字内容提纲挈领，色彩搭配协调美观。

(6)在放映视图中查看幻灯片，对演示效果不好的幻灯片进行修改直到满意为止。

2.任务分析

演示文稿由一系列幻灯片组成，在 PowerPoint 里制作演示文稿，就如同编辑好一张张包含有文字、图表、图像以及动感多媒体组件元素的幻灯片后，将它们有序排列并存放到以.ppt为扩展名的演示文稿中。

要使幻灯片的整体风格保持一致，可以设置它们的外观。通过幻灯片母版可以预设幻灯片统一的样式和格式。所有的幻灯片制作过程基本相同，只是其中使用的元素不同而已，这些元素可以是文字、图片、艺术字、图表、声音等。在制作的过程中可以充分运用各种对象的编辑功能来美化页面，增加演示文稿的感染力。

2.2 知识与技能

2.2.1 在不同视图下查看演示文稿

在不同的视图中,PowerPoint 显示文稿的方式是不同的,也可以对文稿进行不同的操作。无论是在哪一种视图中,对文稿的改动都会对用户编辑的文稿生效,所做的改动都会反映到其他视图中。PowerPoint 有三种主要视图:普通视图、幻灯片浏览视图和幻灯片放映视图。

1. 普通视图

普通视图是主要的编辑视图,可用于撰写或设计文稿。该视图有三个工作区:左侧有"大纲"选项卡和"幻灯片"选项卡;右侧为幻灯片编辑窗格,以大视图显示当前正在编辑的幻灯片;底部为备注窗格,如图 5-9 所示。用户可以在普通视图中通过拖动窗格边框调整各个窗格的大小。

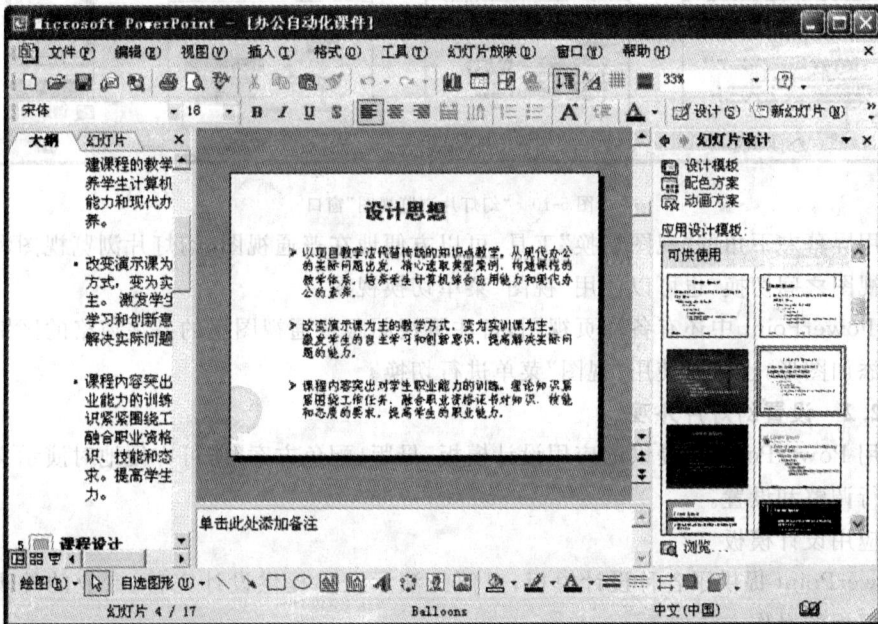

图 5-9 "普通视图"窗口

2. 幻灯片浏览视图

在幻灯片浏览视图中,可以在屏幕上同时看到演示文稿中的所有幻灯片的缩略图,它们呈横行纵列排布,如图 5-10 所示。这样就可以很容易地在幻灯片之间添加、删除和移动幻灯片以及选择动画切换,还可以预览多张幻灯片上的动画,调整演示文稿的整体显示效果。

3. 幻灯片放映视图

幻灯片放映视图占据整个计算机屏幕,就像对演示文稿在进行真正的幻灯片放映。在这种全屏幕视图中,用户可以体验到图片、声音、影片、动画等效果,还能观察到切换的效果。幻灯片放映视图就像播放真实的幻灯片那样,按照预定的方式一幅一幅动态地显示演示文稿的幻灯片,直到演示文稿结束,才返回原来的视图。

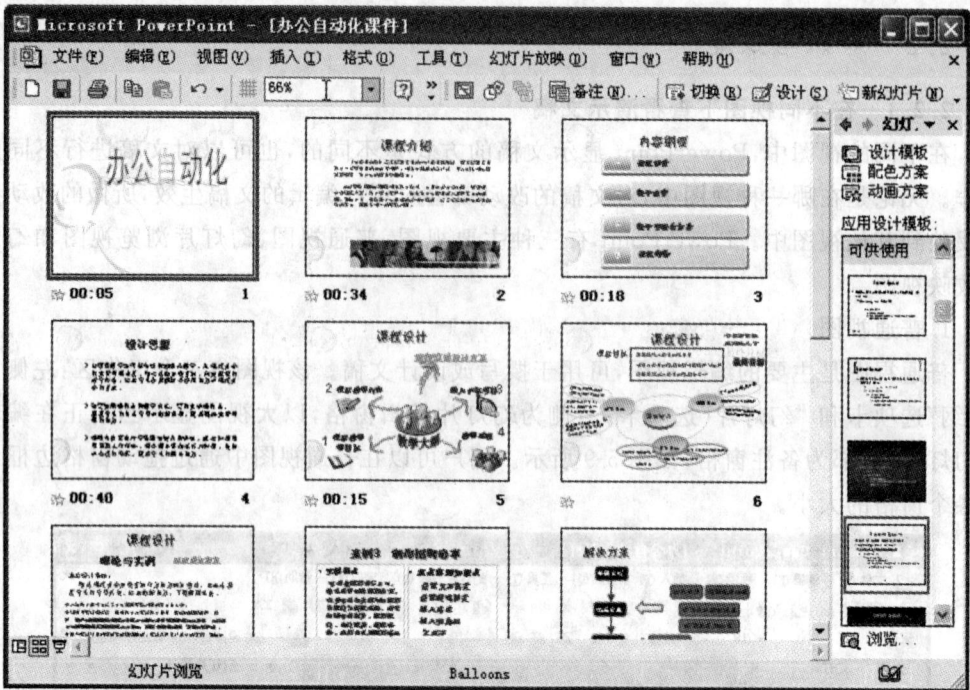

图 5-10　"幻灯片浏览视图"窗口

使用屏幕左下角的"视图切换"工具,可以方便地在普通视图、幻灯片浏览视图和幻灯片放映视图之间切换,也可以使用"视图"菜单切换视图。

在 PowerPoint 中还有备注页视图,备注页视图跟普通视图里的备注窗格的区别在于它可以添加图形,也可以使用"视图"菜单进行切换。

2.2.2　设置幻灯片外观

利用 PowerPoint 所提供的应用设计模板、母版、配色方案等,可方便地对演示文稿的外观进行调整和设置。

1. 应用设计模板

PowerPoint 提供了各种设计模板,以便为演示文稿提供设计完善、专业的外观。应用设计模板的操作方法如下:

单击"格式"工具栏上的"设计"按钮,弹出"幻灯片设计"任务窗格。执行下列操作之一:

(1)若要对所有幻灯片应用设计模板,选择所需模板单击。

(2)若要将模板应用于单个幻灯片,在任务窗格中,指向所需模板,并单击其右侧的下拉按钮,再从下拉菜单中选择"应用于选定幻灯片"选项。

(3)若要将模板应用于多个选中的幻灯片,在"幻灯片"选项卡上选择幻灯片缩略图,在任务窗格中单击所需模板。

(4)若要将新模板应用于当前使用其他模板的一组幻灯片,可以在"幻灯片"选项卡上选择一个幻灯片,在任务窗格中指向模板并单击其右侧的下拉按钮,再从下拉菜单中选择"应用于所有幻灯片"选项。

思考:怎样将自己设计的演示文稿保存为模板?

2.使用母版

母版用于预设每张幻灯片的格式,包括标题、正文的位置、大小、背景图案等。对母版所做的任何改动都会应用于所有使用此母版的幻灯片上,例如用户想让单位名称或徽标等出现在每张幻灯片上,那么就将其添加到幻灯片母版上,单位名称或徽标等将会出现在每张幻灯片的相同位置上。使用母版的操作方法如下:

(1)单击"视图"|"母版"|"幻灯片母版"命令,切换到"幻灯片母版"视图,如图 5-11 所示。

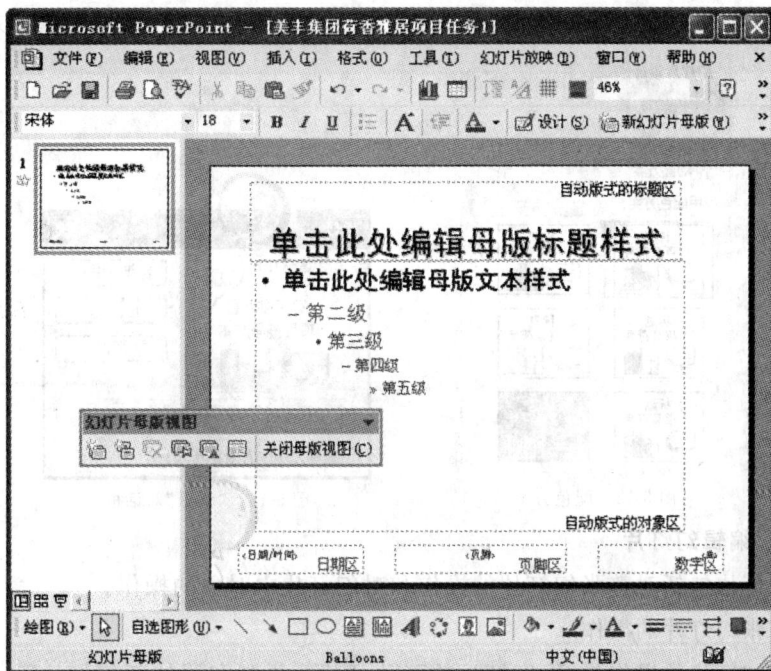

图 5-11　"幻灯片母版"视图

(2)单击母版标题区,然后在"格式"工具栏中选择字体、字号、颜色以及效果等,还可以对母版进行美化,比如单击"插入"|"图片"命令,可以在标题中插入图片,或者单击"绘图"工具栏上的"阴影"按钮,给标题添加阴影效果。

(3)单击母版的文本及其他对象区,可以对此区域的文本进行和标题类似的设置,并可以对各级文本使用不同的"项目符号和编号",设置项目符号不同的图形、格式等,以增加文本内容的条理性和层次性。

(4)单击"视图"|"页眉和页脚"命令,弹出"页眉和页脚"对话框,可以设定母版的日期和时间、幻灯片编号和页脚内容。

(5)完成幻灯片母版的所有设置后,切换到幻灯片浏览视图,这时所做设置的整体效果就会显示出来。

3.使用配色方案

配色方案可以分别应用于背景、文本和线条、阴影、标题文本、填充、强调和超链接等。

用户可以挑选一种配色方案用于个别幻灯片或所有幻灯片中。

使用配色方案的操作方法如下：

(1)单击"格式"|"幻灯片设计"命令，在任务窗格中单击"配色方案"，如图5-12所示。

(2)在"幻灯片"选项卡中选中幻灯片，在任务窗格中单击要选择的配色方案。

4.更改背景

在PowerPoint中可以单独设置某一张幻灯片的背景。操作方法是：单击"格式"|"背景"命令，弹出如图5-13所示的"背景"对话框。在"背景填充"选项区中单击下拉按钮，可以选择现有的颜色、其他颜色和填充效果，其方法与Word中图片颜色的填充方法相同。

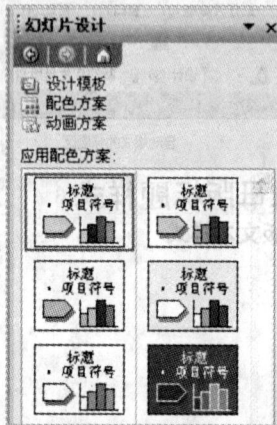

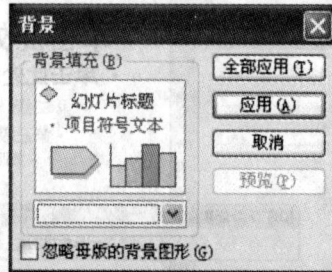

图5-12　配色方案　　　　　　图5-13　"背景"对话框

2.2.3　编辑幻灯片

编辑幻灯片包括对整张幻灯片的操作和对幻灯片中对象的操作。

1.对整张幻灯片的操作

对整张幻灯片的操作包括：幻灯片的移动、删除、复制和添加新幻灯片等。在"大纲"选项卡和"幻灯片"选项卡中均可以完成这些操作。

(1)移动幻灯片

在普通视图的"大纲"选项卡中，选择一个或多个幻灯片图标，或在"幻灯片"选项卡上选择一个或多个幻灯片缩略图，然后将其拖动到所需位置，释放鼠标即可。拖动时，屏幕上会出现一条水平线，指示将要移到的位置。

注意：要选取多张幻灯片，需要按下【Shift】键再单击幻灯片图标或缩略图。

(2)删除幻灯片

在普通视图的"大纲"或"幻灯片"选项卡中，选取要删除的幻灯片的图标或缩略图，单击"编辑"|"删除幻灯片"命令，或者按下【Del】键即可。

(3)复制幻灯片

选择要复制的幻灯片，单击"常用"工具栏上的"复制"按钮，然后在"大纲"或"幻灯片"选项卡中选定位置，单击"常用"工具栏上的"粘贴"按钮即可。

（4）插入新幻灯片

先在"大纲"或"幻灯片"选项卡中选定插入点，然后单击"格式"工具栏上的"新幻灯片"按钮，在应用"幻灯片版式"任务窗格中，单击所需的版式即可。

2．对幻灯片中的对象操作

对幻灯片中的对象进行编辑，需要在幻灯片窗格中进行。每张幻灯片都是由文本、图形、表格等对象构成的，对象是幻灯片的基本元素。对幻灯片中对象的基本操作有以下几种：

（1）选定对象

操作方法是：将鼠标指针移动到对象上，单击鼠标左键，对象即被选中。

（2）撤销选定的对象

操作方法是：在选定的对象区域之外单击即可。

（3）改变对象大小

操作方法是：选定对象，将鼠标指针移到对象的控制点上，当鼠标指针变为双箭头时，按下鼠标左键拖动即可改变对象大小。

（4）移动对象

操作方法是：选定要移动的对象，按住鼠标左键拖动到所需位置后释放鼠标即可。

此外，剪切、复制、粘贴等操作均可被对象使用。

完成工作表创建、编辑和格式化后，就可以对工作表进行打印了。与 Word 类似，为了保证打印效果，在打印之前，应先进行页面设置和打印预览。

2.2.4　演示文稿的输入与编辑

在新建的演示文稿中，用户通过不同版式中的占位符（带文字或其他图形标记提示的虚线方框），可以方便地在幻灯片中添加文字、图片、表格、图表及多媒体对象。

1．向幻灯片中输入文本

有四种类型的文本可以添加到幻灯片：占位符文本、自选图形中的文本、文本框中的文本和艺术字文本。

（1）占位符文本

操作方法是：单击占位符，然后输入文本。

（2）文本框文本

操作方法是：先插入文本框，然后在文本框中输入文字。文本框可以是水平的或竖直的，使用文本框可以在一页上放置数个文字块，可使文字按与文档中其他文字不同的方向排列。当文本大小超出了占位符的大小时，PowerPoint 会逐渐减小输入文本的字号和行间距以使文本大小合适。

（3）自选图形中的文本

操作方法是：利用"绘图"工具栏中的"自选图形"命令，绘制所需的图形，直接在图形上添加文本。

（4）艺术字文本

操作方法是：在幻灯片中选择一种艺术字后，输入所需文字。

2.插入表格

在"常用"工具栏上单击"插入表格"按钮,选择所需行和列的数量,单击即可插入基本表格。如果要自行制表,可以单击"常用"工具栏上的"表格和边框"按钮,弹出"表格和边框"工具栏。单击"绘制表格"按钮,鼠标指针变成笔形时,单击并拖动鼠标创建表格中的行和列线。

3.插入图片

单击"插入"|"图片"|"剪贴画"命令,可选择剪贴画中的图片插入到幻灯片中;也可单击"插入"|"图片"|"来自文件"命令,选择合适的图片插入幻灯片中。

4.插入多媒体对象

（1）向幻灯片中添加音乐或声音效果

单击"插入"|"影片和声音"|"文件中的声音"命令,在弹出的对话框中选择文件类型和文件名,单击"确定"按钮,弹出如图 5-14 所示的信息提示框。若要在幻灯片放映时自动播放音乐或声音,单击"自动"按钮;若是在单击声音图标之后播放音乐或声音,单击"在单击时"按钮,选择后幻灯片上出现图标。

图 5-14　信息提示框

提示：如果声音文件大于 100 KB,默认情况下会自动将声音链接到幻灯片中,而不是嵌入文件。链接了声音文件的演示文稿要在另一台计算机上播放,则要同时复制它所链接的文件。

（2）向幻灯片中添加影片

添加影片的方法跟声音类似,单击"插入"|"影片和声音"|"文件中的影片"命令,选择所需的文件即可。

（3）录制旁白

PowerPoint 可以直接录制声音,作为幻灯片的讲解或注释。操作方法是：单击"插入"|"影片和声音"|"录制声音"命令,在弹出的"录音"对话框中单击"录音"按钮进行录制声音,单击"停止"按钮完成录制。单击"确定"按钮后幻灯片上出现图标,其他的设置方法跟插入的声音文件是一样的。

2.3　任务实施

1.规划每张幻灯片的主题

共 8 张幻灯片,第 1 张为标题,用来展示演示文稿的主题;第 2 张为导航;第 3 张至第 6 张为公司形象展示,主题分别为公司简介、公司经营理念、团队构成、发展愿景;第 7 张至第 8 张为公司精品项目展示：主题分别为项目形象、小区环境。

2.设置幻灯片的外观

（1）使用设计模板：单击"格式"|"幻灯片设计"命令,在任务窗格中单击"设计模板",

选择"Balloons"作为幻灯片的模板。

(2)使用配色方案:单击"格式"|"幻灯片设计"命令,在任务窗格中单击"配色方案",选择第二行第一列作为幻灯片的配色方案。

3.制作第1张幻灯片

(1)设置幻灯片的版式:单击"格式"|"幻灯片版式"命令,在任务窗格中的"文字版式"下方单击"标题幻灯片"。

(2)在页面左上角插入公司的LOGO图片,在标题占位符中插入艺术字"十年地产十年美丰"作为演示文稿的主标题,在副标题占位符中输入文字"美丰房产公司及荷香雅居项目形象展示"作为副标题。输入结束后分别设置两个标题的格式,如图5-15所示。

4.使用幻灯片母版设置幻灯片的样式

单击"视图"|"母版"|"幻灯片母版"命令,切换到"幻灯片母版"视图,设置母版的样式如图5-16所示,之后将视图切换为普通视图。

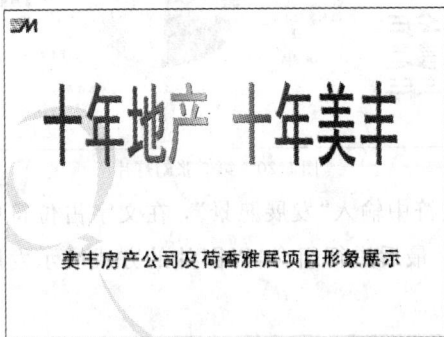

图5-15　第1张幻灯片

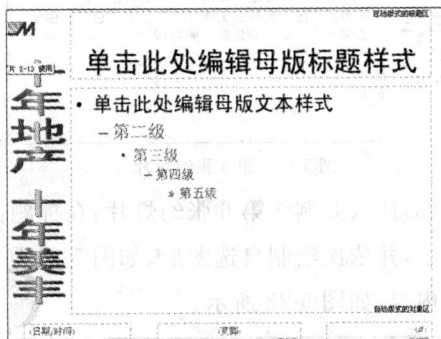

图5-16　设置幻灯片母版

5.制作第2张到第6张幻灯片

(1)插入并制作第2张幻灯片:选择幻灯片的版式为"标题幻灯片",在标题占位符中输入"导航",在文字占位符中,插入自定义图形,输入相应文字,并组合制作导航图片按钮,如图5-17所示。

(2)插入并制作第3张幻灯片:在标题占位符中输入"公司简介",在文字占位符中输入公司简介的文字内容,如图5-18所示。

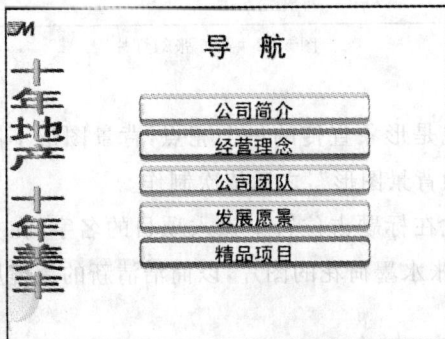

图5-17　第2张幻灯片

图5-18　第3张幻灯片

（3）插入并制作第 4 张幻灯片：在标题占位符中输入"经营理念"，在文字占位符中输入经营理念的内容，输入完成后选定第二到第四段文字，设置项目符号格式，如图 5-19 所示。

（4）插入并制作第 5 张幻灯片：在标题占位符中输入"公司团队"，在文字占位符中插入图表，在数据表中输入公司团队的部门名称和人数，然后选择图表类型为饼图，并分别设置图表区和绘图区格式，以各部门人数占团队百分比的图表来展示团队构成，如图5-20 所示。

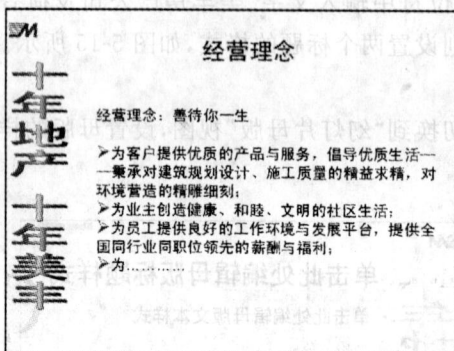

图 5-19　第 4 张幻灯片

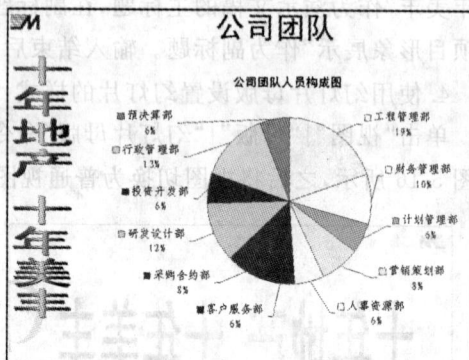

图 5-20　第 5 张幻灯片

（5）插入并制作第 6 张幻灯片：在标题占位符中输入"发展愿景"，在文字占位符中输入文字，并依次绘制自选图形，如图 5-21 所示。最后进行组合，以图片的方式展示发展愿景的内容，如图 5-22 所示。

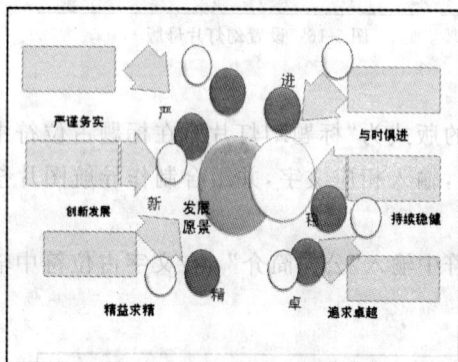

图 5-21　第 6 张幻灯片中的自选图形

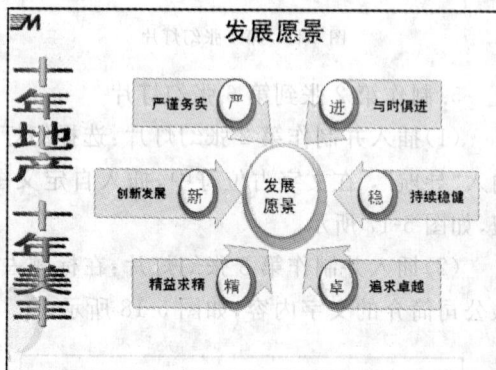

图 5-22　第 6 张幻灯片

6. 制作第 7 张到 8 张幻灯片

（1）这两张幻灯片为公司精品项目展示，也是形象宣传的一个亮点，背景图形不同于前，因而首先利用"背景"命令设置"忽略母版的背景图形"，之后依次制作。

（2）第 7 张的主题是项目的形象定位，因此在标题占位符中输入项目的名字，在文字占位符中分别输入文字"碧水荷香"，并插入一张水墨荷花的图片，以简洁清新的意境展示项目的形象，如图 5-23 所示。

（3）第 8 张幻灯片展示公司精品项目小区的周边环境，如图 5-24 所示。

7.插入背景音乐

(1)在普通视图的"幻灯片"选项卡中,选择第1张幻灯片,单击"插入"|"影片和声音"| "文件中的声音"命令,在打开的对话框中,选择背景音乐文件,单击"确定"按钮。在弹出 对话框里单击"自动"以便幻灯片开始放映时播放音乐。

(2)选定幻灯片上出现的"喇叭"图标,在"自定义动画"任务窗格里设置"效果选项", 将"停止播放"选项后的"X"改成幻灯片的总数10,即可实现演示过程中全程持续播放背 景音乐。

图 5-23　第 7 张幻灯片

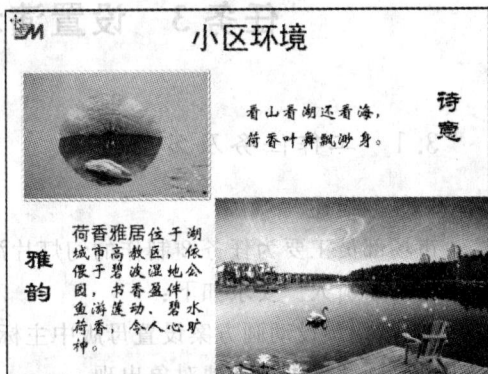

图 5-24　第 8 张幻灯片

任务小结:(1)要想制作一份美观大方的演示文稿,模板的选择是非常关键的。 PowerPoint 提供的模板是有限的,用户可以根据任务的需要去下载合适的模板。(2)每 个演示文稿至少包含一个幻灯片母版。通过修改和使用幻灯片母版就可以对演示文稿中 的每张幻灯片进行统一的样式更改。使用幻灯片母版可以节省时间,因为不必在多张幻 灯片上键入相同信息。当演示文稿包括大量幻灯片时,母版尤其有用。(3)制作的幻灯片 必须页面布局合理,各种元素比例恰当,图文层次分明,要具有美感。

2.4　实战训练

【实训内容】

为 1.4 创建的"自我介绍"演示文稿制作幻灯片,要求如下:

1.设置幻灯片的外观

(1)选择自己喜欢的模板和配色方案。

(2)设置自己喜欢的母版样式和格式。

2.添加艺术字

在第一张幻灯片上输入"朋友,欢迎观看我的介绍!",将其设置为艺术字。

3.插入图片

插入一张新幻灯片,输入一段自我介绍的文字,并在旁边添加一张自己的照片。

4.插入声音

插入一张新幻灯片,添加一首自己最喜欢的歌曲并输入一段歌词。

5. 插入 Excel 表格

(1)单击"插入"|"新幻灯片",选择"标题和图表"版式。

(2)双击图表占位符,打开 Excel 数据表窗口,在其中制作一张自己的月消费表(包括 3 行 3 列)。

(3)将数据修改成可以制作成图表的内容,然后单击幻灯片,关闭数据表后,即可根据数据生成相应的图表,调整图表的大小和位置。

任务 3 设置演示文稿的动画效果

3.1 工作任务及分析

1. 任务描述

市场部员工要为任务 2 制作的幻灯片添加动画效果,以使公司及项目在形象展示时更加生动吸引人。要求如下:

(1)运用预设动画方案设置母版中主标题的动画效果,使每一张幻灯片的主标题都以渐入的动画效果先于其他对象出现。

(2)运用自定义动画等方法设置幻灯片中除主标题以外的主要元素的动画效果,使这些元素以动画的效果逐个显示。

(3)运用"超链接"方法实现导航幻灯片与其他幻灯片之间的跳转。

2. 任务分析

为幻灯片里的文本、图形、声音、图像和其他对象添加动画效果,可以起到突出主题、丰富版面的作用,使演示效果生动形象。另外,运用超链接可以控制幻灯片的放映顺序,从而使演示文稿的展示更为灵活。

3.2 知识与技能

3.2.1 动画

1. 使用预设的动画方案

操作方法如下:

(1)打开要添加动画的演示文稿。如果只对部分幻灯片使用动画方案,则先选中所需的幻灯片。

(2)单击"幻灯片放映"|"动画方案"命令,显示"动画方案"任务窗格,如图 5-25 所示。

(3)从列表中选择所需方案,单击"应用于所有幻灯片"按钮,可将选定方案应用到当前演示文稿的所有幻灯片中。单击"播放"按钮,在当前视图下演示动画效果。

2. 自定义动画

操作方法如下:

(1)单击"幻灯片放映"|"自定义动画"命令,显示"自定义动画"任务窗格。

(2)在幻灯片窗格中选中要设置动画效果的对象。

（3）在"自定义动画"任务窗格中，单击"添加效果"下拉按钮，然后单击需要的动画效果，如图 5-26 所示。

若希望文本或对象以某种效果进入幻灯片，可在"进入"子菜单中选择一种效果。

若要给文本或对象添加效果以使其离开幻灯片，可在"退出"子菜单中选择一种效果。

若要给对象添加效果以使其在指定图案中移动，可在"动作路径"子菜单中选择一种效果。其中动作路径可以指定对象或文字按一定的路径移动，也可以自绘路径。

（4）选定的效果会按顺序排列在窗格中，同一个对象可以应用多个动画效果，但是播放时只能顺序播放，要更改动画播放顺序，用鼠标选中动画效果拖动即可。设置完毕后，单击"播放"按钮，可预览动画设置效果。此外还可以单击"删除"按钮，将所设动画效果删除。

（5）默认情况下，必须单击鼠标才能启动动画。不过，用户也可以设置其他启动动画的方法，例如，在上一事件发生后或之前启动动画。

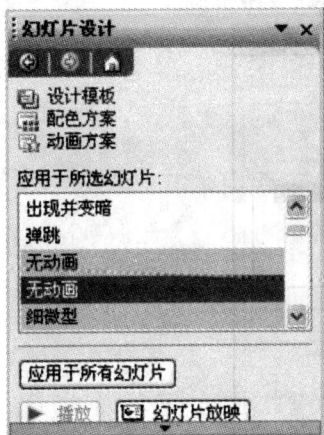

图 5-25　"动画方案"任务窗格　　　　图 5-26　"自定义动画"任务窗格

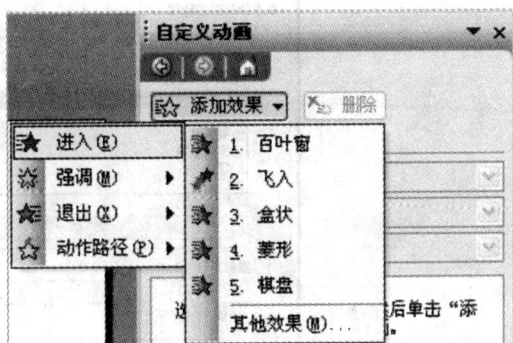

3.2.2　超链接

在演示文稿中建立超链接有两种方法：

方法一：使用"插入"菜单的"超链接"命令

（1）在幻灯片中直接选择某个对象，单击"插入"|"超链接"命令；或右键单击，在弹出的快捷菜单中选"超链接"命令，打开"插入超链接"对话框，如图 5-27 所示。

（2）在对话框左侧的"链接到"区域中共有四个选项。选择一个选项后，进行相应的设置，单击"确定"按钮。

（3）在幻灯片放映时，鼠标移到下划线处，就会变为超链接标志（ 形状），这时单击鼠标，就会跳转到超链接设置的相应位置。

方法二：使用"幻灯片放映"菜单的"动作设置"命令。

（1）单击"幻灯片放映"|"动作按钮"命令，选择一种按钮，在幻灯片上的合适位置拖动鼠标，出现一个超链接的动作按钮，同时弹出如图 5-28 所示的"动作设置"对话框。

（2）选择"超链接到"选项，然后在列表中选择要跳转的位置，单击"确定"按钮即可。

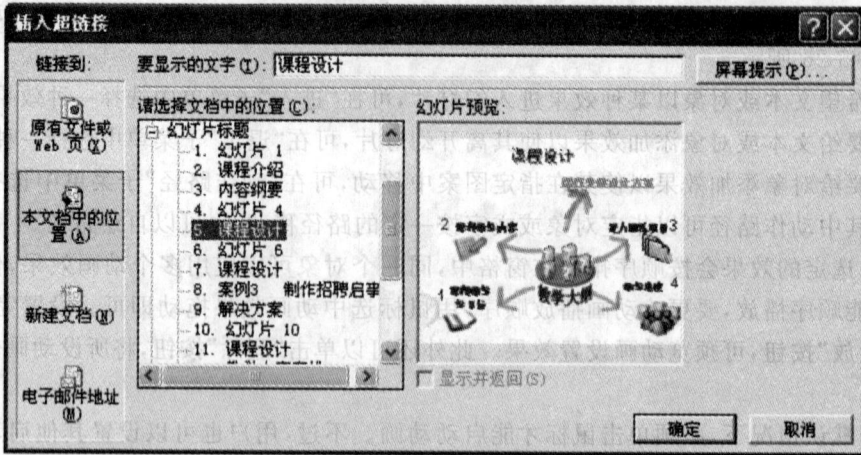

图 5-27　"插入超链接"对话框

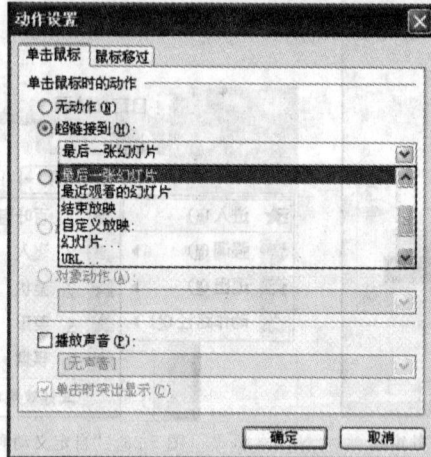

图 5-28　"动作设置"对话框

3.3　任务实施

1.使用预设动画方案设置母版的动画效果

将视图切换到"幻灯片母版"视图,在屏幕右侧的"动画方案"任务窗格中选择"典雅",这样可以使幻灯片放映时,每一张的主标题都以渐入的动画效果优先显现。

2.使用自定义动画为每张幻灯片的特定对象设置不同的动画效果

(1)将视图切换到"普通"视图,在屏幕右侧打开"自定义动画"任务窗格。

(2)选中第 1 张幻灯片里的大标题对象,单击"添加效果"按钮,选择"进入"的动画效果为"飞入",并依次设置开始时间为"之前",方向为"自右侧",速度为"中速"。

(3)选择第 1 张幻灯片的副标题对象,将动画效果设置成"盒状",开始设置为"之后",在演示时副标题会在主标题之后进入到页面。分别为第 2 张幻灯片中的导航条目图片对象、第 3 张的公司简介文本对象、第 4 张经营理念的项目对象、第 5 张公司团队构成图表对象、第 6 张发展愿景图片对象设置各自不同的动画效果,但开始时间均为"之后",速度为"中速"。

（4）项目展示是本演示文稿的一个亮点，为了给客户留下深刻的印象。用相同的方法，分别为第 7 到第 9 张除大标题以外的每个重要对象添加动画效果，并按照每个对象出现的先后顺序设置开始时间，让这些元素按次序展示，从而使演示效果更富于动感。

3. 通过"超链接"实现幻灯片之间的跳转

第 2 张幻灯片中的导航图片按钮与后面相应的幻灯片都有关联，比如第 3 张"公司简介"是"导航"幻灯片中第一张图片按钮的详细内容。依次选定导航中的每个按钮图片，使用"插入超链接"，选择与之相关联的幻灯片。

任务小结：（1）应用动画要适度，一定要起到画龙点睛的作用，太多的闪烁和运动画面会让观众分散注意力。各种对象的动画，主要是由"自定义动画"设置的。（2）在制作动画时必须遵循对象动画开始的先后顺序来制作相关动画，否则在演示时会出现动画顺序混乱。

3.4　实战训练

【实训内容】

1. 为 2.4 制作的第 2 张幻灯片添加动画效果：将自我介绍的文字设置成以自己喜欢的方式动态进入画面。

2. 为 2.4 制作的第 1 张幻灯片添加动画效果：为照片编辑一个动作路径，让照片在画面的四角移动。

任务 4　设置演示文稿的放映方式

4.1　工作任务及分析

1. 任务描述

市场部员工为任务 3 制作的公司形象宣传演示文稿设置切换和放映方式，具体要求如下：

（1）设置所有幻灯片的切换方式如下：切换效果为"盒状展开"，速度为"中速"，自动换片时间为 5 秒。

（2）设置幻灯片的放映方式为"循环放映，按 Esc 键终止"。

（3）将演示文稿打包成 CD，并打印一份演示文稿讲义。

2. 任务分析

幻灯片的切换方式是指幻灯片放映时各幻灯片之间的过渡方式，幻灯片停留的时间即换片时间。幻灯片切换时可以加一些特殊效果，如"垂直百叶窗""盒状展开"等。幻灯片放映的时候，可以手动切换幻灯片，也可以通过设置让幻灯片自动切换。另外，通过设置幻灯片的放映方式可以实现幻灯片的循环放映。

4.2　知识与技能

4.2.1　放映演示文稿

1. 在屏幕上观看幻灯片放映

操作方法如下：

（1）在 PowerPoint 中放映

以下几种方式，均可以启动幻灯片放映：

方法一：单击演示文稿窗口左下角"视图切换"工具中的幻灯片放映按钮，可以从当前所选的幻灯片开始放映。

方法二：按【F5】键。

方法三：单击"幻灯片放映"|"观看放映"命令，即可从第一张幻灯片开始全屏放映。

方法四：单击"视图"|"幻灯片放映"命令。

（2）从桌面上激活幻灯片放映

在安装了 PowerPoint 的计算机上，可以直接放映制作好的演示文稿，不需要打开 PowerPoint。操作方法是：在"我的电脑"或"资源管理器"窗口中找出要放映的文件，在文件名上单击鼠标右键，在弹出的快捷菜单中单击"显示"命令即可。

2.控制幻灯片放映

（1）在幻灯片之间切换

演示文稿通常由多张幻灯片组成，放映时需要在幻灯片之间切换。在幻灯片之间切换有以下几种情况：

①转到下一张灯片：单击、按空格键、【↓】键、【→】键或【Enter】键。

②转到上一张灯片：按【Backspace】键、【↑】键或【←】键即可转到上一张幻灯片，或者是右键单击，在弹出的快捷菜单上选择"上一张"选项。

③转到指定的幻灯片上：单击鼠标右键，在弹出的快捷菜单上选择"定位至幻灯片"选项，然后单击所需的幻灯片即可。

④观看以前查看过的幻灯片：右键单击，在弹出的快捷菜单上选择"上次查看过的"选项。

（2）放映时在幻灯片上书写或绘画

在放映屏幕上右键单击，在弹出的快捷菜单中选择"指针选项"，其中有"圆珠笔""毡尖笔"和"荧光笔"三种笔型可供选择。还可以在"指针选项"的"墨迹颜色"的颜色框中选择一种需要的颜色。当选好笔的类型和颜色后，按住鼠标左键，就可以在幻灯片上书写或绘画，如图 5-29 所示。

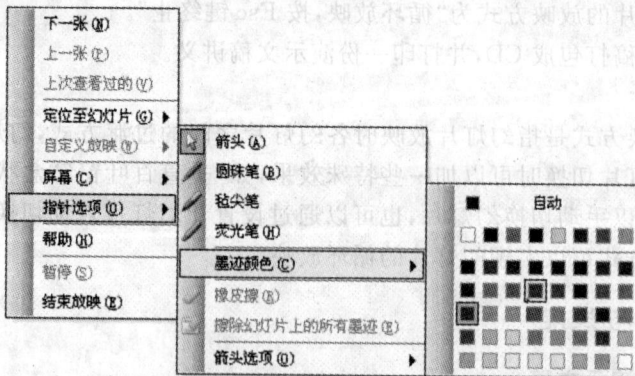

图 5-29　幻灯片放映控制菜单

在弹出的快捷菜单中单击"指针选项"|"箭头选项"|"永远隐藏"选项，就可以在幻灯

片放映时隐藏绘图笔或指针。

3.设置幻灯片放映方式

通过设置,可以在幻灯片放映时,控制幻灯片自动播放或手动播放,并且可以添加从一张幻灯片切换到下一张幻灯片的时间间隔、切换效果等。

(1)设置幻灯片切换效果

设置幻灯片切换效果的操作步骤如下:

①选择要设置效果的幻灯片。

②单击"幻灯片放映"|"幻灯片切换"命令,打开"幻灯片切换"任务窗格,如图5-30所示。

③在"幻灯片切换"任务窗格中选择需要的切换效果,同时可以设定切换速度、切换时要播放的声音特效。

④如果要将所做的设置应用于所有的幻灯片上,单击"应用于所有幻灯片"按钮。

(2)设置幻灯片自动切换

操作步骤如下:

①在如图5-30所示的"幻灯片切换"任务窗格的"换片方式"选项区中去掉"单击鼠标时"的复选框,选中"每隔"复选框,然后在数值框内选择或直接输入希望幻灯片停留的时间(单位是秒)。

②如果要将所做的设置应用于所有的幻灯片上,单击"应用于所有幻灯片"按钮;如果仅仅应用于当前幻灯片则不必执行此操作。

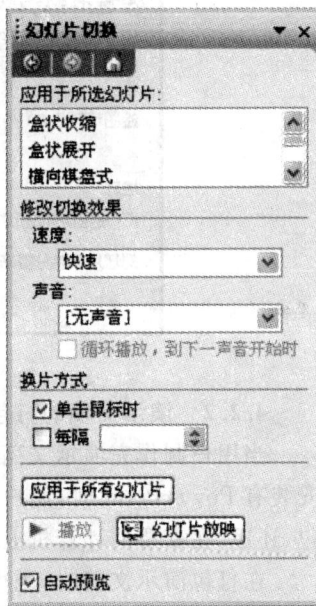

图5-30　"幻灯片切换"任务窗格

如果要设置每张幻灯片的放映时间都不相同,就必须使用以上的方法对每张幻灯片的放映时间做具体的设置。如果希望在单击鼠标和经过预定时间后都进行切换,并以较早发生的事件为准,那么必须同时选中"单击鼠标时"和"每隔"复选框。设置完毕后,可以在幻灯片浏览视图下,看到所有设置了时间的幻灯片的下方都显示该幻灯片在屏幕上停留的时间。

(3)设置幻灯片放映时间

可以通过排练计时控制整个幻灯片的自动播放时间,操作步骤如下:

①单击"幻灯片放映"|"排练计时"菜单命令,激活排练方式,弹出"预演"工具栏,如图5-31所示。

②准备播放下一张幻灯片时,单击"下一项"按钮。

③放映到最后一张幻灯片时,弹出对话框显示总

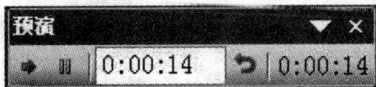

图5-31　"预演"工具栏

共的时间,并询问是否保留新的幻灯片排练时间。单击"是"按钮接受该时间,单击"否"按钮不保存。

④选择"幻灯片放映"|"设置放映方式"命令,打开"设置放映方式"对话框,如图5-32所示。在"换片方式"框中选中"如果存在排练时间,则使用它"。单击"确定"即可。

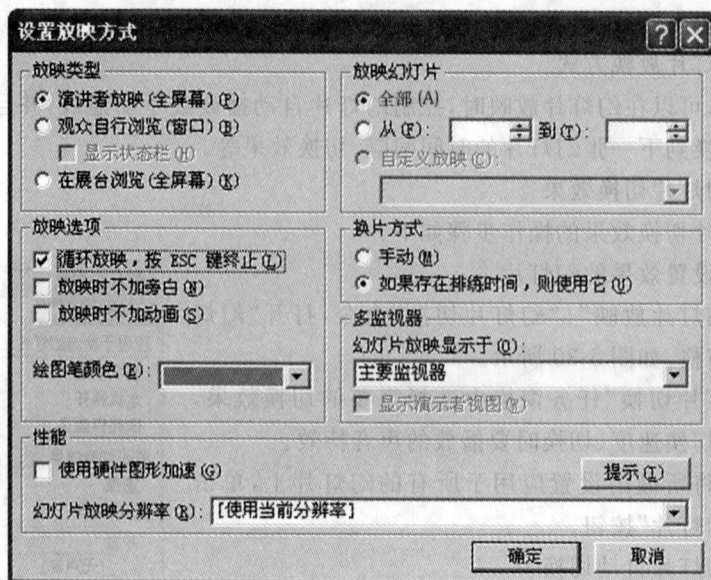

图 5-32 "设置放映方式"对话框

4.2.2 演示文稿的打包

当用户制作完演示文稿,需要将其在其他计算机上演示,但又不知这些计算机上是否安装有 PowerPoint 时,用户可以将演示文稿打包到文件夹或打包成 CD。然后再将其解包、还原,在需要的计算机上运行该演示文稿。

在打包演示文稿时,既可以打包演示文稿中的文件和字体,还可以打包 PowerPoint,同样可以播放演示文稿。

1.打包演示文稿到文件夹

(1)首先打开要打的演示文稿。选择"文件"|"打包成 CD"命令,弹出如图 5-33 所示对话框。

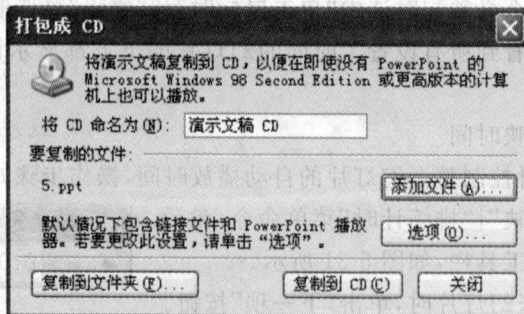

图 5-33 "打包成 CD"对话框

(2)在对话框中单击"选项"按钮,弹出如图 5-34 所示的"选项"对话框。其中三个复选框的含义是:

"PowerPoint 播放器(在没有使用 PowerPoint 时播放演示文稿)":指用户可以在没有使用 PowerPoint 时播放演示文稿,而且还可以在"选择演示文稿在播放器中的播放方式"下拉列表中选择一种播放的方式,如"按指定顺序自动播放所有演示文

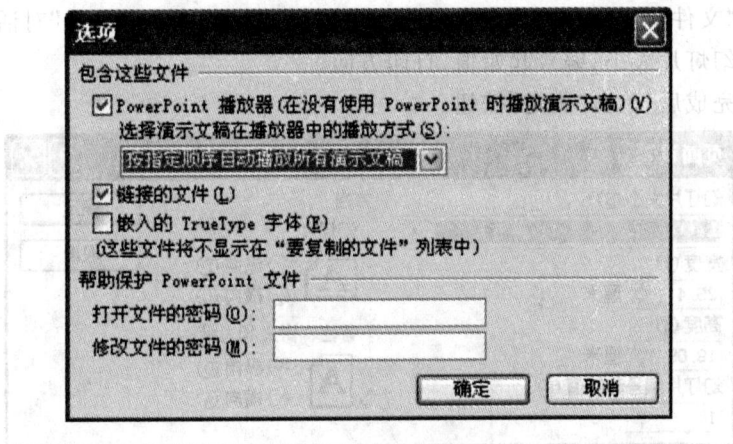

图 5-34 "选项"对话框

稿"方式。

"链接的文件":指打包的演示文稿中含有链接关系的文件。

"嵌入的 TrueType 字体":可以确保打包的演示文稿在其他计算机上播放时能看到正确的字体。

(3)用户可以在"打开文件的密码"文本框中输入密码,用来保护文件。然后单击"确定"按钮,返回到"打包成 CD"对话框。

(4)单击"复制到文件夹"按钮,在打开的对话框中输入打包演示文稿的名称和详细路径,单击"确定"按钮,即可开始打包。

2.将演示文稿打包成 CD

演示文稿除了可以打包到文件夹外,还可以直接打包到 CD,其操作步骤如下:

(1)打开要进行打包的演示文稿。

(2)将 CD 插入到 CD 驱动器。

(3)选择"文件"|"打包成 CD"命令,弹出如图 5-33 所示对话框。

(4)如果要添加其他演示文稿或其他不能自动包括的文件,可单击"添加文件"按钮进行添加。

(5)在对话框的"将 CD 命名为"文本框中输入名称。单击"复制到 CD"按钮,即可开始打包。

提示:如果用户在计算机上没有安装录制设备如刻录机,则不能完成将演示文稿打包成 CD 的操作。

3.还原与运行打包文件

打包的演示文稿要在其他计算机上演示放映,首先要对其解压缩并还原,才能够运行打包演示文稿。

运行打包演示文稿的操作很简单,首先把文件所在的光盘放到光盘驱动器中进行播放,这时就会自动开始播放光盘上的演示文稿。

4.2.3 打印演示文稿

有时用户需要打印演示文稿,打印内容可以分为幻灯片、讲义、备注和大纲四项内容。

1.页面设置

打印之前,应设置打印纸张的大小和页面。方法如下:

(1)单击"文件"|"页面设置"命令,打开如图 5-35 所示的"页面设置"对话框。

(2)选择幻灯片大小、编号起始值、打印方向。

(3)设置完成后,单击"确定"按钮。

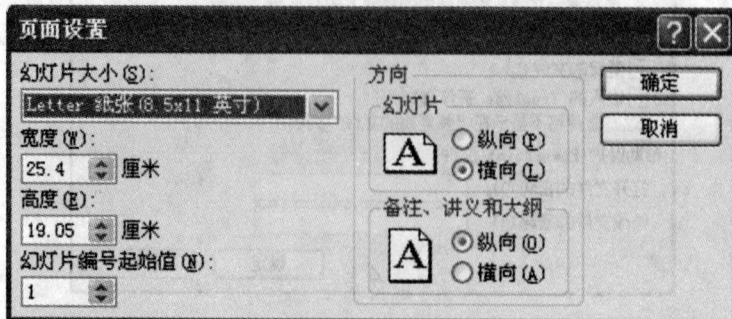

图 5-35 "页面设置"对话框

2. 打印操作

完成页面设置后,就可以开始打印,方法如下:

(1)选择"文件"|"打印"命令,打开"打印"对话框。

(2)在"打印内容"下拉列表中选择要打印的内容。当选择讲义时,可以设定每页打印幻灯片的数目和方向,如图 5-36 所示。

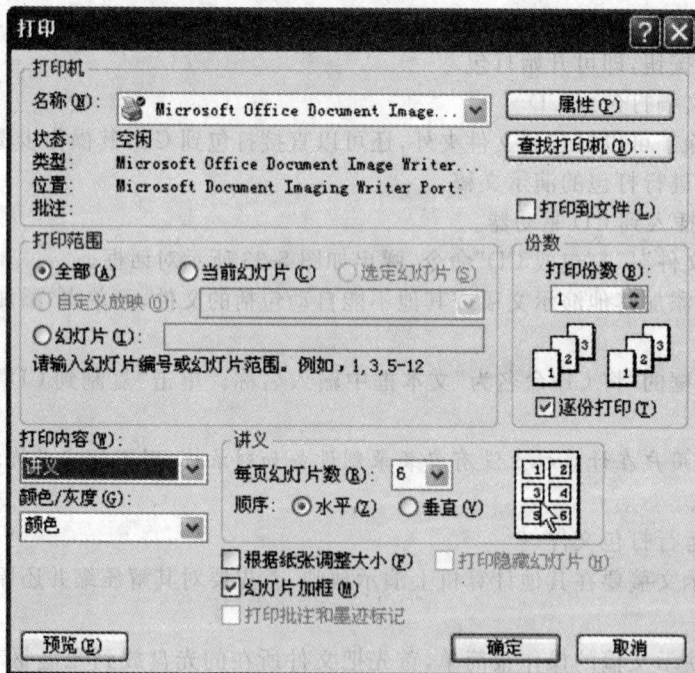

图 5-36 "打印"对话框

(3)指明打印的份数、范围等。

(4)单击"确定"按钮开始打印。

4.3　任务实施

1.设置幻灯片的切换方式

首先在屏幕右侧打开"幻灯片切换"任务窗格,之后选中第1张幻灯片,在任务窗格中将切换效果设置为"盒状展开",速度为"中速",切换方式为手动和自动两种方式,其中自动换片时间设置为5秒,最后单击"应用于所有幻灯片"。

2.设置演示文稿的放映方式

选择"幻灯片放映"|"设置放映方式"命令,打开"设置放映方式"对话框,选择放映选项为"循环放映,按ESC键终止"。

3.将演示文稿打包成CD

将一张空白光盘放入刻录机的光驱,选择"文件"|"打包成CD"命令,在对话框的"将CD命名为"文本框中输入"公司形象宣传演示文稿"。单击"复制到CD"按钮,即可打包。

4.打印演示文稿讲义

首先单击"文件"|"页面设置",在"页面设置"对话框里设定幻灯片的大小为"屏幕大小",编号起始值为"1"、打印方向为"横向"。之后选择"文件"|"打印",设定每页幻灯片片数为"9",即可打印。

任务小结:(1)不同的幻灯片放映时,可以选择各种不同的切换方式并改变其速度,也可以改变切换效果以强调某张幻灯片。(2)如果将文稿保存为PowerPoint放映类型,则文件扩展名为.pps,这类文件从桌面打开时会自动播放。(3)在放映演示文稿时,如果要快进到或退回到某一张幻灯片(比如第5张幻灯片),可以按下数字键5,再按【Enter】键。

4.4　实战训练

【实训内容】

1.打开"自我介绍"的演示文稿,将切换效果设置为"水平百叶窗",速度为"中速",切换方式自动,其中自动换片时间设置为6秒。

2.将演示文稿的放映方式设置为"循环放映,按ESC键终止"。

3.将演示文稿打包成CD,CD命名为"自我介绍"。

4.打印一份"自我介绍"演示义稿的讲义。

实践测试

一、选择题

1.在PowerPoint中的(　　)视图下,可以撰写或设计文稿。

A.大纲　　　　　B.普通　　　　　C.幻灯片浏览　　　　D.幻灯片放映

2.在普通视图下,单击"插入"菜单中的"新幻灯片"命令,将(　　)。

A.在当前幻灯片之前插入一张新幻灯片

B. 在当前幻灯片之后插入一张新幻灯片

C. 可能在当前幻灯片之后或之前插入一张新幻灯片

D. 当前幻灯片覆盖

3. 在 PowerPoint 中,(　　)菜单中的"背景"命令,可以更改幻灯片背景。

A. 编辑　　　　　　B. 工具　　　　　　C. 格式　　　　　　D. 幻灯片放映

4. 在(　　)菜单中的"幻灯片设计"命令,可以为演示文稿选择 PowerPoint 模板。

A. 格式　　　　　　B. 编辑　　　　　　C. 工具　　　　　　D. 幻灯片放映

5. PowerPoint 中在幻灯片浏览视图下,按住【Ctrl】键并拖动某张幻灯片,可以完成(　　)操作。

A. 移动幻灯片　　　B. 选定幻灯片　　　C. 删除幻灯片　　　D. 复制幻灯片

6. 下面叙述中可以打开"设置放映方式"对话框的操作是(　　)。

A. 单击"格式"菜单中的"排练时间"命令

B. 单击"幻灯片放映"菜单中的"排练时间"命令

C. 单击"幻灯片放映"菜单中的"设置放映方式"命令

D. 单击"格式"菜单中的"设置放映方式"命令

7. 下述键盘操作可以终止幻灯片放映的是(　　)。

A.【Ctrl+C】　　　B.【End】　　　　C.【Esc】　　　　D.【Ctrl+F4】

8. "自定义动画"任务窗格中有关动画设置的选项不包括(　　)。

A. 动画顺序　　　　B. 预设动画　　　　C. 效果　　　　　　D. 声音

9. 以下哪种方式不能启动幻灯片放映(　　)。

A. 单击演示文稿窗口左下角"视图切换"工具中的"幻灯片浏览视图"按钮,可以从当前所选的幻灯片开始放映

B. 按【F5】键

C. 单击"幻灯片放映"|"观看放映"命令,即可从第一张幻灯片开始全屏放映

D. 单击"视图"|"幻灯片放映"命令

二、填空题

1. PowerPoint 中用于演示的文件叫做_____,其扩展名为_____。

2. PowerPoint 有三种主要视图:普通视图、幻灯片浏览视图和_____视图方式。

3. 在新建的演示文稿中,用户通过不同版式中的_____可以方便地向幻灯片中添加文字、图片、表格、图表及多媒体对象。

4. PowerPoint 根据用户的不同需要,提供了多种新文稿的创建方式,常用的方式有利用内容提示向导、_____、创建空白演示文稿等。

5. 状态栏中显示"幻灯片 8/10"说明当前幻灯片文件中共有_____张幻灯片,当前为第_____张。

6. 可以通过_____控制整个幻灯片的自动播放时间。

三、上机操作题

1.利用"诗情画意"设计模板创建一个演示文稿,并添加3张幻灯片,其文字内容为介绍一本自己喜欢的书。

(1)根据所选主题规划演示文稿内容,并搜集相关素材,包括模板、文字内容、图片、音视频等电子文档。

(2)演示文稿结构完整,至少包含8张幻灯片,所有幻灯片页面应具有统一的风格,运用幻灯片母板设置页面共有的信息,如作者、日期、标识等。

(3)每张幻灯片页面应有一个明确的主题,要求页面图文并茂,色彩搭配赏心悦目,格式设置符合主题的意境。

①文字:内容要力争简洁,突出重点,只列出要点。标题一般用44号或48号,正文一般用30号,不应小于24号。文字要清晰,让每个观众都看得清楚。文字不要使用过多字体,宜采用楷体、黑体、幼圆,一般不用宋体。文字颜色与背景颜色的反差应该尽量大。

②图片:用图表和图片代替文字会产生很好的效果,尽量少用文字多用图。图片幻灯片中使用的图片与图表要清晰,大小适当。图片一般使用JPEG和GIF格式,大小不超过200KB为宜。防止花花绿绿的动画背景图案冲击主题内容,利用绘图工具可以绘制出效果很好的图片。

(4)为幻灯片页面的关键元素设置动画效果,动画设计应合理自然,衔接流畅。动画不要太花哨,否则容易分散观众的注意力。

(5)为演示文稿添加背景音乐。

(6)全屏放映演示文稿,展示赏析作品。

6

项目六   **使用 Internet**

⚙ 项目导读

    计算机技术使人们可以对信息进行加工和存储,计算机网络技术则把人们的工作带入协同处理时代,大大提高了工作效率。尤其基于 Internet 技术不仅可以使用 QQ 进行聊天,而且可以进行现代远程医疗、数字化战争等复杂的信息处理和传输。日常工作中,通过 Internet 可以上网搜索资料、收发邮件、浏览网页信息、查看网络视频、进行网络远程通信等工作。同时在使用 Internet 上网的过程中,会有许多病毒、木马等软件寻机破坏计算机的数据,因此还需要对计算机进行有效的安全防护。

    本项目以某公司员工使用 Internet 网络资源为背景,通过接入 Internet、使用 Internet 网络资源、使用 Internet 常用工具、计算机安全防护四个任务的学习,使读者掌握 Internet 网络资源的使用方法和计算机安全防护的方法。

⚙ 项目任务分解

    任务 1   接入 Internet

    任务 2   使用 Internet 网络资源

    任务 3   使用 Internet 常用工具

    任务 4   计算机安全防护

⚙ 知识与技能目标

    (1)了解 Internet 的应用

    (2)学会使用 Internet 网络资源

    (3)学会使用 Internet 常用工具

    (4)学会进行计算机安全防护

⚙ 技能训练重点

    使用 Internet 网络资源

任务 1　接入 Internet

1.1 工作任务及分析

1.任务描述

某公司根据业务需要,需要接入 Internet。要求是:

(1)让员工首先了解 Internet 的基础知识。

(2)利用 ADSL 连接 Internet。

2.任务分析

接入 Internet 有多种方式,在本项目中,最简单的方式是使用 ISP(Internet Service Provider,互联网服务提供商)提供的 ADSL 方式进行接入。

1.2　知识与技能

1.2.1　Internet 概述

在前面几个项目中,我们的工作任务主要对单机任务展开,如果需要进行多台计算机协同工作,就需要使用计算机网络。计算机网络是指:将地理位置不同的具有独立功能的多台计算机及其外部设备,通过通信线路连接起来,在网络操作系统、网络管理软件及网络通信协议的管理和协调下,实现资源共享和信息传递的计算机系统。目前世界上最庞大的计算机网络就是因特网(Internet)。它由多个计算机网络,通过路由器等互联设备连接而成,可以支持全世界所有联网的计算机进行信息处理和传输。

Internet 主要有如下特点:开放性、共享性、平等性、低廉性、交互性。正是由于这些特点,Internet 可以为用户提供丰富的功能:WWW、FTP、TELNET、E-mail、Gopher 等等,通过这些功能,就可以进行聊天、查看信息,甚至进行网上的商业和科研活动。

Internet 的前身是美国的 ARPANET,这是一个实验性的网络,建立 ARPANET 的主导思想是"网络必须能够经受住故障的考验而维持正常工作,一旦发生战争,当网络的某一部分因遭受攻击而失去工作能力时,网络的其他部分应当能够维持正常通信"。因此,它也是美苏冷战的产物,主要用于军事研究的目的。

随着科技的进步和美苏冷战的结束,1986 年,ARPANET 与 NSFNET 的合并诞生了 Internet。90 年代初,商业机构进军 Internet 和"信息高速公路"的建设,使 Internet 呈爆炸性发展。

根据统计,到 2010 年底全世界上网人数超过 20 亿,中国达到了 4.57 亿。

中国 Internet 的发展十分迅猛,主要经历了两个阶段:

第一阶段:1987—1993 年:我国的一些科研部门(中国科学院高能物理研究所)通过应用 Internet 上的电子邮件,与国外的科技团体进行学术交流和科技合作。

第二阶段:1994 年起,我国实现了与 Internet 的 TCP/IP 连接,开通了 Internet 的全功能服务。1996 年 6 月,中国最大的 Internet 互联子网 CHINANET 也正式开通并投入营运,在中国兴起了一种研究、学习和使用 Internet 的浪潮,中国的用户已经越来越走进

Internet,而 Internet 也越来越成为中国人科研工作和日常生活的一个重要组成部分。

1.2.2　IP 地址

在 Internet 中有数以亿计的计算机接收和发送信息,如何能在这么多的计算机中找到我们想要的那台计算机呢? TCP/IP 协议组中的 IP 协议已经给我们做好了这个工作。在 IP 协议中规定了在网络上的每一个接入的主机都有自己固定的标识——IP 地址。当然,通过一些技术手段也可以在每一台计算机上指定多个 IP 地址,或者使用多台计算机利用一个 IP 地址进行网络的访问。例如:使用网络共享就可以使多台计算机利用一个 IP 地址进行 Internet 的访问。

现在使用的 IP 地址是 32 位地址格式,长度为 32 位,分为 4 段,每段 8 位,用十进制数字表示,每段数字范围为 0～255,段与段之间用句点隔开,也称作是 IPv4(IP 协议的版本号是 4)。例如,192.168.0.1 就是一个 IP 地址。

由于 IP 地址是在 Internet 中通用的地址格式,因此如果在全网中搜索某一个主机将是十分麻烦的事情,因此,IP 地址被分成了网络号和主机号两部分,如图 6-1 所示。每个 IP 地址包括两个标

网络号	主机号

图 6-1　IP 地址

识码——ID,即网络 ID 和主机 ID。同一个物理网络上的所有主机都使用同一个网络 ID,网络上的一个主机(包括网络上工作站、服务器和路由器等)有一个主机 ID 与其对应。对于不同网络规模,还将 IP 地址分成了 5 类,如图 6-2 所示。

		0	1	2	3	4	5	6	7	8...15	16...23	24...31
A	0	网络地址,7 位							主机地址,24 位			
B	1	0	网络地址,14 位							主机地址,16 位		
C	1	1	0	网络地址,21 位							主机地址,8 位	
D	1	1	1	广播地址								
E	1	1	1	1	0	保留地址						

图 6-2　IP 地址分类

(1)A 类 IP 地址

一个 A 类 IP 地址由 1 字节的网络地址和 3 字节主机地址组成,网络地址的最高位必须是"0",地址范围从 0.0.0.1 到 126.0.0.0。可用的 A 类网络有 126 个,每个网络能容纳 1 亿多个主机。

(2)B 类 IP 地址

一个 B 类 IP 地址由 2 个字节的网络地址和 2 个字节的主机地址组成,网络地址的最高位必须是"10",地址范围从 128.0.0.0 到 191.255.255.255。可用的 B 类网络有 16382 个,每个网络能容纳 6 万多个主机。

(3)C 类 IP 地址

一个 C 类 IP 地址由 3 字节的网络地址和 1 字节的主机地址组成,网络地址的最高位必须是"110"。范围从 192.0.0.0 到 223.255.255.255。C 类网络可达 209 万余个,每个网络能容纳 254 个主机。

（4）D 类地址用于多点广播（Multicast）。

D 类 IP 地址第一个字节以"1110"开始，它是一个专门保留的地址。它并不指向特定的网络，目前这一类地址被用在多点广播（Multicast）中。多点广播地址用来一次寻址一组计算机，它标识共享同一协议的一组计算机。

（5）E 类 IP 地址

以"111110"开始，为实验使用或为将来使用保留。

有两个特殊的 IP 地址，全零（"0.0.0.0"）地址对应于当前主机。全"1"的 IP 地址（"255.255.255.255"）是当前子网的广播地址。

有三段 IP 地址是专用 IP 地址，主要用于私有网络内部：

10.0.0.0～10.255.255.255

172.16.0.0～172.31.255.255

192.168.0.0～192.168.255.255

例如：我们在家中使用两台计算机通过共享进行上网的时候，就可以使用 192.168.0.1 这个地址作为网关，而另一台计算机则可以使用 192.168.0.2 这个地址。

1.2.3　子网掩码

在前面给大家介绍了 IP 地址，知道了 IP 地址是分成了两部分，网络地址和主机地址。那么怎么来区分网络地址和主机地址呢，这就要用到子网掩码。子网掩码的长度也是 32 位，左边是网络位，用二进制数字"1"表示；右边是主机位，用二进制数字"0"表示。例如：一个 IP 地址 192.168.0.1，这个地址是一个 C 类地址，那么它的子网掩码就是 255.255.255.0，翻译成二进制就是 11111111111111111111111100000000，左面的 24 位二进制数字"1"表示的就是网络地址，而右面 8 位二进制数字"0"表示的就是主机地址。实际上通过修改子网掩码网络地址"1"的位数就能自己定义子网。如图 6-3 所示，我们可以通过子网掩码来自己定义一个子网。

	网络地址部分	本地部分	
两级 IP 地址	网络地址	主机地址，8 位	
子网掩码	111111111111111111111111	00000000	
三级 IP 地址	网络地址	子网地址	主机地址，3 位
子网掩码	111111111111111111111111	11111	000

图 6-3　使用子网掩码定义子网

在上表中，对于两级 IP 地址，本地部分的主机地址有 8 位，可以容纳 254 台主机，但如果自定义三级 IP 地址，本地部分的主机地址有 3 位，则只能容纳 6 台主机。也就是说，通过修改子网掩码，就能自己划分子网，并且能够限制连接网络的主机数量，这在网络管理中有很广泛的应用。

1.2.4　域名

虽然有了 IP 地址，但是在上网的时候并没有输入 IP 地址，这是因为 IP 地址是数字标识,使用时难以记忆和书写,因此在 IP 地址的基础上又发展出一种符号化的地址方案,来代替数字形的 IP 地址,这就是域名。域名就是与网络上的数字形 IP 地址相对应的字符型地址。例如,要找到百度的 WWW 主机,可以输入 202.108.22.5 这个地址,也可以输入 www.baidu.com,202.108.22.5 就是百度的 WWW 的主机的 IP 地址。对比一下,这个地址非常难记,不如直接使用 www.baidu.com 这个域名方便。

　　域名是一种层次结构,例如:www.baidu.com 这个域名,"com"是顶级域名,代表的是这个网站属于商业组织,"baidu"代表的是属于百度公司的主机,"www"代表的是百度公司的 WWW 服务器。如图 6-4 所示是一些常用的机构顶级域名,通过这些顶级域名可以很容易地区分出各种不同的域名属于什么样的组织。例如:www.baidu.com 这个域名是属于商业机构,它是百度公司的域名;而 www.nxcy.edu.cn 这个域名是属于教育机构,是宁夏财经职业技术学院的域名。还有以地理域名命名的顶级域名,比如 br 代表巴西,cn 代表中国,us 代表美国,ru 代表俄罗斯,总共有 150 多个。

顶级域名	机构类别	顶级域名	机构类别
com	表示商业机构	edu	教育机构
net	网络服务机构	mil	军事机构
org	表示非营利性组织	biz	商业机构(目前还没有通过)
gov	政府机构	name	个人网站
info	信息提供	cc	商业网站
mobi	手机域名	ws	web sites
pro	医生,会计师	museum	博物馆

图 6-4　常用顶级域名所属类别

　　可见,域名是上网的主机在网络上的标识,起着识别作用,便于他人访问信息资源,从而更好地实现网络上的资源共享。除了识别功能外,在虚拟环境下,域名还可以起到引导、宣传、代表等作用。

　　有了域名后怎么把域名和 IP 地址联系起来呢?这就需要域名系统,它的作用就是把域名翻译成 IP 地址。域名系统也是层次系统,目前,在 Internet 上有十几个根域名服务器,来管理顶级域名,然后是本地域名服务器,本地域名服务器可以帮助客户计算机解析域名,并返回结果,本地域名服务器又与其他地理位置的域名服务器共同组成了一个服务网络,可以为所有的客户端查询全球的域名信息。对于客户端来说,要正常访问网络,则必须设置域名服务器的地址。要设置域名服务器地址,可以在"Internet 协议(TCP/IP)属性"的对话框中进行设置。

1.2.5　Internet 的应用

　　Internet 有着丰富的信息资源和应用服务。它不仅可以传送各种类型的信息,例如文本、声音、图像等等,还可以对信息实时发送,例如网上聊天,远程医疗,视频电话等等。人们可以非常方便地使用这些信息。

1. WWW

WWW(World Wide Web)的含义是"环球信息网",俗称"万维网"或 3W、Web,这是一个基于超文本(Hypertext)方式的信息查找和共享手段。它是由位于瑞士日内瓦的欧洲粒子物理实验室 CERN(the European Partical Physics Laboratory)最先研制的。WWW 把位于全世界不同地方的 Internet 网上数据信息有机地组织起来,形成一个巨大的公共信息资源网。WWW 带来的是全世界范围的超文本信息服务。

目前,WWW 的使用大大超过了其他的 Internet 服务,而且每天都有大量新出现的提供 WWW 商业或非商业服务的站点。此外,WWW 可以开拓市场的商业交流活动,也是传播公共信息的重要手段,WWW 已毫无疑问成为信息传播的重要媒介。

2. BBS

BBS 是 Bulletin Board System 的缩写,也称电子公告板系统。在计算机网络中,BBS 系统是为用户提供一个参与讨论、交流信息、张贴文章、发布消息的网络信息系统。大型的 BBS 系统可以形成一个网络体系。

最初的 BBS 是以个人微机为基础,通过 Modem 和电话线路连接,访问人数也受到电话线路的限制,而以 Web 形式架设的 BBS,可以接受访问的人次几乎不受任何限制。目前,BBS 涉及的题材广泛,是张贴通知、会议消息、招聘求职、专题讨论、困难求助等内容的地方,在这里人人都可以张贴消息,人人都可以很方便地获取自己所需要的消息。BBS 就像是一个虚拟社区,一些志趣相同的人常常聚集在一起讨论和交流。BBS 已经是因特网上最受人们青睐的地方

3. 网上聊天

网上聊天是目前相当受欢迎的一项网络服务。目前,网上聊天除了能传送文本消息外,而且还能传送语音、视频等信息。正是由于聊天室具有相当好的实时传送消息功能,用户甚至可以在几秒钟内就能看到对方发送过来的消息,同时还可以选择许多个性化的图像和语言动作。

网上聊天给人们的生活带来许多便利,方便人们之间的交流。但也带来了许多负面影响。例如,有的人利用聊天进行行骗,也有的人在聊天时发布一些不健康的信息等。因此,在网上聊天时,我们也应加强防范意识,对不健康信息要及时删除,对不认识的人要加以提防,以免上当受骗。

4. 文件传送协议 FTP

文件传送协议 FTP(File Transfer Protocol)是目前计算机网络中最广泛的应用之一。在因特网中,文件传送服务采用文件传送协议(FTP),用户可以通过 FTP 与远程主机连接,从远程主机上把共享软件或免费资源拷贝到本地计算机(也称"客户机")上,也可以从本地计算机上把文件拷贝到远程主机上。例如当我们完成自己所设计的网页时,可以通过 FTP 软件把这些网页文件传输到指定的服务器中去。

5. 新闻组

新闻组是因特网上的电子新闻传播工具。在网络上用来存放电子邮件等各种信息

（即电子新闻）的一台计算机，称为新闻服务器（NNTP Server）。而新闻组（Newsgroup）就是存放在服务器这台特殊的计算机上的"文件夹"，在每个新闻组内存放有主题、内容各不相同的邮件。当然，一个服务器上有许多主题不同的新闻组，每个新闻组都可以有若干个子新闻组。

用户可以通过运行新闻阅读程序来阅读电子新闻，这样新闻组的文章信息就会显示出来，包括文章的作者、主题、第一页以及后续信息。当然用户也可以在新闻组上发送自己的信息。如果某个新闻组参加讨论的人多，则这个新闻组就会继续创建或存在下去，否则就会被自动删除。

6.电子邮件

电子邮件（E-mail）是指发送者和指定的接收者利用计算机通信网络发送信息的一种非交互式的通信方式。这些信息包括文本、数据、声音、图像、语言视频等内容。

E-mail 采用了先进的网络通信技术，能传送多种形式的信息。与传统的邮政通信相比，E-mail 具有传输速度快、费用低、高效率、全天候全自动服务等优点。同时 E-mail 的传送不受时间、地点、位置的限制，发送者和接收者可以随时进行信件交换。近年来 E-mail 得到迅速普及。随着电子商务、网上服务（如电子贺卡、网上购物等）的不断发展和成熟，E-mail 将越来越成为人们主要的通信方式。

7.博客服务

Blog 的全名应该是 Web log，中文意思是"网络日志"，后来缩写为 Blog，而博客（Blogger）就是写 Blog 的人。从理解上讲，博客是"一种表达个人思想、网络链接、内容，按照时间顺序排列，并且不断更新的出版方式"。

Blog 通常由简短并且经常更新的网页构成，这些网页一般是按照年份和日期倒序排列的。而作为 Blog 的内容，它可以是纯粹个人的想法和心得，包括用户对时事新闻、国家大事的个人看法，或者对一日三餐、服饰打扮的精心料理等，也可以是在基于某一主题的情况下或是在某一共同领域内由一群人集体创作的内容。它所提供的内容可以用来进行交流和为他人提供帮助，是可以包容整个互联网的，具有很高的共享精神和价值。

1.3　任务实施

利用 ADSL 连接 Internet

1.根据图 6-5 所示连接设备，连接时注意分离器上 Line 口和 Modem 口上的线不要接错。

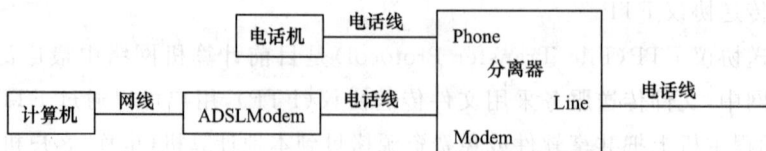

图 6-5　ADSL 单机连接示意图

2.将硬件连接好后，将计算机和 Modem 的电源打开，进行虚拟拨号的配置，首先打开 IE 浏览器，找到"工具"菜单，单击"Internet 选项"菜单项，打开"Internet 选项"的对话框,如图 6-6 所示。

单击"连接"标签页,单击"设置"按钮,打开"新建连接向导",如图 6-7 所示。

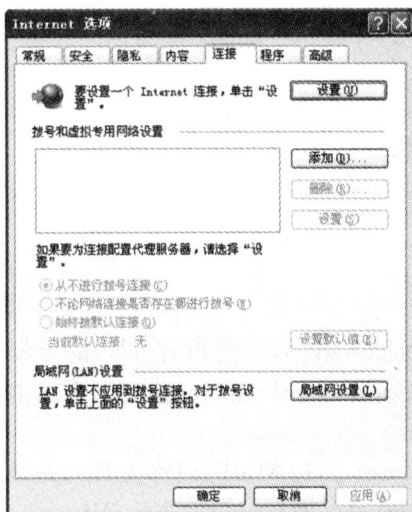

图 6-6 "Internet 选项"对话框　　　　图 6-7 "新建连接向导"对话框

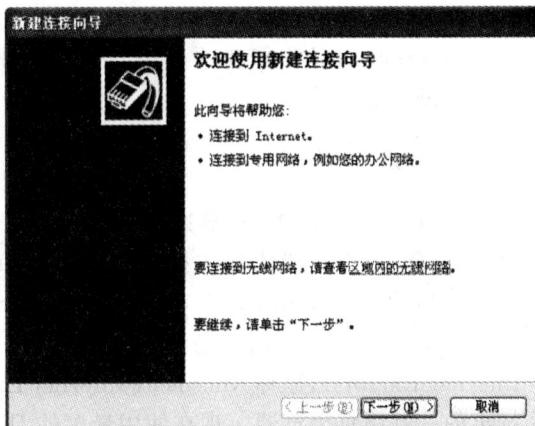

单击"下一步"按钮,选择第一项"连接到 Internet"。

单击"下一步"按钮,选择第二项"用要求用户名和密码的宽带连接来连接"。

单击"下一步"按钮,在"ISP 名称"这个页面中可以不填内容。

单击"下一步"按钮,在"可用连接"这个页面的内容选择"任何人"选项。

单击"下一步"按钮,到"Internet 账户信息"的页面,填入运营商分配的用户名和密码。

单击"下一步"按钮,选中"在我的桌面上添加一个到此连接的快捷方式"复选框。

单击"完成"按钮,完成宽带连接的软件设置。

要进行上网连接,可以双击桌面上的快捷方式"宽带连接"进行网络连接。

任务小结:ADSL 使用的是虚拟拨号入网方式,需要使用 PPPoE 协议。PPPoE 协议是个点对点的连接协议,已经在 Windows XP 中集成,可以直接配置,如果使用的是 Windows 2000 以下的操作系统,则需要对这个协议进行安装。当有了 PPPoE 协议后,就可以对虚拟拨号进行配置,然后就可以连接上网了。本任务的实施环境是 IE8 浏览器。

1.4　实战训练

【实训内容】

根据任务实施的步骤使用 ADSL 连接 Internet。

任务 2　使用 Internet 网络资源

2.1　工作任务及分析

1.任务描述

通过任务 1,公司已经将需要上网的计算机连接到了 Internet,现在可以使用 Internet

的资源了。要求熟练完成以下工作：

(1)使用 IE 浏览 Internet 资源；

(2)搜索查询 Internet 资源；

(3)电子邮件的使用。

2.任务分析

使用 Internet 的资源需要两个条件：(1)计算机连接到 Internet；(2)使用 Internet Explorer 等浏览器软件。

2.2 知识与技能

2.2.1 Internet Explorer 概述

目前，微软 IE 浏览器依然占据全球浏览器市场排名第一，大约占有 60％的市场份额。紧随其后的是 Firefox(火狐)、Google Chrome、苹果 Safari、Opera，这五大全球主流的浏览器占据了 90％以上的市场份额。

Internet Explorer，原称 Microsoft Internet Explorer，简称 MSIE(或称为 IE)，是微软公司推出的一款网页浏览器。现在使用最多的 IE 浏览器是微软公司发布的 IE8。

微软在 2009 年 3 月 20 日发布了 IE8，IE8 正式版最终问世。IE8 正式版可以安装在 Windows Vista 系统以及 Windows XP 系统中。IE 8 的新功能之一是名为"InPrivate"的浏览模式。这种浏览模式能够不留下用户 PC 的指纹。IE 8 新增加功能包括隐私浏览、改善的安全和名为加速器的新型插件。在安全方面，微软增加了跨站脚本过滤器并且增加了防御"单击劫持"攻击的功能。

2.2.2 Internet Explorer 窗口构成

本任务中使用的浏览器是 IE8，对于不同的浏览器，窗口的构成会有差别，但实现的主要功能基本一致。

IE8 的窗口主要有：标题栏、菜单栏、选项卡、主窗口、状态栏、地址栏、工具按钮、搜索栏、命令栏，如图 6-8 所示，其具体用法将通过任务实施进行描述。

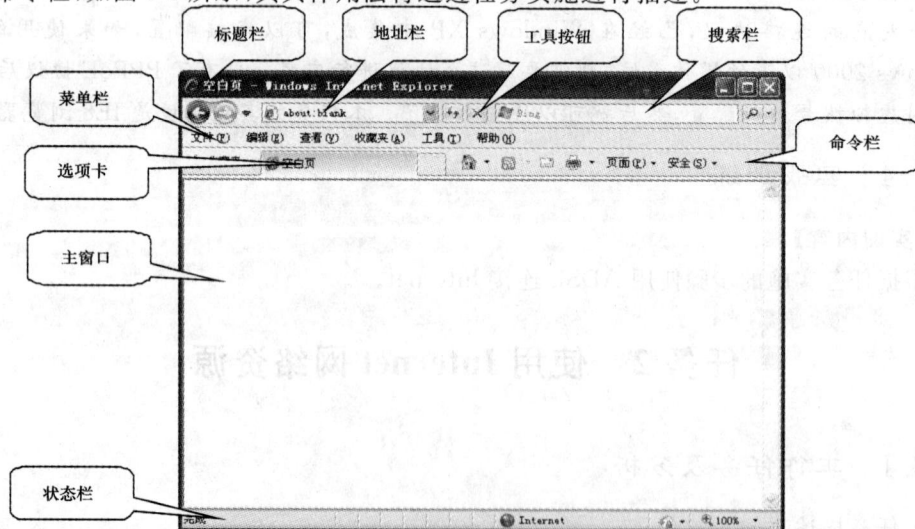

图 6-8 IE 浏览器窗口构成

2.3　任务实施

1. 浏览 Internet 网络资源

(1)启动 IE 浏览器

方法一：单击"开始"|"程序"|"Internet Explorer"。

方法二：双击桌面上的"Internet Explorer"图标 。

方法三：在"开始"按钮旁边的快速启动栏中，单击其中的"Internet Explorer"图标。

(2)输入网址

在 IE 的地址栏中输入 Web 站点的地址(域名)，可以省略掉"http://"，而直接输入。例如键入"www.163.com"，然后使用鼠标单击"转到"按钮或直接按回车键，这样就进入了网易网站的首页，如图 6-9 所示。

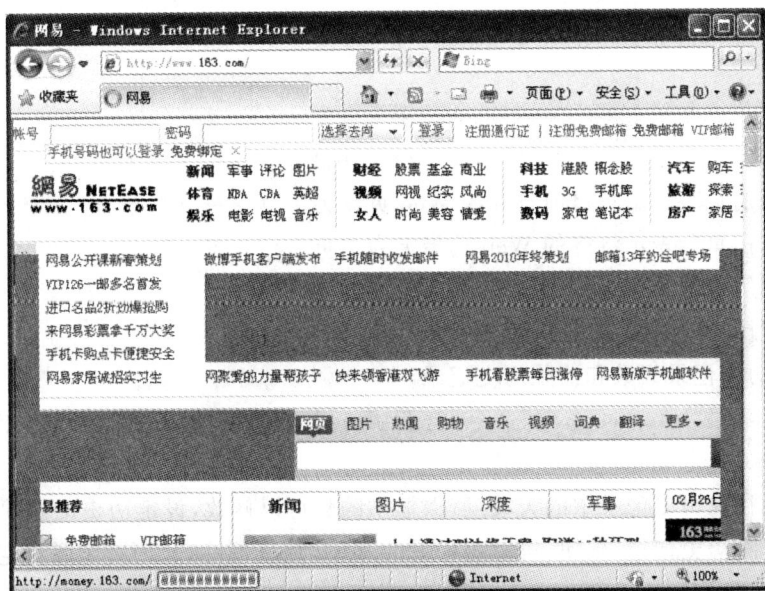

图 6-9　网易网站的首页

(3)浏览网站内容

如果需要浏览相关的内容，只要通过单击超链接即可打开相应的网页进行浏览。

下面是 IE 的一些设置方法：

(1)IE 主页的设置

主页是每次启动 IE 时显示的那一页，只要单击工具栏上的"主页"按钮就会返回该页，默认情况下，IE 将微软公司的主页作为 IE 中的主页，用户可以进行修改，操作的方法是：

①单击"工具"|"Internet 选项"命令，弹击"Internet 选项"对话框，如图 6-10 所示。

②选择"常规"标签页，在"主页"后面的文本框中键入更改的主页地址，例如输入：www.sina.com.cn，然后单击"应用"按钮。

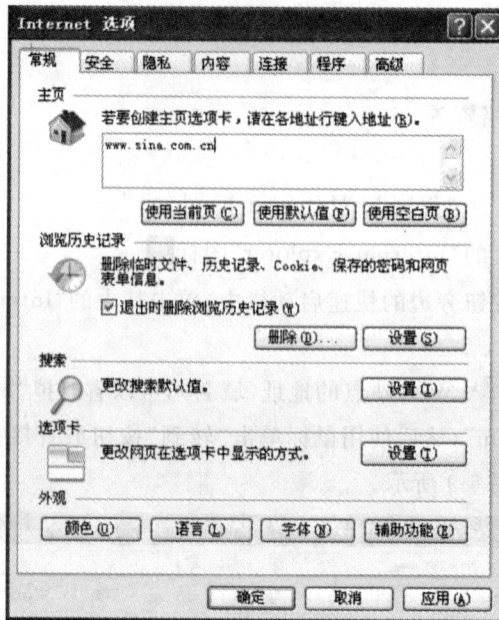

图 6-10　设置 IE 浏览器的主页

"使用当前页"：表示将目前打开的 Web 页设为主页。

"使用空白页"：表示将空的 Web 页指定为主页。

(2)使用历史记录

①使用"历史"按钮。

②设定历史记录天数和清除历史记录。

单击"工具"｜"Internet 选项"命令，打开"Internet 选项"对话框，在"常规"标签页的"历史记录"区域。

"网页保存在历史记录中的天数"后面框中的数可以修改，设定历史记录的天数。

单击"清除历史记录"按钮，可以将记录的 URL 地址删除，从而腾出磁盘空间。

(3) 收藏网页

①"收藏夹"是用于存储和管理用户感兴趣的网址。

②放入收藏夹的方法：

浏览到感兴趣的网址时，单击"收藏"｜"添加到收藏夹"命令。

③使用收藏夹

单击"收藏夹"按钮，直接选择下拉列表中的网址。

单击工具栏上的"收藏"按钮，窗口左侧出现"收藏夹"栏，在其中选择要浏览的网址，右边窗口就显示该网址的内容。

(4)保存网页

①保存整个网页的内容：包括文本、图片等全部内容。

用浏览器显示网页的内容后，单击"文件"｜"另存为"命令，弹出"保存 Web 页"对话框。在"保存在"中选择 Web 页存放位置。

②打开保存的网页

打开资源管理器，找到要打开网页所在的磁盘和文件夹。例如：在C:\My Document文件夹中看到刚刚保存的网页。

除了一个HTML文档外，还有一个文件夹，其中保存了网页上的所有图片等其他文件，只要双击HTML文档就可以打开网页，同时启动IE浏览器。

③保存网页中的文本部分

用鼠标拖动来选择要保存的文本部分，鼠标放在蓝色区域内单击鼠标右键，在快捷菜单中选"复制"命令。

打开Word，用"粘贴"命令将选定的网页文本变成Word文档的内容，然后进行存盘。

④保存网页中的图片

在要保存的网页图片上，单击鼠标右键，在弹出的快捷菜单中选择"图片另存为"命令，弹出"保存图片"对话框，在对话框中确定文件保存的位置和文件名，然后保存图片文件。

（5）打印网页

单击"文件"|"打印"命令，打开"打印"对话框，可以用"属性"按钮选择纸张和打印方向，然后单击"确定"按钮，或者直接按命令栏上的"打印"按钮。

2.搜索Internet网络资源

Internet是一个全球性巨大的互联网，信息资源遍布世界的各个站点，在如此浩瀚的信息海洋中提取自己感兴趣的内容简直是大海捞针。因此，Internet上众多的信息搜索工具——"搜索引擎"应运而生。搜索引擎（Search Engine）是指根据一定的策略、运用特定的计算机程序从互联网上搜集信息，在对信息进行组织和处理后，为用户提供检索服务，将用户检索相关的信息展示给用户的系统。

目前大部分情况下，国内较多使用百度的搜索引擎。

（1）在IE的地址栏中键入www.baidu.com。

（2）在检索框中输入"远程教育"，单击"百度一下"按钮。

（3）窗口中显示出关于"远程教育"的网站，每个结果都是指向网站的链接，用底下的页码可以翻页。

提示：在使用搜索引擎时可以使用一些限定条件对搜索的范围进行缩小，例如：①把搜索范围限定在网页标题中可以使用intitle:标题；②把搜索范围限定在特定站点中可以使用site:站名；③把搜索范围限定在url链接中可以使用inurl:链接；④精确匹配可以使用双引号""和书名号《》；⑤要求搜索结果中同时包含或不含特定查询词可以使用"＋"（加）、"－"（减）；⑥专业文档搜索可以使用filetype:文档格式。

3.使用电子邮件实现通信

电子邮件（Electronic mail，简称E-mail）是一种用Internet提供信息交换的通信方式。通过电子邮件，用户可以用非常低廉的价格，以非常快速的方式，与世界上任何一个角落的网络用户联系，这些电子邮件的格式可以是文字、图像、声音等各种方式。

（1）申请电子邮箱

打开IE8浏览器，在地址栏输入"www.126.com"，单击"转到"按钮，打开126邮箱的首页,如图 6-11 所示。

图 6-11　126 邮箱首页

单击"立即注册"按钮,打开用户注册页面;

根据注册页面的要求填写相关注册信息,最后单击"创建账号"按钮,如果创建成功,则会转到"注册成功"页面,如图 6-12 所示。

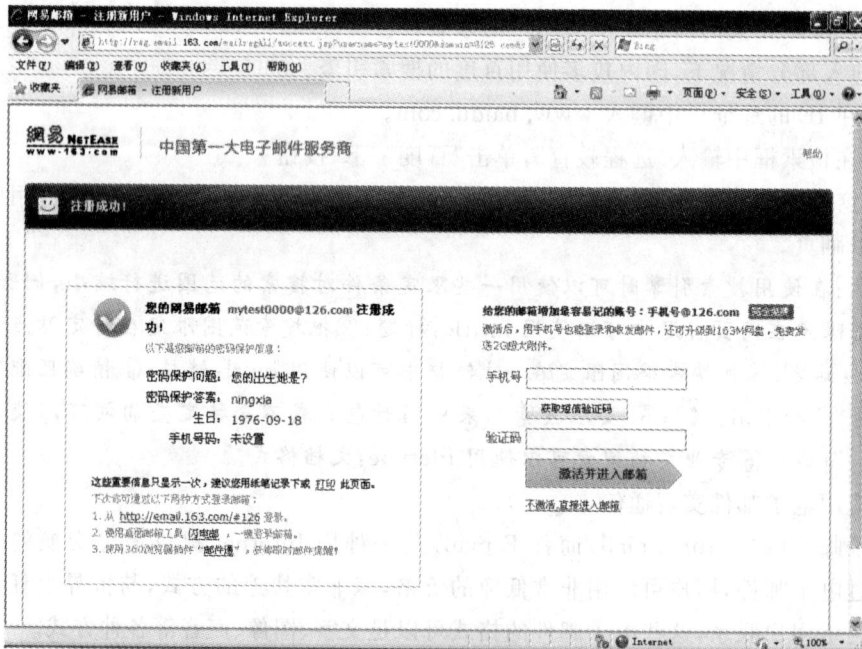

图 6-12　注册成功页面

（2）发送电子邮件

要发送电子邮件，首先要登录邮箱，在图 6-11 的页面上填入用户名和密码，单击"登录"按钮，进入电子邮箱，如图 6-13 所示。

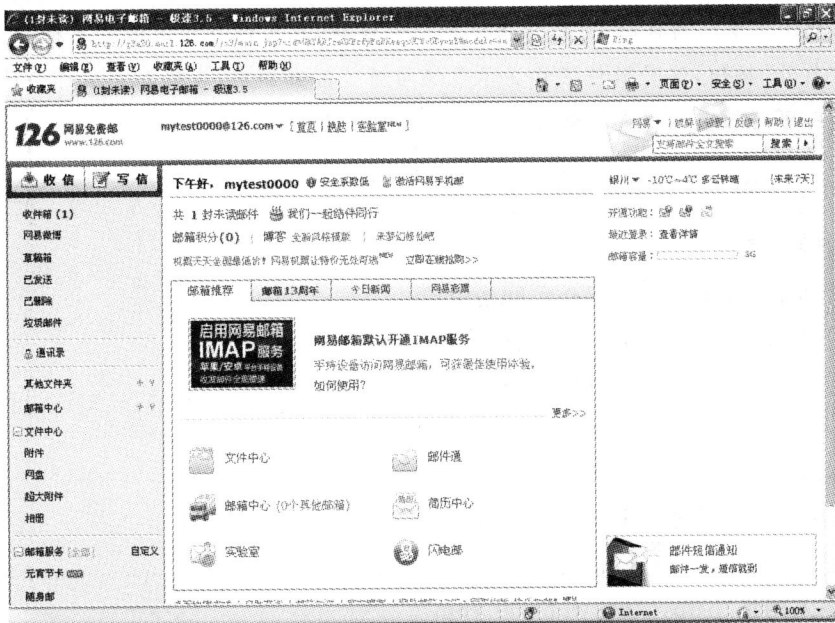

图 6-13 电子邮箱主页面

单击"写信"按钮，进入新邮件编辑页面，如图 6-14 所示。

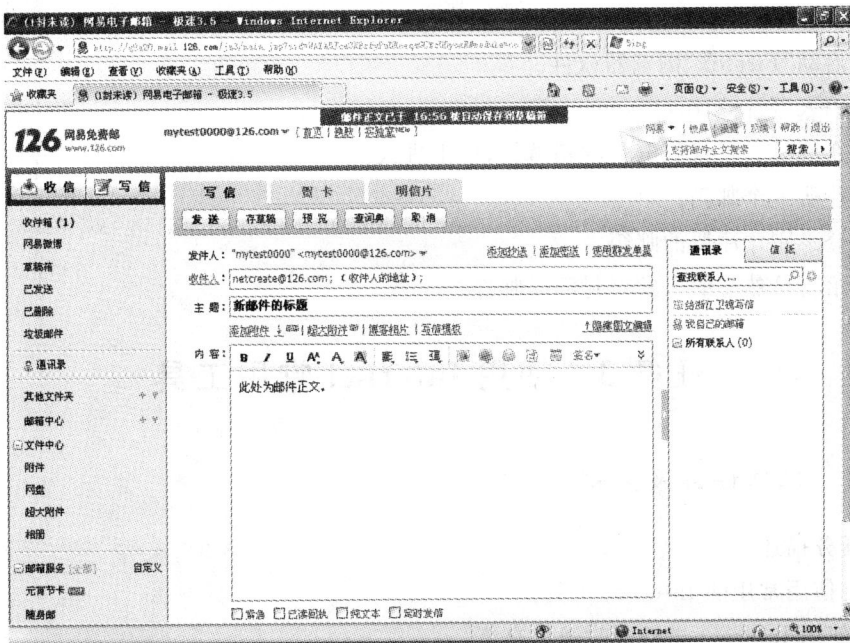

图 6-14 编写新邮件页面

在编写完成收件人的电子邮件地址（电子邮件地址的格式是用户名@邮件服务器域

名)、信件的主题和内容后,单击"发送"按钮,邮件将会被发送到收件人的邮箱。

　　任务小结:电子邮箱中还可以发送附件,一般对附件的格式没有要求,各个邮件服务器对附件的大小都有一定的限制,例如 126 免费邮箱可以发送任意格式的附件,总的大小不超过 50MB。发送附件时,可以单击添加附件链接,在文件查找对话框选择要上传的附件,单击"打开"按钮,这时附件名称显示在编写新邮件页面中,在编写完成邮件后单击"发送"按钮,即可将信件和附件一起发送到收件人的邮箱。

2.4　实战训练

【实训内容】

1.使用"Firefox"浏览 Internet 网络资源

(1)下载并安装"Firefox"浏览器软件。

(2)启动"Firefox"浏览器软件。

(3)输入网址"http://www.sohu.com"。

(4)浏览搜狐网的网站内容。

2.使用"Firefox"搜索 Internet 网络资源

(1)启动"Firefox"浏览器软件。

(2)输入网址"http://www.baidu.com"。

(3)输入要搜索的内容"Internet"。

(4)单击浏览感兴趣的网站内容。

3.使用"Firefox"使用电子邮件发送邮件

(1)启动"Firefox"浏览器软件。

(2)输入网址"http://www.163.com"。

(3)在网易首页找到电子邮箱链接,单击进入。

(4)注册一个邮箱。

(5)登录刚才注册的邮箱。

(6)给自己熟悉的人发一封问候邮件。

任务 3　使用 Internet 常用工具

3.1　工作任务及分析

1.任务描述

学会使用常用的 Internet 工具:

(1)使用 Internet 进行即时通信交流。

(2)下载网络资源。

(3)通过 Internet 观看网络视频。

2.任务分析

Internet 的工作主要是用于信息的传递，即时通信、文件下载和网络视频的观看都是不同格式的信息在通过 Internet 传递，这就需要不同的 Internet 工具进行信息的传输、存储和加工。本任务中选取的工具软件是腾讯 qq、迅雷和 PPTV。

3.2　知识与技能

即时通信（Instant Messaging，缩写是 IM）是一种可以让使用者在网络上建立某种私人聊天室（Chatroom）的实时通信服务。大部分的即时通信服务提供了状态信息的特性——显示联络人名单、联络人是否在线及能否与联络人交谈。目前在互联网上受欢迎的即时通信软件包括 QQ、MSN Messenger（Windows Live Messenger）、Skype、新浪 UC、Google Talk、阿里旺旺、天翼 Live 等。

3.3　任务实施

1.使用腾讯 qq 进行即时聊天

腾讯 QQ 是一款基于 Internet 的即时通信（IM）软件。腾讯 QQ 支持在线聊天、视频电话、点对点断点续传文件等多种功能，并可与移动通信终端等多种通信方式相连。腾讯 QQ 的在线用户达到上亿，在线人数超过一亿，是目前使用最广泛的即时通信工具之一。

（1）安装腾讯 QQ

首先打开 IE 浏览器，在地址栏输入"http://pc.qq.com/"，打开腾讯 QQ 的下载页面，单击页面上的"下载"按钮即可获得最新发布的 QQ2011 Beta1。

在"另存为"对话框中选择文件保存的位置，单击"保存"按钮，开始下载。下载完毕后双击运行腾讯 QQ 的安装文件，出现打开文件对话框。

单击"运行"按钮，首先安装程序会检测系统环境，检测结束后，出现安装向导对话框，选择同意软件许可复选框，如图 6-15 所示。

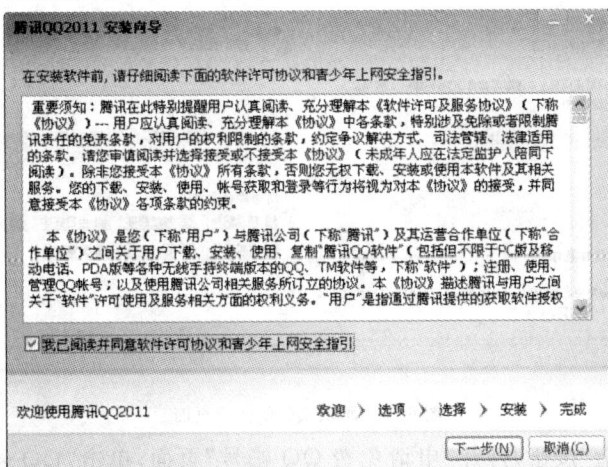

图 6-15　腾讯 QQ 安装向导

单击"下一步"按钮，出现"安装选项"对话框。

根据需要选择相应选项后，单击"下一步"按钮，出现"安装路径"设置对话框。

一般情况下，安装路径都设置为默认的安装路径，单击"安装"按钮，开始进行安装过程；在安装完成后，出现安装成功的对话框，如图 6-16 所示，此时，安装过程顺利结束。

（2）申请 QQ 号码

要使用腾讯 QQ，必须先申请 QQ 号码。首先，运行腾讯 QQ 软件，如图 6-17 所示。

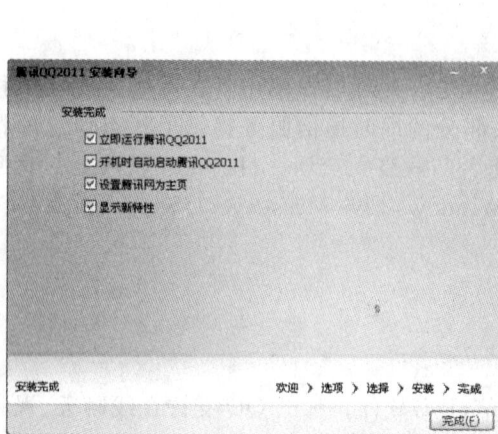

图 6-16　"安装成功"对话框

图 6-17　腾讯 QQ 登录界面

单击"注册"按钮，打开腾讯网站的注册页面，如图 6-18 所示。

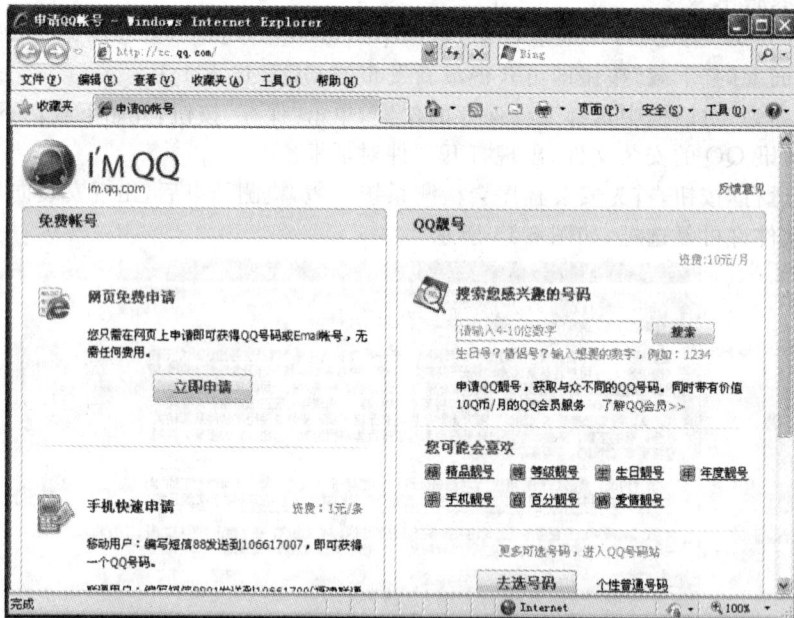

图 6-18　腾讯 QQ 的注册页面

单击"立即申请"按钮，打开"申请免费 QQ 帐号"页面，单击"QQ 号码"按钮，打开注册信息填写页面。

按要求填写相关信息后单击"确定"按钮，出现申请成功页面，如图 6-19 所示，记录申请好的 QQ 号码。

图 6-19　申请成功页面

（3）使用腾讯 QQ

在安装好腾讯 QQ 并申请好 QQ 号之后，就可以登录腾讯 QQ，如图 6-20 所示，填入 QQ 号码和密码，单击"安全登录"按钮，即可登录到腾讯 QQ。

图 6-20　QQ 登录界面

登录后，需要添加联系人才可以进行即时通信，在腾讯 QQ 的软件主窗口上，单击"查找"按钮。

打开"查找"对话框，输入对方的 QQ 号或者昵称，单击"查找"按钮进行查找。

在查找结果中，选择查找到的联系人，单击"添加好友"按钮，在一些情况下会弹出"验证"对话框，填入验证信息后，单击"确定"按钮，等待对方的确认。

得到对方的确认后,对方的 QQ 头像会出现在好友列表中,双击对方的 QQ 头像,打开"QQ 对话"窗口就可以开始进行即时通信了,如图 6-21 所示。

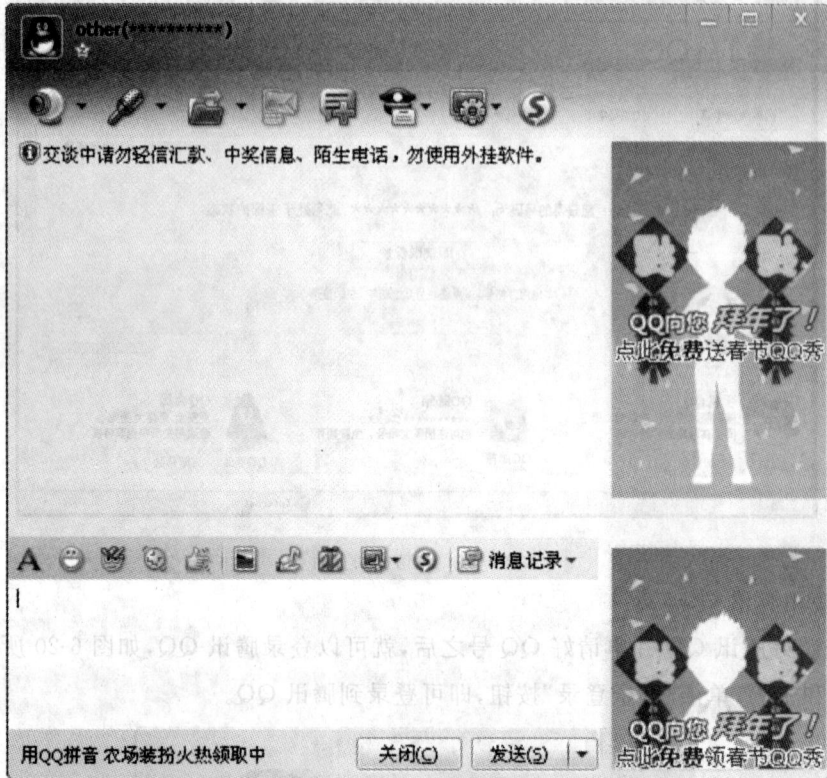

图 6-21 "QQ 对话"窗口

2.使用迅雷进行文件下载

迅雷是用于下载和自主上传的 Internet 工具软件。迅雷使用的多资源超线程技术基于网格原理,能够将网络上存在的服务器和计算机资源进行有效的整合,构成独特的迅雷网络,并且通过迅雷软件的断点续传功能能够更加稳定的进行文件传递。

(1)安装迅雷

打开 IE 浏览器,在地址栏输入"http://www.xunlei.com/",打开迅雷的主页,将鼠标移动到页面右端"下载迅雷"菜单,在打开的菜单项上找到需要下载的相应版本,单击"本地下载"链接下载相应版本的迅雷软件。

在"另存为"对话框中选择文件保存的位置,单击"保存"按钮,开始下载。下载完毕后双击运行迅雷的安装文件,出现打开文件对话框,本次安装的迅雷版本是 7.1.6.2194。

首先安装程序会检测系统环境,检测结束后,出现安装向导对话框,单击"接受"按钮,如图 6-22 所示。

出现"选项"对话框,根据需要选择相应选项后,单击"下一步"按钮,出现"安装路径"设置对话框。

一般情况下，安装路径都设置为默认的安装路径，单击"安装"按钮，开始进行安装过程；在安装完成后，出现"完成"的对话框，如图6-23所示，此时，安装过程顺利结束。

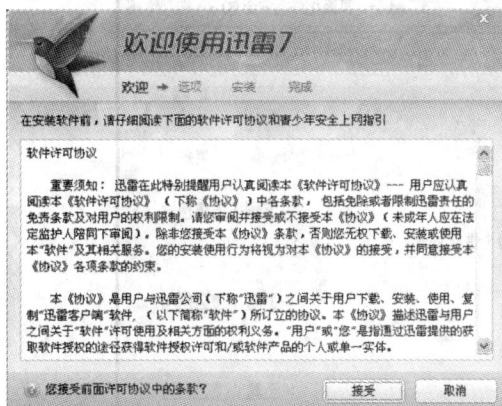

图6-22 迅雷安装向导 图6-23 安装成功对话框

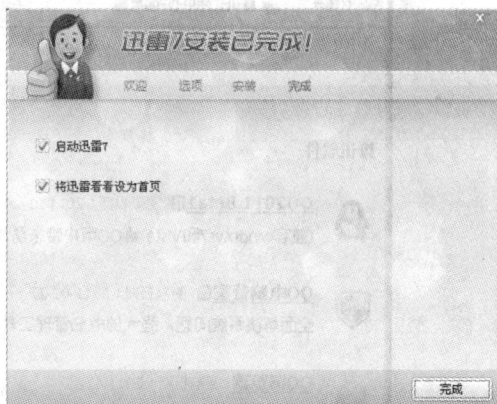

（2）注册迅雷会员

注册迅雷会员，可以享受到一些VIP增值服务，使用更多的增值服务。首先，运行迅雷软件。单击迅雷窗口左上角的"注册"按钮，打开迅雷会员的注册页面，如图6-24所示。

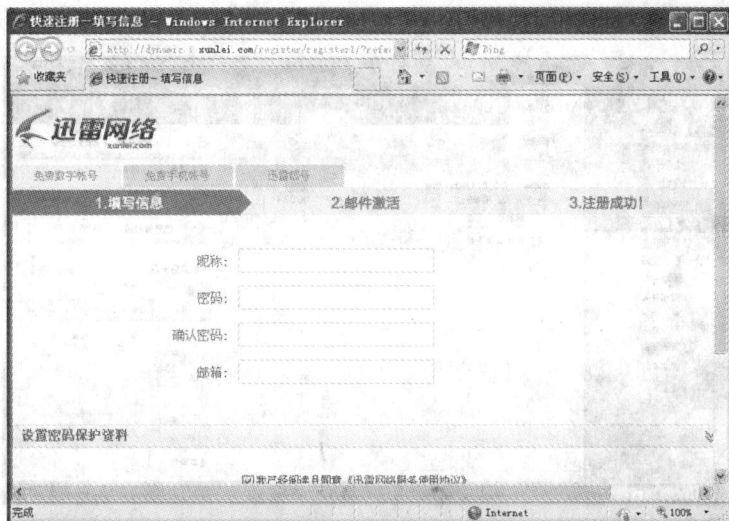

图6-24 迅雷会员注册页面

按要求填写相关信息后单击"OK,提交注册"按钮，出现"选择您的迅雷帐号"页面，选择相应的迅雷帐号后单击"确认帐号"按钮，通过"注册激活邮件"激活帐号后，迅雷会员帐号即可使用。

（3）使用迅雷

在安装好迅雷并申请好迅雷会员号后，就可以在迅雷软件窗口左上角登录迅雷，进行软件下载工作。

例如，要下载QQ2011 Beta1时，首先打开要下载软件的下载页面，如图6-25所示。

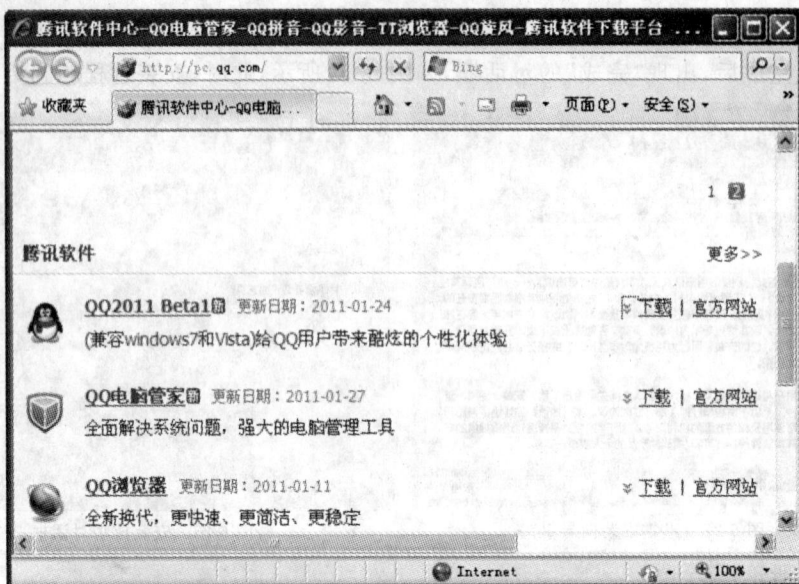

图 6-25　QQ 下载页面

使用鼠标右键单击页面上的"下载"按钮即可打开快捷菜单,选择"使用迅雷下载"菜单项,打开"新建任务"对话框,选择"确定"按钮,即可开始下载,如图 6-26 所示,

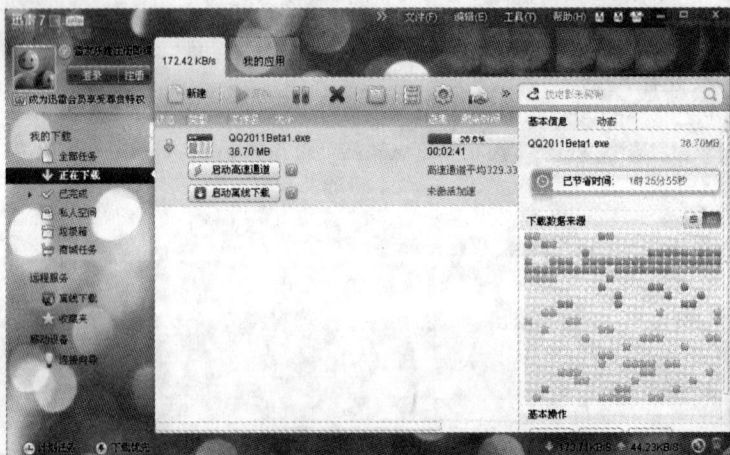

图 6-26　迅雷下载窗口

下载完成后,单击迅雷窗口左侧列表的"已完成"按钮,找到要查看的文件,双击,即可打开要查看的文件。

3.使用 PPTV 观看网络视频

PPTV 是一款用于互联网上大规模视频直播的免费共享软件,支持对海量高清影视内容的"直播＋点播"功能,可以在线流畅地观看丰富的视频节目。

(1)安装 PPTV

打开 IE 浏览器,在地址栏输入"http://download.pptv.com/",打开 PPTV 的下载

页面,用鼠标单击页面左端"立即下载"按钮,选择"目标另存为"菜单项,打开下载对话框。在"另存为"对话框中选择文件保存的位置,单击"保存"按钮,下载相应版本的 PPTV。下载完毕后双击运行 PPTV 的安装文件,出现打开文件对话框,本次安装的 PPTV 版本是PPTV 2.7.0.0032。

　　首先安装程序会自动解压缩安装文件,解压缩结束后,出现安装向导对话框,如图6-27所示,单击"下一步"按钮。

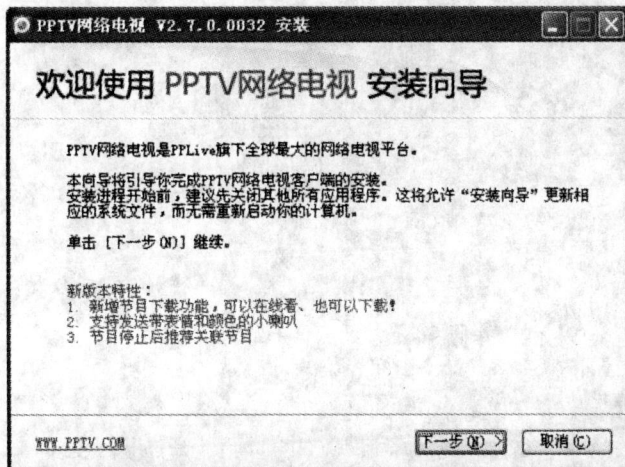

图 6-27　PPTV 安装向导

　　出现"用户协议"对话框,单击"我接受"按钮,出现"选择安装位置"对话框,一般情况下,安装位置都设置为默认的安装位置,单击"下一步"按钮,开始进行安装过程;在安装完成后,出现"本地媒体文件关联"的对话框,如图 6-28 所示。

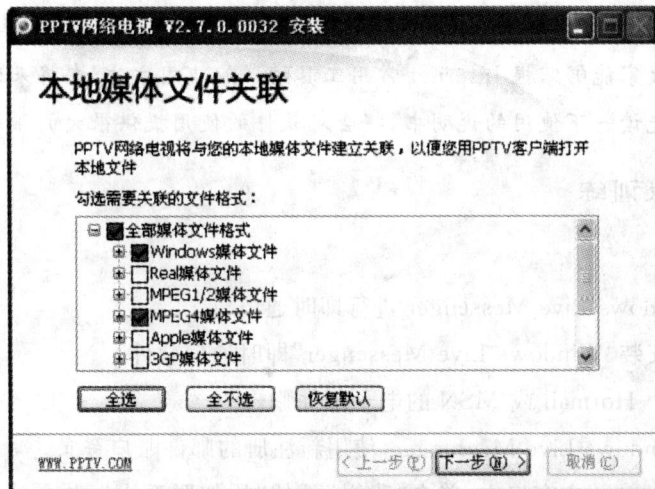

图 6-28　"本地媒体文件关联"对话框

　　如果希望用 PPTV 作为本地默认的播放器,则可以单击"全选"按钮,单击"下一步",出现"安装完成"的对话框,这时,可以根据需要选择 PPTV 推荐的软件,如果不需要,则将推荐软件名称前面的复选框取消即可,单击"下一步"按钮,完成安装。

(2)使用 PPTV

安装好 PPTV 后,可以注册免费会员,注册的过程在这里省略。

启动 PPTV 可以单击桌面上"PPTV 网络电视" 的快捷方式,或者通过开始菜单中的"PPTV 网络电视"快捷方式进行启动,启动后的主界面如图 6-29 所示。

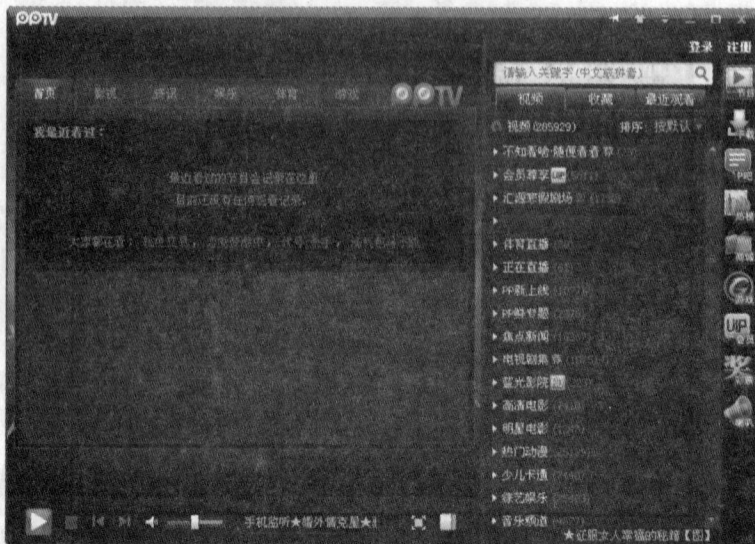

图 6-29　PPTV 主界面

使用鼠标单击页面右侧的视频列表即观看自己喜欢的网络电视。

任务小结:对于 Internet 常用工具的使用,一般都需要进行"下载"|"安装"|"注册"|"使用"的步骤,通过对腾讯 QQ、迅雷和 PPTV 这三款常用 Internet 工具的安装、注册和使用过程,希望大家能够掌握 Internet 常用工具的一般使用方法,在将来遇到新的工具软件时,如果能够先读一下使用的说明书,将会对软件的使用提供很大的帮助。

3.4　实战训练

【实训内容】

1.使用 Windows Live Messenger 进行即时通信

(1)下载并安装"Windows Live Messenger"即时通信软件。

(2)注册一个 Hotmail 或 MSN 的电子邮件账户。

(3)运行 Windows Live Messenger,使用新注册的邮件账户登录。

(4)在 Messenger 主窗口中,单击"我想"下的"添加联系人",或单击"联系人"菜单,然后单击"添加联系人"。

(5)在联系人名单中,双击某个联机联系人的名字,在"对话"窗口底部的小框中键入消息,单击"发送"按钮,发送消息。

2．使用 Flashget 下载软件进行文件下载

（1）下载并安装"Flashget"下载软件。

（2）打开浏览器，输入"http://py.qq.com/"，打开 QQ 拼音输入法下载页面。

（3）用鼠标右键单击"免费下载"按钮，在打开的快捷菜单中，选择"使用网际快车下载"的菜单项。

（4）打开 flashget 主界面查看下载进度情况。

3．使用迅雷看看软件观看在线播放视频

（1）下载并安装"迅雷"和"迅雷看看"在线播放软件（要使用"迅雷看看"需要"迅雷"的支持）。

（2）打开浏览器，输入"http://www.xunlei.com/"，打开迅雷看看网站首页，选择"电影"标签页，找一部喜欢的影片，单击观看。

任务 4 计算机安全防护

5.1 工作任务及分析

1.任务描述

某公司一台计算机在工作过程中出现了异常现象，文件和文件夹不能正常打开，经常出现计算机数据丢失或被改写的情况，影响正常的工作。使用该计算机的员工估计是计算机受到了黑客的攻击或感染了病毒，现在需要对计算机进行安全防范，查杀病毒，使计算机恢复正常工作。

2.任务分析

计算机软、硬件在被生产制造时就有其固有的脆弱性，一些黑客通过编制具有特殊功能的程序对计算机进行破坏，以达到入侵计算机、植入病毒、偷取机密信息、破坏计算机数据等目的。为了保护计算机不受到黑客的入侵就需要了解计算机安全防护方法，并学会使用杀毒软件对计算机进行防护。

4.2 知识与技能

计算机的安全防护涉及防止数据的丢失和损坏这样的问题，还涉及防止系统瘫痪、泄露信息和个人隐私、病毒入侵等问题。这些问题一旦发生，轻则影响计算机用户的正常工作，重则会给用户带来重大损失。这些问题主要是黑客按照计划有组织地对计算机发动攻击的后果。因此，平时做好计算机的安全防护工作可以大大降低黑客攻击的成功率。

对于联网的计算机，要做好计算机安全防护主要有以下几点需要注意：

1.使用可靠的操作系统

操作系统是控制其他程序运行，管理系统资源并为用户提供操作界面的系统软件的

集合。一个可靠的操作系统在安装完成之后,还不能保证使用的安全,还需要把系统的漏洞补丁打全。

2.养成良好的使用习惯

在使用的过程中,要安全的使用计算机,必须养成良好的使用习惯,有很多案例表明,良好的使用习惯可以将黑客攻击的概率降低三成左右。例如,使用 U 盘前先查杀病毒,不轻易双击 U 盘盘符;不随意浏览不良网站或不熟悉的网站;不随意下载安装不明软件或电子邮件附件;重要的数据经常做备份。

3.使用密码保护账号

在使用操作系统和应用程序时,为了保护账号的安全,通常都会要求用户设置账号的密码。通常,设置密码时都有密码长度和复杂度的要求。一般情况下,密码的长度最好大于 6 个字符,在这些字符中包含大小写字符,并且包含数字和特殊符号,每半年更换一次新密码,这样才能最大限度地保护账号的安全。尤其注意的是对于计算机中的不同的账号,要使用不同的密码,否则一个账号的密码泄漏,就等于其他账号也失去了保护。

4.安装杀毒软件和个人防火墙

计算机病毒是计算机技术和以计算机为核心的社会信息化进程发展到一定阶段的产物,计算机病毒的出现不仅干扰和威胁着计算机应用的发展,而且成为一种高科技犯罪的手段,同时,也是最常见的计算机攻击方法。安装杀毒软件可以有效地保护计算机不被病毒破坏。防火墙(Firewall)是一项协助确保信息安全的设备或软件,会依照特定的规则,允许或是限制传输的数据通过。个人防火墙是防止计算机中的信息被外部侵袭的一项技术,在计算机系统中监控、阻止任何未经授权允许的数据进入或发出到互联网及其他网络。

4.2.1　计算机病毒的概念

所谓计算机病毒(computer viruses),是指一种能够通过自身复制、传染、起破坏作用的计算机程序。由于它具有隐蔽性、潜伏性、传染性及破坏性等类似于生物病毒的特征,故取名为计算机病毒。1994 年 2 月 18 日,我国正式颁布实施了《中华人民共和国计算机信息系统安全保护条例》,在《条例》第二十八条中明确指出:计算机病毒,是指编制或者在计算机程序中插入的破坏计算机功能或者毁坏数据,影响计算机使用,并能自我复制的一组计算机指令或者程序代码。

4.2.2　计算机病毒的特点

计算机病毒的主要特点如下:

1.破坏性

计算机病毒的主要目的是破坏计算机系统,使系统资源和数据文件遭到干扰甚至被摧毁。有的计算机病毒仅仅干扰软件的运行而不破坏该软件;有的计算机病毒无限制地侵占系统资源,使系统无法正常运行;有的计算机病毒可以毁掉部分数据和程序,使之无法恢复;有的恶性病毒甚至可以毁坏整个系统,导致系统崩溃。

2.传染性

传染性即自我复制能力,是计算机病毒最根本的特征,也是计算机病毒和正常程序的本质区别。

正常的计算机程序一般是不会将自身的代码强行连接到其他程序上的,而病毒却能将自身的代码强行传染到一切符合其传染条件的未受到传染的程序上。计算机病毒可通过各种可能的渠道,例如磁盘、计算机网络去传染其他的计算机。当用户在一台机器上发现病毒时,曾在这台计算机上用过的软盘也已感染上了病毒,而与这台机器联网的其他计算机也许也被该病毒感染上了。

3.隐蔽性

计算机病毒虽然是一个程序,但它并不是以一个独立的文件存在,病毒程序总是隐藏在其他文件或程序中,不容易被发现。

4.潜伏性

大部分的病毒感染系统之后一般不会马上发作,它可以长期隐藏在系统中。在潜伏期中,它并不影响系统的正常运行,只是悄悄地进行传播、繁殖,使更多的正常程序成为病毒的"携带者",一旦满足触发条件,病毒才发作。

5.可触发性

触发的实质是一种条件控制,一个病毒程序可以按照设计者的要求,在一定条件下实施攻击。例如指定的日期、时间或特定的条件出现时,在某个点上激活并发起攻击。

6.针对性

病毒的编制者往往有特殊的破坏目的。因此,不同的病毒,攻击的对象也不同。

当然,计算机病毒除以上主要特征外,还有非法性、不可预见性等特点。

4.2.3　计算机病毒的分类

按照计算机病毒的特点及特性,计算机病毒的分类方法有许多种。

1.按照计算机病毒的破坏情况分为:良性病毒和恶性病毒。

(1)良性病毒

良性病毒指那些只是为了表现自身,并不彻底破坏系统数据,但会增加系统开销,降低系统工作效率的一类计算机病毒,但在某些条件下,比如交叉感染时,良性病毒也会带来意想不到的后果。这类病毒有小球病毒、毛虫病毒、Dabi 病毒等。

(2)恶性病毒

恶性病毒指那些一旦发作后,就会破坏系统或数据,造成计算机系统瘫痪的一类计算机病毒。这类病毒的破坏力和危害之大是令人难以想象的,如 Disk Killer 病毒,当病毒发作时会自动格式化硬盘致使系统瘫痪。

2.按照计算机病毒的寄生部分分为:引导型病毒、文件型病毒、混合型病毒。

(1)引导型病毒

引导型病毒是指寄生在磁盘引导区或主引导区的计算机病毒。此类计算机病毒会感染磁盘的引导扇区,致使计算机无法顺利启动,进而破坏磁盘中的数据。例如 Disk Killer 病毒、大麻病毒等。

(2)文件型病毒

文件型病毒指能够寄生在文件中的计算机病毒。这类病毒会感染可执行文件或数据文件,造成文件损坏。如宏病毒、CIH 病毒等。

(3)混合型(复合型)病毒

混合型(复合型)病毒是指同时具有引导型病毒和文件型病毒特点的计算机病毒。此类病毒不但能感染磁盘的引导扇区,而且能够感染可执行文件,令人防不胜防,所以它的破坏性更大,传染的机会也更多,此种病毒也是最难杀除的。如大椰头(Hammer)病毒、NATAS 病毒等。

3. 按计算机病毒的链接方式分为:源码型、入侵型、操作系统型和外壳型病毒。

(1)源码型病毒

源码型病毒攻击高级语言编写的源程序,在源程序编译之前插入其中,并随源程序一起编译、连接成可执行文件。源码型病毒往往隐藏在大型程序中,一旦插入到大型程序中其破坏性和危害性是很大的。

(2)入侵型病毒

入侵型病毒也称嵌入型病毒,这类病毒入侵到现有程序中,实际上是把病毒程序的一部分插入到目标程序中,使病毒与目标程序成为一体。当病毒程序入侵到现有程序后,不破坏主文件就难以除去病毒程序,此类病毒破坏力极大。

(3)操作系统型病毒

操作系统型病毒可以用其自身部分加入或替代操作系统的部分功能。由于其直接感染操作系统,所以这类病毒的危害性也较大,可以导致整个系统的瘫痪。

(4)外壳型病毒

外壳型病毒对原来的程序不做修改,而是将自身附在正常程序的开头或结尾,相当于给正常程序加了个外壳。外壳型病毒易于编写,大部分的文件型病毒都属于这一类,该类病毒也易于检测或被清除。

4.2.4 计算机病毒的传播途径

计算机病毒具有自我复制和传播的特点。因此,研究计算机病毒的传播途径是极为重要的。计算机病毒的传播主要通过以下几种途径:

1. 通过磁盘

通过使用被感染的磁盘,例如不同渠道来的系统盘、来历不明的软件、游戏盘等是最普遍的传播途径。由于使用带有病毒的磁盘,使机器感染病毒,并传染给未被感染的"干净"的磁盘。大量的磁盘交叉使用,合法或非法的程序拷贝,不加控制地随便在机器上使用各种软件,造成了病毒的感染、泛滥、蔓延。

2. 通过光盘

通过光盘也可以传播计算机病毒,尤其是盗版光盘。

3. 通过网络

网络为计算机病毒的传播提供了新的"高速公路",特别是随着 Internet 的普及,计算机会通过通信或数据共享时感染上病毒。通过 Internet 感染计算机病毒的途径有:电子邮件、BBS、下载、即时通信软件等。例如美丽莎病毒、我爱你病毒等就是完全依靠网络传播的。

4. 通过点对点通信系统和无线通信系统传播

这种渠道与通过网络进行传输的渠道很相似,但又有区别。通过无线通信和利用计算机通信口可以实现计算机间传送文件。目前,这种传播途径还不是十分广泛,但预计在未来的信息时代,这种途径很可能与网络传播途径共同成为病毒扩散的两大"渠道"。

4.2.5　计算机病毒的一般症状

被计算机病毒感染的计算机系统,因为具体病毒程序的实现过程不同,表现出来的症状也各不相同,从目前所发现的计算机病毒的情况来看,主要症状有:

①计算机系统出现异常"死机"、重新启动或不能正常启动的现象。

②硬盘不能正常引导系统。

③系统启动时间比平时长,运行速度慢。

④计算机系统运行速度明显变慢。

⑤磁盘文件数目无故增多、磁盘容量无故变小。

⑥文件或数据无故丢失或文件的大小发生变化。

⑦执行程序文件时出现无法预料的后果。

⑧出现蜂鸣声或其他异样的声音。

⑨屏幕上出现异常画面或信息。

⑩键盘、打印机发生异常现象。

4.2.6　计算机病毒的防治

为防止计算机病毒的入侵、存留、蔓延,通常可采取如下预防措施:

①系统启动盘要专用,保证机器是无毒启动。

②对所有系统盘和重要数据盘,应进行写保护。

③不用来历不明的磁盘和光盘,对于外来磁盘,做到先进行病毒检测处理后再使用。

④对从网上下载的软件最好先检测再使用。

⑤对一些来历不明的邮件及附件先不要打开,应该做到先进行病毒检测处理后再使用。

⑥系统中重要数据要定期备份。

⑦安装杀毒软件。

⑧定期对所使用的磁盘进行病毒检测。

⑨发现计算机系统的任何异常现象,应及时采取检测和杀毒措施。

⑩注意国家公布防范病毒的日期。

4.3 任务实施

瑞星杀毒软件是用于 Windows 操作系统的杀毒软件。目前,瑞星杀毒软件的最新名称是"瑞星全功能安全软件 2011",在杀毒软件中嵌入了防火墙,可提供网络防护功能,可以最大限度地对计算机提供保护。

1. 安装瑞星杀毒软件

要获取"瑞星全功能安全软件 2011"可以从电脑商城购买或者从瑞星的官方网站下载。下载的方法是:

打开 IE 浏览器,在地址栏输入"http://www.rising.com.cn/",打开瑞星的主页,将鼠标移动到页面右端选择"瑞星全功能安全软件 2011"下的"购买与下载"按钮,在打开的页面中单击"下载安装包并安装"链接,开始下载。

下载完成之后,启动安装程序,首先安装程序会检测系统环境,检测结束后,出现"选择语言"对话框,选择"中文简体"选项,单击"确定"按钮,根据安装程序的提示完成安装过程。安装完成后,需要重新启动计算机,如图 6-30 所示。

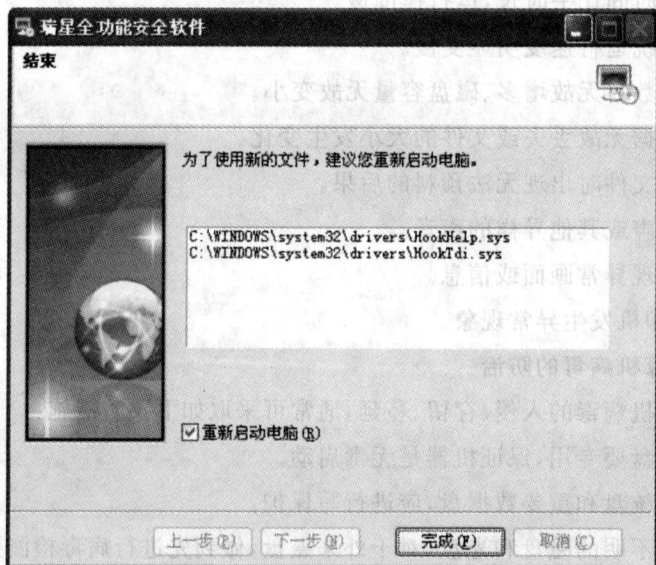

图 6-30　瑞星杀毒软件安装完成提示

重新启动计算机后,"瑞星全功能安全软件 2011"自动运行并进入保护状态,同时打开注册窗口要求输入注册码,在输入注册码后,才能激活"瑞星全功能安全软件 2011"。注册后的"瑞星全功能安全软件 2011"的主窗口如图 6-31 所示。

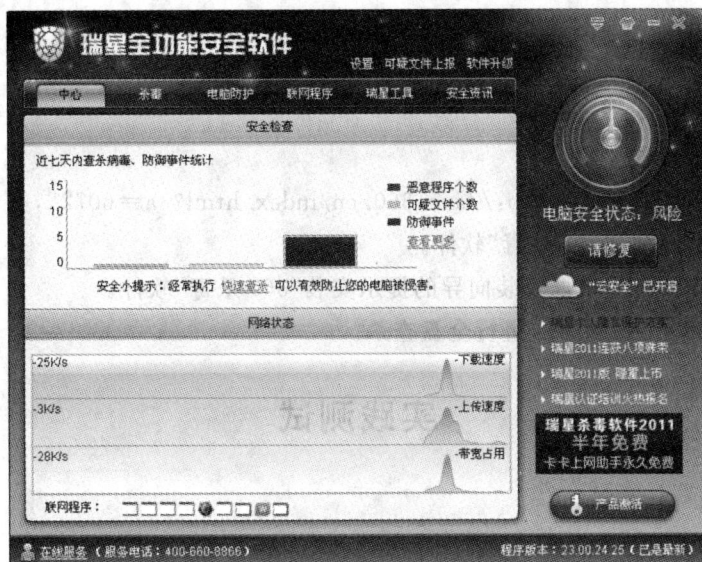

图 6-31　瑞星全功能安全软件 2011 主窗口

2. 使用瑞星杀毒软件

(1)启动瑞星杀毒软件

双击系统托盘上的瑞星快捷方式图标，或者打开开始菜单的瑞星全功能安全软件的快捷方式，即可启动"瑞星全功能安全软件 2011"软件。

(2)查杀病毒

在"杀毒"标签页，单击"快速查杀"图标按钮或"全盘查杀"图标按钮即可开始进行病毒查杀；单击"自定义查杀"图标按钮在选择查杀目标后，可对您指定的范围进行查杀。

如果需要对某一文件或者某一个文件夹进行杀毒，可以选中该文件或文件夹，单击鼠标右键，打开快捷菜单，选择"使用瑞星杀毒"，此时将自动开始查杀，并在查杀结束后显示杀毒结果。

(3)开启/禁用所有电脑防护

右键单击电脑右下角小伞，在弹出的菜单中选择"开启所有电脑防护"或"禁用所有电脑防护"可以启用或禁用所有监控和智能主动防御。在禁用所有监控时，为了防止病毒恶意攻击，必要时需要用户输入验证码。若开启了瑞星密码则需要输入正确的瑞星密码才能设置成功。

(4)查看日志

单击"瑞星全功能安全软件 2011"主界面上的"日志"按钮，或者是右键单击系统托盘上的瑞星快捷方式，在弹出的菜单中选择"查看日志"，可查看所有日志。

任务小结：现在病毒技术的发展很快，要真正做到安全有效地防护好个人计算机系统，还必须在实践中不断学习，提高自己的认识水平。必须要在实践中发现问题，努力解决问题，才能取得进步，才能更好地使自己从容面对遇上的各种计算机安全问题。

4.4 实战训练

【实训内容】

使用 360 杀毒软件

(1)打开浏览器,输入"http://avc.360.cn/index.html?a=6072",打开"360 杀毒"下载页面,下载并安装"360 杀毒"软件。

(2)运行安装程序,根据安装向导的提示安装"360 杀毒"软件。

(3)运行"360 杀毒"软件,进行全盘查杀。

实践测试

一、选择题

1. Internet 起源于(　　)。

A. 德国　　　　　B. 英国　　　　　C. 美国　　　　　D. 中国

2. 以下哪一类 IP 地址标识的主机数量最多?(　　)

A. D 类　　　　　B. C 类　　　　　C. B 类　　　　　D. A 类

3. 下列 WWW 客户机与 WWW 服务器之间通信使用的传输协议是(　　)。

A. FTP　　　　　B. POP3　　　　　C. HTTP　　　　　D. SMTP

4. 下面有效的 IP 地址是(　　)。

A. 202.280.130.45　　　　　B. 130.192.33.45

C. 192.256.130.45　　　　　D. 280.192.33.456

5. 下列对 TCP/IP 协议集描述不正确的是(　　)。

A. TCP/IP 最早被 Unix 采用　　　　B. TCP/IP 是 TCP 协议和 IP 协议的集合

C. TCP/IP 包含了多个协议　　　　　D. TCP/IP 协议是 Internet 的标准连接协议

6. 对 Intranet,下列错误的说法是(　　)。

A. 是利用 Internet 技术构建　　　　B. 是面向全世界的公共网络

C. 是利用 TCP/IP 协议工作　　　　　D. 是企业内部的计算机网络

7. Internet 使用的是 TCP/IP 模型,该模型按层次分为(　　)。

A. 7 层　　　　　B. 4 层　　　　　C. 5 层　　　　　D. 3 层

8. 在 Internet 使用的、用于表示每台主机的数字地址称为(　　)。

A. DNS　　　　　B. 客户机地址　　　　　C. 服务器地址　　　　　D. IP 地址

9. 下列属于 A 类地址的是(　　)。

A. 10.252.0.0.254　　　　　B. 192.168.0.1

C. 174.16.0.1　　　　　D. 169.254.0.254

10. 子网掩码的作用是(　　)。

A. 区分不同的计算机　　　　　B. 管理计算机

C. 划分不同的子网　　　　　D. 其实没什么用处

11.下列属于计算机病毒特征的是(　　)。

A.模糊性　　　　　B.高速性　　　　　C.传染性　　　　　D.危急性

12.以下各项中,(　　)不是预防计算机病毒的措施。

A.建立备份　　　B.专机专用　　　　C.不上网　　　　　D.定期检查

13.目前使用的杀毒软件,能够(　　)。

A.检查计算机是否感染了某些病毒,如有感染,可以清除其中一些病毒

B.检查计算机是否感染了任何病毒,如有感染,可以清除其中一些病毒

C.检查计算机是否感染了病毒,如有感染,可以清除所有的病毒

D.防止任何病毒再对计算机进行侵害

14.计算机病毒是一种(　　)。

A.微生物感染　　　B.电磁波污染　　　C.程序　　　　　D.放射线

15.以下关于病毒的描述中,正确的说法是(　　)。

A.只要不上网,就不会感染病毒

B.只要安装最好的杀毒软件,就不会感染病毒

C.严禁在计算机上玩电脑游戏也是预防病毒的一种手段

D.所有的病毒都会导致计算机越来越慢,甚至可能使系统崩溃

二、填空题

1.在 Internet 中允许一台主机拥有_____个 IP 地址。

2.网络掩码的作用是使计算机能够自动地从 IP 地址中分离出相应的_____和_____。

3.WWW 的服务器与客户端程序之间是通过_____协议进行通信的。

4.IM 是英文_____的简称。目前,这是一种可以让使用者网络上_____的_____服务。

5.Internet 上各种网络和各种不同计算机间相互通信的基础是_____协议。

6.Internet 的前身是_____年,美国国防部建成的_____网。

7.使用搜索引擎查找信息,在需要精确匹配时可以使用_____和_____。

三、上机操作题

1.清除上网浏览的历史记录,并启用 SSL2.0。

2.用文字处理软件将本单元的学习成果写一份学习心得,并作为附件用电子邮件发给老师。

3.使用 WebQQ 与认识的人进行及时沟通。

4.安装江民杀毒软件,对计算机进行全盘杀毒。

5.WinRAR 是一款优秀的压缩包管理器,从网上搜索并下载本款软件的最新版本,对"我的文档"里的文件和文件夹进行压缩,压缩文件放置在 D 盘根目录下。

参考文献

[1]　尤霞光.计算机文化基础应用教程[M].北京:机械工业出版社,2006.

[2]　王健南.计算机应用基础教程[M].北京:航空工业出版社,2004.

[3]　杨晔.计算机应用基础及其技能实训教程[M].北京:国防工业出版社,2008.

[4]　吴霞.计算机应用基础实例教程[M].2版.北京:清华大学出版社,2010.

[5]　赵爱军,高煜.计算机文化基础[M].北京:北京交通大学出版社,2009.

[6]　孙姜燕,王法能.计算机公共基础[M].北京:北京交通大学出版社,2006

[7]　负亚男.办公软件应用[M].北京:中国铁道出版社,2010.

[8]　宋益众,金信苗.大学计算机基础实训教程[M].北京:北京交通大学出版社,
　　　2007.

[9]　李文华,徐凯.新编计算机文化基础[M].6版.大连:大连理工出版社,2009.

[10]　冉崇善.计算机应用基础实践技能训练教程[M].西安:西安电子科技大学出
　　　版社,2009.